“十一五”国家科技支撑计划课题

中国地源热泵发展研究报告（2008）

水源地源热泵高效应用关键技术研究与示范课题组　编写
徐　伟　　主编

中国建筑工业出版社

图书在版编目（CIP）数据

中国地源热泵发展研究报告（2008）/徐伟主编．—北京：中国建筑工业出版社，2008

ISBN 978-7-112-10421-5

Ⅰ．中…　Ⅱ．徐…　Ⅲ．热泵-空气调节器-研究报告-中国　Ⅳ．TU831.3

中国版本图书馆 CIP 数据核字（2008）第 158138 号

本书对我国地源热泵行业过去十年的发展历程进行了全面总结和评价，内容包括中国地源热泵发展状况，国际经验及发展状况，标准、规范及图集；地源热泵技术发展与评价；地源热泵系统的测试与评价；典型工程；城市级发展；面临问题和解决措施等。力求对我国地源热泵行业发展有一全面、系统的概括，为今后地源热泵的发展提供经验和指导。

本书适合从事建筑节能及地源热泵行业的技术与管理人员参考使用。

*　*　*

责任编辑：王　梅　咸大庆
责任设计：赵明霞
责任校对：梁珊珊　王金珠

“十一五”国家科技支撑计划课题
中国地源热泵发展研究报告（2008）
水源地源热泵高效应用关键技术研究与示范课题组　编写
徐　伟　主编

*

中国建筑工业出版社出版、发行（北京西郊百万庄）
各地新华书店、建筑书店经销
北京千辰公司制版
北京富生印刷厂印刷

*

开本：787×1092 毫米　1/16　印张：20¾　字数：518 千字
2008 年 12 月第一版　2009 年 8 月第二次印刷
印数：2501—4000 册　定价：**48.00** 元
ISBN 978-7-112-10421-5
（17345）

《中国地源热泵发展研究报告（2008）》指导委员会

主　任：仇保兴

副主任：王铁宏

委　员：金德钧　武　涌　梁俊强　张福麟　胥小龙

王秉忱　吴元炜　郎四维　马最良

《中国地源热泵发展研究报告（2008）》编写委员会

主　任：徐　伟

委　员（以姓氏笔画为序）：

才　隽　王东青　王贵玲　王　勇　王　敏　牛利敏
丛旭日　冯晓梅　吕晓辰　朱清宇　孙宗宇　孙　骥
杜国付　李文伟　李现辉　李　震　李　骥　杨　强
苏存堂　肖　龙　邹　瑜　宋业辉　沈　亮　张时聪
陈凤军　陈金花　林汉柱　郁松涛　单　丽　郝　斌
胡映宁　姚　杨　姜益强　顾业峰　党亚峰　钱　程
高　翀　黄学勤　韩东方　嵇成峰　端木琳　戴立生

主编单位：

中国建筑科学研究院

参编单位：

中国地质科学研究院　　建设部科技发展促进中心
哈尔滨工业大学　　重庆大学
大连理工大学　　广西大学

参加单位：

际高建业有限公司
华清集团
山东富尔达空调设备有限公司
湖北风神净化空调设备工程有限公司
烟台蓝德空调工业有限责任公司
北京依科瑞德地源科技有限责任公司
北京易度恒星科技发展有限公司
济南泰勒斯工程有限公司
郑州中南科莱空调设备有限公司

前　言

2007年6月3日，国务院发布《国务院关于印发节能减排综合性工作方案的通知》，明确了2010年中国实现节能减排的目标任务和总体要求，到2010年，中国万元国内生产总值能耗将由2005年的1.22吨标准煤下降到1吨标准煤以下，降低20%左右，中国主要污染物排放总量减少10%。与此同时，《中华人民共和国可再生能源法》与修订后的《节约能源法》相继投入实施，标志着我国对可再生能源的利用和节约能源的要求上升到了一个新的高度，《节约能源法》对建筑节能也提出了新的要求，建筑节能主要工作由建筑围护结构、暖通空调系统、可再生能源应用、运行与管理四部分组成，其中可再生能源建筑应用在我国起步虽晚，但发展较快。

地源热泵作为一种利用可再生能源的暖通空调新技术，是建筑节能领域国际上通用的高效节能技术，在我国已经有了10余年的发展历史。1997年，我国政府与美国签署了《中美地源热泵利用的合作协议书》，开始合作建立地源热泵示范工程项目。2005年，建设部正式将地源热泵技术列为建筑业十项新技术之一，并发布国家标准《地源热泵系统工程技术规范》。2006年，建设部和财政部联合颁布《建设部、财政部关于推进可再生能源在建筑中应用的实施意见》、《可再生能源建筑应用专项资金管理暂行办法》两个重要文件，为可再生能源建筑应用项目建立专项财政补贴给予支持，引导可再生能源建筑应用技术的发展，促进其工程应用的发展规模和速度；科技部启动“十一五”国家科技支撑计划——水源地源热泵高效应用关键技术研究与示范，这是我国目前为止关于地源热泵研究领域最全、范围最广、层次最高的国家级课题，课题旨在解决我国目前发展地源热泵存在的共性、基础性技术问题。2007年，地源热泵示范城市项目启动。地源热泵在我国逐步得到了社会各界的认可，实现了从点到面，从示范工程到城市级展开的全面推广。

从笔者2001年组织翻译出版美国ASHRAE《地源热泵工程技术指南》以来，国内的许多专家学者陆续出版了一些关于地源热泵工程设计和应用的书籍，对普及地源热泵技术，指导工程设计和应用起到了积极的作用，但随着行业技术发展、各级政府的不断重视、从业人员逐渐增多、工程应用项目又多又大，地源热泵行业取得了令人瞩目的快速发展，发展过程中又存在诸多困难和问题，行业迫切需要我们把过去十年发展历程做一总结和评价，包括技术研发、产品制造、系统集成、检测评估、示范工程等方面，阐述当前存在的问题及采取的对策，展望未来发展方向，力求对我国地源热泵行业发展有一全面、系统的概括，为今后地源热泵的发展提供经验和指导。笔者作为“十一五”国家科技支撑计划——“水源地源热泵高效应用关键技术研究与示范”的课题负责人，在“十一五”课题计划开展过程中，与课题组专家以及行业内众多人士反复交流，多次沟通，逐步确立了本书的指导思想和主要编制内容并于2007年末成立了以课题组成员为主体、多方参与的编委会。

本书由中国建筑科学研究院徐伟研究员担任主编、中国地质科学研究院王贵玲研究员、哈尔滨工业大学姚杨教授和姜益强教授、重庆大学王勇教授、大连理工大学端木琳教授、广西大学胡映宁教授、建设部科技发展促进中心郝斌高工、中国建筑科学研究院邹瑜研究员、朱清宇、吕晓辰、孙宗宇、冯晓梅、杜国付、宋业辉、戴立生、肖龙、沈亮、王东青、牛利敏、杨强、张时聪、钱程、王敏、李骥、才隽等人参与了编写。编写分工为：第1章、第2章、第3章、第4章、第9章、第10章由徐伟编写；第5章第1节由朱清宇、吕晓辰、肖龙、沈亮编写；第5章第2节由孙宗宇、王贵玲编写；第5章5.3.1由孙宗宇、王勇编写；第5章5.3.2由端木琳和李震编写；第5章5.3.3由姚杨和姜益强编写；第5章第4节由冯晓梅和杜国付编写，其中5.4.3由胡映宁编写；第5章第5节由戴立生、杨强编写；第6章由宋业辉、牛利敏编写；第7章由王东青、张时聪、钱程、王敏、李骥、才隽整理；第8章由郝斌编写。全书由徐伟组织和审稿，张时聪统稿和协调。

本书编写过程中得到了住房和城乡建设部建筑节能与科技司的指导和支持，特将此书列入部“节能省地型建筑专项工作”计划中，得到了吴元炜教授等专家的指导，得到了建筑部科技发展促进中心和中国建筑业协会地源热泵专业委员会的大力支持，同时得到了地源热泵相关设备生产商和系统集成商的大力支持，在此一并表示感谢。

希望本书能提高社会各界对地源热泵的认识，为政府决策提供技术支持，为科技工作者提供技术发展信息，促进行业又好又快地发展，成为我国地源热泵发展的又一助推力。

本书成稿时间仓促、作者水平有限，难免存在遗憾之处，望读者给予批评和指正。

致　　谢

本书编写过程中，得到了际高建业有限公司、华清集团、山东富尔达空调设备有限公司、湖北风神净化空调设备工程有限公司、烟台蓝德空调工业有限责任公司、北京依科瑞德地源科技有限责任公司、北京易度恒星科技发展有限公司、济南泰勒斯工程有限公司和郑州中南科莱空调设备有限公司等单位的大力支持，他们为书中相关数据的汇总统计提供了帮助，有助于我们宏观了解我国地源热泵相关产业的发展情况，为典型案例展示提供了大量翔实的有效数据和分析，有助于我们更深的了解不同类型地源热泵工程的实际投资运行等情况，为本书顺利出版做出了巨大贡献。

报告的成功出版，还得到了国际上很多相关机构的支持与帮助，国际能源组织热泵委员会（International Energy Agency, Heat Pump Programme）为我们提供了奥地利、加拿大、瑞典、德国、挪威、日本地源热泵发展的相关情况，国际地源热泵协会（International Ground Source Heat Pump Association）为我们提供了美国地源热泵发展的最新数据，欧洲热泵协会地源热泵项目组（European Heat Pump Association, The Ground-Reach Project）为我们提供了欧洲地源热泵整体市场的最近进展，在此一并表示感谢。

中国建筑工业出版社咸大庆编审和王梅副编审对本书的多次修改直至最后定稿给予了极大的支持，特向他们表示真诚的谢意。

主编　徐伟

2008.10.20

目　录

Contents

第1章 中国地源热泵发展状况综述

1.1 中国建筑业发展速度与规模

建国以后，我国城市化进程不断加快，城市化水平不断提高。城市化进程的加快，主要表现为城市数量迅速增加。1949年，我国共有城市132个，至1978年全国城市总数增加到193个。在这近30年的时间里，仅增加61个城市。改革开放以后的前10年，即至1988年，城市数达434个，增加了241个，相当于前30年增加量的4倍。城市数量迅速增加的趋势，体现了我国改革开放以后城市化进程的基本特征。从城市规模上看，20万以下人口小城市增加最快，20～50万人口的城市组的增加次之，50～100万以及100万以上人口的城市组增加相对较慢。这从另一个侧面体现了近20年来我国农村经济发展的一个必然结果——向城市化过渡。

到2006年全国城镇人口总数57706万，占全国总人口比重为43.9%，城市化水平比2002年提高4.8个百分点。分区域看，2006年我国东、中、西部城市化水平分别为54.6%、40.4%和35.7%。分地区看，城市化水平最高的是上海，为88.7%，其次为北京和天津，分别为84.3%和75.7%。2006年我国城市总数为661个，其中地级及以上城市287个，比2002年增加8个。地级及以上城市（不包括市辖县）生产总值由2002年的64292亿元增加到2006年的132272亿元，增长1.1倍，占全国GDP的比重由2002年的53.4%上升到2006年的63.2%。生产总值超过1000亿元的城市由2002年的12个增加到2006年的30个，其中12个城市超过2000亿元。2006年地级及以上城市（不包括市辖县）地方财政预算内收入10862亿元，比2002年增长1.1倍，占全国地方财政收入的59.3%。

伴随着城市化而来的是建筑业的迅猛发展，中国的城市建设出现了前所未有的热潮。一项调查数据显示：中国的城镇建筑面积在5年内翻了一番，由2000年的77亿m^2增长到2004年的近150亿m^2，增长速度远远超过了世界银行在20世纪90年代中期预言的中国建筑总量10年翻一番的速度，这个数字到2007年又变为182亿m^2。房屋的增长速度远高于城市人口的增长速度，人均建筑面积也以极快的速度增长。目前，我国每年竣工的房屋建筑面积约18亿～20亿m^2，预计到2020年底，我国新增的房屋建筑面积将近300亿m^2。

由于我国的地理位置与气候特点，绝大部分建筑都需要使用供热空调系统，城市建筑的快速发展给地源热泵系统这种用于建筑的暖通空调系统的使用带来了巨大的发展潜力。

1.2 中国建筑能耗发展状况

建筑能耗主要指采暖、空调、热水供应、炊事、照明、家用电器、电梯、通风等方面的能耗。据统计，建筑能耗在我国能源总消费中所占的比例已经达到27.6%，且仍将继续增长。我国目前城镇民用建筑运行耗电占我国总发电量的25%左右，北方地区城镇供暖消耗的燃煤占我国非发电用煤量的15%～20%，这些数值仅为建筑运行所消耗的能源。建设领域中的建筑业和住宅产业也是资源消耗的大户，据计算，钢材消耗约占我国钢材生产总量的20%，水泥消耗量约占我国水泥生产总量的20%，玻璃消耗量约占我国玻璃生产总量的15%，降低能耗、节约资源问题不容忽视。

我国建筑能源消耗按其性质可分为如下几类：（1）北方地区供暖能耗约占我国建筑总能耗的36%，约为1.3亿吨标煤/年（折合3700亿度电/年）；（2）除供暖外的住宅用电（照明、炊事、生活热水、家电、空调），约占我国建筑总能耗的20%，约为2000亿度电/年；（3）除供暖外的一般性非住宅民用建筑（办公室、中小型商店、学校等）能耗，主要是照明、空调和办公室电器等，约占民用建筑总能耗的16%；（4）大型公共建筑（高档写字楼、星级酒店、购物中心）能耗，占民用建筑总能耗的10%左右；（5）农村生活用能（不包括非商品能），约为0.3亿吨标煤/年（折合900亿度电/年）。

建筑物使用过程消耗的能源占其全生命过程中能源消耗的80%以上。现在中国城镇建筑运行能耗由北方地区冬季建筑采暖能耗、住宅和一般公共建筑除采暖外的能耗、大型公共建筑能耗构成，占社会总能耗的20%～22%。建筑能耗受单位建筑面积能耗和建筑总量影响，随建筑总量的增加而增加。如果中国将来城镇建筑总量增加一倍，建筑能耗总量很可能要增加不止一倍。在美国、欧洲和日本等发达国家，建筑运行能耗水平已经从其处于制造大国时期的20%～25%发展到目前“金融与技术”大国时的近40%。

在建筑能耗中，暖通空调系统与热水系统所占的比例接近60%，而且随着人民生活水平提高还有继续上升趋势。地源热泵作为一项新技术，具有“高效”和“替代”两个最重要的特点。高效，指的是相比现有的同规模的常规暖通空调系统，其能效比较高；替代，指的是它可以替代或部分替代常规能源，而且地源热泵系统可以在满足建筑物冷热需求的同时提供生活热水，是我国有效降低建筑能耗的建筑节能技术之一。

1.3　地源热泵的发展

1.3.1　我国地源热泵发展历史

根据建设部2007、2008年于国务院新闻办公室发布会公布的信息：截至2006年底，地源热泵技术应用建筑面积为2650万m^2；截至2007年底，地源热泵应用面积近8000万m^2。而根据现有资料来看，从1995年山东富尔达空调设备有限公司首次把地源热泵系统应用于辽阳市邮电新村项目以来，短短的10余年间，地源热泵从无到有，从小面积示范到大面积推广，相关技术人员与集成商逐步摸索出适合我国国情的地源热泵相关技术措施，相关政府部门也逐渐找到了审批管理地源热泵系统的最优方案。总体而言，地源热泵在我国的发展可以分为三个阶段：

（1）起步阶段（20世纪80年代～21世纪初）

从1978年开始，中国制冷学会第二专业委员会连续主办全国余热制冷与热泵学术会议。自20世纪90年代起，中国建筑学会暖通空调委员会、中国制冷学会第五专业委员会主办的全国暖通空调制冷学术年会上专门增设了有关热泵的专项研讨，地源热泵概念逐渐出现在我国科研工作者的视野里并逐步得到重视。2002 年又于北京组织召开了世界第七次热泵大会（7th IEA Heat Pump Conference）。可以看出，我国对热泵技术的研究起步较早。

早期的辽阳市邮电新村项目属于我国集成商与设备厂商对地源热泵技术进行的初期摸索。1997 年的中国科技部与美国能源部正式签署的《中美能源效率及可再生能源合作议定书》是我国地源热泵真正起步的标志性事件，双方政府从国家政府最高层面对地源热泵进行扶持和引导，这个合作对我国地源热泵初期发展起到了引导的作用，从专业人员到政府管理部门都逐渐认识并且接受了这个高效节能的系统，一些建设人员、专业设计人员开始主动学习了解这个系统。

这个阶段，地源热泵概念开始在暖通空调技术界人士中扩散，相关的设计人员、施工人员、集成商、产品生产商等也逐渐被这个概念所吸引，但整体看来，这一时期地源热泵技术还没有被市场所接受，专业技术人员对该技术普遍不了解，相关地源热泵机组和关键配件不齐全、不完善，造成这一阶段地源热泵系统发展规模不大，进展速度不快，所以将这个阶段称为我国地源热泵的起步阶段。

（2）推广阶段（21 世纪初～2004 年）

进入 21 世纪后，地源热泵在中国的应用越来越广泛，截至 2004 年底，我国制造水源热泵机组的厂家和系统集成商有 80 余家，地源热泵系统在我国各个地区均有应用。

这个阶段相关科学研究也极其活跃。2000 年至 2003 年的 4 年间，年平均专利 71.75 项，为 1989～1999 年平均专利的 4.9 倍，有关热泵的文献数量剧增，相关高校的硕士、博士论文也不断增多，屡创新高。2001 年，由中国建筑科学研究院空调所徐伟等人翻译的《地源热泵工程技术指南》为我国广大地源热泵工作者普及了相关工程技术的概念和标准化做法，为我国地源热泵从业相关技术人员提供了参考。

这个阶段，地源热泵发展逐渐升温，但由于缺乏统一的系统培训，技术实施人员的技术水平参差不齐，某些项目出现问题引起了人们对此技术的担忧，而且房地产开发商更注重降低建设成本，而不注重新技术和建筑室内环境质量与科技理念，部分地源热泵企业在市场拓展方面遇到困难，艰难地生存。

（3）快速发展阶段（2005 年至今）

2005 年后，随着我国对可再生能源应用与节能减排工作的不断加强，《可再生能源法》、《节约能源法》、《可再生能源中长期发展规划》、《民用建筑节能管理条例》等法律法规的相继颁布和修订，外加财政部、建设部两部委《建设部、财政部关于推进可再生能源在建筑中应用的实施意见》的逐步实施，更是奠定了地源热泵在我国建筑节能与可再生能源利用中的突出地位，各省市陆续出台相关的地方政策，设备厂家不断增多，集成商规模不断扩大，新专利新技术不断涌现，从业人员不断增多，有影响力的大型工程不断出现，地源热泵系统应用进入了爆发式的快速发展阶段。

截至 2007 年底，我国以地源热泵相关设备产品制造、工程设计与施工、系统集成与调试管理维护的相关企业已经达到 280 余家，从全国范围看来，现有工程数量已经达到 5000 多个，总面积达 8000 万 m^2。项目比较集中的地区有北京、河北、河南、山东、辽宁和天津，80% 的项目集中在我国华北和东北南部地区。

为了完成此次发展报告，编委会对目前所有有关地源热泵的信息进行了整理归纳，同时在建设部科技司的大力支持和相关地方政府的帮助下取得了大部分主要城市地源热泵发展的相关数据，并且在此基础上向相关专家、集成商、设备制造商进行了咨询求证，得出了我国地源热泵系统自1998年至2007年的增长曲线（图1-1）。

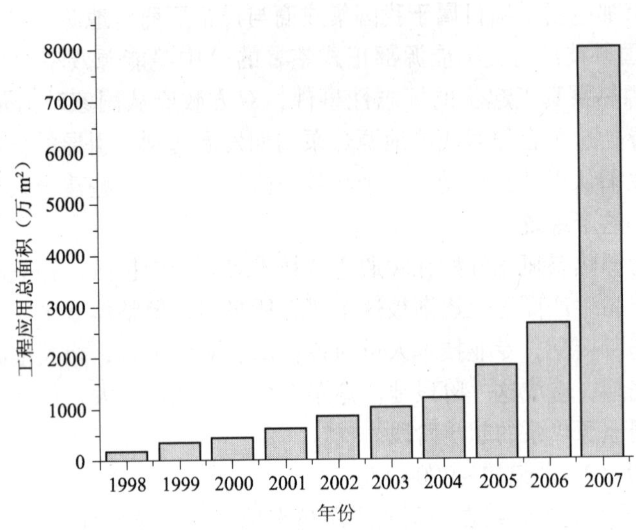

图1-1　我国地源热泵年度增长曲线

1.3.2　我国目前地源热泵发展分析

由于我国幅员辽阔，地源热泵项目众多，很难对所有项目进行一一统计，但根据现有资料，可以对建设部公布的前后三批一共212个可再生能源建筑应用示范项目进行简单统计，从统计中也可以得出我国目前不同地区地源热泵的使用比例、不同类型系统的比例分配等基本信息。

可再生能源建筑应用示范城市中，除广东省、青海省、云南省与厦门市暂无地源热泵示范项目，北京市、天津市、大连市、上海市、青岛市、深圳市、重庆市及河北、河南、山西、山东、辽宁、吉林、黑龙江、江苏、江西、浙江、安徽、福建、湖北、河南、海南、四川、贵州、陕西省，内蒙古自治区、宁夏回族自治区、新疆维吾尔自治区、广西壮族自治区、新疆生产建设兵团，共有144个与地源热泵有关的项目，其示范工程总面积为1578.09万m^2。

示范工程中单项工程面积最大的为辽宁省铁煤热电厂循环冷却水废热供暖工程，总面积为96.68万m^2；单项工程面积最小的为湖北省武汉市百步亭新港苑小区，总面积为0.75万m^2。

按照项目个数来看，北京共有15个项目，其总面积为147.98万m^2；天津共有7个项目，其总面积为53.52万m^2；上海共有2个项目，其总面积为15.73万m^2；青岛共有6个项目，其总面积为56万m^2；深圳有1个项目，其总面积为7.86万m^2；重庆共有4个项目，其总面积为27.43万m^2；河北共有8个项目，其总面积为69.65万m^2；山西共有1个项目，其总面积为9.83万m^2；辽宁共有14个项目（不包括大连），其总面积为272.92万m^2；大连共有5个项目，其总面积为91.59万m^2；吉林共有2个项目，其总面积为8.06万m^2；黑龙江共有2个项目，其总面积为41.53万m^2；江苏共有7个项目，其总面积为85.56万m^2；江西共有2个项目，其总面积为22.07万m^2；浙江共有3个项目，其总面积为15.02万m^2；安徽共有2个项目，其总面积为21.47万m^2；福建有1个项目，其总面积为3.55万m^2；山东共有9个项目（不包括青岛），其总面积为112.39万m^2；河南共有12个项目，其总面积为110.44万m^2；湖北共有9个项目，其总面积为53.11万m^2；湖南共有2个项目，其总面积为27.5万m^2；广西共有3个项目，其总面积为15.05万m^2；海南有1个项目，其总面积为4.7万m^2；四川共有6个项目，其总面积为24.87万m^2；贵州有1个项目，其总面积为25万m^2；陕西共有6个项目，其总面积为132.9万m^2；内蒙古共有7个项目，其总面积为68.47万m^2；宁夏共有1个项目，其总面积为16.39万m^2；新疆共有2个项目，其总面积为30.79万m^2；新疆生产建设兵团共有3个项目，其总面积为6.71万m^2。

此144个示范项目中有8个项目混合应用了两种地源热泵技术，其项目总面积为119.62万m^2，占总面积的7.58%，其他的136个项目均为使用单一地源热泵技术。其中，使用土壤源热泵技术的项目有47个，其项目总面积为337.16万m^2，占总面积的21.36%；使用地下水源热泵技术的项目有58个，其项目总面积为619.56万m^2，占总面积的39.26%；使用淡水（江、河、湖）源热泵技术的项目有8个，其项目总面积为80.22万m^2，占总面积的5.08%；使用海水源热泵技术的项目有9个，其项目总面积为166.26万m^2，占总面积的10.54%；使用污水（市政污水、炼化厂冷却水、煤矿坑道水、热电厂循环冷却水）源热泵技术的项目有14个，其项目总面积为255.24万m^2，占总面积的16.18%（图1-2）。

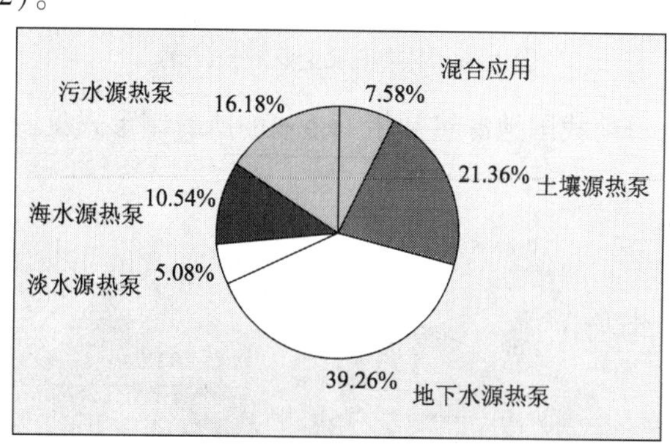

图1-2 建设部示范项目各种地源热泵系统比例

根据中国建筑业协会地源热泵工作委员会（中国热泵委）对其组成单位相关工程信息的统计，我国土壤源热泵、地下水源热泵、地表水源热泵、污水源热泵这四种系统的使用比例见图1-3。

世界银行2006年发表的《中国地源热泵技术市场调查与发展分析》显示：地源热泵这一新兴技术受到广泛关注，不同所有制形式的企业都参与到其开发、应用之中，这些企业的规模从100万至数亿元不等，其中注册资本在1亿元以上的占25%，5000万元~1亿元的占12.5%，3000万元~5000万元的为25%，3000万元以下的有37.5%（图1-4）。其中5000万元以下的企业占到60%以上，还是以中、小企业居多，说明地源热泵行业目前在我国还处于起步阶段。

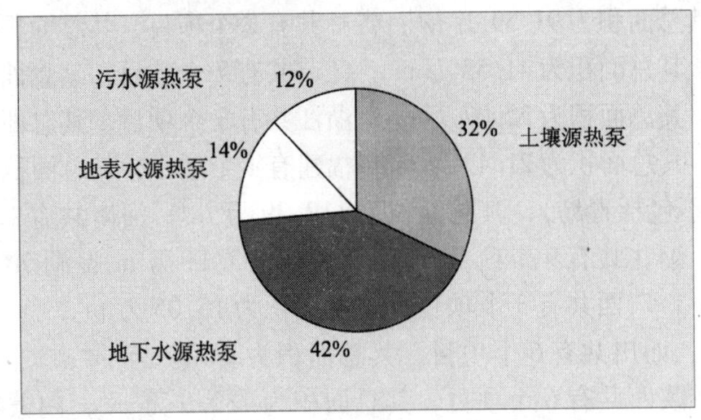

图1-3　我国地源热泵使用比例

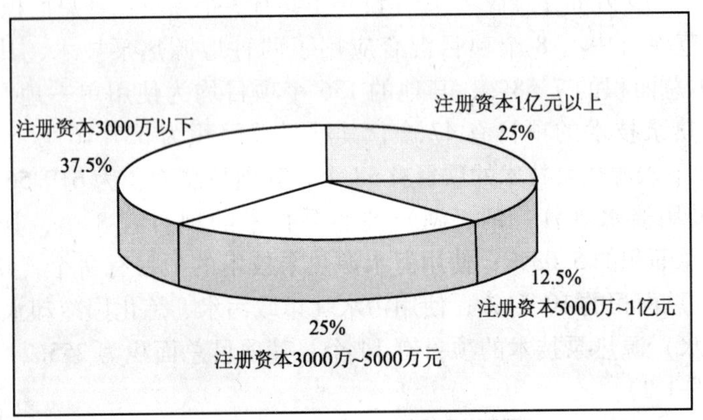

图1-4　地源热泵企业规模比例

根据此分析报告，目前我国地源热泵相关企业的所有制形式见图1-5。

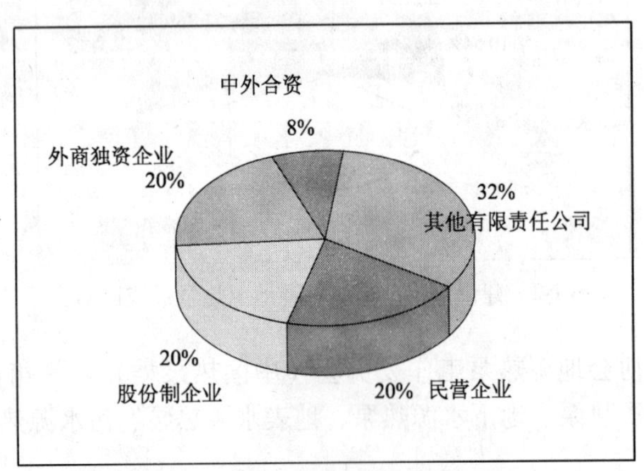

图1-5　我国地源热泵企业的所有制形式

由于地源热泵系统可以同时供冷供热，所以无法简单比较其市场产值占我国中央空调或者供热的市场份额，但根据估算，我国2007年地源热泵系统总体市场规模约为72亿元（包括设备、设计、施工、集成），其中水源热泵机组的市场规模约为28亿元，预计今后几年，其市场规模还会进一步扩大，到2010年水源热泵机组的市场规模有望达到45亿元。

1.3.3 发展特点

我国地源热泵发展特点为:

(1) 覆盖面广,各种建筑类型都有应用

从地源热泵系统在不同建筑类型中的使用情况来看,住宅建筑和公共建筑都有涉及。其中住宅项目包括经济适用房、商品房小区、高档公寓、别墅与农村住宅建筑;公共建筑中涉及政府办公建筑、商务办公写字楼、商业购物商场、宾馆酒店、会展中心、医院、休闲健身娱乐度假场所、学校建筑(图书馆、宿舍)科研基地与实验室、培训及宣传基地、体育场馆、博物馆等;还有部分工业建筑也使用了此系统,包括产品生产基地与装备制造基地等,根据现有总结资料看出,几乎所有类型的建筑都可以运行地源热泵系统进行冷热供应。

(2) 各种热泵系统类型均有应用

从统计数据来看,我国土壤、地下水、地表水(江河湖海、污水)、工业冷却水等均有应用于热泵系统供热供冷的项目,说明我国关于地源热泵的概念普及得比较广泛,应用比较多元化。

(3) 用于北方供热居多

由于地源热泵系统在供热时的节能效果更加明显,而且其与目前中国正在广泛使用的末端地板辐射系统可以很好配合,所以其在北方得到了更为广泛的应用。由于气候原因及我国各个地区对供暖的需求不同,南方没有集中供热但冬季有热负荷需求的地区,很多建筑更倾向于采用空气源热泵用于加热室内空气,这样对于他们来说更容易调节和计量;南方需要夏季供冷的建筑也更倾向于直接采用中央空调冷水机组进行供冷,因为其技术更加成熟,初投资相对地源热泵更低,而且可以应用于任何建筑。但目前在我国长江流域,地源热泵的概念也被逐渐接受而且应用于冷热双供,随着这个地区的居民对建筑环境要求的不断提高,相信地源热泵系统在这个地区也能体现出其特有的价值。

(4) 用于城市城郊居多,农村很少

基于我国目前经济发展水平限制,地源热泵的分布与欧美国家有显著差异,欧美国家的地源热泵系统主要应用于位于乡村无其他能源供应的独立别墅,而我国地源热泵主要应用于城市中的大型公共建筑与居住建筑以及位于城郊无冷热输送管网但冬季需要大面积采暖的度假村、培训中心等建筑。农村建筑中除了少量别墅使用此系统,普通村镇住宅很少使用此类系统。

第2章 相关法律法规与产业政策

作为可再生能源之一的地热能，由于其具有环保无污染等优点，近年来得到了越来越广泛的应用，除了高温地热能直接发电外，中、低温浅层地热能与热泵技术相结合用于建筑物的供热、供冷成为地热能最为广泛的应用方式之一。为了能够更好地响应并落实我国“节能减排”、“建筑节能”的号召，住房和城乡建设部大力提倡推广可再生能源的建筑利用，其中就包括地热能。《关于贯彻〈国务院关于加强节能工作的决定〉的实施意见》提出的目标是在“十一五”末期，全国太阳能、浅层地能等可再生能源应用面积占新建建筑面积比例达25%以上。

由于我国鼓励、支持可再生能源及地源热泵发展的法律、法规、文件很多，各个地方政府对地源热泵系统也有着不同的支持方式，为了使读者能够用最短的时间了解我国从中央到地方的地源热泵相关政策，本章对其进行了总结。

2.1 与气候变化相关的国家政策

法案名称	《中国应对气候变化国家方案》
公布日期	2007年6月3日
公布机关	国务院
相关内容	第四部分“中国应对气候变化的相关政策和措施”中明确提出要“积极扶持太阳能、地热能、海洋能等的开发和利用”；“积极推进地热能和海洋能的开发利用，推广满足环境和水资源保护要求的地热供暖、供热水和地源热泵技术……”

2.2 与节能与可再生能源相关的国家法规与政策

2.2.1 《中华人民共和国节约能源法》

公布日期	2007年10月28日
公布机关	第十届全国人民代表大会常务委员会第三十次会议
实行日期	2008年4月1日
相关内容	第一章第二条定义“本法所称能源，是指煤炭、石油、天然气、生物质能和电力、热力以及其他直接或者通过加工、转换而取得有用能的各种资源。” 第三章第三节第四十条指出“国家鼓励在新建建筑和既有建筑节能改造中使用新型墙体材料等节能建筑材料和节能设备，安装和使用太阳能等可再生能源利用系统。”

续表

相关内容	第五十八条“国务院管理节能工作的部门会同国务院有关部门制定并公布节能技术、节能产品的推广目录，引导用能单位和个人使用先进的节能技术、节能产品。国务院管理节能工作的部门会同国务院有关部门组织实施重大节能科研项目、节能示范项目、重点节能工程。” 第六十一条“国家对生产、使用列入本法第五十八条规定的推广目录的需要支持的节能技术、节能产品，实行税收优惠等扶持政策。”

2.2.2　《中华人民共和国可再生能源法》

公布日期	2005年2月28日
公布机关	第十届全国人民代表大会常务委员会第十四次会议
实行日期	2006年1月1日
相关内容	第一章第二条“本法所称可再生能源，是指风能、太阳能、水能、生物质能、地热能、海洋能等非化石能源。” 第三章第十二条“国家将可再生能源开发利用的科学技术研究和产业化发展列为科技发展与高技术产业发展的优先领域，纳入国家科技发展规划和高技术产业发展规划，并安排资金支持可再生能源开发利用的科学技术研究、应用示范和产业化发展，促进可再生能源开发利用的技术进步，降低可再生能源产品的生产成本，提高产品质量。” 第六章第二十四条“国家财政设立可再生能源发展专项资金，用于支持以下活动： （一）可再生能源开发利用的科学技术研究、标准制定和示范工程； （二）农村、牧区生活用能的可再生能源利用项目； （三）偏远地区和海岛可再生能源独立电力系统建设； （四）可再生能源的资源勘查、评价和相关信息系统建设； （五）促进可再生能源开发利用设备的本地化生产。” 第二十五条“对列入国家可再生能源产业发展指导目录、符合信贷条件的可再生能源开发利用项目，金融机构可以提供有财政贴息的优惠贷款。” 第二十六条“国家对列入可再生能源产业发展指导目录的项目给予税收优惠。具体办法由国务院规定。”

2.2.3　《国务院关于加强节能工作的决定》

公布日期	2006年8月6日
公布机关	国务院
相关内容	三、加快构建节能型产业体系 （九）优化用能结构。大力发展高效清洁能源。逐步减少原煤直接使用，提高煤炭用于发电的比重，发展煤炭气化和液化，提高转换效率。引导企业和居民合理用电。大力发展风能、太阳能、生物质能、地热能、水能等可再生能源和替代能源。

2.2.4　《节能减排综合性工作方案》

公布日期	2007年6月3日
公布机关	国务院
相关内容	积极推进能源结构调整。大力发展可再生能源，抓紧制订出台可再生能源中长期规划，推进风能、太阳能、地热能、水电、沼气、生物质能利用以及可再生能源与建筑一体化的科研、开发和建设，加强资源调查评价。

2.2.5 《可再生能源中长期发展规划》

公布日期	2007年9月
公布机关	国家发展和改革委员会
相关内容	可再生能源包括水能、生物质能、风能、太阳能、地热能和海洋能等，资源潜力大，环境污染低，可持续利用，是有利于人与自然和谐发展的重要能源。 地热能利用包括发电和热利用两种方式，技术均比较成熟。到2005年底，全世界地热发电总装机容量约900万千瓦，主要在美国、冰岛、意大利等国家。地热能热利用包括地热水的直接利用和地源热泵供热、制冷，在发达国家已得到广泛应用，近5年来全世界地热能热利用年均增长约13%。 据初步勘探，我国地热资源以中低温为主，适用于工业加热、建筑采暖、保健疗养和种植养殖等，资源遍布全国各地。适用于发电的高温地热资源较少，主要分布在藏南、川西、滇西地区，可装机潜力约为600万千瓦。初步估算，全国可采地热资源量约为33亿吨标准煤。 地热发电技术分为地热水蒸气发电和低沸点有机工质发电。我国适合发电的地热资源集中在西藏和云南地区，由于当地水能资源丰富，地热发电竞争力不强，近期难以大规模发展。近年来，地热能的热利用发展较快，主要是热水供应及供暖、水源热泵和地源热泵供热、制冷等。随着地下水资源保护的不断加强，地热水的直接利用将受到更多的限制，地源热泵将是未来的主要发展方向。 今后十五年我国可再生能源的总体发展目标："提高可再生能源比重，促进能源结构调整……加快发展水电、生物质能、风电和太阳能，大力推广太阳能和地热能在建筑中的规模化应用，降低煤炭在能源消费中的比重，是我国可再生能源发展的首要目标。" 具体发展目标：充分利用水电、沼气、太阳能热利用和地热能等技术成熟、经济性好的可再生能源，加快推进风力发电、生物质发电、太阳能发电的产业化发展，逐步提高优质清洁可再生能源在能源结构中的比例，力争到2010年使可再生能源消费量达到能源消费总量的10%左右，到2020年达到15%左右。 投资估算：从2006年到2020年，新增1.9亿千瓦水电装机，按平均每千瓦7000元测算，需要总投资约1.3万亿元；新增2800万千瓦生物质发电装机，按平均每千瓦7000元测算，需要总投资约2000亿元；新增约2900万千瓦风电装机，按平均每千瓦6500元测算，需要总投资约1900亿元；新增6200万户农村户用沼气，按户均投资3000元测算，需要总投资约1900亿元；新增太阳能发电约173万千瓦，按每千瓦75000元测算，需要总投资约1300亿元。加上大中型沼气工程、太阳能热水器、地热、生物液体燃料生产和生物质固体成型燃料等，预计实现2020年规划任务将需总投资约2万亿元。 能源效益：初步估算，可再生能源达到2020年的利用量时，年发电量相当于替代煤炭约6亿吨，沼气年利用量相当于240亿立方米天然气，燃料乙醇和生物柴油年用量相当于替代石油约1000万吨，太阳能和地热能的热利用相当于降低能源年需求量约7000万吨标准煤。可再生能源的开发利用对改善能源结构和节约能源资源将起到重大作用。

2.3 与建筑节能相关的国家政策

2.3.1 《民用建筑节能条例》

公布日期	2008年8月1日
公布机关	国务院法制办公室
相关内容	第一章第四条：国家鼓励和扶持在新建建筑和既有建筑节能改造中采用太阳能、地热能等可再生能源。

2.3.2　《节能中长期专项规划》

公布日期	2004 年 11 月
公布机关	国家发展和改革委员会
相关内容	节能重点领域的第三点：建筑、民用、商用建筑中指出："'十一五'期间……鼓励采用蓄冷、蓄热空调及冷热电联供技术，中央空调系统采用风机水泵变频调速技术，节能门窗、新型墙体材料等。加快太阳能、地热等可再生能源在建筑物的利用。"

2.3.3　《"十一五"十大重点节能工程实施意见》

公布日期	2006 年 7 月
公布机关	发展和改革委员会、科技部、财政部、建设部
相关内容	在建筑节能工程中"开展再生能源技术城市级示范活动，探索推广机制和模式，包括太阳能利用、淡水源热泵、海水源热泵、浅层地能利用和可再生能源技术集成等。完善新建建筑设计规范，推行建筑物与可再生能源一体化进程。"

2.3.4　《建设部关于建设领域资源节约今明两年重点工作的安排意见》

公布日期	2005 年 6 月 23 日
公布机关	建设部科技司
相关内容	认真贯彻落实《可再生能源法》，结合实际情况，建设领域可再生能源利用的重点是抓好以下几方面工作：一是太阳能光热在建筑中的推广应用及光电在建筑中的应用研究；二是地源热泵、水源热泵在建筑中的推广应用；三是热电冷三联供技术在城市供热、空调系统中的研究与应用；四是生物质能发电技术的研究与应用；五是太阳能、沼气和风能在集镇中的推广应用；六是垃圾燃烧在发电、供热中的应用。

2.3.5　《建设部、财政部关于推进可再生能源在建筑中应用的实施意见》

公布日期	2006 年 8 月 25 日
公布机关	建设部、财政部
相关内容	充分认识推进可再生能源在建筑领域规模化应用的重要意义："利用太阳能、浅层地能等可再生能源解决建筑的采暖空调、热水供应、照明等，是可再生能源应用的重要领域，对替代常规能源，促进建筑节能具有重要意义。" 推进可再生能源在建筑领域应用指导思想及工作目标："预计到'十一五'期末，太阳能、浅层地能应用面积占新建建筑比例为 25% 以上，到 2020 年，太阳能、浅层地能应用面积占新建建筑面积比例为 50% 以上。" 重点技术领域。国家重点支持以下技术领域中应用可再生能源的示范工程、技术集成及标准制定：2. 地表水及地下水丰富地区利用淡水源热泵技术供热供冷；3. 沿海地区利用海水源热泵技术供热制冷；4. 利用土壤源热泵技术供热制冷；5. 利用污水源热泵技术供热制冷。

2.3.6 《可再生能源建筑应用专项资金管理暂行办法》

公布日期	2006年9月4日
公布机关	财政部、建设部
相关内容	专项资金支持的重点领域： （一）与建筑一体化的太阳能供应生活热水、供热制冷、光电转换、照明； （二）利用土壤源热泵和浅层地下水源热泵技术供热制冷； （三）地表水丰富地区利用淡水源热泵技术供热制冷； （四）沿海地区利用海水源热泵技术供热制冷； （五）利用污水源热泵供热制冷； （六）其他经批准的支持领域。 专项资金使用范围： （一）示范项目的补助； （二）示范项目综合能效检测、标识，技术规范标准的验证及完善等； （三）可再生能源建筑应用共性关键技术的集成及示范推广； （四）示范项目专家咨询、评审、监督管理等支出； （五）财政部批准的与可再生能源建筑应用相关的其他支出

同时，建设部和财政部对于可再生能源建筑的评审还发布了《可再生能源建筑应用项目评审办法》。《可再生能源建筑应用项目评审办法》及《可再生能源建筑应用专项资金管理暂行办法》全文见附录。

2.4 地方政府关于建筑节能的相关政策

2.4.1 《北京市"十一五"时期建筑节能发展规划》

公布日期	2006年9月8日
公布机关	北京市发展和改革委员会
相关内容	2010年前，全市建成采用太阳能进行建筑供热的建筑100万m^2，采用地热源、污水源、生物质能等可再生能源进行建筑供热的建筑1500万m^2，可再生能源在建筑供热、空调和照明利用率达到建筑总能耗的4%以上。 在建筑中大力推广使用可再生能源。 加强项目立项时合理用能和节能措施的论证和审查，加强宣传、协调和服务，在奥运场馆、政府机构办公楼、大型公共建筑、新农村建设、别墅区、旧村改造和既有建筑节能改造中大力推广使用可再生能源。 1. 大力推广使用太阳能 将太阳能利用列入推广使用可再生能源的重点，出台《民用建筑太阳能热水系统技术应用规范》北京地区实施细则、太阳能热水系统与建筑结合的设计图集。在六层以下建筑、新农村建设、别墅区、既有建筑节能改造中大力推广使用太阳能供热技术，小区广场灯、路灯、公共绿地等推广采用太阳能电池供电。分阶段推进太阳能建筑的发展，最终达到太阳能建筑的普及和推广。 2. 积极推广使用地热能、污水源、生物质能等新能源 在有条件的地区推广使用污水源热泵进行建筑供热技术，在农村地区推广使用高效高品位利用生物质能等供热技术，积极推广土壤源热泵供热技术。根据地下水的水文地质条件、地下水的水质分布情况、地面沉降情况和水源地的分布情况，对地下水源热泵应用的适宜性进行分区和规划，完善相应的申报审批程序，编制相应的应用技术标准规程，组成专门机构对地源热泵技术应用进行审查，有效地保证该技术的合理应用，积极、稳妥地推广地源热泵技术。

2.4.2 《山东省墙体材料革新与建筑节能“十一五”发展规划》

公布日期	2007年8月14日
公布机关	山东省建设厅
相关内容	积极推动新能源和可再生能源在建筑中的应用。我省太阳能、地热资源比较丰富。太阳辐射量平均为5400MJ/（m^2·年），可应用浅层地能资源达15亿吨标准煤，潜力巨大。积极开展太阳能、地热能、生物质能等可再生能源在建筑中的应用技术研发和推广，组织编制可再生能源建筑应用规划，大力推进可再生能源在建筑中的应用工作。

2.4.3 《河北省建筑节能（2007—2010年）发展规划》

公布日期	2007年12月19日
公布机关	河北省建设厅
相关内容	到2010年底，太阳能、浅层地能等可再生能源应用面积占新建建筑面积比例达到35%以上。

2.4.4 《陕西省建筑节能条例》

公布日期	2006年9月28日
公布机关	陕西省第十届人民代表大会常务委员会第二十七次会议
施行日期	2007年1月1日
相关内容	第十二条　县级以上人民政府应当在节能专项资金中安排建筑节能专项资金，用于支持下列活动： （一）建筑节能的科学技术研究、标准制定和示范工程； （二）建筑能耗测评； （三）既有建筑节能改造； （四）可再生能源在建筑物及其建设中的应用； （五）节能型建筑结构、材料、器具和产品的开发和生产。 第十七条　建设单位在进行建设工程可行性研究时，应当对太阳能、地热能等可再生能源利用条件进行评估；具备条件的，应当将可再生能源用于建筑物的供热、制冷、照明，并与建筑物主体同步设计、同步施工、同步验收。

2.4.5 河南省《关于加强节能工作决定的实施意见》

公布日期	2006年11月1日
公布机关	河南省人民政府
相关内容	新建公共建筑要大力推广新型墙体材料和太阳能、浅层地热能等可再生能源的应用，达不到建筑节能标准的建筑物不准开工建设和销售。

2.4.6 《浙江省建筑节能管理办法》

公布日期	2007年8月20日
公布机关	浙江省人民政府
施行日期	2007年10月1日
相关内容	第二章第七条：新建、改建、扩建建筑工程的节能设计和既有建筑的节能改造工程，应当尽可能利用太阳能、地热能等可再生能源。其中，新建12层以下的建筑，应当将太阳能利用与建筑进行一体化设计。

2.4.7 《厦门市建筑节能五年规划》

编制日期	2005年
编制机关	厦门市建设与管理局
相关内容	“建筑节能是在满足人民日益提高的生活需求的前提下，在建筑物的设计、施工和使用过程中，通过执行建筑节能的标准和政策，运用先进的节能建筑设计理念，开源节流，充分开发利用太阳能和地热资源等可再生能源，使用节能型的建筑材料和设备，提高建筑物的保温隔热和气密性能，提高采暖、制冷、通风、照明和热水供应系统的运行效率，以达到提高能源利用率和降低一次性不可再生能源使用量的目的。” “坚持节约建筑用能与开发新能源与可再生能源相结合。大力开发利用新能源与可再生能源，是优化能源结构、改善环境的一项战略措施。厦门地区地处炎热地区，有丰富的太阳日照资源，厦门岛外同安、集美、杏林地热资源丰富，应大力发展太阳能和地热资源的开发利用。” 发展步骤：“按建筑节能措施类型逐步展开，在重视改善围护结构保温隔热性能和建筑遮阳通风效果的同时，积极推进空调制冷系统、热水供应系统和照明系统的节能设计与运行管理工作，提高用能设备的整体效率，发展燃气空调和蓄冰技术，推广节能型生活热水系统，发展分布式供能系统；进而大力推进太阳能与地热能源等可再生能源在建筑中的运用。” 工作重点之一是“大力推进太阳能与地热能源等可再生能源在建筑中利用的工作。”

2.5 地方政府关于发展地源热泵的相关政策

2.5.1 北京市

文件名称	《关于发展热泵系统的指导意见》
发布日期	2006年5月
公布机关	北京市发展和改革委员会、规划委员会、建设委员会、科学技术委员会、财政局、水务局、国土局、环保局
实施日期	2006年7月1日
相关内容	鼓励发展的热泵系统包括：再生源热泵（含污水、工业废水等）、地源（土壤源）热泵、地下（表）水源热泵（含地下水、河流、湖泊、地热等）。 对于在市辖区内建设的各类项目，供热制冷系统选用热泵系统的给予一次性补助：地（表）下水源热泵的建筑35元/m^2，地源热泵和再生水源热泵50元/m^2。

续表

文件名称	《关于发展热泵系统的指导意见有关问题的补充通知》
公布日期	2007 年 5 月
公布机关	北京市发展和改革委员会、规划委员会、建设委员会、科学技术委员会、财政局、水务局、国土局、环保局
相关内容	申领补贴的范围、如何申领补贴
文件名称	《北京市节能减排综合性工作方案》
发布日期	2007 年 7 月
相关内容	适度发展地热能、风能。到 2010 年，热泵供暖制冷面积达到 3000 万 m^2，利用量提高到 55.2 万吨标准煤。建立科学的地热利用评价体系，鼓励民用和公共建筑项目开发利用地热能；加大全市地热能的资源勘查与评估，鼓励发展热泵技术，支持政府机构及医院、学校等政府投资的公共建筑项目和工业厂房，优先使用地热能；在有条件的地区优先使用热泵，逐步开发 1 至 2 个具备条件的热田。

《关于发展热泵系统的指导意见》及《关于发展热泵系统的指导意见有关问题的补充通知》全文见附录。

2.5.2 沈阳市

文件名称	《沈阳市地源热泵技术推广发展规划》 《沈阳市“十一五”时期地源热泵技术应用专项规划》
公布机关	沈阳市人民政府
发布日期	2006 年 8 月
文件名称	《沈阳市地源热泵系统建设应用管理办法》
公布机关	沈阳市人民政府
施行日期	2007 年 8 月 1 日
相关内容	第六条　对采用地源热泵系统的项目，系统用电按优惠价收取，并免收水资源费。 第七条　采用地源热泵系统供热的区域，享受市政府给予应用燃煤供热区域的全部优惠政策。
文件名称	《关于全面推进地源热泵系统建设和应用工作的实施意见》
公布机关	沈阳市人民政府
施行日期	2006 年 10 月 11 日
相关内容	在三环以内的 455km^2 的核心区范围内，对符合应用水源热泵技术的 409km^2 范围内的建筑物，原则上都要采用水源热泵技术规划建设。 在“四大城市发展空间”3551km^2 范围内，全市统一规划，有计划、有步骤地推进地源热泵系统建设和应用。 在全市 12980km^2 的市域面积内，全市统一规划，有计划、有步骤地推进地源热泵系统建设和应用。 到 2007 年底，计划全市实现地源热泵技术应用面积 1800 万 m^2。 从 2008 年起，每年建设和应用地源热泵技术不少于 1600 万 m^2，其中新建 1000 万 m^2，改造 600 万 m^2。到 2010 年底，计划全市实现地源热泵技术应用面积 6500 万 m^2，占全市当期供热面积的 32.5%。 对正在申报但未审批的建设项目和已经审批但尚未开工建设的项目；对已投入使用的公建，重点是机关办公场所、宾馆、酒店、写字楼等耗能大的建筑物要抓紧进行改造，采用地源热泵技术；对已投入使用的住宅，在具备条件的情况下，重点要对供热质量差的进行改造，采用地源热泵技术。

2.5.3 武汉市

文件名称	《武汉市热泵技术可行性研究报告》 《热泵技术推广应用专项规划》 《武汉市冬暖夏凉工程规划》
公布机关	武汉市发改委、建委、水务局、科技局
发布日期	2006年
主要内容	根据水文地质状况、土壤资源、地下水资源的状况对武汉市地源热泵的应用进行规划布局

文件名称	《武汉市地下水管理办法》
公布机关	武汉市发改委、建委、水务局、科技局
施行日期	2007年2月1日
主要内容	要求使用地下水源热泵系统的项目必须采取可靠的回灌措施，并同步建设观测井。

2.5.4 宁波市

文件名称	《宁波市节能与清洁生产专项资金使用管理暂行办法》
公布日期	2004年12月27日
公布机关	宁波市经济委员会、财政局
施行日期	2005年1月1日
相关内容	第三条　使用范围：3. 开发利用风能、太阳能、潮汐能、空气能、地热等可再生能源和新能源，加快能源供应结构调整的项目。 第四条　资助方式： 1. 列入宁波市清洁生产推广示范的企业项目，按项目实际投资额给予20%以内的补助。对单体企业或单个项目的当年最大补助额原则上控制在150万元以内。 2. 符合我市节能推广目录，单体投资额在100万元以上，达到20%以上节能效果的企业节能项目，按项目实际投资额给予8%的补助；单体企业的当年最大补助额原则控制在80万元以内。 3. 列入宁波市重点能源供应结构调整或循环经济项目，给予一定的财政资助。 4. 对实施自愿性清洁生产企业的审核费用，按实际审核费用支出，给予20%的补助。

2.5.5 重庆市

文件名称	《重庆市人民政府关于加强地热资源管理的意见》
公布日期	2007年8月1日
公布机关	重庆市人民政府
施行日期	2007年8月1日
相关内容	（十五）推进地热资源的综合利用。要发展特色温泉疗养，开展温泉种养殖试验，加大热泵技术在供热和制冷方面的研究和推广力度，推进地热资源的多元化。要按照地热温度差异，采用合理的工艺，实行梯级开发和综合利用，禁止将地热资源作为一般地下淡水开采使用，防止资源的浪费，使地热资源发挥最大的经济效益。

文件名称	《重庆市可再生能源建筑应用示范工程专项补助资金管理暂行办法》
公布日期	2007年10月31日
公布机关	重庆市财政局，重庆市建设委员会

续表

施行日期	2007 年 10 月 31 日
相关内容	第五条 补助标准：（一）利用可再生能源热泵机组的空调，按机组额定制冷量每千瓦补贴人民币 800 元。（二）利用可再生能源的高温热泵机组，按机组额定制热量每千瓦补贴人民币 900 元。 第八条 市建委、市财政局委托具备相应条件的机构对建设单位提供的购买与可再生能源建筑应用相关设备的凭据等材料进行核实，并出具核实意见。市建委、市财政局对核实情况属实的项目，在主要设备开始安装后，拨付专项补助资金的 30%。 第九条 示范工程能效测评和专项验收后，市建委、市财政局根据能效测评和专项验收报告，对达到相关标准要求的项目，拨付剩余 70% 专项补助资金。对未达到相关标准和要求的项目，不予拨付剩余 70% 专项补助资金，并追回已拨付的补助资金。 第十四条 享受国家可再生能源建筑应用专项资金资助的示范工程，只享受我市专项补助资金的 30%。

文件名称	《重庆市可再生能源建筑应用示范工程管理办法》
公布日期	2007 年 5 月 24 日
公布机关	重庆市建设委员会
相关内容	适用对象："本办法所指的可再生能源建筑应用技术主要包括利用长江、嘉陵江、市内其他次级河流、湖泊、水库、污水等水源热泵技术供热制冷及提供生活热水；利用地源热泵技术供热制冷及提供生活热水；太阳能建筑一体化技术等。" 示范工程的申报条件 示范工程的组织实施步骤

2.5.6 河北省

文件名称	《河北省地热资源管理条例》
公布机关	河北省第十届人民代表大会常务委员会
施行日期	2006 年 11 月 1 日
相关内容	县级以上人民政府地质矿产行政主管部门应当在每年年初会同有关主管部门，根据地热资源勘查开发利用规划和地热资源开发利用情况，确定当地的热水型地热资源年度开采限额。开采时，应采用先进设备工艺，梯级开发，综合利用。在适合回灌的地热田内开采地热资源，采矿权人应当制定回灌方案，避免地热资源的浪费。回灌方案应当经省人民政府地质矿产行政主管部门审批，同时报水行政主管部门备案。对实施回灌的采矿权人可按回灌量减收其应缴纳的地热矿产资源补偿费。

2.5.7 天津市

文件名称	《天津市地源热泵系统管理暂行规定》
公布日期	2006 年 12 月 30 日
公布机关	天津市水利局
施行日期	2006 年 12 月 30 日
主要内容	对天津市地源热泵系统的建设、施工及运行管理做出了系统规定

此外，大连、青岛正在积极推进海水源热泵技术；天津、成都、西安、郑州、唐山等城市也都将地源热泵作为推广应用的重点节能技术，相关政策也在酝酿当中。

第3章　国际经验及发展状况

地源热泵的概念最早起源于欧洲，但实际大范围使用还是起源于石油危机之后。进入20世纪90年代后，很多应用地源热泵的国家都能保持每年10%的应用增长率，截止2000年，根据27个主要国家（不包括中国）的统计数据，全世界总装机容量为6874MWt，年利用能量为23287 TJ/年（6453GWh/年）。根据不完全统计全世界有50万台机组在运行，如果按照12kW作为当量进行统计的话（美国和西欧的典型住宅地源热泵系统容量），世界上57万台机组正在使用。2000年之后，很多国家的地源热泵系统也有了超快速的发展，但目前暂无各个国家地源热泵使用情况的完全统计。

截止2000年，美国共有40万台水源热泵机组运行，大部分系统安装于中西部地区和东部地区，从北达科他州到佛罗里达州都有应用，其水源热泵机组使用总数量占全世界的70%，至2005年，美国地源热泵系统的安装已经超过100万套，每年的增长速度均超过25%，其中2005年增长速度约为50%，预计到2010年全美还会增加140000台新系统。在美国大部分地区，此系统主要用于冷热双供，通常按照夏季制冷需求匹配机组，相对于冬季供暖负荷来说机组可能会偏大（除少数北方州）；加拿大受美国影响，对此系统的接受程度比较高，而且加拿大的地源热泵推进得非常系统，政府补助和行业协会的推动对其发展起到了非常良好的作用，2005年加拿大的地源热泵市场几乎翻了一番。

欧洲大部分地区此系统用于供热，而且一些建筑只用地源热泵系统提供基础负荷，峰值负荷由燃油或燃气锅炉提供。欧洲主要国家如奥地利、德国、瑞典、瑞士等国，作为地源热泵技术的先行者也根据各国的具体能源组成情况以及相应的地质气候条件，选择了不同类型地源热泵系统进行推广应用。

亚洲地区由于经济、地域、气候类型等原因，选择日本进行介绍。

2000年世界利用地源热泵的主要国家的利用情况见表3-1。

2000年世界利用地源热泵的主要国家的利用情况　　**表3-1**

国　　家	总装机容量（MWt）	年利用能量（TJ/年）	供热量（GWh/年）	实际台数	当量台数（12kW为1台计）
澳大利亚	24	57.6	16	2000	2000
奥地利	228	1094	303.9	19000	19000
保加利亚	13.3	162	45	16	1108
加拿大	360	891	247.5	30000	30000
捷克	8.0	38.2	10.6	390	663
丹麦	3	20.8	5.8	250	250
芬兰	80.5	484	134.5	10000	6708

续表

国 家	总装机容量 (MWt)	年利用能量 (TJ/年)	供热量 (GWh/年)	实际台数	当量台数 (12kW 为 1 台计)
法国	48	255	70.8	120	4000
德国	344	1149	319.2	18000	28667
希腊	0.4	3.1	0.9	3	33
匈牙利	3.8	20.2	5.6	317	317
冰岛	4	20	5.6	3	333
意大利	1.2	6.4	1.8	100	100
日本	3.9	64	17.8	323	323
立陶宛	21	598.8	166.3	13	1750
荷兰	10.8	57.4	15.9	900	900
挪威	6	31.9	8.9	500	500
俄罗斯	1.2	11.5	3.2	100	100
波兰	26.2	108.3	30.1	4000	2183
塞尔维亚	6	40	11.1	500	500
斯洛伐克	1.4	12.1	3.4	8	117
斯洛文尼亚	2.6	46.8	13	63	217
瑞典	377	4128	1146.8	55000	31417
瑞士	500	1980	550	21000	41667
英国	0.6	2.7	0.8	49	53
美国	4800	12000	3333.6	350000	400000
总和	6875.4	23286.9	6453.1	512678	572949

3.1 北美地源热泵发展状况

北美大陆主要分布在 25°N ~ 85°N，20°W ~ 170°W 之间。北起北冰洋，南至墨西哥湾，东靠大西洋，西临太平洋。主要范围包括：加拿大、美国、丹麦的格陵兰岛。冬冷夏热的温带大陆性气候从中部向北直到北极圈，北部以北寒带为主。美国大部分地区的气候属温带和亚热带气候，仅佛罗里达半岛南端属热带。阿拉斯加州位于北纬 60° ~ 70°之间，属北极圈内的寒冷气候区；夏威夷州位于北回归线以南，属热带气候区。加拿大地处高纬，90% 以上的国土在北纬 50° ~ 80°之间，西部科迪勒拉山系阻挡太平洋温湿气流东侵，大部分地区受北冰洋气团和极地大陆气团控制，气候寒冷是最突出的自然地理特征。

如表 3-1 所示，北美尤其是美国地源热泵系统的使用面积和当量台数最大，各项指标都远远超过了世界上其他国家的利用规模。经过几十年的发展，地源热泵技术在北美已非常成熟，是一种被广泛采用的供热空调技术。针对水源热泵机组、地热换热器，系统设计和安装有一整套标准、规范、计算方法和施工工艺。而加拿大和美国由于气候条件、政府支持力度、技术水平的不同，地源热泵发展的情况也不尽相同。下面将分别介绍美国和加拿大地源热泵的发展情况。

3.1.1 美国地源热泵的发展概况

1. 应用情况简介

美国的地源热泵起源于地下水源热泵。由于土壤源热泵的初投资高、计算复杂以及金属管的腐蚀等问题，早期美国的地源热泵中土壤源占的比例比较小，主要以地下水源热泵为主。早在20世纪50年代，美国市场上就开始出现以地下水或者河湖水作为热源的地源热泵系统，并用它来实现采暖，但由于采用的是直接式系统，很多系统在投入使用10年左右的时间由于腐蚀等问题失效了，地下水源热泵系统的可靠性受到了人们的质疑。

20世纪70年代末80年代初，在能源危机的促使下，人们又开始关注地下水源热泵。通过改进，水源热泵机组扩大了进水温度范围，加上欧洲板式换热器的引进，闭式地下水源热泵逐渐得到广泛应用。

与此同时，人们也开始关注土壤源热泵系统。在美国能源部（DOE）的支持下，美国橡树山（Oak Ridge National Laboratory，ORNL）和布鲁克海文（Brookhaven National Laboratory，BNL）等国家实验室和俄克拉荷马州立大学（Oklahoma State University，OSU）等研究机构进行了大量的研究。主要研究工作集中在地下换热器的传热特性、土壤的热物性、不同形式埋管换热器性能的比较研究等。为了解决腐蚀问题，地埋管也由金属管变成了聚乙烯等塑料管。至此，美国进行了多种形式的地下埋管换热器的研究、安装和测试工作。现在美国所安装的土壤源热泵主要是闭式环路系统，它根据塑料管的安装形式的不同可分水平埋管和垂直埋管，此系统可以被高效地应用于任何地方，也正是土壤源热泵系统的广泛应用推动了最近几十年美国地源热泵产业的快速增长。

1998年美国能源部要求在具有使用条件的联邦政府机构建筑中推广应用土壤源热泵系统。为了表示支持这种节能环保的新技术，美国总统布什在他得克萨斯州的宅邸中也安装了这种地源热泵系统。进入21世纪后，美国地源热泵的使用量随着其建筑规模的扩大也逐渐增加。如图3-1所示是1983~2007年美国每年地源热泵安装数量的曲线。

从图3-1可以明显地看出从1990~2000年美国地源热泵年平均增长率保持在15%以上。从2005~2007年美国地源热泵呈现快速增长趋势，目前地源热泵在美国50个州都有应用，2007年全年地源热泵系统超过了45000套。

根据统计，2006年美国各个州的地源热泵安装数量情况如图3-2所示。

其中，地源热泵系统在单体住宅中占63%，商业建筑占37%。在单体住宅中，新建建筑占75%，但目前受美国次贷危机影响此比例在逐渐下降；既有建筑改造25%，未来此比例可上升到35%。在商业建筑中，学校、政府办公建筑、宗教建筑、办公建筑和零售商店均有应用。

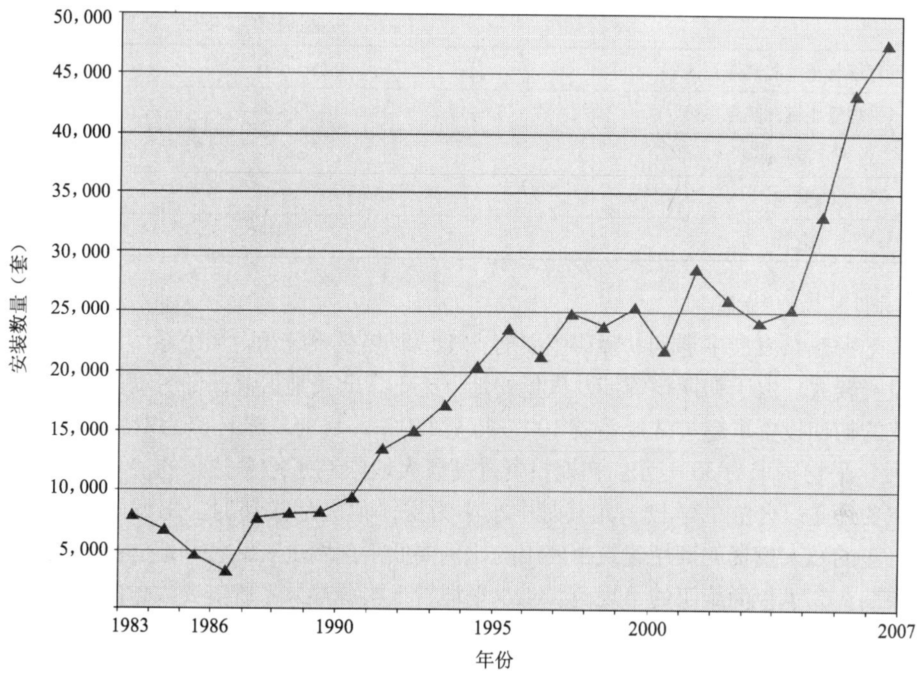

图 3-1 1983～2007 年美国地源热泵年安装数量

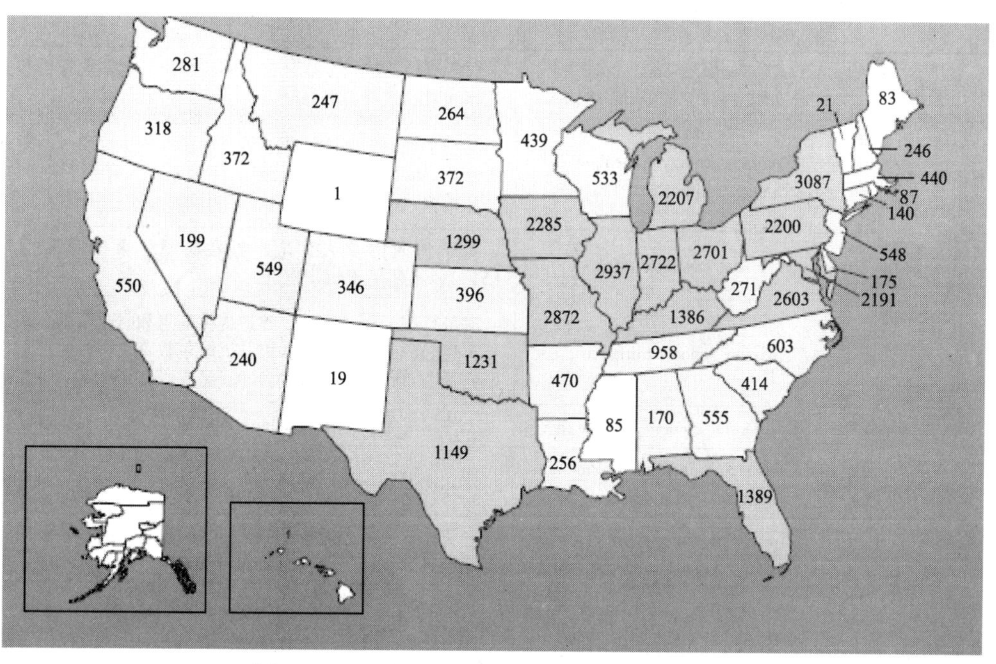

图 3-2 2006 年美国各个州的地源热泵安装数量

各种不同系统安装的数目和比例见表3-2。

美国地源热泵目前安装比例 表3-2

	安装的比例（%）
垂直埋管土壤源热泵系统	46
水平埋管土壤源热泵系统	38
地下水源热泵系统	15
其他	1
总计	100

2. 障碍和激励措施

美国地源热泵发展中遇到的障碍主要有：①地源热泵系统相对传统系统以及空气源热泵的一次投资较大。由于初期投资涉及大量的地下施工，北美地区高昂的劳动力成本使得地源热泵系统的初期投资可超过常规系统100%乃至150%，目前每米环路的费用大约是11.5~55.8美元，平均每米为36美元。初期投资过高极大地限制了地源热泵的使用。在目前的应用中，主要还是以公立的学校，尤其是中小学为主，其次是联邦的公用设施，包括军用设施。在真正的私人投资的商用建筑中使用的比例要低于前两者。②各种地方法规对地源热泵使用的限制。③承包商施工的不规范。④水平埋管土壤源热泵系统需要大量的土地面积。

为了促进地源热泵的发展，美国地方政府也相继出台了很多激励措施来鼓励地源热泵的发展，如表3-3所示。

美国地源热泵的激励措施 表3-3

州	计划名称	描述
伊利诺伊州	The Governor's Small Business $mart Energy Program（SB $E）	对既有建筑进行节能评估，同时给出节能整改意见和方案，同时改进筹款机制
印第安纳州	Indiana Energy Education &Demonstration Grant Program	奖励小规模的节能和使用可再生能源的示范项目。对象为商业，非营利的公共机构，以及地方政府部门（包括公立学校）
马萨诸塞州	Sales Tax Exemption	对于州内的个人住宅，免除地源热泵国家营业税（5%）。不适用于商业建筑
	Green Schools Initiative	对可行性分析、设计、建造提供信息和财政帮助。采用可再生能源的绿色公立学校开展绿色教育。授权的可行性研究资助20000美元，对设计和建造资助639000美元
蒙大拿州	Residential Income Tax Credit	允许居民由于地源热泵的安装申请1500美元的免税
	Universal System Benefits Program Renewable Energy Fund	西北能源公司周期性地向可再生能源工程提供资金帮助
纽约州	New York Energy $mart[SM] Loan Fund	对节能和可再生能源项目给予为期10年或者整个贷款期降低贷款利率的激励
	New construction Program	对于安装有节能设备或者超过国家节能标准的建筑给予财政补贴。对于单个地源热泵工程最大的补贴为50000美元
	FlexTech Services for Energy Feasibility Studies	由能源工程师进行能量可行性研究来确立节能方案。这个计划来分担高达50000美元的费用。可行性研究可能包括地源热泵系统的比较分析

续表

州	计划名称	描述
纽约州	Long Island Power Authority Rebate program	对于采用地源热泵系统的个人或者商业用户给予补助。对于住宅，安装地源热泵系统给予600~800美元/吨，对于改造的给予150~250美元/吨
北达科他州	Income Tax Credit	任何该州的纳税人都可以因为地源热泵系统的安装而申请为期五年的个人所得税减免3%的优惠
	Tax Exemption	对于安装了地源系统5年的免除当地财产税
威斯康星州	Renewable Energy Program	业主可以借1000~20000美元的低息贷款

3. 专业协会，企业以及培训机制

在美国地源热泵发展过程中各种公共机构和学会/协会功不可没。1994年，为了大力发展地源热泵，美国能源部（DOE）、美国国家农村电气合作协会（National Rural Electric Cooperative Association，NRECA）、美国电力研究所（Electric Power Research Institute，EPRI）和国际地源热泵协会（International Ground Source Heat Pump Association，IGSHPA）等组织与相关的工厂、实验室、研究所和大学合作建立了许多项目。其中，最著名的是“国家能源综合规划项目（NECP）”，它的目标是：①到2000年，每年减排温室气体150万吨；②到2000年，水源热泵机组的年销售量从4万台增加到40万台；③为地源热泵提供一个持续发展的市场。为了实现这些目标，项目组委会成立了初投资竞争委员会、技术保证委员会和公共建筑加强委员会，解决项目运作中的问题。

美国能源环境研究中心（Energy & Environmental Research Center）、美国地下水资源联合会（National Ground Water Association）、爱迪生电力研究所（Edison Electric Institute）及众多地源热泵制造设计销售公司以及政府机构和建筑商在1997~2001年五年时间里投入1亿美元，通过技术研发、培训、示范工程、宣传与市场推进、公共认知等方面的努力，极大地帮助了美国的地源热泵企业，尤其是中小企业。目前资金投入已经结束，但由于该资金而诞生的机构——美国地源热泵工业联合会（Geothermal Heat Pump Consortium，GHPC）仍然在起作用，并且进一步提供更深层次的服务。除了对公众的帮助以外，联合会还直接参与执行美国最大能源消费州，如纽约州、加利福利亚州和伊利诺伊州的新能源计划。此计划同时规划在全美地区1997~2001年每年安装40万套地源热泵系统，届时将降低温室气体排放100万吨，相当于减少50万辆汽车的污染物排放或植树100万英亩，年节约能源费用达4.2亿美元，此后，每年节约能源费用再增加1.7亿美元。目前计划已完成。

除美国地源热泵工业联合会以外，在美国，推动地源热泵发展的另一个功不可没的机构是美国联邦能源管理项目（Federal Energy Management Program），这是一个对联邦设施提供顾问咨询的机构，主要依托单位是美国橡树山国家实验室（ORNL），此机构直接参与的地源热泵项目达4000余个。

国际地源热泵协会（IGSHPA）是一个非营利的组织。它致力于地源热泵在地方、州、国家以及国际水平上的发展。它通过以下途径来完成使命：

- GSHP技术的研发；
- 每年组织两次GSHP论坛；
- 广泛地提供GSHP培训；

- 向政府机构和团体提供建议；
- 向用户提供信息；
- 出版教育和营销资料；
- 为政府机构、研究机构、制造商、合同商、安装者等的交流提供平台。

协会向工程师、安装人员、建筑师、制造商、合同商、营销者等提供培训，它有10余年的培训经验，认证了数以千计的安装人员。

美国水源热泵机组的主要制造厂商有Addison Products Company、Advanced Geothermal Technology、Carrier Corporation、ClimateMaster Inc.、Econar Energy Systems Corporation、FHP Manufacturing、Mammoth Inc.、The Trane Company、WaterFurnace International（按英文字母排序）等公司。美国的水源热泵机组的研究和应用更偏重用于住宅和商业小型系统（20RT以下），多采用水—空气系统，如大家熟知的TRANE等推出的产品。在大型建筑方面，美国推行水环热泵系统。目前的机组性能提升主要表现在以下几个方面：①进一步提高效率，提出了更新、更高的标准。2003年，市场上的热泵机组能达到10SEER的仅有85%，2006年的强制性标准已经是13SEER，部分企业追求的效率接近19SEER（注意这里不使用EER而使用SEER有特殊的意义）。②采用新型制冷剂。目前在其他地区以134a为主，欧洲407c较为常见，而在北美，由于对效率的追求，选择的替代物以R410a为主流。③追求静音。北美机组以前在这方面一直是不理想的，但最近两年，各制造商对这方面充分重视，机组噪声得到明显改善。

美国地源热泵新技术的发展方向主要为：①能源部正着手对一类新土壤源热泵的概念进行实际工程检验。②通过提高施工水平以及相关新设备的开发，使系统初投资降低70%。③研究更加简单、容易操作的机组。④系统低维护甚至是零维护的研究。⑤不断提高系统性能。

4. 中美之间在地源热泵领域的交流

在地源热泵的发展上，中国和美国展开了积极的合作。美国能源部和中国科技部于1997年11月签署了中美能源效率及可再生能源合作议定书，其中主要内容之一是“地源热泵的推广”，该项目拟在中国的北京（代表北部寒冷地带）、宁波（代表中部夏热冬冷地带）和广州（代表南部亚热带）3个城市各建一座采用地源热泵系统供冷供热的商业建筑，以推广运用这种“绿色技术”，缓解中国对煤炭和石油的依赖程度，从而达到能源资源多元化的目的。与此同时，科技部委托的中国企业公司酝酿将美国的地源热泵技术及设备引进中国市场，以促进我国地源热泵的市场化、产业化的发展，并使我国地源热泵的研究开发尽快跟上国际潮流。

2000年6月，在北京召开了“中美地源热泵技术交流会”，会议介绍了国外地源热泵的应用情况，会议的主题是“提供运用地源热泵技术为小区域公用楼宇采暖制冷，大幅降低运行费用的节能解决方案”。

2001年中国建筑科学研究院空气调节研究所徐伟等人翻译的《地源热泵工程技术指南》向国内的地源热泵设计和施工人员系统地介绍了北美在地源热泵发展中积累的技术经验，积极地推动了北美技术在中国的借鉴和引用。

2008年6月中美地源热泵技术与标准研讨会在北京国际会议中心召开。来自国内外企业及设计院、学院200余名代表热情参与了此次中美地源热泵行业专家云集的权威研讨会。会议围绕中美两国地源热泵技术与标准的比较区分，阐述了中国地源热泵的发展要结合自身国情，创造中国技术的主旨。

5. 典型工程

如图 3-3 所示为美国肯塔基州，路易斯维尔的 Galt House East 酒店和 Waterfront 办公建筑。一共 5 栋建筑，总面积为 154000m^2，其地下水源热泵系统于 1984 年完成。总容量 4700t 的系统用来满足这些建筑制冷和供热的需求。系统采用 42m 含水层处温度为 14℃的地下水作为冷热源，设有三口抽水井，每个流量为 2650L/min。其中的 Galt House East 酒店，面积为 69000m^2，建于 1984 年，使用一个 1700t 的地源热泵系统。每吨的安装费用平均为 1500 美元，而传统的空调可能需要 2000～3000 美元/t。此系统每个月可节约 25000 美元的能源消耗费用，而且相对于传统暖通空调系统节约了大约 2320m^2 的商业用地。

图 3-3 美国肯塔基州地下水源热泵项目

在路易斯安那州的 Fort Pork，1995～1996 年间对 4000 户居民进行了地源热泵节能改造，将传统空调系统改造为土壤源热泵系统。改造以前该地区每天的能耗模拟值（TRNSYS 模拟）和实测值如图 3-4 所示。

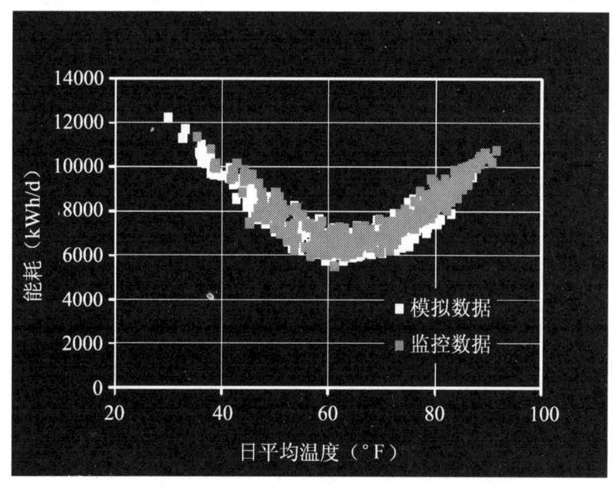

图 3-4 改造前的实测和模拟能耗

如图3-5所示，改造后一个测试季内地源热泵系统比传统空调系统节电33%，同时降低了夏季用电峰值负荷43%。

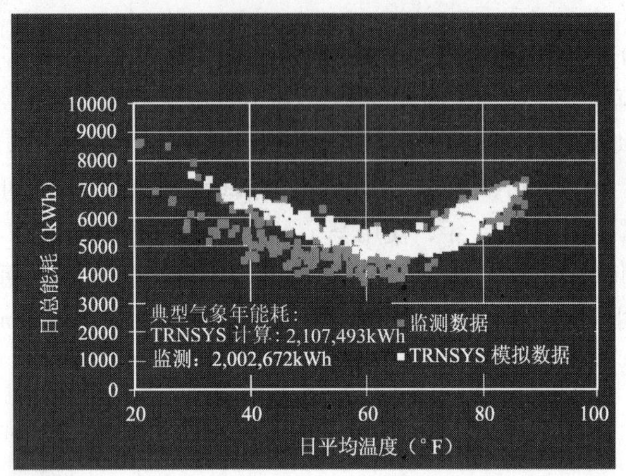

图3-5 改造后的模拟和实测能耗

2003年又对该系统进行了一次回访，测试了一些运行情况，结果如图3-6所示。

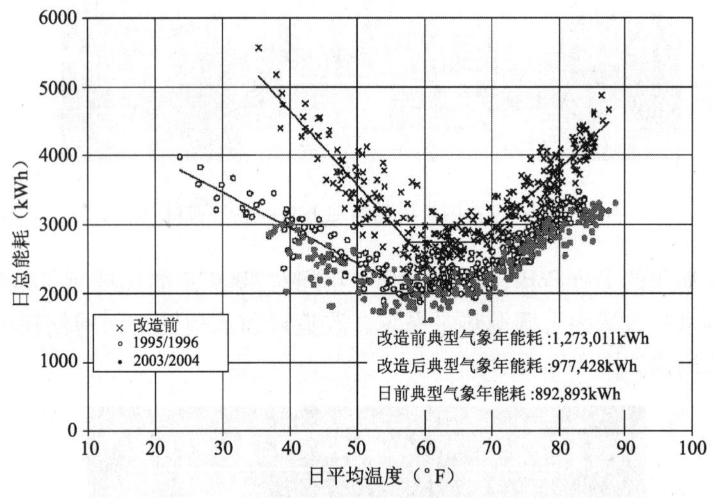

图3-6 改造后的模拟和实测能耗

3.1.2 加拿大地源热泵的发展

1. 市场情况简介

加拿大是一个十分注重环保节能技术发展和应用的国家。当地源热泵技术凭借良好的环保和节能优势进入加拿大市场后很快得到了政府的大力支持。在地源热泵进入加拿大市场的初期阶段，加拿大政府资助过一些重大的地源热泵示范项目，并在20多个省鼓励市政部门和公立学校、医院等率先安装地源热泵系统，20世纪90年代加拿大地源热泵系统开始迅速发展。图3-7显示了在政府出台相关政策后，1990~1994年加拿大的水源热泵机组安装情况。

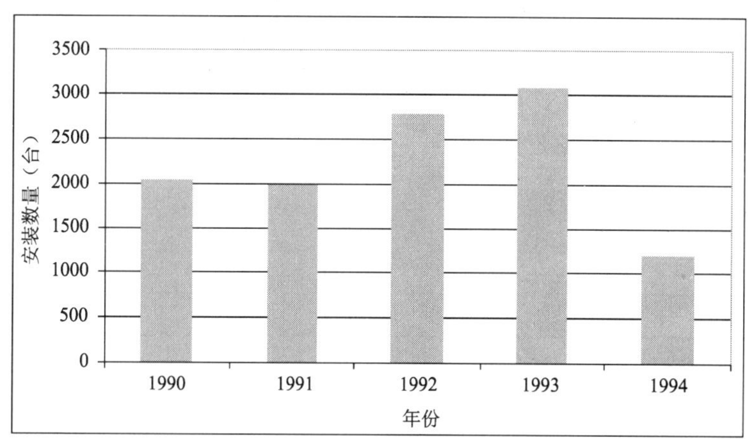

图 3-7 1990～1994 年加拿大水源热泵机组安装数目

图 3-8 显示了 1997～2002 年加拿大水源热泵机组销售数量。在加拿大地源热泵系统中，闭式环路系统（closed-loop）占 55%，开式环路（open-loop）占 40%，直接膨胀式（Direct Expansion）占 5%。并且这个比例在最近的十几年内都没有多大的变化。表 3-4 和表 3-5 分别显示了 2002 年加拿大各种容量机组应用的情况，加拿大各种容量机组的构成比例每年基本保持不变。

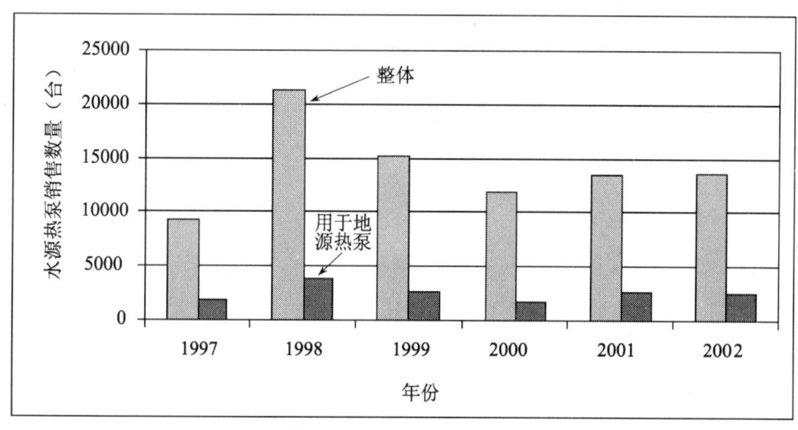

图 3-8 1997～2002 年加拿大水源热泵机组销售数量

加拿大 2002 年各种容量机组的组成情况 **表 3-4**

机组容量（Btu/h）	比例（%）
6000～10400 及 6000 以下	1.6
10500～21900	8.7
22000～38900	38.2
39000～64900	42.9
65000 及以上	8.3

加拿大2002年机组容量和系统的组成情况 **表3-5**

机组容量（Btu/h）	各种容量的百分比		
	水平埋管	垂直埋管	其　他
6000～10400	88%	12%	0%
10500～21900	58%	35%	6%
22000～38900	29%	58%	13%
39000～64900	21%	69%	10%
65000以上	25%	69%	6%

注：3412Btu/h＝1kW。

加拿大2004年制定的可持续发展战略计划在2004～2008年的四年时间里安装25000台水源热泵机组用于非居住建筑，150000台机组用于居住建筑，使居住建筑和非居住建筑的水源热泵机组的安装数量在2004年的基础上翻一番，也就是达到200000台的目标。同时，加拿大政府采取了一定的补贴政策和保护措施，使地源热泵系统的安装每年以20%以上的速度递增，处于各种热泵系统的首位。为了推动可再生能源生产，保护环境，2007年1月，加拿大总理哈珀宣布了一个为期10年的加拿大政府能源计划，该计划将为再生生态能源提供15亿加元的扶持资金，旨在促进加拿大包括风能、生物能源、小型水力和海洋能源、地热、太阳能等可再生能源的开发，这个计划的实现必将对加拿大的地源热泵技术的应用和发展有十分重大的意义。

2. 障碍和解决办法

在加拿大地源热泵的发展过程中也遇到很多障碍，包括法律上的和经济上的，下面将分别介绍加拿大在发展地源热泵过程中遇到的法律、市场和经济上的障碍以及相关的解决办法。

（1）经济和法律方面的障碍

加拿大在地源热泵系统的设计和安装上遵循一些国家级的标准，某些标准规范直接引自美国，它们分别是CSA Standard C448.1-02、CSA Standard C448.2-02、CSA Standard C448.3-02、CSA-C13256-1-01/2-01、ASHRAE Standard 37。它们针对不同类型的建筑，不同类型的地源热泵系统的设计、安装以及测试做出了规定，同时这些标准和法规对换热流体和回填材料提出了严格的限制。加拿大很多地方政府对地源热泵的采用也有一些具体的规定，诸如规定地源热泵运行过程中导致地下水的流失的必须缴纳额外的费用；限制凿洞的深度以保护含水层；在敏感地区不允许采用地源热泵；由于对地源热泵的不熟悉强加了很多不必要的限制等。这些规定对地源热泵的发展构成了不同程度的障碍。

从市场和经济方面来看，阻碍加拿大地源热泵发展的因素主要有以下四点：①相比较传统的HVAC系统，其初投资更高；②公众对地源热泵的不了解；③缺乏完善的市场基础设施来保证系统的专业、标准以及高效；④历史形成的低廉的能源价格导致地源热泵初投资的回收期过长。

（2）克服的办法以及相关鼓励计划

针对以上障碍，加拿大采取了一系列措施。具体的障碍和克服的方法以及举例如表3-6所示。

加拿大地源热泵发展障碍以及克服办法 表 3-6

障碍	克服的方法	举例
一次投资费用高昂	改进设计和安装的方法来最小化地埋管的长度。降低地源热泵工程借款、筹款的费用。提供鼓励政策。补贴贷款利率；延长还款时间	安大略省 1990-1994 对在该地区的地源热泵工程补贴 2000 加元的现金或者提供 12000 加元的补贴贷款
普通大众对地源热泵系统的不了解	全国范围内推广地源热泵来增加大众的认识，通过广告/文章的方式让决策者了解地源热泵	加拿大地源热泵联合组织（Canadian Geoexchange Coalition）提供合理的信息和培训
地源热泵系统设计费用过高，加上水文地质专家的可行性评估，用户对早期费用持怀疑态度	可行性研究的授权	美国地源热泵工业联合会（GHPC）提供可行性研究的授权
被认为对地下水有污染	防冻液的风险分析，提高凿洞灌浆技术	执行 CSA 加拿大标准协会标准
受益的信息不容易传达和交流	建立与公众的关系；召开各种研讨会；通过邮件和网站分享信息	对安装的系统进行案例分析
缺乏电力部门的支持与合作	电力部门的参与也很重要，因为他们的用户是预期的终端用户	与 Hydro-Quebec 和 Manitoba Hydro 等电力公司展开合作
系统运行性能不好	得到可信赖的组织和政府的认可，政府的服务，示范工程，交流技术优势	设计指南的发展； 计算软件的发展； 系统的运行监测； 认证和培训
被认为不标准，设计没有传统 HVAC 合乎逻辑	在决策者头脑中明确地源热泵相对于其他系统的优点和不同	建筑师和工程师需要明确地源热泵怎样融合到实际的工程中

针对推广面临的困难，加拿大也相继出台了很多鼓励措施来克服它们。如表 3-7 所示为加拿大针对地源热泵出台的激励措施。

加拿大地源热泵激励措施 表 3-7

计划的名称	实施的部门	计划的对象，要求和目的	财务和技术支持
Ontario Hydro Power Saver Heat pump Program	加拿大地球能量协会（Canada Earth Energy Association），联邦和省政府 Ontario Hydro	针对安大略省 1991～1993 年的地源热泵项目 为了改善产品的性能和安装	提供 2000 加元的现金资助或者 12000 加元的补贴贷款 Ontario Hydro 和地源热泵公司提供联合信息
Commercial building incentive program	Natural Resources Canada	相对于加拿大国家标准节能 25% 的设计	对于到达节能 25% 的设计奖励最大可以达到 60000 加元
IDEAS	Hydro-Quebec	任何用来证明和测试在加拿大还没有得到证实的节约电能的示范和实验，旨在促进电能节约技术的研发向商业化的转化	75000 加元或者 75% 的实验费用，两者中的小者。 250000 加元或者 75% 的额外示范工程费用，两者中的小者。 以专家意见和测试的方式提供帮助

续表

计划的名称	实施的部门	计划的对象，要求和目的	财务和技术支持
AVENUS	Hydro-Quebec	小型的试点项目用来测试新颖的节能措施的可行性和节能性。 旨在基于可能最终被节能计划包含的措施来发展新的节能市场。 申请者必须评估新技术是否切实可行，必须测试市场是否能支持它，必须估计在特定的市场条件下的市场占有率	总额将近500万加元。对于Hydro-Quebec倡导的项目100%的资助。 非Hydro-Quebec建议的项目100%的资助或者最高500000加元的资助
Fortis BC	British Columbia	项目要求：电能是采暖的主要能源；地源热泵装在住宅里；使用闭式环路地埋管或者开式环路；系统的安装和设计满足国家标准；供应商得到认证	每节约1度电奖励5加分，或者提供一个为期10年利息为4.9%的5000加元的贷款
Manitoba Hydro	Manitoba Hydro	帮助业主来购买设备	15000加元的贷款。 冬季装机容量每节约1kW奖励135加元，夏季50加元。第一年每节约1度电奖励0.04加元
Electric Heat Financing Program	Newfoundland power	安装家庭电热设备的用户 供应商和集成商必须得到专业部门的认证	10000加元的贷款。 归还时间视家庭月电费单，最高60个月

3. 相关配套措施

加拿大为了推广地源热泵采取了很多相应的配套措施。主要有：

（1）软件

目前在加拿大普遍使用的地源热泵计算软件有GLGS，Earth Energy designer，ECA Earth Coupled Pipe Loop Sizing，GCHPCalc，GeoCalc，Ground Loop Design，GLHEPRO，RET-Screen，GS2000等等。这些软件的普遍使用使得地下环路的计算变得简单，使得地埋管的设计可以最小化，从而很大程度上减小了初投资。同时有些软件还结合能源价格和银行利率进行经济分析，使用户在投资、回收期等方面有定量的分析。部分软件还可以进行环境评估、温室气体排放评估等。

（2）设计安装指南和用户手册

在加拿大目前也出版了很多本设计和安装指南，大部分图书直接来自于美国。这些指南和手册可以帮助用户了解地源热泵系统，使得设计和安装有章可循，也更加科学和客观。目前加拿大市场最流行的几本技术图书主要为：《Closed-Loop/Ground-Source Heat Pump Systems-Installation Guide》、《Commercial/Institutional Ground-Source Heat Pump Engineering Manual》。其他有一定影响的还包括ASHRAE2002年出版的《Commissioning，Preventive Maintenance，and Troubleshooting Guide for Commercial GSHP Systems》，俄克拉荷马州立大学1985年出版的《Design/Data Manual for Closed-Loop Ground-Coupled Heat Pump Systems》和1997年出版的《Geothermal Heat Pumps-Introductory Guide》等十余本著作。

(3) 专业协会

在加拿大很有影响的地源热泵的专业协会是加拿大地源热泵联合组织（Canada GeoExchange Coalition，CGC），它是2005年由美国地源热泵工业联合会（GHPC）和加拿大政府达成协议，由加拿大政府出资1050万美元成立的。这个协会的目的是：扩展加拿大地源热泵产品和服务的市场；联合各个私营和公共部门的利益相关者来宣传；推广和发展地源热泵；策划、协调和管理一些活动来克服地源热泵系统扩大市场占有率的困难，包括建立用户的信心、发展市场基础设施、初投资竞争等。

还有一个专业组织就是加拿大地球能量协会（Canadian Earth Energy Coalition），这个协会以促进加拿大地热能使用为使命，研究地源热泵的经济效益和环保效益。同时，该协会还为地源热泵的专业人士提供专业技术培训。

(4) 认证和培训机制

2006年5月，加拿大地源热泵联合组织（CGC）召开了一个全国性的咨询会来启动一个认证和注册计划，旨在加强消费者在选择能源管理系统时的信心。这个计划针对地源系统的安装者和设计者，政府机构、金融机构、公共计划的管理者、业主和经营商以及普通大众，它要求所有的安装者和设计者都必须得到认证。2006年秋季加拿大的国家认证程序启动，一个公认的培训和认证在全国范围得到发展并且还和全国各个地方的需求相适应。这个计划基于6部分来保证地源系统的质量：①安装者和设计者必须得到认证；②设计公司和安装承包商的资质认证；③GSHP工程的登记和注册；④对注册安装的担保；⑤争端的仲裁；⑥各方的交流。

同时，加拿大地球能量协会也提供承包商的认证和培训以及现场视察。在加拿大目前大约有1090个专业人员通过了这个协会的培训和认证。

(5) 相关企业

加拿大知名的地源热泵企业有：

总部位于多伦多的加拿大枫叶能源有限公司（Canada MENERGY Corporation）是一个集产品开发、生产、设计、安装于一体的企业。产品齐全，经验丰富，设计软件成熟。在地源热泵和节能环保领域有几十项专利，并得到了政府的支持，目前已经进入了中国市场。

TARK Canada主要从事商用地源热泵系统，并将该系统和太阳能系统以及建筑给排水系统结合，比如：废热回收，生活热水，排水热回收等，同时生产商用热泵。目前的商品主要系列为：15BUT，30BUT，60BUT的模块化机组。

Boreal Geothermal Inc.，位于加拿大魁北克省。主要提供专业的、节能的、可靠的中央空调系统服务。目前主要产品有：AC系列空气源热泵、HW系列地源热泵机组、IFW系列热水热泵机组、AHW系列组合式热泵机组。

Maritime Geothermal Ltd，是一家专业水源热泵机组设备生产商，其产品于2005年通过CSA和ISO13256认证，目前其主要产品为：O系列水源热泵机组、R系列水源热泵机组、W系列高温热水热泵机组、TF系列三功能热泵机组、DX系列地埋管专用机组。

4. 典型工程的介绍

在大型地源热泵的设计中，有很多理念都可以降低能耗。但是它们在经济和技术上的可行性必须得到论证。下面将介绍加拿大LET实验室测试的几个成功的地源热泵系统的案例。结合它们介绍加拿大在大型地源热泵系统设计上的改进。

（1）水平埋管换热器

如图3-9所示是一个应用在蒙特利尔附近一个学校的闭式水平埋管地源热泵系统。这个系统的一个显著的特点就是使用了近年来加拿大在大型地源热泵系统设计上使用得比较多的多级能量利用的理念。浅层地能为该建筑采暖空调的主要能量来源，但是该建筑的HVAC系统还有很多其他的能量来源。该建筑在南面有一个618m^{2}的被动太阳能墙，吸收太阳能来部分预热新风，当太阳能不足时，一个辅助的燃气锅炉来完成新风的预热。系统中有一个后备的燃气驱动的发电机在室外温度低于-12℃或者紧急情况时向地源热泵系统提供电能。排气的废热和内燃机的冷却液体中的废热得以回收，存储在一个蓄热容器中。这种设计使得我们可以通过三通阀门的切换来改变流体在地埋管和蓄热容器中的流向来完成地埋管换热的蓄存和向地埋管的传热。这种多级能量系统被认为可以提高系统的性能。

整个建筑的面积为11426m^2。大约60%的北向建筑（包括教室、办公室和一个两层的公共区域）的采暖和空调是由35台连接在水平闭式环路上的名义制冷量在12.25到21kW的热泵机组提供的，其中11台为周边区服务。换热量为19.9m/kW的地埋管换热器分为两部分，深度分别为1.92m和1.28m，总数为32个环，安装在潮湿的的灰褐色黏土中。

根据测试，在1.92m深处，未受扰动的土壤的（距地埋管大约10m）最低温度出现在4月份为4℃。地埋管换热流体（25%的甲醇）的最高温度是在八月份为29℃，最低是在二月份为1.5℃。地埋管中流体和距离地埋管15cm处的土壤的平均温差冬天在1℃到3℃之间，夏季制冷工况时为6℃左右。在供热工况占主导的12月到4月，测得的SCOP值为3.5。一部分热泵用于制冷的时间为7.5%，测得的SEER为19.2。它们回收的内部得热为闭式环路中存储总能量的16.8%。在系统调试的第一年建筑的能耗为0.69GJ/(m^2·年)，当地的同类建筑的平均水平为0.75GJ/(m^2·年)。第二年系统能效有25%的提高。

（2）带排气热回收的垂直闭式环路地源热泵系统

图3-10所示的安装在蒙特利尔南海岸的一个新学校的地源热泵系统除了传统的地源热泵系统提供的优点外，最大的特点就是简单。它最小化了建造和维护费用。这个有220个学生的面积为2682m^{2}的两层小楼安装了分散式地源热泵系统。同时系统中还有一个110kW的后备电热盘管来满足建筑的尖峰负荷。但是系统中没有冷却塔等设备来排除多余的热量。地埋管共含有18个122m深的U形管，总长度为2196m。地埋管连接名义制冷量在2.6到35kW的水—水热泵机组25台，总冷量为203kW。该系统也加入了近年来加拿大在地源热泵系统设计中比较注重的新风预处理技术。首先系统在东面和西面分别装有51m^{2}和40m^{2}的被动太阳能墙来预热新风，然后使用热管来回收排风中的热量，再与回风混合。如果有必要，可以使用电热盘管来加热空气。最后可以使用一个连接在水环路上的35kW的水—空气热泵来完成空气最后的预热。地源热泵系统在全年工作时间（上午9点到下午5点，包括节假日）中的使用率为43.2%。其中供热模式为28.7%，制冷模式为14.5%。进入热泵机组的流体的日平均温度和室外空气的日平均温度如图3-11所示。

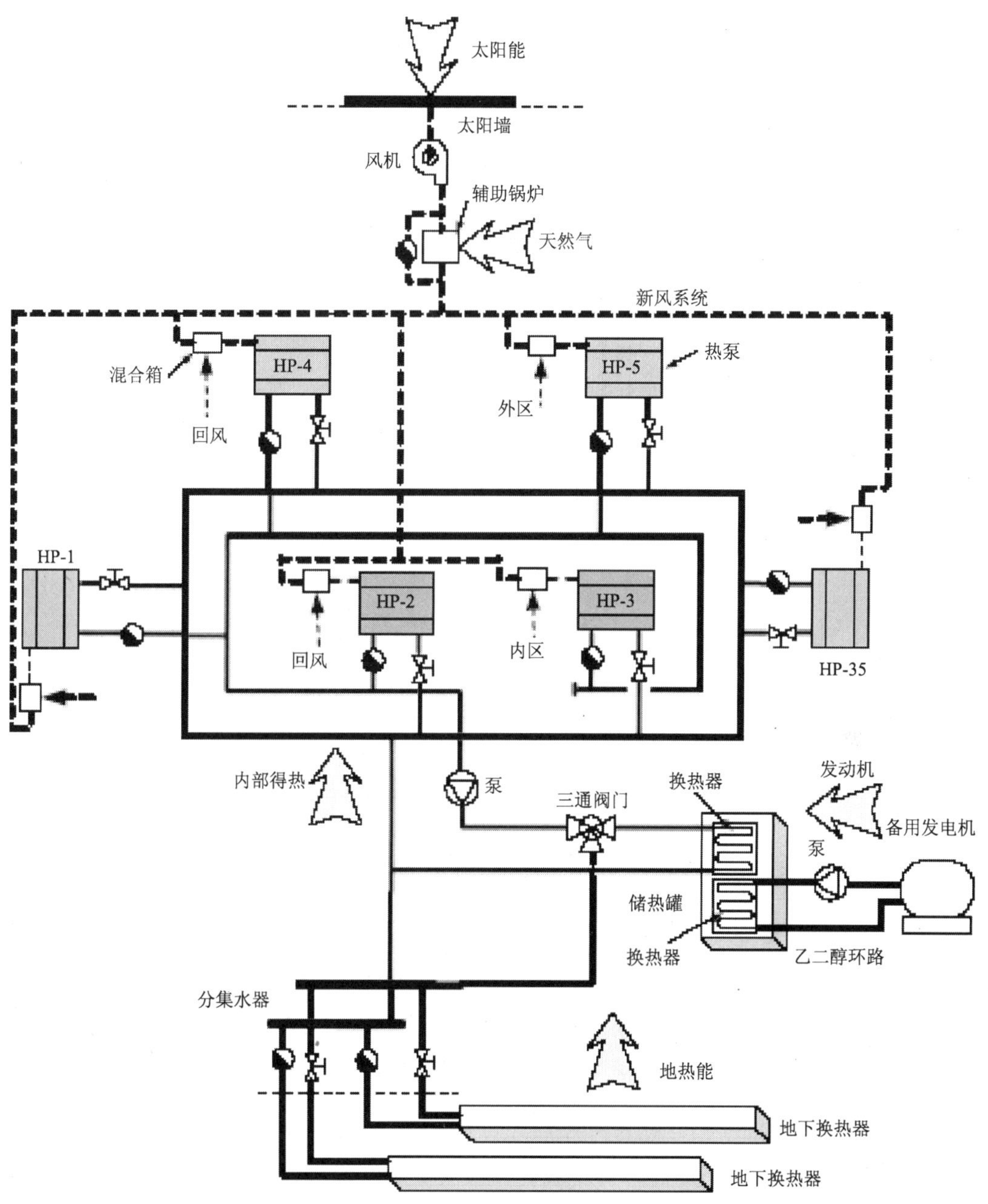

图 3-9 水平埋管换热器系统

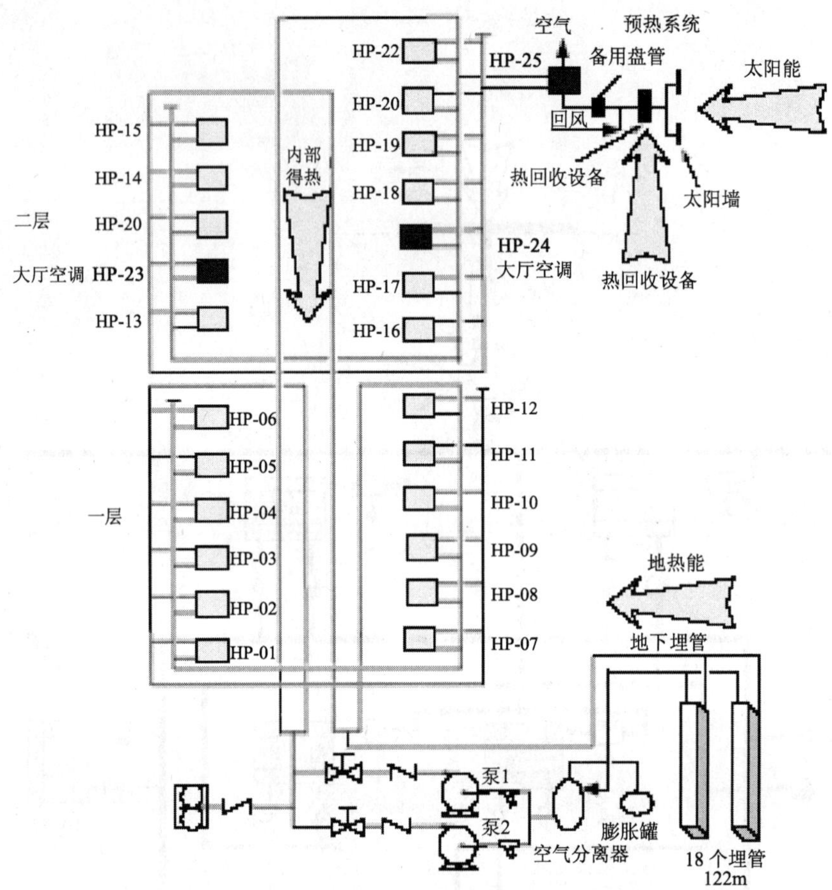

图3-10　带排气热回收的垂直闭式环路地源热泵系统

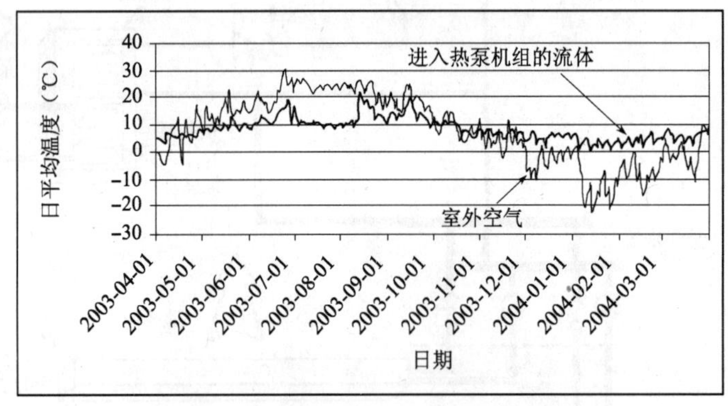

图3-11　进入热泵机组的流体日平均温度和室外空气日平均温度

测试结果表明，以10.5m/kW为基准设计的垂直式地埋管在供热时是比较合理的，而在制冷时由于学校夏天放假一个月显得偏低。测试结果还表明，机组在供热时的SCOP大约为4，在制冷模式时。SEER大约为18.3。

在这个系统中，太阳能墙和热管回收换热器提供的热量平均相当于6kW和7kW的加热装置，使空气的温度分别上升22℃和10℃。后备的电热盘管仅有1.2%的时间开启，消耗的能量仅是其最大能效的5%。系统中水—空气机组仅有5.4%的时间在运行，而且通常在50%的安装容量。室内温度在工作时间内保持在22℃左右，在周末保持在18℃左右。在夜间，这些温度会根据室外温度下降1~3℃。新风补偿系统根据大气压力进行调节，在夜间和周末关闭。早晨，控制系统选择东边的太阳能墙，下午选择西边。如果没有供热的要求，系统选择没有太阳照射的一面墙体。排气扇根据室内二氧化碳的浓度来运行，夜间和周末关闭。这个热泵系统的费用，包括太阳能墙、自控系统、管理费用等是200美元/m^2，而钻探费用，包括地埋管换热器、换热流体以及附件等是49美元/m，建造一个同样的常规系统的费用可能比它们低26.8%。

在12个月的运行过程中，25台热泵的能耗约占总建筑能耗的31.2%。这个学校的年平均能耗为0.251GJ/(m^2·年)，而该地区的平均能耗为0.75GJ/(m^2·年)。这意味着该系统节能66.6%。即使是相对于其他也安装闭式环路热泵机组、后备设备和冷却塔的系统，这个系统也节能44.2%。

（3）开式环路系统

图3-12所示的开环地源热泵系统是和一个办公建筑中的HVAC系统耦合的。两台水冷机组被转变成水—水热泵机组。HP-1包含了热回收和热释放冷凝器。一个平板换热器以及两个取水井和一个回灌井来保证系统和地下水之间进行的热回收和热释放。这个设计方式允许一部分建筑内部得热和地下水能量的回收，回收的能量用于供热、新风预热、加热生活热水等。由于建筑即使在夏季也有生活热水的需求，即使在冬季也有空调的要求，系统中有两个闭式水环路全年运行。供热是由一个温度在45~55℃之间变化的热水环路提供的。同时，热泵通过冷水环路和一些水—空气末端向建筑提供空调。

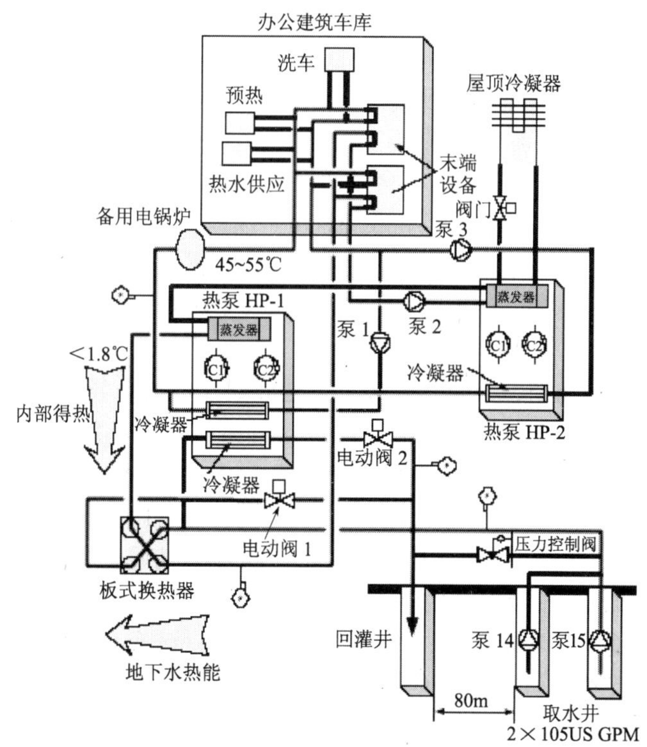

图3-12 开式环路系统

这个系统中采用的新颖的理念是：在冬季，供热占主导时，冷水环路中的水先后被两个热泵机组中的蒸发器冷却，水温被冷却到1.6℃甚至以下。这就创造了一个人工冷源，使得系统可以通过平板换热器很容易地回收8～9℃的地下水中的热量。此时平板换热器出口冷水的温度在0.4～5.3℃之间波动，可以用来进行内区的空调。夏天，平板换热器被旁通，地下水成为系统的热汇。

地下水水泵P14和P15根据供热和制冷的需求启停。压力调整器SD允许部分地下水回流到回灌井中以保证水环路中的设定的最大压力。冬天阀门SV1开启，SV2关闭，平板换热器被激活。当内部环路的回水温度低于设定温度时，中央控制系统激活810kW的电锅炉。HP-2热泵还设有屋顶风冷冷凝器，既可以向建筑供热闭式环路传热，也可以向空气散热。机组出水的冷水温度保持在7.2℃左右。两台热泵提供的生活热水月平均温度在44.5～55.6℃之间波动。在第一年的12个月中，HP-1有94%的时间运行，HP-2在制冷模式运行18%。两台机组消耗了71%的总电能来回收地下水和内区的能量。后备锅炉消耗了14.8%的总能量。系统综合SCOP为2.8。抽水井的供水水温全年保持在8.3℃左右。地源热泵系统额外加入的投资为45000美元（包括水井、潜水泵、阀门、控制系统、平板换热器、水系统以及附件等）。预计的投资回收期是2.6年。该建筑的年平均能耗是279.1kWh/m^2，大约比使用传统空调系统的类似的办公建筑节能19%～29%。

3.2 欧洲地源热泵发展状况

总体概况

20世纪50年代，欧洲开始了研究地源热泵的第一次高潮，但由于当时的能源价格较低，这种系统并不经济，因而未得到推广。1973年第一次石油危机之后，美国、日本已经有了热泵市场，两个国家都在运用各自的知识和经验来促进热泵的销售量，而当时欧洲的两个组织欧洲经济共同体（EWG）和欧洲自由贸易联盟（EFTA）都在致力于用太阳能的研究来解决能源问题，直到第二次石油危机之后，欧洲才开始关注热泵系统，逐步引入了用室外空气、通风系统中的排气、土壤、地下水等为热源的热泵机组，与美洲不同，欧洲的热泵系统一般仅用来供热或提供生活热水。

欧洲地源热泵发展初期，专家与安装工人之间缺乏沟通，导致在一段时间的快速增长之后，市场上充斥了许多设计、安装失败的项目，并且由于价格较传统系统高很多，地源热泵销售量出现明显的下降，大部分热泵企业也纷纷倒闭，只有几家大型企业生存了下来。近年来，随着油价与电价比例的上扬，政府对降低能耗和环境污染的法律制定越来越严格。为了提高能源利用率，实现《联合国气候变化框架公约（京都议定书）》确定的减排义务，发展可再生能源和确保能源安全供应，欧洲议会和欧盟理事会于2002年12月通过了《建筑能效指令2002/91/EC》，该指令的制定意味着欧盟各国加强了对建筑节能技术的研究和管理，地源热泵作为一项有力的节能措施迎来了它的又一次高潮。

欧洲热泵分类

由于欧洲大部分国家把空气源热泵和地源热泵系统都归类为热泵进行整体比较分析选

择，所以下文将欧洲主要应用的所有热泵类型都罗列了出来，其中，(3)、(4)、(5)、(6) 属于我国概念上的地源热泵。

(1) 室外空气作为热源。欧洲大部分地区，一年当中环境温度变化相当明显，这就导致了空气源热泵的性能随着供热需求的升高而下降，在寒冷地区还会出现结霜现象。空气源热泵既可以供热也可以制冷，主要应用于南欧。

(2) 机械通风系统的排风作为热源。排风热源热泵通常用在有机械通风系统的建筑，对于典型的单户住宅来讲，排风热泵的供热能量一般在 2kW 左右，为了克服输出热量有限的缺点，排风热泵通常和其他能源系统联用，也有些排风热泵专门用来供生活热水。

(3) 浅层土壤作为热源 (Ground soil)。即我们平常所说的水平埋管式土壤源热泵系统，一般有直接膨胀系统和间接式系统。

(4) 地下岩石作为热源 (ground rock)。即我们平常所说的垂直埋管式土壤源热泵系统，这类系统的应用首先要征得当地权威部门的同意，为了确保垂直埋管土壤源热泵系统有较高的质量和较长的生命周期，并且出于保护地下水的目的，很多国家都制定了相应的标准和条令，比如瑞典标准 Normbrunn 97 提出了对凿洞本身的要求以及钻机设备和能力的要求。

(5) 地下水作为低温热源。地下水源热泵系统在很多国家都有严格的使用限制，导致了地下水源热泵应用并不十分广泛。

(6) 地表水作为低温热源。地表水源热泵只能应用在靠近湖水、海水等的建筑，放置换热器的水域不能有钓鱼或抛锚等活动，水流不能过快，并且要有足够的深度保证底部不结冰。

不同的热泵形式适合在不同的区域应用，从北欧到南欧选择的热泵技术有很大的不同。北欧以供热为主，北欧住宅在夏季仅有很少的几周需要供冷，南欧必须供冷，供热仅仅限定在一年内的几个月。除了气候差异外，地质不同也会影响到技术的选择，比如垂直埋管系统不适合在低导热系数的岩石或者被较厚土壤覆盖的岩石中应用。表 3-8 归纳了欧洲不同热泵形式的应用，南欧主要以应用空气源热泵为主，地源热泵系统主要应用在对供热需求较大的中欧和北欧。表 3-9 列出了目前欧洲规模比较大的垂直埋管土壤源热泵系统。

欧洲不同形式热泵的应用 **表 3-8**

热泵类型	容量(kW)	应用	主要应用区域
空气—空气	3～5	供热+供冷	欧洲南部
空气—水	4～40	供热	欧洲中部
排气	2～3	供热	瑞典
地下岩石	5～40	供热+直接供冷	欧洲南部+欧洲中部
地下土壤	5～25	供热	欧洲南部+欧洲中部
湖水	15～40	供热	

欧洲主要大型土壤源热泵系统　　表3-9

国　家	工程名称	埋管数量	埋管深度	总埋管长度
挪威	*Loerenskog, SiA hospital*	*ca.* 300	150m	*ca.* 45000m
挪威	Oslo, Nydalen district	180	200m	36000m
瑞典	Lund, IKDC	153	230m	35190m
瑞典	*Stockholm, Vällingby Centr.*	133	200m	26600m
瑞典	*Kista, Kista Galleria*	125	200m	25000m
土耳其	Istanbul, Metro market	168	107m	18000m
德国	Golm near Potsdam, MPI	160	100m	16000m
瑞典	Stockholm, Blackeberg area	90	150m	13500m
瑞典	Örebro, Musikhögskolan	60	200m	12000m
德国	Langen, DFS	154	70m	10780m
瑞士	Zürich, Grand Hotel Dolder	70	150m	10500m

欧洲主要的热泵组织

欧洲主要的热泵组织有以下两个：

EHPA，欧洲热泵协会，主要是由热泵生产厂家、国家热泵组织者、研究和测试机构组成。目的在于传播热泵及其对温室气体减排贡献率的信息，提高热泵的认知度，激励热泵市场的发展，传播适合整个欧洲热泵系统和谐一致的章程。目前在EHPA组织下进行的项目有：EU-CERT，目的是研究一个对热泵安装者的培训和认证的办法，来确保工程质量，安装者被赋予的资格证书在欧洲所有的国家都被认可；SHERPHA，目的在于开发下一代热泵系统，系统采用天然制冷剂，如氨、二氧化碳和丙烷，它们的破坏臭氧层潜能值ODP为0，且仅有很低的GWP（全球变暖潜力）效应；Ground-Reach，目的是通过地源热泵技术实现京都议定书节能减排目标；Therra，目的是开发一种方法论用来计算利用可再生能源供热所带来的收益。

D-A-CH，德国、奥地利、瑞士之间的比较松散的合作组织，目的在于逐步确定有效的质量管理，包括热泵装置和热泵系统两方面，最终找到一个适合整个欧洲的章程。

欧洲地源热泵市场发展概况

根据欧盟“Ground-Reach”项目2008年统计的数据，目前参加此项目的国家地源热泵系统的市场情况如图3-13～图3-15所示。

从图3-13～图3-15中可以看出，瑞典、奥地利、德国的地源热泵系统发展的数量比较多，整体容量比较大，下面进行分别介绍。

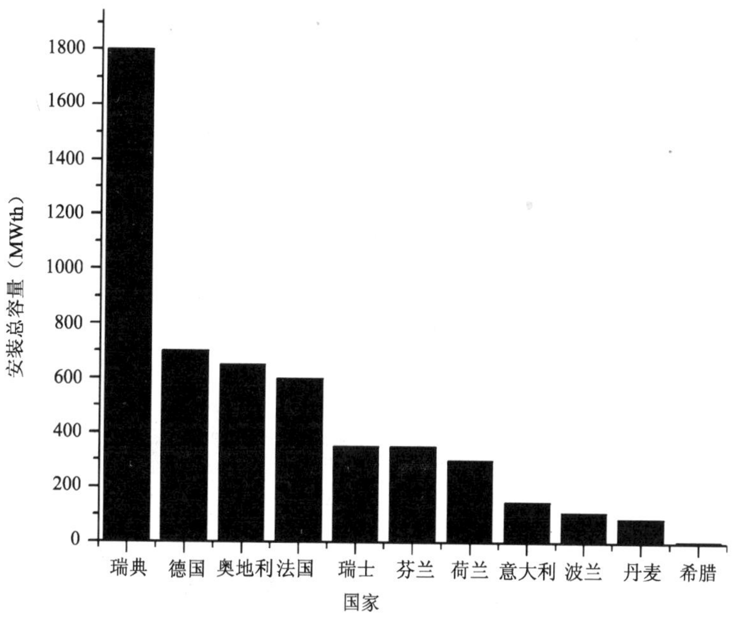

图 3-13　地源热泵系统安装总容量

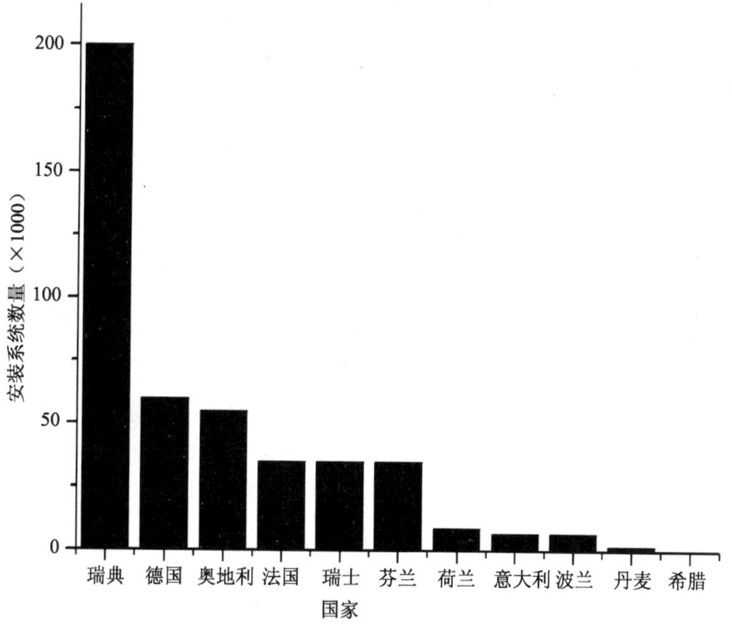

图 3-14　地源热泵系统安装总数量

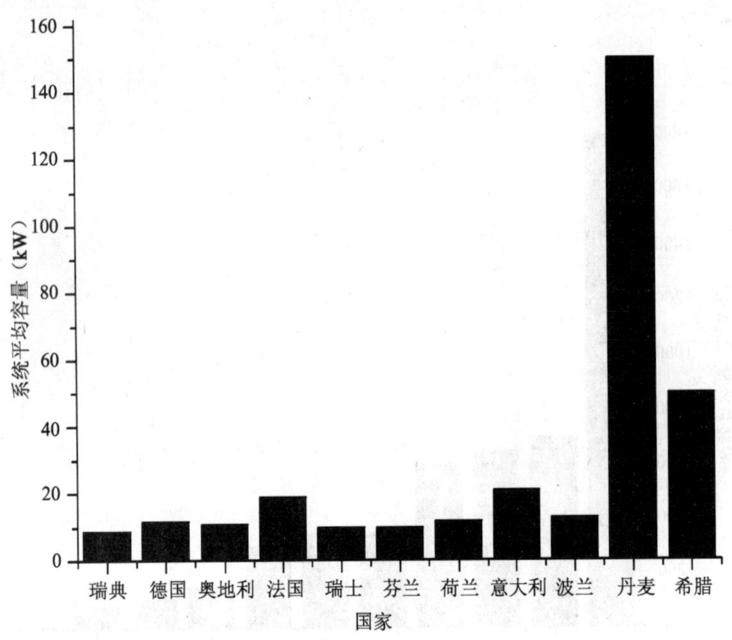

图3-15 平均机组容量

3.2.1 瑞典

1. 气候和地质状况

瑞典地形狭长，南北气候迥异。北部为大陆性气候，冬季寒冷漫长，最低气温达到-10℃，最北部积雪可持续7个月不化，而夏季只有1个月的时间。南部属于海洋性气候，终年气候温和，冬季时长只有1个月，夏季的时间则在3个月以上，最高气温可达到30℃。

2. 热泵市场发展概况

20世纪80年代初期瑞典政府对热泵项目采取免息贷款的方式进行补贴，以及石油危机的影响促使了热泵市场的发展，这一时期市场上充斥了很多低劣质量产品以及安装者根本达不到的节能承诺，导致了大量工程的失败，热泵市场失去了可信度。瑞典1986～2004年的热泵销售量如图3-16所示（包括空气源热泵和地源热泵），1985年瑞典热泵安装达到了一个尖峰，但由于较低的信誉同时政府补贴取消，热泵市场开始迅速回落，这个时段石油价格的下降助推了热泵市场的下滑。直到80年代末期瑞典经济高速发展，石油价格的上涨以及大量的新建建筑促使了热泵市场的复苏。90年代初期商业衰退冲击了瑞典，人们对热泵的前景不抱多大希望，甚至不感兴趣，这段时间新建建筑量减少，致使市场又出现下滑现象。商业衰退期结束后，热泵赢得了很好的公众认知度，热泵市场开始了迅猛的发展。目前，地源热泵总的安装台数约为4万台/年。

瑞典的热泵形式的组成比例在过去的20年中也发生了很大的变化，瑞典处于寒冷气候区，北方地区年平均温度为2℃，南方地区年平均温度也只有8℃，在这种气候条件下地源热泵具有空气源热泵无可比拟的优点，使其逐渐主宰了热泵市场，从图3-17各种热泵形式的组成比例可以清楚地看出这一趋势，地源热泵系统由1990年的9%上升到了2004年的59%。

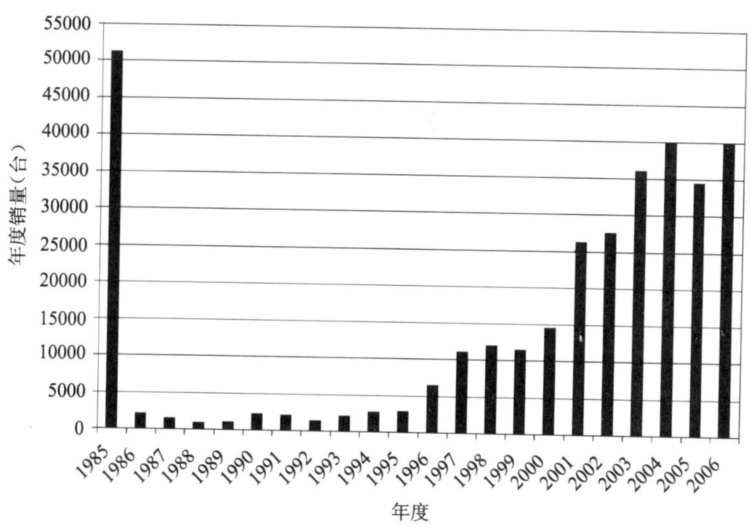

图3-16 1986~2004年瑞典地源热泵年销售量（瑞典热泵协会，2005）

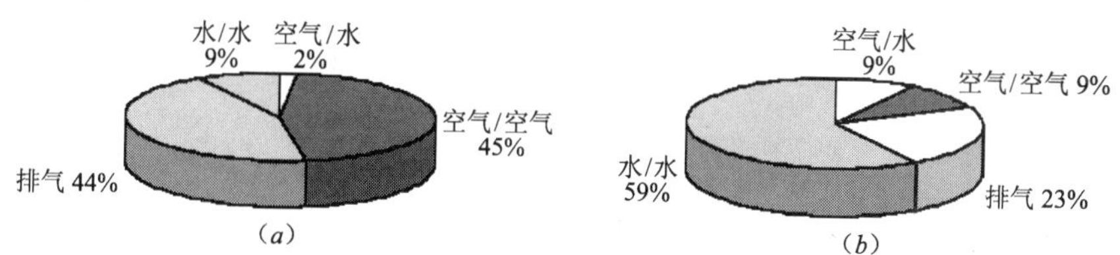

图3-17 1990年和2004年各种形式热泵的组成比例
(*a*) 1990年；(*b*) 2004年

近几年瑞典安装的土壤源热泵系统中，90%为垂直埋管系统，10%为水平埋管形式。瑞典每年总供热量以及家用生活热水所需能量约85MWh，2005年，约15MWh（约18%）的能源需求是由热泵来提供的，约30%的单户公寓用1台热泵即可实现供暖要求。瑞典的土壤源热泵地下换热器的形式主要有同轴套管式换热器、单U、双U管。瑞典在土壤热物性测试方面做了较多的工作，开发了可移动热响应测试仪器。

3. 政策措施

瑞典对热泵安装项目曾用过的财政补贴方式有以下几种方式：对应用于单户或多户住宅的热泵项目贷款给予利息补助金；根据安装数量，对多户住宅采用热泵的项目给予现金补偿；根据总的安装费用，对多户住宅采用热泵的项目给予现金补偿；对采用热泵的单户住宅的居民减少税收。各个时期采取的政策不一样，20世纪80年代主要是针对单户和多户住宅的补贴，90年代主要采取的是对单户住宅居民的补贴。

瑞典热泵现在主要存在两种水源/地源热泵标识系统，一种是质量标签P-mark，热泵产品必须满足能效要求（包括供生活热水时的能效）、瑞典制冷法规、建筑条令要求的噪声等级、制造过程的质量要求等才能得到质量标签。另一种是环境标签Swan，抽样检查产品必须满足一定的环境要求标准。

从瑞典地源热泵发展情况可以清楚地看出政策对市场的影响力，也可以看出在技术成熟、市场框架形成、消费者信心稳定后这项技术的市场自身发展能力。

3.2.2　奥地利

1. 气候地质概况

奥地利国土面积约84000km^2，人口数量约800万。奥地利地处中欧，西部受大西洋影响，冬夏温差和昼夜温差大且多雨，东部为大陆气候，温差小，雨量亦少。阿尔卑斯山地区寒冬季节较长，夏季比较凉爽，7月平均气温为14~19℃，最高温度一般为32℃。冬季从12月到3月，山区5月仍有积雪，气温达零下。

奥地利的气候数据可以由三种方式得到，一是数据发生器，如Meteonorm（图3-18），通过点击相应的地区可以得到各个地点的温度、湿度、太阳辐射、风速、降雨量等逐时数据。第二种方式是通过气象地球动力中心协会（Central Institute for Meteorology and Geodynamics）可以提供奥地利200个区域的逐时数据值，这些数据以年刊手册方式总结出来。第三种是通过奥地利建筑科技协会（Austrian Institute for Building Technology）获得。

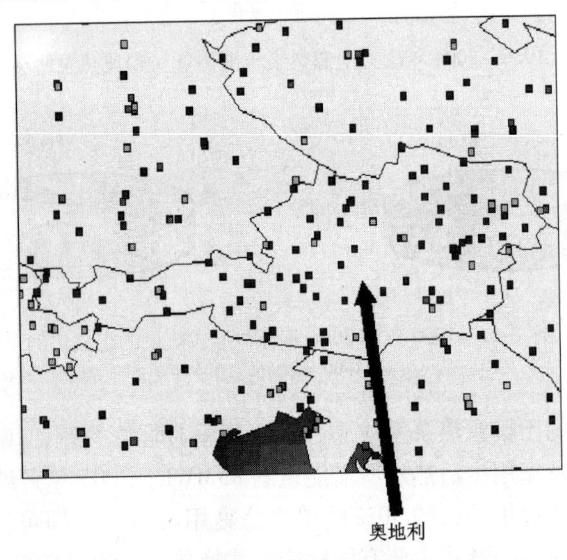

图3-18　Meteonorm 5.1

奥地利地下水数据资料数据库总结了300个地区的地下水温度及水位线的数值。奥地利水文地图（图3-19）也可以在线提供土壤组成的一个整体概况，但奥地利还不能提供对于土壤源热泵系统设计需要的全面数据。

2. 热泵发展概况

奥地利的热泵发展比较迟缓，热泵市场开始于1978年第二次石油危机，热泵安装达到一个高峰后开始下跌，到20世纪90年代初开始逐渐递增（图3-20）。在发展的初期，电/油（用于供热的主要燃料）价格比大约为2∶5，且政府以减免税收的方式给与补贴，促使热泵的销售安装迅猛增长，期间也有一些失败的案例，主要原因不在热泵机组本身而是出现在水源热泵机组与地下系统的配合上。1985年的石油价格下跌以及政府的财政补贴取消导致了热泵销售额明显下降。直到90年代初期热泵市场才重新开始缓慢而稳步地发展，这个期间，土壤源热泵系统逐渐替代地下水源热泵系统成为了市场的主流选择，直接膨胀式系统由于其高效的性能也占据了一定的市场份额，由于建筑更好的保温结构以及压缩机、换热器等设备性能的提高，系统的季节性能系数（Seasonal Performance Factor，SPF）通常可以达到4以上。

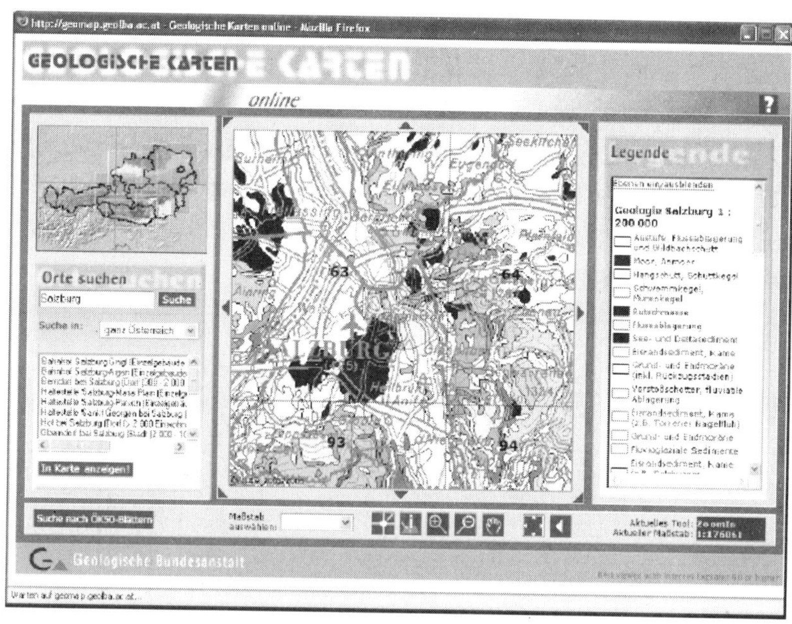

图 3-19 奥地利土壤组成情况

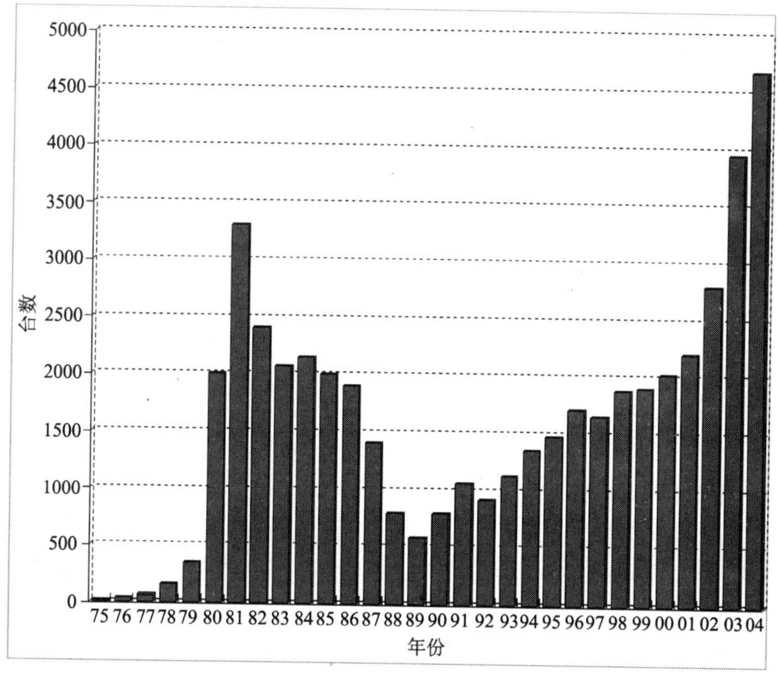

图 3-20 奥地利单供热热泵市场的发展

奥地利安装的热泵系统主要分两类：一类是地源热泵（地下水、土壤源）与低温散热系统（通常是地板采暖系统）相结合的系统，主要用于新建建筑；另一类是空气源热泵与供水温度在70～90℃的高温散热器相结合的系统，主要用于既有建筑采暖系统的改造。单供热热泵系统各种热源形式所占比例如图3-21所示（缺少1995年和1997年的记录），可以看出土壤源热泵近年来占据了热泵市场的主宰地位。土壤源热泵形式的选择主要根据不同的建筑类型和气候参数，以及土壤的温度和特性来确定。土壤源热泵系统中地下管主要采用的是水平安装，垂直埋管系统由于其较高的初投资，仅可在土地面积不充足的地方采用。奥地利最普遍应用的系统是水平埋管土壤源热泵系统与低温地板辐射采暖末端相结合。如今，以CO_2为工质的自然循环热管作为地下垂直换热器也开始受到关注，奥地利已经在近50个系统中采用CO_2热管，运行效果良好，但由于一些技术和经济上的障碍，这种系统形式还没被完全接受。

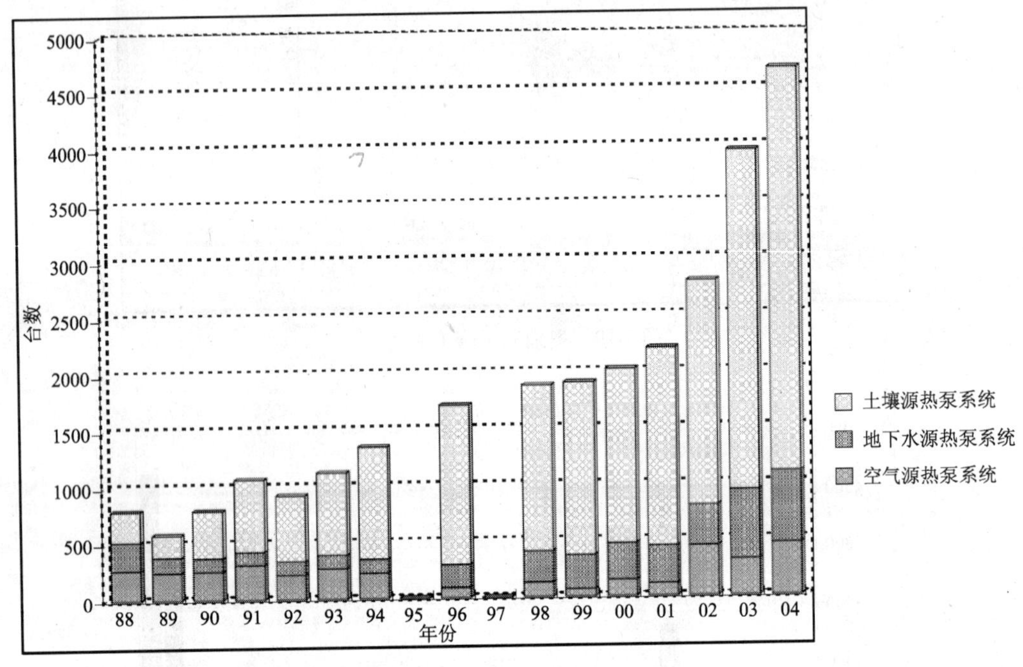

图3-21　奥地利热泵系统比例划分

3. 政策措施

热泵发展初期奥地利政府主要采用降低税收的方式来鼓励节能措施的发展；制造厂商采取两个措施激励热泵的发展，一为提高热泵产品质量，二为向用户展示热泵系统的优势。奥地利政府对地源热泵安装及其环境评价采取了最严格的认证制度，对于规范市场，促进行业健康发展具有重要意义。热泵机组的质量认证有D-A-CH质量标签，用于保证热泵机组可靠的质量，同时产品生产商必须保证机组零部件质量以及维修服务在10年以上。

3.2.3　德国

1. 气候和地质状况

德国属于西欧海洋性与东欧大陆性气候间的过渡性气候，西北部靠近海洋，主要是海洋性气候，夏季不太热，冬季大部分时间不冷，东部和东南部随地势的升高，气候差异较大，大陆性气候冬冷夏热的特征逐渐显著，最冷时气温可达 -10℃，最热时接近 30℃。平稳温和是德国气候的总体特征，冬季平均温度在 1.5℃（低地）和 -6℃（山区）之间，7 月份平原地区的平均温度为 18℃，南方山谷地区为 20℃左右。

2. 热泵市场的发展

德国热泵市场的快速发展也是在 1973 年石油危机发生后，尤其是在 1979 年发展迅速，1973 年热泵年销售量约为 500 台，而在 1980 年与 1981 年之间热泵的销售安装量上升到了 12000 台，是有史以来安装量最高的一年。伴随着石油价格的回落，热泵安装系统较差的可靠性和售后服务使得热泵销售量迅猛衰减，致使 20 世纪 80 年代末期热泵市场崩溃，几年内热泵机组的年销售不足 500 台（图 3-22）。90 年代初，人们开始注意到热泵供热降低了 CO_2 排放，对保护环境有一定的贡献率，联邦政府对应用热泵技术采取了一些补助措施，同时石油价格的逐步上涨以及电价的相对稳定带来了热泵市场的复苏，热泵的销售量又开始了稳步的上升。

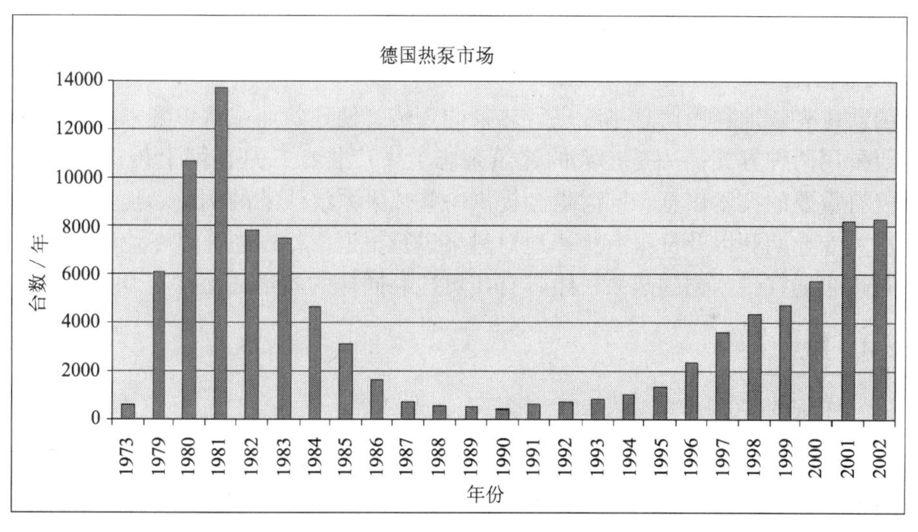

图 3-22 德国热泵机组的年销售量

德国热泵的发展过程中，低温热源有一个明显的改变，20 世纪 80 年代中期，土壤、水、空气作为低温热源的比例大致相同。不久之后土壤源热泵系统由于其较好的性能系数逐渐受到重视。如今热泵供热，65% 采用的是土壤源热泵系统、15% 是空气源热泵系统、20% 是地下水源热泵系统，1996 ~ 2002 年不同热源热泵的安装情况如图 3-23 所示。地源热泵在住宅建筑中的应用占有最大份额，通过对系统设计、循环泵、制冷机等细微调整，季节性能系数从 1985 年的 2.5 ~ 3.0 上升到了 2000 年的 4.0。在德国，一般地埋管地源热泵系统只用来供热和提供生活热水，不用于制冷，这导致了地下温度的持续下降，为了应对这种情况以保持系统的长期运行，一般会加深地下埋管。

最近在德国居特斯洛建立了一个实验性的系统，热泵压缩机不是用电驱动而是由一个燃油装置来驱动，发动机的冷却热还可以用于建筑的采暖，同时配备一个锅炉用于调峰。由此看出，地源热泵不是非得由电力来驱动，不同情况采取不同的系统形式会有更好的节能效益。

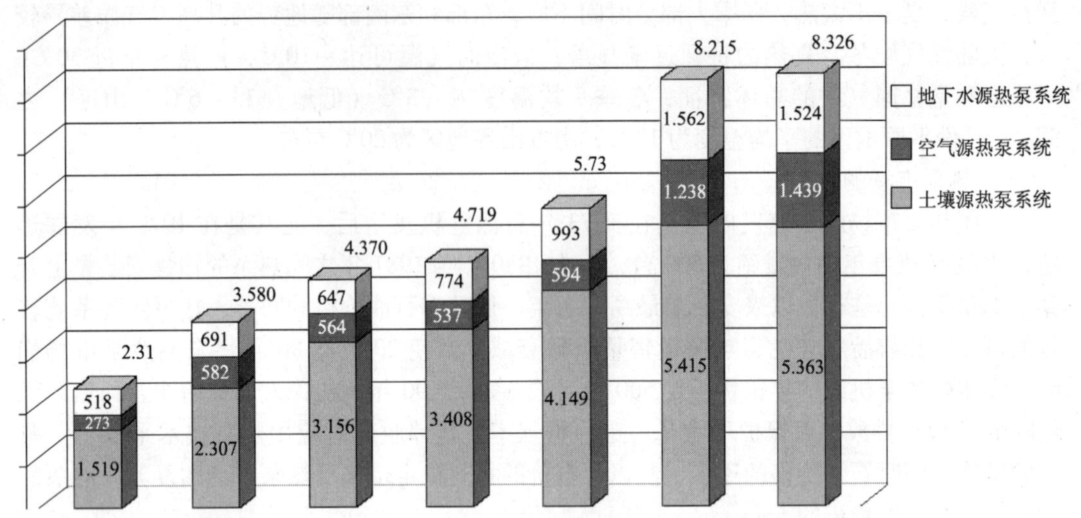

图 3-23　德国 1996～2002 年不同类型的热泵年销售量

3. 政策措施

德国通过有效地利用信息系统进行热泵的宣传，使建筑业主认识到采用热泵系统的益处。主要采用两种方式：一是在大的建筑杂志上做广告；二是在网上传播应用热泵的信息。不仅有重要的技术信息，同时也会提供一些热泵系统成功的例子。独立的新闻记者也建立了相关专业期刊以及日报有规律地对热泵进行报道。德国还通过专业研讨会、活动周等加大对热泵的宣传。德国热泵机组具有与奥地利同样的质量认证标签 D-A-CH。

3.2.4　挪威

1. 气候和地质概况

在世界地图上，挪威位于最北部，地处斯堪的纳维亚半岛西北部，面积为 385365km^2，高原、山地、冰川约占 70%，森林覆盖面积为 27%，耕地仅占 3.2%。由于有温暖的墨西哥湾暖流的影响，沿海气候温和，大部分海面冬季不结冰，内地较寒冷。

挪威地面以下 10～15m 处的地下水温比所在地区的室外年平均气温高 1～2℃，且常年保持稳定。挪威地质调查局（The Geological Survey of Norway，NGU）开发了挪威地下水数据库地图（digital web-based groundwater maps），这些水井数据库包括了大约 23000 口钻凿在岩石中的地下水井、2500 口沙砾中的井、1500 口能源井。数据信息包含了水井的位置、直径、深度以及水流量等参数。NGU 也对不同类型岩石的导热系数进行了测量，如图 3-24 所示。由图可见，在沙岩中应用地源热泵系统由于其较高的导热系数可以仅用较少的埋管即可满足要求。

2. 热泵市场的发展

挪威的石油比较充足且水力发电技术发达，可再生能源占其能源供应的 45%，因此，其热泵市场发展较晚，挪威 1992～2003 年热泵的年销售量如图 3-25 所示，各种热源形式（空气—空气、通风排气、空气—水、水/盐水—水）的热泵安装数量如图 3-26 所示，2003 年水/水、盐水/水源热泵（包括土壤源热泵）安装量增长率达到了 45%。

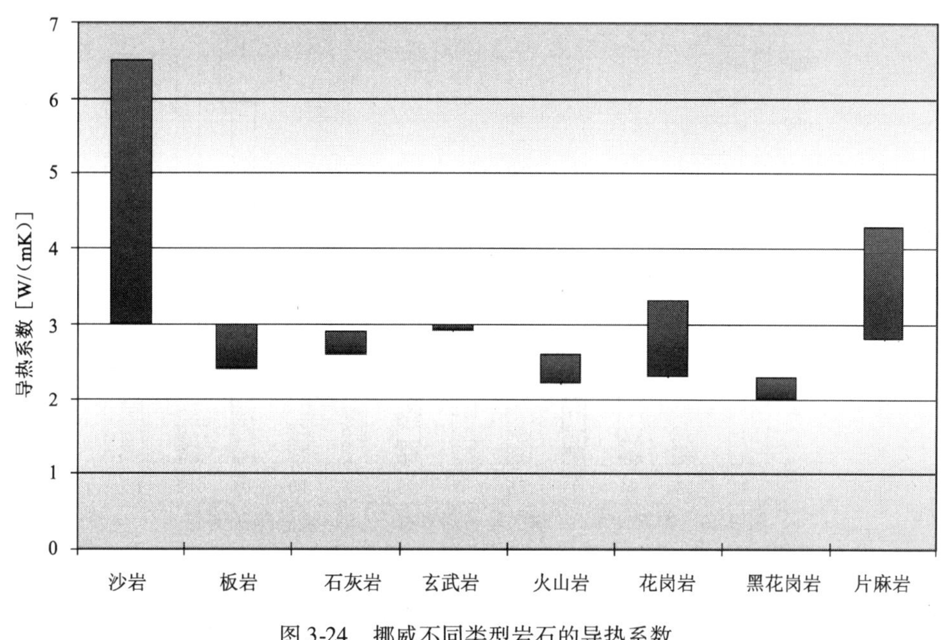

图 3-24 挪威不同类型岩石的导热系数

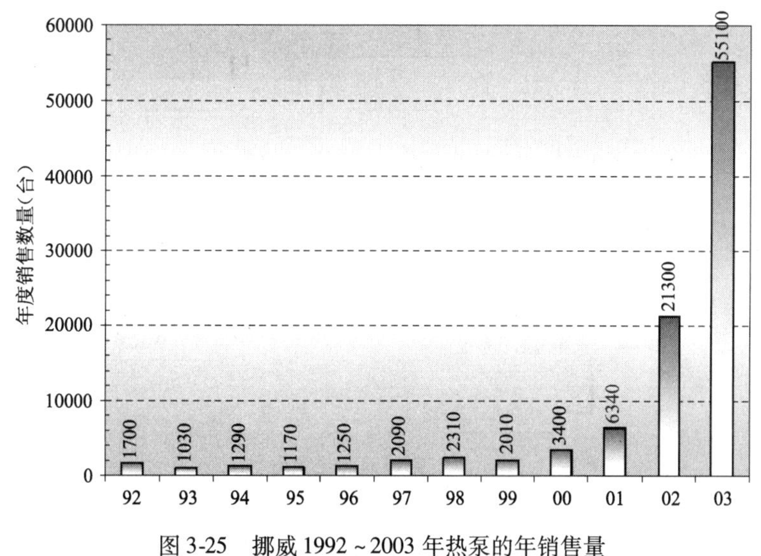

图 3-25 挪威 1992 ~ 2003 年热泵的年销售量

挪威的地源热泵系统划分为直接系统（地下水/直接膨胀）和间接闭环系统（垂直埋管和水平埋管），安装数量最多的是垂直埋管式土壤源热泵系统，大多安装在住宅建筑既用于供热又用于供冷，地源热泵分类见图 3-27。直接膨胀地源热泵系统是指热泵蒸发器与热源直接接触的系统，间接系统是指在热源与蒸发器之间存在一个换热器。

挪威不存在地热直接供热系统，然而截至 2005 年，大约有 100 套较大的采用地热为热泵热源的系统安装在商业建筑或多户家庭住宅中，传统上，这些系统仅用于供热，但是有些系统会将通风系统的排风热量回灌到埋管内，如今，商业和工业部门开始对热泵制冷产生兴趣，这将有助于地源热泵的发展。

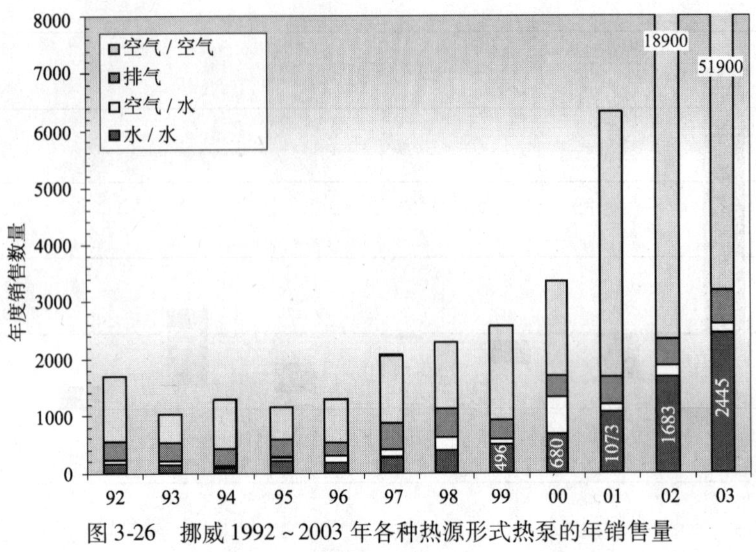

图3-26　挪威1992～2003年各种热源形式热泵的年销售量

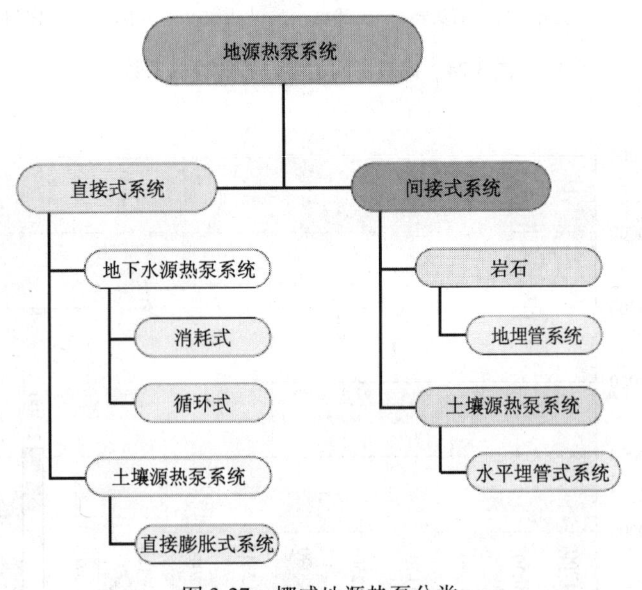

图3-27　挪威地源热泵分类

3.3　日本地源热泵发展状况[1]

3.3.1　气候条件

日本的五个主要岛屿，从北到南分别是：北海道、本州、四国、九州、冲绳。其年平均气温从北海道地区稚内市的6.4℃到冲绳地区那霸市的22.4℃。札幌、仙台、东京、大阪、鹿儿岛这些主要城市的年平均气温分别为8.2℃、11.9℃、15.6℃、16.3℃、

[1] 本节地源热泵指土壤源热泵。

17.6℃。相对于各地年平均温差来说，太阳辐射能则比较接近，从北海道地区稚内市的11.5MJ/(m^2·d)，到冲绳地区那霸市的14.43MJ/(m^2·d)。札幌、仙台、东京、大阪、鹿儿岛这些主要城市的太阳辐射分别为12.43MJ/(m^2·d)、12.16MJ/(m^2·d)、12.02MJ/(m^2·d)、12.89MJ/(m^2·d)、13.28MJ/(m^2·d)。日本的供热度日数，比较室外温度与以14℃作为标准度数的温度差，其供热度日数为从那霸的0到旭川3218，札幌、仙台、东京、大阪、鹿儿岛五个主要城市分别为2638、1594、900、850、515；供冷度日数以24℃作为界限，供冷度日数则为从旭川的0到那霸的424，札幌、仙台、东京、大阪、鹿儿岛五个主要城市分别为0、10、130、250、515。

根据日本建设省与工商产业省的2号公告，按照冷热程度，日本国土被划分为六个气候区域（图3-28）并据此制定下一代节能标准。气候区1包括北海道岛，夏季凉爽、冬季寒冷、降雪量大，此地区只需要供热，某些地方需要少量供冷，无法应用空气源热泵，在新建建筑中，燃油锅炉的集中采暖很受欢迎，燃油锅炉和燃气锅炉的使用十分普遍；气候区2、3位于本州岛的北部，夏季微热、冬季相对寒冷，其西部海岸线冬季降雪比较严重，此地区需要供热、供冷，最流行的供冷方式就是户用可逆式空气源热泵，供热方式则主要是锅炉和户式空调或电采暖的混合应用；气候区4分布在本州岛的剩余部分以及九州岛的北部，冬季温和但夏季炎热潮湿；气候区5在九州岛的南部，气候区4、5需要供热、供冷，其冷量需求和地区2、3接近，由于热负荷非常小，供暖只需要用户式可逆式空气源热泵就可以满足。气候区6主要指冲绳岛，它们均为亚热带气候，全年炎热，不需要供热。

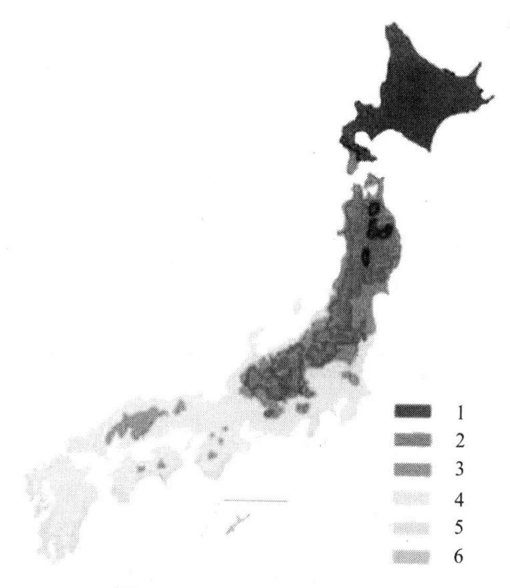

图3-28　日本气候区域划分

在气候区1、2中，地源热泵多采用水循环系统，末端采用地板辐射、风机盘管、散热器。在一次侧直接膨胀系统和间接换热系统都有应用，这个地区夏季如果有冷量需求也可以进行直接供冷（free cooling）；在气候区3、4中，地源热泵多采用风机盘管作为末端，利用桩基进行埋管比地下埋管换热管更加吸引人，它的使用会使系统整体初投资大幅度降低，运用地源热泵系统进行热水供应的功能应该被加入到每一个系统中，这样会提高系统整体使用能效。

3.3.2　水文地质条件

从中生代以来极其频繁的火山运动导致日本地质结构非常复杂，调查结果显示其中沉积性岩石占58%，火山岩26%，火成岩12%，变质岩4%。大多数的地下含水层形成于第四纪，其他的则形成于新第三纪或从第三纪到第四纪的火山喷发，非常复杂的地质结构以及大量高流速的地下水使推断日本地下热能量的真实储量变得非常困难。但在地下10m或更深的地方地温基本恒定，调查显示：除了一些特殊地质构造如火山活跃地，其他大部分地区的地下土壤温度比该地年平均室外空气温度高1～2℃，例如札幌地区年平均室外空气温度为8.2℃，其土壤温度为9.5℃。

日本平原处的土壤主要由砂砾层组成，通过河流流动产生的冲积和淤积形成。对于土壤源热泵系统来说土壤导热率是一个非常重要的参数，而此系数受土壤条件影响非常大，如类型、结构、密度、含湿度。相关实验研究表明，在不考虑地下水流速的影响且土壤含湿度为40%时，典型含沙土壤的有效导热率可以达到1.4W/(m·K)，火山灰和黏土分别为0.9W/(m·K) 和1.2W/(m·K)，这些数据比欧洲相应的实验结果小很多，在欧洲的岩石层，此系数可以达到4W/(m·K) 或者更高。

3.3.3　发展历史

历史上，在第二次世界大战后直到1970年，日本曾采用了一些地下水源热泵系统。20世纪70年代时，几十个地下水源热泵系统应用于宾馆、医院、公寓等建筑中。但是，由于用水回灌及地表下陷等问题，地下水源热泵系统没有被大面积推广，到了第二次石油危机后土壤源热泵才逐渐被应用到建筑领域。一家北海道的企业对冷却器进行了改装并且开发了土壤源热泵系统，把它应用到独立别墅和联排别墅中，在医院和旅馆也有部分应用。但在那之后，由于石油价格的回落，土壤源热泵系统的使用开始停滞，并且由于使用年限的关系，大多数系统已经停止使用。

在1991～2001年间，广岛及周围地区的游泳池和洗浴室逐步引入一些地源热泵系统进行空调制冷以及热水供应。最初系统技术集成上接受了来自瑞士的技术援助，这类系统可以在夏季有效地利用废水中的能量来加热游泳池同时有助于土壤的热量回收，目前在日本类似的系统有9个。

2001年之后，由于《京都议定书》的签署，以及受到北美和欧洲地源热泵系统大量使用的影响，日本建立了一些类似的学术组织与协会学习和推进应用地源热泵系统，他们为日本相关企业和集成商提供技术交流以及信息交换的有效平台。例如：日本地热推进协会（The Geo-Heat Promotion Association of Japan）在网络上持续提供相关数据库；日本新能源开发组织（New Energy Development Orgarnazation，NEDO）也把地源热泵作为一个节能系统进行推广，此组织在中国和日本都赞助了几项地热热泵系统的示范项目。日本地热能源系统联盟（Division of Ground Thermal Energy System）于2004年成立，实验室设立于北海道大学，主要研究地源热泵系统和其他地热能的高效使用。如今，日本环保部、新能源开发组织和一些地方政府，如东京、大阪对地源热泵系统的使用都进行资助补助。一些企业，例如北海道电力公司也对使用地源热泵系统供热进行补贴，一些住宅开发商也对此系统单独提供他们的补贴。

总体来看，日本由于其气候和地质原因以及空气源热泵非常成熟的技术与市场划分，相对来说地源热泵系统的发展进行得相对缓慢。

运用地下水热泵进行建筑冷热供应的系统在40～50年前曾经在日本非常流行，但由于日本对地下水应用控制比较严格，此类系统目前已经基本绝迹，所以只对土壤源系统进行统计。图3-29显示了从1981～2005年的地源热泵系统安装情况，从图3-29中可以看出，截至2005年6月，日本共有124个土壤源热泵系统正在运行，虽然应用的总量还不是很大，但近年增长得非常迅速。日本近期地源热泵系统发展迅速的主要原因为：一种可用于家庭的集成式热泵机组在2004年投放市场，它主要用于在寒冷地区进行供热，同时最近也有一种新思路在逐渐被社会接受：如果能通过游泳池或SPA的热水供应而对热量进行有效使用，从而使系统在冷热需求之间达到平衡，那么在一些南部地区也可使用地源热泵系统。

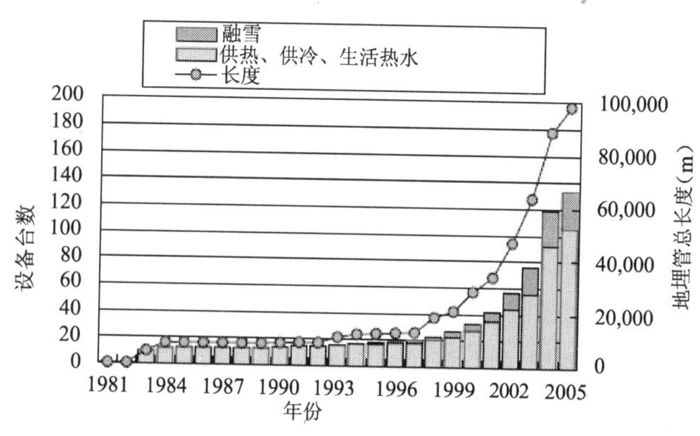

图3-29　1981～2005年日本地源热泵系统安装情况

3.3.4　市场发展情况

根据表3-10统计结果可看出，越寒冷的地区平均安装数量越多，大多数的融雪系统都应用在有大量降雪的区域。在日本最初推广地源热泵系统之时，人们主要倾向于将地源热泵系统安装到寒冷地区，其原因部分为寒冷地区冬季室外温度过低，空气源热泵有其明显的性能缺陷而导致的供热不利，而地源热泵则可以在任何条件下得到应用。

按气候区划分的地源热泵系统使用情况　　**表3-10**

区　域	气候特点		系　统		总　和
	夏　季	冬　季	供冷/供热	融　雪	
1	冷	极冷，大量降雪	42	10	52
2	微暖	冷、大量降雪	19	11	30
3	微暖	微冷、降雪	4	3	7
4	温暖	温和	31	3	34
5	炎热	温和	1	0	1
6	炎热	炎热	0	0	0
总　和			97	27	124

土壤源热泵在日本主要应用在别墅和小型建筑中，几乎所有独立别墅的地源热泵系统都采取水—水热泵机组，日本企业新推出的专门为独立别墅设计的小型水源热泵机组极大地推动了地源热泵系统的发展。根据图3-30可以看出，52个土壤源热泵系统应用于独立别墅建筑，其中41个系统于2002年后建设，系统中运用建筑物地下桩基进行埋管的系统增加到11个，但垂直埋管仍然占据大部分市场，此类系统主要安装于气候区3、4，运用冷热双供。20世纪80年代期间5套联排别墅也安装了地源热泵系统，但从80年代后，由于空气源热泵发展得非常迅速，同时，很多联排别墅也分户采取了独立别墅使用的分户能源计量系统，所以，联排别墅地源热泵系统增长基本停止。商业建筑和公共建筑诸如学校、医院中地源热泵系统的应用也有所增加，而且一些类似系统也应用到绿色大棚和连锁餐馆。垂直埋管系统大约占有50%的市场，但最近使用预应力高强混凝土管桩或者地下桩基钢埋管作为地下换热装置得到了更多的关注，在2006年完成的一栋建筑中首次联合应用了地下桩基钢埋管和垂直打孔技术。和其他国家应用地源热泵系统的情况比较看来，日本地源热泵融雪系统的比例相对较高，达到了20%，此类系统于1995年开始使用，27个地源热泵融雪系统中有20个安装于2002年后。在日本北部地区，当地政府认为地热能源的使用是节能的一种重要方式，某些地方政府要求运用自然能源进行融雪，而现阶段所有的项目都选择地源热泵系统作为融雪的最佳方法，运行地源热泵系统进行冬季融雪，夏季通过太阳辐射对土壤补充能量。

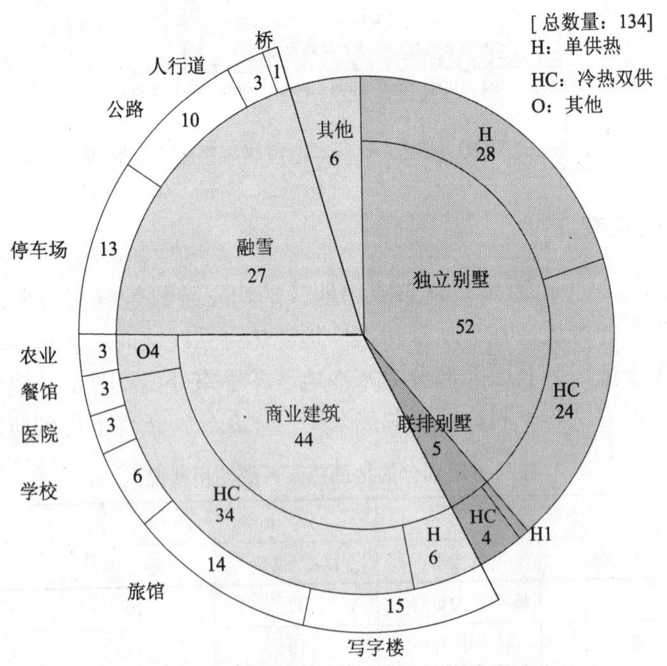

图3-30　按建筑类型划分的地源热泵系统使用情况

某些生产商生产的水源热泵机组通常带有热回收功能，可被用于供热、供冷、供生活热水、给游泳池供热、融雪等。1985年左右，在国际能源组织热泵项目第15个合作计划的支持下，日本开始研究直接膨胀式热泵并在北海道地区进行了10个项目的现场测试，但并未公布测试结果。目前，在札幌地区的一个采用进口美国的设备并使用了直接膨胀系统的办公建筑项目正在测试期间。地源热泵系统末端采用地板采暖的方式在医院、旅馆、游泳池、餐馆、温室都有非常普遍的应用。热回收系统在游泳池、SPA、旅馆中使用得非常普遍，有些游泳池用地源热泵系统来加热游泳池里的水和游泳池的走廊，通过风机盘管进行冷热风输送；夏季制冷产生的废热可以产生热水加热泳池。某些旅馆、洗衣房等对热水需求量大的建筑也可使用此系统；寒冷地区的温室大棚使用此系统一方面可以进行融雪，另一方面可以种植蔬菜。

3.3.5 市场发展障碍

目前，日本地源热泵系统的发展面临如下障碍。

（1）初投资过高

由于初投资很低，空气源热泵在日本寒冷地区也有很广泛的应用。地源热泵如果要与之竞争，必须表现出它良好的系统能效、较低的运行费用、较高的安全性能。同时，由于日本复杂的地质结构、市场不成熟、缺少熟练的技术工人，日本土壤打孔的费用甚至比欧美还要贵上几倍。

（2）机组多样化与降低成本

在商业建筑与居住建筑中，各种型号的机组都有需要。如机组具有热水供应功能与热回收功能则更好。在地源热泵系统的设计阶段，就应该考虑类似的多功能联合应用。但由于整体市场不大，机组生产商对于小型机组的生产没有任何兴趣，形成了恶性循环。

（3）系统设计

由于地源热泵系统二次侧出水温度的限制，其末端系统不能和传统燃煤锅炉采用同样的方式。

（4）性能评估

目前地源热泵系统的能效检测没有标准化的程序。

（5）消费者与政府的兴趣

虽然对于环境保护和节约能源的关注在逐渐增多，但经济因素还是类似系统选择的最主要因素，而且，地源热泵系统的概念普及性比太阳能光电系统要差，所以从中央政府到地方政府包括科研团体，对地源热泵系统的概念推广还要加强。

总体看来，地源热泵系统在日本发展的最大障碍为其非常高效的空气源热泵产品以及成熟完善的市场，但根据日本北海道大学热泵研究中心的预测，由于油价的快速上升以及政府的支持，未来的几年日本地源热泵系统的使用将会呈现爆炸性增长。

3.4 小　　结

通过对各个主要发展地源热泵系统的国家进行分析可以看出，地源热泵系统可以应用到所有建筑物有冷热需求的地方，不同地区不同气候条件都可以从此系统中得到能量，此系统在北美主要用于冷热联供，在欧洲主要用于供热，在日本寒冷地区也可以用来融雪。

对此系统影响最大的是其他基础能源的价格，可以说地源热泵的广泛使用是建立在国际油价不断攀升的基础上。石油等燃料的价格不断上涨并且在可以预见的未来其价格也将保持长期上扬状态，使得很多以燃油和燃气为主供暖的北欧国家逐步倾向于采用地源热泵系统进行供热。

国家的能源政策及相关配套条件，如国家财政补贴等也会对此系统产生积极的促进作用，例如在瑞典、德国都能看到此类情况。但国家的能源政策有时也会限制此类系统，例如俄罗斯由于其夏天制冷需求不大，而冬季主要采用市政管网集中供热，所以其地源热泵的使用比例相对较低。

目前，国际石油价格不断攀升，国内煤炭价格也受到国家压力不断提高价格，而从我国未来的能源发展战略来看，煤电联动、取消资源税、加强可再生能源使用的国家政策对于地源热泵系统的发展都有非常明显的利好刺激作用，在可以预见的未来，地源热泵系统作为可再生能源建筑应用的最重要部分必将呈现井喷式发展，为我国建筑节能做出更重要的贡献。

第4章　标准、规范及图集

地源热泵作为利用浅层地热能来供热供冷的新能源利用方式，近年来在国内取得了较为迅速的发展。为使这项节能、清洁、高效的技术在推广过程中规范化、标准化，一些标准、规范、技术指南及工程图集相继出版，本章针对国内外目前所出版的具有指导意义的相关材料进行了收集，集成如下：

4.1　技术标准及规范规程

4.1.1　国家标准

我国已出台的关于水源/地源热泵的国家标准主要有以下两本：产品标准《水源热泵机组》(GB/T 19409—2003) 和工程标准《地源热泵系统工程技术规范》(GB 50366—2005)。

1. 《水源热泵机组》(GB/T 19409—2003)

该标准于2003年11月25日发布，2004年6月1日实施，对水源热泵机组的术语和定义、形式和基本参数、技术要求、试验方法、检验规则、标志、包装、运输和贮存等做了明确规定，并以资料性附录和规范性附录两种形式制定了水源热泵机组型号的编制方法和水源热泵机组噪声试验方法。

与ISO 13256-1：1998《水源热泵机组——试验及测定第1部分：冷风式水源热泵机组》和ISO 13256-2：1998《水源热泵机组——试验及测定第2部分：冷水式水源热泵机组》相比，该标准增加了检验规则、包装、运输、贮存等内容；增加了噪声限值和COP、EER限值；根据国内的实际情况调整了地下水式机组的试验工况；增加了机组的案例要求和对应的试验方法，并按照国内产品标准编写的惯例对编排格式进行了修改。其他相关机组与性能试验方法标准见5.5节。

2. 《地源热泵系统工程技术规范》(GB 50366—2005)

由于地源热泵系统的特殊性，其设计方法是其关键与难点，也是业内人士普遍关注的问题，同时也是国外热点课题，《规范》首次对其设计方法提出具体要求。《规范》由中国建筑科学研究院会同相关单位共同编制，于2005年11月30日发布，2006年1月1日起实施。《规范》内容包括：术语；工程勘察；地埋管换热系统；地下水换热系统；地表水换热系统；建筑物内系统；整体运转、调试与验收。

《规范》适用于以岩土体、地下水、地表水为低温热源，以水或添加防冻剂的水溶液为传热介质，采用蒸气压缩热泵技术进行供热、空调或加热生活热水的系统工程的设计、施工及验收。它包括以下两方面的含义：

（1）“以水或添加防冻剂的水溶液为传热介质”，意旨不适用于直接膨胀热泵系统，即直接将蒸发器或冷凝器埋入地下的一种热泵系统。该系统目前在北美地区别墅或小型商用建筑中应用，它的优点是成孔直径小，效率高，也可避免使用防冻剂；但制冷剂泄漏危险性较大，仅适于小规模应用。

（2）“采用蒸气压缩热泵技术进行……”意旨不包括吸收式热泵。

《规范》分析了地源热泵系统的设计特点：

（1）地源热泵系统受低位热源条件的制约

① 对地埋管系统，除了要有足够埋管区域，还要有比较适合的岩土体特性。坚硬的岩土体将增加施工难度及初投资，而松软岩土体的地质变形对地埋管换热器也会产生不利影响。为此，工程勘察完成后，应对地埋管换热系统实施的可行性及经济性进行评估。

② 对地下水系统，首先要有持续水源的保证，同时还要具备可靠的回灌能力。规范中强制规定“地下水换热系统应根据水文地质勘察资料进行设计，并必须采取可靠回灌措施，确保置换冷量或热量后的地下水全部回灌到同一含水层，不得对地下水资源造成浪费及污染。系统投入运行后，应对抽水量、回灌量及其水质进行监测。”

③ 对地表水系统，设计前应对地表水系统运行对水环境的影响进行评估；地表水换热系统设计方案应根据水面用途，地表水深度、面积，地表水水质、水位、水温情况综合确定。

（2）地源热泵系统受低位热源的影响很大

低位热源的不定因素非常多，不同的地区、不同的气象条件，甚至同一地区、不同区域，低位热源也会有很大差异，这些因素都会对地源热泵系统设计带来影响。如地埋管系统，岩土体热物性对地埋管换热器的换热效果有很大影响，单位管长换热能力差别可达3倍或更多。

（3）设计相对复杂

① 低位热源换热系统是地源热泵系统特有的内容，也是地源热泵系统设计的关键和难点。地下换热过程是一个复杂的非稳态过程，影响因素众多，计算过程复杂，通常需要借助专用软件才能实现；

② 地源热泵系统设计应考虑低位热源长期运行的稳定性。方案设计时应对若干年后岩土体的温度变化；地下水水量、温度的变化，地表水体温度的变化进行预测，根据预测结果确定应采用的系统方案；

③ 地源热泵系统与常规系统相比，增加了低位热源换热部分的投资，且投资比例较高，为了提高地源热泵系统的综合效益，或由于受客观条件限制，低位热源不能满足供热或供冷要求时，通常采用混合式地源热泵系统，即采用辅助冷热源与地源热泵系统相结合的方式。确定辅助冷热源的过程，也就是方案优化的过程，无形中提高了方案设计的难度。

《规范》中，第3.1.1和5.1.1是强制性条文，必须严格执行：

3.1.1 地源系统方案设计前，应进行工程场地状况调查，并应对浅层地热能资源进行勘查。

5.1.1 地下水换热系统应根据水文地质勘察资料进行设计。必须采取可靠回灌措施，确保置换冷量或热量后的地下水全部回灌到同一含水层，并不得对地下水资源造成浪费及污染。系统投入运行后，应对抽水量、回灌量及其水质进行定期监测。

4.1.2 国际标准

1. 美国标准：

ANSI/ARI/ASHRAE ISO Standard 13256-1：1998，*Water-Source Heat Pumps-Testing and Rating for Performance-Part 1：Water-to-Air and Brine-to-Air Heat Pumps*《水源热泵机组 试验及测定 第1部分：冷风式水源热泵机组》

ANSI/ARI/ASHRAE ISO Standard 13256-2：1998，*Water-Source Heat Pumps-Testing and Rating for Performance-Part 2：Water-to-Water and Brine-to-Water Heat Pumps*《水源热泵机组 试验及测定 第2部分：冷水式水源热泵机组》

ASHRAE Standard 37：*Methods of Testing for Rating Unitary Air-conditioning and Heat Pump Equipment.*《空调单元机组及热泵设备等级测试方法》

这个标准提供的方法常用于测试各类热泵机组的容量和输入能量。

2. 加拿大国家标准：

CSA Standard C448.1-02：*Design and Installation of Earth Energy Systems for Commercial and Institutional Buildings.*

《商业类等公用建筑的地热系统设计与安装》：该标准适用于整体式或分体式水源机组（unitary single-package or split systems liquid-source）以及使用地下水、水下换热器作为热源（汇）进行供热/供冷的地源热泵系统。不适用于直接膨胀式或单井系统（standing-column well）的地能系统。内容涵盖了设备的最低要求，材料的选择，地点勘察，系统的设计、安装、测试、验收、相关文件以及调试等内容。

CSA Standard C448.2-02：*Design and installation of Earth Energy Sytems for Residential and other Small Buildings.*

《居住建筑及其他小型建筑的地源热泵系统设计与安装》：该标准适用于整体式或分体式水源机组以地下水、水下换热器或地埋管为热源（汇）为不大于1400m^{2}的单体居住类建筑供热/供冷的情况。不适用于直接膨胀式或单井系统的地能系统。内容包括系统设计、设备选择、最低要求及测试协议。

CSA Standard C448.3-02：*Design and installation of Underground Thermal Energy Storage Systems for Commercial and Institutional Buildings.*

《商业类等公用建筑地下热能蓄存系统的设计与安装》：该标准适用于利用蓄存地下热能为建筑供热及供冷的情况。内容涵盖了材料和设备选择的最低要求，现场勘察，系统设计，安装，测试与验收、系统启动。

CSA-C13256-1-01/2-01：*Water source heat pumps-Testing and Rating Performance*

《水源热泵机组—试验及测定》：第1部分和第2部分：水—空气和盐水—空气热泵。这个标准用于确立热泵的容量及效率等级。由于对于水—水或盐水—水热泵还没有一个官方的分级方法，目前还没有使用这个标准。

美国制冷空调工业协会（The Air-Conditioning and Refrigeration Institute，简称ARI，目前已经与美国供热工业协会合并为Air-Conditioning，Heating and Refrigeration Institute，简称AHRI,）也有部分标准，详见5.5节。

4.2　工程技术图书

4.2.1　国内技术手册

1.《地源热泵工程技术指南》

该书由中国建筑科学研究院空调所徐伟等于2001年翻译出版，原书是由美国能源部、美国国防部、加拿大自然资源部等七家单位支持，美国ASHRAE学会出版的一本地源热泵技术专业书。全书分为原理篇、设计篇、安装篇和节能篇，共14章4个附录。主要介绍了地源热泵系统的分类、工作原理、系统构成、与常规系统比较；如何进行现场地质调查和实验；建筑物分区和供热供冷负荷计算；如何选择地源热泵系统方式；地热换热器、地下水换热器及地表水换热器系统的设计；输配系统和室内空调系统的设计；地源热泵系统的安装、调试和检验；地源热泵系统的节能措施和节能设计计算，并提供了土壤和岩石的特性数据、防冻剂的特性数据以及塑料管和配件的特性数据。该书可供工程设计人员、系统安装人员、运行管理人员学习使用，也可以供建筑节能管理部门和大、中专院校师生参考。

2.《地源热泵系统设计与应用》

该书由哈尔滨工业大学的马最良和《工程建设与设计》的吕悦共同主编，2007年出版。该书以推动地源热泵技术在国内的应用与发展为目的进行编写。系统阐述了地源热泵系统的基本知识与设计基础、设计要点、工程实例、相关科研与生产单位等内容。全书主要章节为：

- 绪论
- 地源热泵的低位热源
- 水源热泵机组
- 地源热泵空调系统设计的基础资料
- 地下水源热泵空调系统的设计
- 地表水源热泵空调系统的设计
- 土壤耦合热泵空调系统的设计
- 浅层地能（热）水环热泵空调系统的设计
- 地源热泵空调系统工程实例
- 地源热泵生产、科研单位介绍

3. 《地源热泵技术与建筑节能应用》

该书由赵军、戴传山主编，中国建筑工业出版社 2007 年出版。该书介绍了地源热泵的基本原理、设计方法以及在我国建筑节能中的应用。内容包括地源热泵技术的概念、原理；制冷与热泵装置的理论基础；土壤热特性与水文地质；地埋管换热器的设计与施工；水源热泵系统的设计；地源热泵空调系统设计；对井系统地源热泵；中高温热泵；地源热泵供热空调技术应用实例；地源热泵系统环境与监测等。

4. 《水源·地源·水环热泵空调技术及应用》

该书由蒋能照、刘道平主编，机械工业出版社 2007 年出版。它从中小型（户式/商用）水源、地源热泵和大型中央空调水环热泵两个角度，结合近年来国内外在此领域的最新技术成果，总结工程设计、施工安装和运行管理方面的实践经验。主要内容包括：热泵的形式与基本原理，自然热源及其特性，水源热泵机组，地源热泵系统与设计，空调原理及建筑物内空调系统设计，水环热泵系统与设计，水源、地源、水环热泵空调系统的施工安装与运行调试，国内外工程应用实例，国内外水源、地源、水环热泵空调生产厂家产品介绍，以及相关标准的简介。

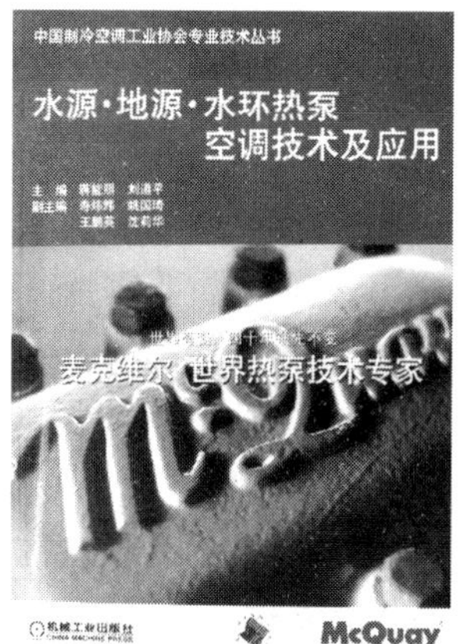

5. 《地埋管地源热泵技术》

该书由刁乃仁，方肇洪编写，高等教育出版社 2006 年出版。全书共 6 章：

- 绪论
- 竖直地埋管换热器的传热分析
- 地埋管热交换系统
- 地埋管换热器的施工
- 地埋管地源热泵系统设计
- 地埋管地源热泵工程实例

该书可作为从事地埋管地源热泵工程设计、施工、研究及应用的技术人员参考书籍，也可以供高校建筑环境与设备工程等专业的师生作教学参考。

4.2.2 国外技术手册

1. Closed-Loop/Ground-Source Heat Pump Systems-Installation Guide/闭环式地源热泵系统安装指南

这本指南由俄克拉荷马州立大学于 1988 年出版，它是国际地源热泵协会（IGSHPA）的基础教材，也是地源热泵系统在设计、安装方面综合性最强的一本指南。大量的实例、数据及图表为使用者提供了丰富的信息，它们包括：

- 经济、市场及需求分析
- 设备选型及系统设计

- 管道连接方法
- 地埋管换热器的设计
- 换热器的绝缘
- 地源热泵系统的冲洗、排气、启动及检验
- 居住建筑的改造案例

除了术语表、参考书目及全书的索引外，该指南还介绍了换热器循环液体的物理性质、选择方法；标准化平行系数环路集管的设计等。另外，管沟、管间距、聚乙烯管的规格以及减热器等内容在书中也有涉及。

2. Commercial/Institutional Ground-Source Heat Pump Engineering Manual/商业/公共建筑的地源热泵工程手册（《地源热泵工程技术指南》）

这本由 ASHRAE 在 1995 年出版的手册，主要介绍了系统的适应性评估、地源热泵系统的形式、系统换热器的选择、地表水或地下水水流量的确定，闭式环路系统的设计等内容。该手册为系统的安装、启动及调试等提供指导，并对建筑负荷估算程序进行了回顾，以此来确保系统所使用的是合理的负荷。

3. Commissioning, Preventive Maintenance, and Troubleshooting Guide for Commercial GSHP Systems/商业建筑地源热泵系统的调试、维护与检修

这本书由 ASHRAE 于 2002 年出版，从工程实施阶段开始详细介绍了地源热泵这种节能系统在调试、维护及常见问题的检修方面所必需的技术信息。对于商业建筑地源热泵系统的设计、安装、运行及维护具有指导作用。

4. Design/Data Manual for Closed-Loop Ground-Coupled Heat Pump Systems/闭环地耦合地源热泵系统的设计手册

这本指南是俄克拉荷马州立大学出版较早的一本手册（1985 年），它简述了地源热泵系统在初级设计阶段所必需考虑的一些现场条件，并介绍了一些基于线热源理论的地埋管换热器设计计算的方法。

5. Geology and Drilling Methods for Ground-Source Heat Pump Installations: An introduction for Engineers/工程师指南—地源热泵安装的地质知识及钻孔方法

这本手册（Harvey Sachs, 2002）旨在帮助设计者了解钻孔工具、钻孔技术及施工土质的知识。主要针对地质、水文地质、土壤变化及其他可能会对地源热泵系统安装的可行性及经济性产生影响的因素进行了介绍。

6. Geothermal Heat Pump-Introductory Guide/地源热泵系统指南

这本手册由俄克拉荷马州立大学出版于 1997 年，对居住建筑地源热泵系统的进行了简要介绍。可以用作销售工具、培训手册或技术指南的入门书籍。全书包含 7 章，2 个附录及大量的实例和数据表格。主要章标题如下：

- 导言和概要
- 经济、行销及需求量
- 热泵系统的选择、计算和设计
- 管道连接方法
- 地埋管的安装
- 系统的冲洗与换气

7. Ground and water Source Heat Pumps/土壤源及水源热泵

这是一本关于土壤源、地下水、湖水地源热泵系统的设计安装手册，由 S. Kavanaugh 于 1990 年出版。该手册主要以美国南方的气候条件为背景，介绍了以下内容：

- 地源热泵及管路系统
- 地下环路及系统设计
- 地下环路的安装
- 地下水热泵系统
- 湖水源热泵系统
- 直接冷却与预冷的经济性

8. Ground-Source Heat Pumps-Design of Geothermal Systems for Commercial and Institution Buildings/地源热泵—公共建筑地源热泵系统的设计

合理运行的地源热泵系统可以帮助工程师解决那些为满足业主要求所产生的问题。Kavanagh 和 Rfferty 在 1997 年出版的这本书有助于设计者在做公共建筑项目时创造一个优质且经济合理的系统。

9. Grouting Procedures for GHP System/地源热泵系统的回填

这本手册由俄克拉荷马州立大学出版于 1991 年，全书向地源热泵业阐述系统回填的程序及其保护地下水的重要性，指出只有完成系统回填才能保证整个地源热泵系统的完整性。该书主要内容包括钻井回填的重要性，无效回填的实例，回填材料，回灌泵及混合、布置方法，是钻孔及垂直地源热泵系统工作者的必备工具书。

10. Grouting for Vertical GHP Systems/垂直钻孔地源热泵系统的回填

这本由俄克拉荷马州立大学于 2000 年出版的全新手册向地源热泵业透彻地阐述了垂直地源热泵系统的回填程序。内容主要有：合理的回填方法，孔洞的常见密封方法，孔洞的热阻、预处理，现场施工的程序等。

11. Grouting for Vertical Geothermal Heat Pump Systems: Engineering Design and Field Procedures Manual/垂直地源热泵系统的回填—工程设计及现场施工指南

这本美国电力研究所（EPRI）于 1997 年出版的手册可作为地源热泵系统设计和施工的参考书或培训教材。它包含了美国电力研究所（EPRI）和美国国家农村电气合作协会（NRECA）赞助进行的有关灌浆技术研究的最新成果。它更新并扩展了国际地源热泵协会（IGSHPA）此前出版的相关手册的内容。

12. Heat Pump Manual, Second Edition/热泵手册（第二版）

第一版的热泵手册是美国电力研究所（EPRI）在 1985 年出版的，由于其技术信息全面且易于被大众接受而被称为技术标准的新著。以此为基础扩充的第二版为读者提供了居住建筑及小型商业建筑地源热泵系统的全新信息，其中包括 75 个新的技术实例及大量的数据图表。

13. Operating Experiences with Commercial Ground-Source Heat Pump Systems/公共建筑应用地源系统的运行经验

这本指南（Caneta Research, 1998）包含了 9 个公共建筑的工程实例。每个实例的内容包括：使用地源热泵系统的原因；系统内、外部包含图表的详细设计；各部分的初期投资及每年的运行费用；对为满足业主要求所产生的运行中的困难的讨论。

14. SlinkyTM Installation Guide/ Slinky^{TM}安装指南

这是俄克拉荷马州立大学在1994年面向安装和设计人员出版的一本安装螺旋埋管换热器的权威指南。全书介绍了螺旋管换热器从设计到管沟挖掘的每一步，并配有丰富的插图和照片。章节的标题如下：螺旋埋管的设计；管道材料的选择和标准；管道的构造；环形换热器的成型、安装及挖掘安全。

15. Soil and Rock Classification According to Thermal Conductivity：Design of Ground-Coupled Heat Pump Systems/由导热系数对岩土进行分类：地耦合热泵系统的设计

使用地耦合热泵系统可以降低峰值电量需求。这项由美国电力研究所（EPRI）在1989年所做的研究提供了更为准确的地下盘管的导热系数及热扩散率。这一研究结果减少了系统的安装费用并扩大了系统的潜在市场。

16. Soil and Rock Classification Field Manual/岩土分类实用手册

俄克拉荷马州立大学在1989年出版的这本手册中提供了一个简单的分类方法。这个方法可以让非地质专业人员在现场就辨别出岩土的类别并得出一个适用于地源热泵系统设计的土壤热物性参数。该书的内容主要有土壤的性质及分类；现场分析的程序；如何通过可获得的信息来确定导热系数值；为设计确定岩石组成信息并对其进行定义。

17. Water-Loop Heat Pump Systems：Volume 1：Engineering Guide/水环热泵系统第1卷：工程指南

与中央制冷机组等常规系统相比，水环热泵系统是一个可靠、可行且节能的选择。它的安装费用低，设计灵活性强，对于商业建筑及多住户建筑，无论其是新建建筑还是既有建筑，都可以进行热回收。这本由美国电力研究所（EPRI）在1994年修订后的手册有一章新增的内容，介绍的是利用地能作为热源或热汇的具有出色性能的地耦合热泵系统。

18. 2000 Design and Installation Standards/设计安装标准2000年版

国际地源热泵协会（IGSHPA）已为地源热泵系统建立了一套完整的标准。本标准是由俄克拉荷马州立大学在2000年更新出版的，它涵盖了自1994年以来所有国际地源热泵协会标准委员会推荐的对标准的修改，是地源热泵业内人士必备的书籍之一。该标准的内容包括：闭环式地埋管的设计与安装，管路布置及回填，室内管路及循环系统的设计与安装，设备的排布，现场记录及修复等。另外，此版本还增加了修订标准的程序。

19. Canadian Provincial and Territorial Vertical Borehole Grouting Regulations/加拿大垂直埋管回填省级标准

该报告由美国电力研究所（EPRI）于1996年出版，主要内容是对加拿大12个省份影响地源热泵应用的条例的调查。其中包括：对热泵安装者及钻井者的资质要求，对建筑物和垂直闭环式地源热泵系统地下回填部分的相关条例的回顾，并在加拿大法律许可的范围内，对相关条例做出了总结。

20. Closed-Loop Geothermal Systems：Slinky（R）Installation Guide/闭式环路地源热泵系统：螺旋式埋管安装指南

这本美国电力研究所（EPRI）于1996年出版的指南及附带的视频录像为地源热泵的系统集成商详细介绍了螺旋埋管的现场测试步骤。集成商依据这些步骤安装会比用一般方法得到省时、省力、省空间的效果。具体的设计长度随气候、土壤条件及热泵系统各部分的运行情况变化而变化。另外本书还非常详尽地介绍了系统的工程实例。

21. Design Guidelines for Direct Expansion Ground Coils/直接膨胀式盘管设计指南

在地耦合热泵系统中使用直接膨胀式盘管可以减少系统的投资并降低峰值电量需求。橡树山国家实验室（ORNL）在1990年的这一研究对地耦合热泵系统使用直接膨胀式盘管具有普适性的指导作用。

22. Geothermal Heat Pump Design and Installation Planning Guide/地源热泵系统的设计与安装指南

美国电力研究所（EPRI）在1999年出版了这本手册，希望通过所提供的一些数据来降低地源热泵使用过程中出现的问题的严重性及发生问题的几率。由于系统设计人员或施工人员经验不足，在地源热泵系统应用过程中偶尔会出现一些问题。该手册针对这一情况提出了一个快速入门的指南用来帮助减少人为错误的发生，从而提高系统的质量。该指南列出了地源热泵系统在设计及安装过程中可能会出现的问题，并提出了可行的解决办法，给出了一系列在不同情况下的设计、编排、运行、交流协作、安装、调试及启动的表格数据。

23. Guidelines for Construction of Vertical Boreholes for Closed Loop Heat Pump Systems/闭环式垂直埋管热泵系统的建造指南

本书在1997年由国家地下水协会（National Ground Water Association）出版，它提出了在闭环式垂直钻井热泵系统的建造过程中必须遵守的一些标准。内容包括：钻孔、布管及回填。

24. State and Federal Vertical Borehole Grouting Regulations/各州有关垂直埋管回填的相关条例

美国电力研究所（EPRI）在1996年提交的这份报告总结了对美国50个州影响地源热泵系统应用的相关管理条例的调查结果。

25. Generic Guide Specification for Geothermal Heat Pump Installation/地源热泵系统安装的普适性指导规范

地源热泵系统指导规范已由橡树山国家实验室（ORNL）于2000年修订，旨在帮助政府和工程师对地源热泵系统工程进行规范化的建造。该规范已由工业标准建造规范化协会（CSI, Construction Specification Institute）会同一些地源热泵行业内较为知名的单位更新出版。该指导标准可应用于决定一个工程项目能否得到资金支持，可以提供资金支持的项目或机构有：美国能源部下属的地源热泵技术部门推行的“节能绩效保证合约（ESPCs）”，公共事业能源服务合同（UESCs, Utility Energy Service Contracts），或者实施“节能绩效保证合约（ESPCs）”的不同地区的能源服务公司（ESCOs）等。

4.3 工程图集

《热泵热水系统选用与安装》
主编：中国建筑科学研究院
图集号：06SS127

《水环热泵空调系统设计与安装》

主编：北京俞龚琪元机电设计事务所
图集号：07K504

《地源热泵冷热源机房设计与施工》
主编：同方股份有限公司
图集号：06R115

《水源热泵设计图集》
主编：中国建筑科学研究院
出版社：中国建筑工业出版社

该图集主要由地下水源热泵系统和土壤源热泵系统两篇组成，介绍了北京蓟门饭店、天创世缘小区、北京海剑大厦等18个地下水源热泵系统及北京市第十七中学初中部、武汉清东花园、北京用友软件园等8个土壤源热泵系统的工程概述、设计参数、系统负荷、设备选型、自控设计、经济分析、系统图纸等内容。

《中央液态冷热源环境系统设计施工图集》
图集号：03SR113

第5章　地源热泵技术发展与评价

根据我国目前唯一一本地源热泵国家标准《地源热泵系统工程技术规范》(GB 50366—2005）定义，地源热泵系统指以岩土体、地下水或地表水为低温热源，由水源热泵机组、地热能交换系统、建筑物内系统组成的供热空调系统。根据地热能交换系统形式的不同，地源热泵系统分为地埋管地源热泵系统、地下水源热泵系统和地表水源热泵系统。在行业内部，地埋管地源热泵系统也经常被称为土壤源热泵系统或大地耦合系统，地下水源热泵系统和地表水源热泵系统则有时被直接称为地下水系统和地表水系统。

5.1　地埋管地源热泵系统

5.1.1　基本原理与分类

地埋管地源热泵系统是由传热介质通过竖直或水平土壤换热器与岩土体进行热交换的地源热泵系统，也称地耦合系统。

利用岩土体作为热泵的低位热源，与空气源热泵相比，地埋管地源热泵系统机组不需要风机，噪声小；不需要除霜，从而节省热泵的除霜损失，提高地源热泵运行的可靠性；同利用地下水、地表水为低位热源的水源热泵相比，适用范围较广，它不受地下水、地表水资源的限制，只要有足够的埋管空间即可。因此地埋管地源热泵系统的应用十分广泛。

地表以下20～100m，岩土体的温度已比较稳定，而且热容量大，蓄热性能好，所以岩土体是很好的热源和热汇。利用岩土体作为低位热源主要有以下几方面的特点：

1）岩土体温度波动小。岩土体温度年变化相对于气温有延迟和衰减，这对地源热泵的性能和运行十分有利。当室外空气温度最低（建筑物耗热量最大）时，岩土体的温度并不是最低，热泵的供热能力也不会降至最低。

2）岩土体可吸收太阳能且具有较好的蓄热性能，冬季从岩土体中取出的热量可在夏季得到一定程度的补偿。

3）岩土体的热物性对地埋管地源热泵系统的设计至关重要。岩土体的传热性能取决于岩土体的导热系数、密度和比热容等。同时，岩土体的含水量对其密度和导热性有决定性影响，潮湿岩土体的导热系数比干燥岩土体大许多，因此，传递相同的热量，在潮湿岩土体中所需要的地埋管换热器管长比在干燥岩土体中所需要的管长要少得多。设计时，应注意到由于岩土体特性在不同地区、不同深度存在较大差异，适合某地区的技术和经济特点的设计在其他地区可能就不十分有利。因此，设计地埋管地源热泵系统时必须因地制宜，并且要掌握当地的岩土体的热物性。

4）与水相比，岩土体的导热系数较小，换热量较小。所以当供冷、供热量一定时，土壤源热泵系统比地下水、地表水源热泵系统占地面积大。

地埋管地源热泵系统的地埋管换热器应在工程勘察结果的基础上，根据可使用的地面面积、挖掘成本等因素确定埋管方式。地埋管换热器有水平和竖直两种埋管方式。当可利用地表面积较大，浅层岩土体的温度及热物性受气候、雨水、埋设深度影响较小时，宜采用水平地埋管换热器。否则，宜采用竖直地埋管换热器。

1. 水平地埋管换热器

图5-1为常见的水平地埋管换热器形式。

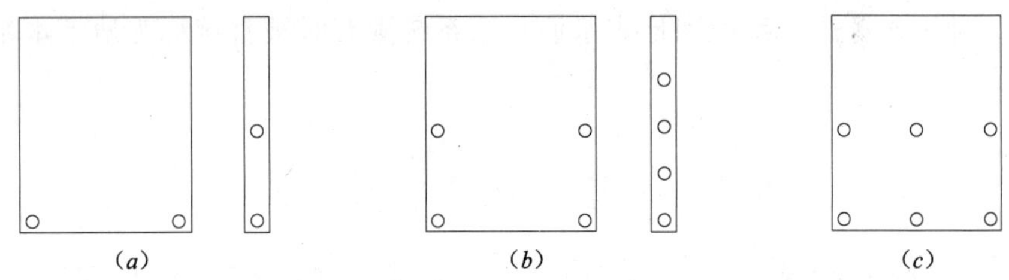

图5-1　几种常见的水平地埋管换热器形式
(a) 单或双环路；(b) 双或四环路；(c) 三或六环路

图5-2为新近开发的水平地埋管换热器形式。

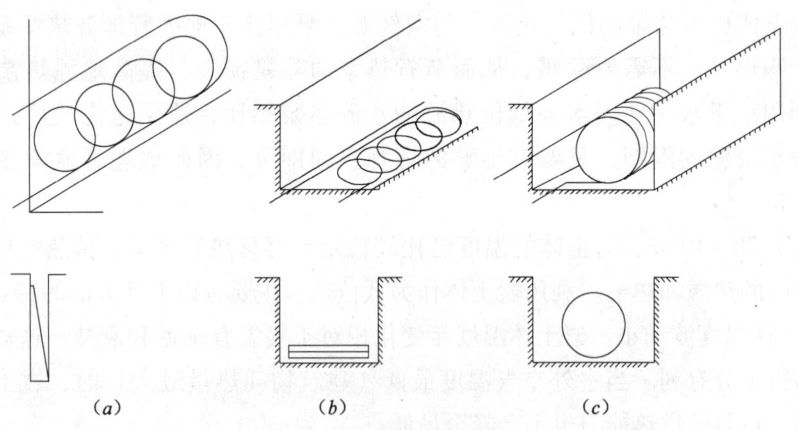

图5-2　几种新近开发的水平地埋管换热器形式
(a) 竖直排圈式；(b) 水平排圈式；(c) 水平螺旋式

水平地埋管换热器的施工现场如图5-3、图5-4所示。

各种水平地埋管换热器的特点参见表5-1。

图 5-3 青岛石老人高尔夫会所水平埋管铺设图

图 5-4 青岛石老人高尔夫会所水平埋管回填图

水平地埋管换热器的特点　　表5-1

序　号	换热器类型	特　　点	适　用　性
1)	单层水平直埋管	埋管较浅，布管简单，占地面积大，且水平直埋管的温度受地面温度波动的影响较大	小型建筑并且有足够的开挖面积
2)	多层水平直埋管	换热效果优于单层埋管，占地面积可减少，但水平直埋管的温度受地面温度波动的影响较大	
3)	扁平曲线和螺旋管	采用该方式，可缩短地沟长度，增加可埋设的管子长度，换热效果较好，但埋管的温度受地面温度波动的影响较大，同时流动阻力相对也要大些，并且在填埋过程中易损坏管子	

2. 竖直地埋管换热器

图5-5为竖直地埋管换热器形式。在没有合适的室外用地时，竖直地埋管换热器还可以利用建筑物的混凝土基桩埋设，即将U形管捆扎在基桩的钢筋网架上，然后浇灌混凝土，使U形管固定在基桩内。

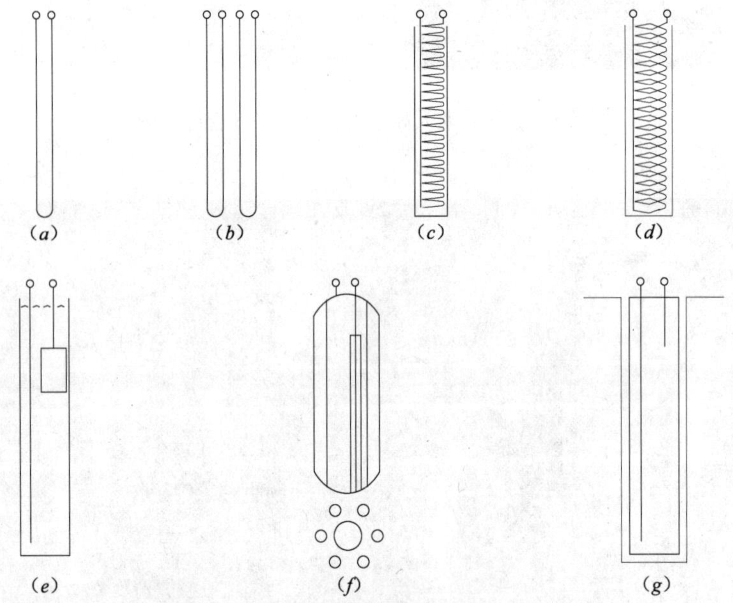

图5-5　竖直地埋管换热器形式
(a) 单U形管；(b) 双U形管；(c) 小直径螺旋盘管；
(d) 大直径螺旋盘管；(e) 立柱状；(f) 蜘蛛状；(g) 套管式

竖直地埋管换热器根据埋设深度的不同分为：浅埋（≤30m）、中埋（31~80m）和深埋（>80m）。

竖直地埋管换热器的施工现场如图5-6、图5-7所示。

图 5-6 未回填的竖直地埋管换热器

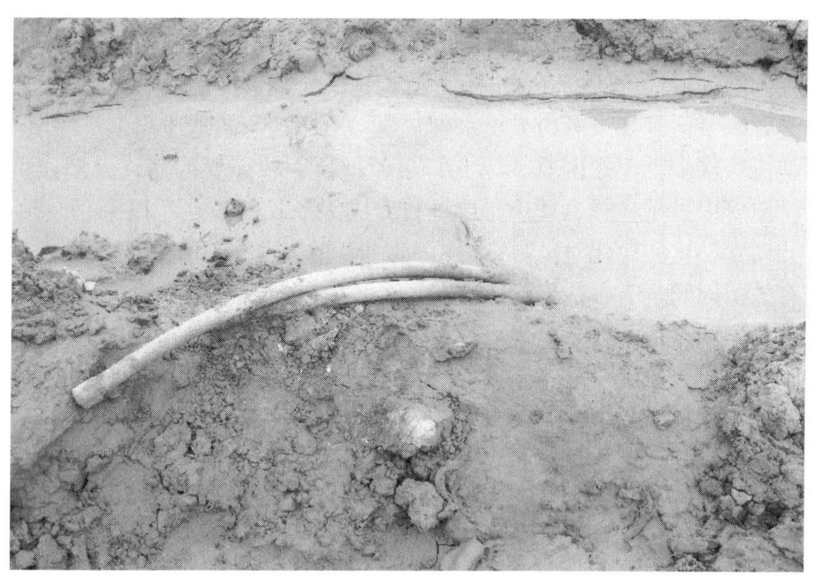

图 5-7 回填后的竖直地埋管换热器

各种竖直地埋管换热器的特点参见表 5-2。

各种竖直地埋管换热器的特点 **表 5-2**

序 号	换热器类型	特 点	适 用 性
1)	U 形管	施工简单，换热性能较好，承压高，管路接头少，不易泄漏，目前应用较多。管径一般在 ϕ50mm 以下，钻孔直径 100 ~ 150mm，钻孔深 10 ~ 200m	适用于竖直埋管的任何场所
2)	套管式	换热效率较 U 形管高，但套管型的内、外管中流体热交换时存在冷、热损失；套管直径和钻孔直径较大，下管难度大；套管顶部与内管连接处不好处理，易漏水。内管直径为 ϕ15 ~ 25mm，外管直径 100 ~ 200mm	适用于≤30m 的竖直浅埋管

竖直地埋管换热器的管径推荐采用表5-3中的规格。

竖直地埋管换热器的管径　　表5-3

序　　号	钻孔深度（m）	管外径（mm）
1）	$h \leqslant 50m$	$\phi 20$、$\phi 25$
2）	$50m < h \leqslant 100m$	$\phi 25$、$\phi 32$
3）	$100m \leqslant h < 200m$	$\phi 32$、$\phi 40$

5.1.2　特点及技术要点

1. 土壤换热器的传热分析

影响地埋管地源热泵系统性能的因素较多，包括地下水流动、回填材料的性能、换热器周围发生相变的可能性以及沿管长岩土体物性的变化等等，如何完善地埋管换热器的传热模型，使其更好地模拟地埋管换热器的真实换热情况，确定最佳地埋管换热器的尺寸是发展和推广地埋管地源热泵的关键。

现有的地埋管换热器设计软件主要基于线热源理论、圆柱热源理论、能量平衡理论等建立控制方程。在设计地埋管换热器时要考虑长时间运行后地埋管换热器的取热、放热不平衡引起岩土体温度场温度的升高或降低。解析法由于能够简便、快捷地得到长时间的运行结果而备受青睐，但是如果考虑进出水管水温、水流速、各地质层以及回填土影响等因素时，采用解析法求解就比较困难，因此，必须进行一些必要的简化，例如将U形管等价成一个当量单管以采用柱热源理论，或将其看成无限长的线热源以采用线热源理论等。对于长期运行而言，这些简化对结果影响不大，但是对于短时间运行则不然，此时采用数值解法比较有效。因此也有一些模型综合考虑了数值和解析两种方法。

地埋管换热器的设计现在基本上由计算方便快捷的计算机软件来完成。这些软件的计算方法和准确性差别较大。G-函数法是一种介于经验计算与数值计算之间的一种方法。无论竖直埋管还是水平埋管，正确的设计地埋管换热器都是保证热泵正常运行的关键因素。大量软件不断出现，最初主要有TFSTEP，DIM and INOUT，这些软件计算速度很快，但界面设计不够人性化，需要专业人士才能完成计算。随后产生了一些基于同样计算模型，但界面相对更加友好的软件，如瑞典隆德大学开发的EED、美国威斯康星大学开发的TRNSYS、美国俄克拉荷马州立大学开发的GLHEPRO、美国能源信息服务机构开发的GchpCalc、加拿大NRC开发的GS2000软件、国际地源热泵协会的设计软件CLGS、美国加州Gria公司的软件GLD。

总之，有很多方法和商业设计软件用于地埋管换热器的设计，所有这些设计软件都建立在热传导原理以及确定了岩土体导热系数和容积比热容基础之上。

地埋管换热器模型的完善与否是地埋管地源热泵系统能否推广应用的主要影响因素。竖直地埋管穿越的地质层以及地下水流动对其传热性能影响很大。湿土壤含水对地埋管换热器换热的影响，一方面是湿度本身的静态影响，另一方面是含湿量梯度造成的渗透或流动影响。土壤分干土壤、非饱和土壤、饱和湿土壤以及过饱和湿土壤，地下土壤湿度使传热问题从简单的导热问题变成既有对流又含有热湿扩散的复杂传热问题。因此，进一步深入研究传热机理，完善地埋管换热器的传热模型，对地埋管地源热泵系统的发展和推广是很有必要的。

2. 土壤热物性参数测试

(1) 岩土热物性测定方法国内外发展状况

目前国内外在确定土壤热物性参数时的设计方法主要有以下 3 种。

① 根据前期钻井获得的地质资料，通过查找土壤地质方面的手册进行确定

如美国电力研究所（EPRI）编写的手册《Soil and Rock Classification for the Design of Ground-coupled heat pump Systems Field Manual》以及国际地源热泵协会（IGSHPA）编写的手册《Soil and Rock Classification Manual》等。由于这些手册给出的土壤物性参数并非一个确定值，而是一个可能存在的范围，系统设计人员在设计土壤换热器时，由于设计者的知识水平、经验以及设计估测保守程度等不同会存在很大的差异。这种方法虽然最为简便快捷，但是很难保证系统建设和运行的经济性和合理性。

② 实验室取样测试法

实验室取样方法将现场采集的土壤试样在实验室中通过一定的方法进行测试(图 5-8)，从而获得其导热系数等土壤的热物性参数值。虽然通过此方法测量的土壤试样热物性数值较为准确，但是由于土壤属于多孔介质，其热物性不仅与地理位置以及当地地层构造有关，还与地下含水层密切相关。已有结果表明，仅土壤的导热系数就与试样的温度、密度、空隙比、饱和度等因素有关。由于此种方法离开了原工程地，故而对现场因素造成的影响考虑不够全面。

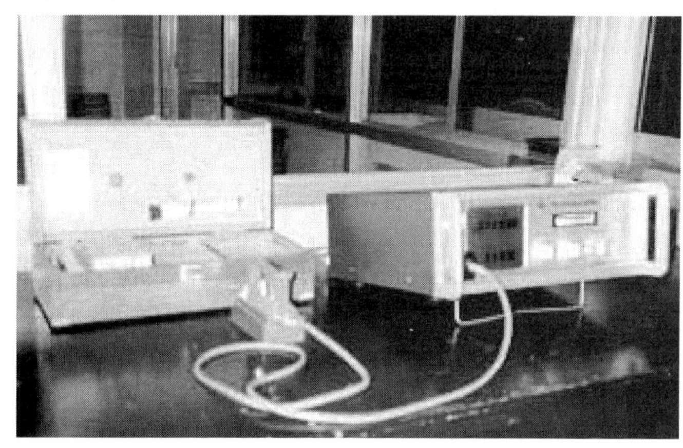

图 5-8 实验室取样法测试仪

③ 现场测试法

顾名思义，现场测试法就是在施工现场进行实地测试，这样就避免了现场因素影响造成的误差。用于实地测试以获得当地岩土热物性的方法，最早由 Mogensen 于 1983 年在斯德哥尔摩一次会议上提出来。经过几十年的发展，这一技术得到了普遍的认可。这种现场测试利用的是热响应实验法的原理，即通过向地下输入恒定的热量，进而检测土壤的温度响应来计算土壤热物性参数的方法。现场测试时，首先要在需要埋设土壤源热泵系统地下管路的地面上打一个测试孔，然后按照实际施工的要求装好管路，填上回填料，然后再连接上土壤导热系数测定仪。需要注意的是：这里的测试孔一定要与系统中使用的钻孔规格相同。将实验测得的结果与传热模型的模拟结果进行对比，当两者的结果最为接近时，通过模型调整后的热物性参数既是所求的结果。

图5-9　瑞典开发的岩土热物性测试仪（Signhild Gehlin, Thermal Response Test-In Situ Measurements of Thermal Properties in Hard Rock）

图5-10　德国某大学研制的岩土热物性测试仪（Burkhard Sanner, Manfred Reuss, Thermal Response Test-Experiences in Germany）

通过比较会发现，只有现场测试法才能充分考虑到现场各因素的影响。可以预见，这类现场测试装置的发展才是预测土壤热物性的发展方向，它降低参数选取的不确定性，使土壤换热器的设计更为合理。

（2）高性能岩土热物性测试仪的基本原理

岩土的导热系数等热物性测量是通过直接测量导热流体的温度、流量等相关参数，再利用建立好的地下换热器传热模型进行计算，将模拟计算值与实验测试值进行比较，利用反算法求得。其基本测试方法是在已钻好的钻孔中埋设导管并按设计要求回填，该回路中充满水，让水在回路中循环流动，自某一时刻起对水连续加热相当长的时间（数天）并测量加热功率、回路中流体的流量和温度及其所对应的时间。根据已知的数据计算出钻孔周围岩土的综合热物性参数。

并通过分析供回水温度、流量、释热量等数据，计算现场地质条件下的综合热物性参数，包括岩土体导热系数、密度及比热等，为地源热泵系统的设计、优化和模拟提供依据。实验装置主要由电加热器、水泵、温度传感器、流量传感器，以及相应监测控制系统组成。实验采用计算机数据采集，每隔 5 秒钟采集一次数据，随时自动存储数据。

放热实验是以地下土壤作为冷源，通过埋设的地埋管换热器向地下土壤层散发热量，测量地埋管的散热情况。将回路中的水通过设定功率加热后，经循环水泵的作用使热水在地埋管换热器中以一定的速度流动。热水的温度高于地下土壤的温度，在地埋管换热器的流动过程中，向土壤散发热量，温度降低。

现场测试应注意，试验孔成孔后应放置一段时间，待到回填部分的温度与岩土体的温度平衡时再做测试。如果采用原浆或其他不含水泥的回填料回填，成孔后应放置至少 48 小时，若采用含有水泥的回填料回填试验孔成孔后至少应放置 1 周，待含有水泥的回填料彻底凝固并不再释放出热量以后再做测试。地埋管的散热实验就是根据循环水在地埋管换热器内的流动过程中向土壤中散发的热量，来确定地埋管换热器以及当地岩土的传热能力。

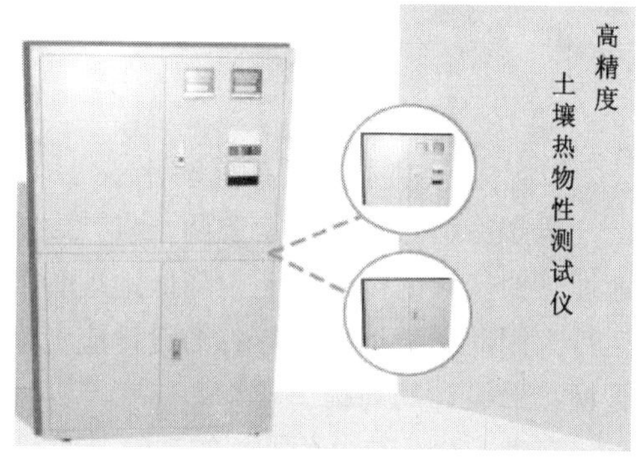

图 5-11 第一代土壤热物性测试仪外观图

为满足实际工程现场测试的需求，中国建筑科学研究院自主研发了一整套岩土热物性的测试仪器，并已在多个实际工程中得到了应用，测试精度得到了业主的认可，数据分析计算过程科学严谨。

图 5-12 天津中新生态城第二代仪器土壤热物性测试现场

图5-13 苏州某厂房第二代仪器土壤热物性测试现场

3. 土壤换热器热泵系统设计

全年冷、热负荷平衡失调，将导致地埋管区域岩土体温度持续升高或降低，从而影响地埋管换热器的换热性能，降低地埋管换热系统的运行效率，严重时将导致热泵机组无法运行。因此，地埋管换热器的设计应考虑全年冷热负荷的影响，冷、热负荷的平衡是地埋管换热器设计的前提。

在考虑冷、热负荷平衡的基础上，当前地埋管换热器的设计方法主要有两种，一种是较普遍使用的每延米换热量法，这种方法操作起来比较简单，但仅适用于小面积建筑的施工设计，或所有类型建筑的初步方案设计，且这种方法不能用来做热泵机组的选型；另一种是耦合设计法，这种方法需要借助专业的动态模拟设计软件，但能够比较完整的还原实际工况。

（1）设计方法一：每延米换热量法

每延米换热量法，是指在获得地埋管换热器每延米换热量的基础上，根据建筑负荷计算出地埋管最大释热量与吸热量，再算出所需地埋管换热器的总长度，根据工程所在地的地质勘探报告，确定井深与井数。

地源热泵系统实际最大释热量发生在与建筑最大冷负荷相对应的时刻。包括：各空调分区内水源热泵机组释放到循环水中的热量（空调负荷和机组压缩机耗功）、循环水在输送过程中得到的热量、水泵释放到循环水中的热量。将上述三项热量相加就可得到供冷工况下释放到循环水的总热量。即：

$$\text{最大释热量} = \sum[\text{空调分区冷负荷} \times (1 + 1/\text{EER})] + \sum\text{输送过程得热量} + \sum\text{水泵释放热量}$$

地源热泵系统实际最大吸热量发生在与建筑最大热负荷相对应的时刻。包括：各空调分区内热泵机组从循环水中的吸热量（空调热负荷，并扣除机组压缩机耗功）、循环水在输送过程失去的热量并扣除水泵释放到循环水中的热量。将上述前二项热量相加并扣除第三项就可得到供热工况下循环水的总吸热量。即：

$$\text{最大吸热量} = \sum[\text{空调分区热负荷} \times (1 - 1/\text{COP})] +$$

Σ输送过程失热量－Σ水泵释放热量

最大吸热量和最大释热量相差不大的工程，应分别计算供热与供冷工况下地埋管换热器的长度，取其大者，确定地埋管换热器；当两者相差较大时，宜通过技术经济比较，采用辅助散热（增加冷却塔）或辅助供热的方式来解决，一方面经济性较好，同时也可避免因吸热与释热不平衡引起岩土体温度的降低或升高。

每延米换热量法需要首先获取地埋管换热器每延米换热量的值，按照《地源热泵系统工程技术规范》的规定，每延米换热量的值应实测得出。实测需要使用专业的测试仪器，这种仪器目前尚没有商品化的产品在市场上公开出售，多是专业研究机构或个别地源热泵系统设计集成商自行开发研制的。实测的方法是，首先严格按照地埋管施工的技术要求建成试验井，将地埋管接入测试仪器，测试仪器一般可以模拟地源热泵系统的夏季工况，有的测试仪器可以分别模拟夏季与冬季两种工况，测试仪器的数据采集设备在一定时间间隔连续采集地埋管内水流速度、进出口温度及仪器制热或制冷功率，通过内嵌测试仪器的算法或特定的数据分析软件计算出地埋管换热器每延米换热量的值。

若测试仪器只能模拟地源热泵系统的夏季工况，也即测试仪器仅具有制热的功能而没有制冷的功能，则认为地埋管换热器每延米的释热量与每延米吸热量近似相等，并以此作为地埋管换热器系统的计算设计依据，由于制热设备比较便于集成于测试仪器，因此单独模拟夏季工况是被普遍采用的一种测试方式；若测试仪器同时具备制热与制冷的功能，则应该分别模拟地源热泵系统的夏季和冬季两种工况，分别测出地埋管换热器每延米的释热量与吸热量，可以取二者均值作为设计依据，也可以取其中较小的值作为设计依据，增加保险系数。现在的现场测试一般只测试 2～3 个孔，理论上 2～3 个孔的释热量是无限大的，因此现场测试的每延米换热量的值实际上与测试仪器的加热量有直接关系，而不能客观的反应土壤源热泵系统运行时的真实换热量。

（2）设计方法二：耦合设计法

耦合设计法，是指在地埋管换热器系统设计过程中与建筑负荷耦合在仪器进行设计，也即在换热器系统的设计中考虑到建筑负荷以及室外气象条件的影响，这种设计方法较为全面地还原了地源热泵系统实际运行的工况，可以计算出热泵机组的最不利工况，但需要借助专业的设计软件。

不同的设计软件在核心算法的实现过程上具有较大差别，但应用软件进行模拟设计的过程却大致相似，各种模拟设计软件都需要首先输入计算条件，以 TRNSYS 为例，输入的计算条件一般为岩土的热物理参数、热泵系统的运行参数及地埋管系统的初步设计参数，包括土壤的比热容、导热系数、地埋管换热器内的水流速度、地埋管的初步设计深度、初步设计个数及间距等。为模拟全年运行工况，还需输入建筑全年动态负荷及全年室外气象参数。应用计算可以计算得出地埋管换热器系统全年的进出水温度，考虑到大部分不加防冻液的地埋管地源热泵系统，在地埋管进出水温度低于 4℃时机组将会启停保护，因此可以此为依据调整地埋管换热器的深度、个数及管内的水流速度，从而达到优化设计地埋管换热器系统的目的。

动态负荷模拟设计法除了需要专业的模拟设计软件之外，模型的建立过程对模拟结果的影响也很大，主要指模拟计算参数的确定。其中，热泵系统的运行参数与地埋管系统的初步设计参数比较容易确定，但岩土的热物理参数不易确定，建议通过现场测试的方法确定。岩土热物理参数的测试仪器的构造与每延米换热量测试仪器的构造基本相同，收集的数据差别也不大，但所用的分析数据的方法却不相同，通过测试希望得到的参数也具有本质区别。

每延米换热量的测试，得到的是在测试工况下的换热量，每个测试孔的测试时间往往是数十小时，这种测试方法忽略了室外气候条件的影响，也忽略了建筑负荷的影响，想要用某一个确定的实测值尽可能合理的代替实际运行中变化的值，就只有多做测试孔这一种方法，实际上又不可能做几十个孔的试验；岩土热物理参数的测试，使用与每延米换热量测试相同的测试方法，得到相似的测试数据，但通过不同的数据分析方法，计算出的是岩土的热物理参数，岩土热物理参数受外部环境因素的影响很小，实测时的一个测试孔的数据就具有足够的代表性，这也是现场测试想要得到的数据不同决定了实测方法的不同。

4. 施工技术

(1) 钻井成井工艺

钻井前首先应根据施工图对场地进行平整，确定打井位置，钻机就位后要保证钻机钻杆的垂直，防止垂直偏差将已有管道损坏。打井过程中安排质量检查员随时检查打井位置，确保打井位置的正确。打井完成后应检查打井的深度和打井的质量，做好隐蔽工程记录，报监理验收。

钻井的钻进方法应根据岩石可钻性等级以及岩石的物力力学特性、地层特点和地质要求等选取，岩石可钻性等级可参照表5-4，对应钻进方法参照表5-5。

岩石可钻性等级分级表　　　　**表5-4**

级别	硬度	代表性岩石	普氏坚固系数	可钻性（m/h）	一次提钻长度（m/回次）
1	松软疏散的	次生黄土、次生红土、泥质土壤，松软的砂质土壤（不含石子及角砾）、冲积沙土层。湿的软泥、硅藻土、泥炭质腐殖质层（不含植物根）	0.31～1	7.50	2.80
2	软松疏散的	黄土层、红土层、松软的泥灰层。含有10%～20%砾石的黏土质及砂质土层、砂浆黄土层、松软的高岭土类（包括矿层中的黏土夹层）、泥炭及腐殖质层（带有植物根）	1～2	4.00	2.40
3	软的	全部风化变质的页岩、板岩、千枚岩、片岩。轻微胶结的砂层。含有超过20%砾石（大于3cm）的砂质土壤及超过20%的砂姜黄土层。泥灰层。石膏质土层、滑石片岩、软白垩。贝壳石灰岩。褐煤、烟煤。较软的锰矿	2～4	2.45	2.00
4	较软的	砂质页岩、油页岩、炭质页岩、含锰页岩、钙质页岩及砂页岩互层。较致密的泥灰岩。泥质砂岩。块状石灰岩、白云岩。风化剧烈的橄榄岩、纯橄榄岩、蛇纹岩。铝矾土菱镁矿、滑石化蛇纹岩、磷块岩（磷灰岩）。中等硬度煤层。岩土。钾土、结晶石膏、无水石膏。高岭土层。褐铁矿（包括疏松的铁帽）、冻结的含水砂层。火山凝灰岩	4～6	1.60	1.70
5	稍硬的	卵石、碎石及砾石层、崩积层。泥质板岩。绢云母绿岩石板岩、千枚岩、片岩。细粒结晶的石灰岩、大理岩。较松软的砂岩。蛇纹岩、纯橄榄岩、蛇纹岩化的火山凝灰岩。风化的角闪石斑岩、粗面岩。硬烟煤、无烟煤。松散砂质的磷灰石矿。冻结的粗粒砂层、砾层、泥层、砂土层、萤石带	6～7	1.15	1.50

续表

级别	硬度	代表性岩石	普氏坚固系数	可钻性（m/h）	一次提钻长度（m/回次）
6	中等硬度的	石英、绿泥石、云母、绢云母板岩、千枚岩、片岩。轻微硅化的石灰岩。方解石及绿帘石硅卡岩。含黄铁矿斑点的千枚岩、板岩、片岩、铁帽。钙质胶结的砾石、长石砾岩、石英砂岩。微风化含矿的橄榄岩及纯橄榄岩。石英粗面岩。角闪石斑岩、透辉石岩、辉长岩、阳起石、辉石岩。冻结的砾石层。较纯的明矾石	7~8	0.82	1.30
7	中等硬度的	角闪石、云母、石英、磁铁矿、赤铁矿化的板岩、千枚岩、片岩（如含铁镁矿物的鞍山式贫矿）。微硅化的板岩、千枚岩、片岩。含石英粒的石灰岩。含长石石英砂岩。石英二长岩。微片岩化的钠长石斑岩、粗面岩，角闪石斑岩、玢岩、灰绿凝灰岩。方解石化的辉岩、石榴子石硅卡岩。硅质叶腊石（寿山石）多孔石英。有硅质的海绵状铁帽。铬铁矿、硫化矿物、菱铁赤铁矿。含角闪石磁铁矿。含矿的辉石岩类、含矿的角闪石岩类。砾石（50%砾石，系水成岩组成，钙质和硅质胶结的）。砾石层、碎石层。轻微风化的粗粒花岗岩、正长岩、斑岩、玢岩、辉长岩及其他火成岩。硅质石灰岩、燧石石灰岩。极松散的磷灰石矿	8~10	0.57	1.10
8	硬的	硅化绢云母板岩、千枚岩、片岩。片麻岩、绿帘石岩，明矾石。含石英的碳酸土岩石。含石英重晶石岩石。含磁铁矿及赤铁矿的石英岩。粗粒及中粒的辉岩、石榴子石硅卡岩。钙质胶结的砾岩。轻微风化的花岗岩、花岗片麻岩、伟晶岩、闪长岩、辉长岩，石英电气石岩类。玄武岩、钙钠斜长石岩、辉石岩、安山岩、石英安山斑岩。含矿的橄榄岩、纯橄榄岩等。中粒结晶钠长斑岩、角闪石斑岩。水成赤铁矿层、层状黄铁矿、磁铁矿层。细粒硅质胶结的石英砂岩、长石砂岩。含大块燧石石灰岩。粗粒宽条带状的磁铁矿、赤铁矿、石英岩	11~14	0.38	0.85
9	硬的	高硅化板岩、千枚岩、石灰岩及砂岩等。粗粒的花岗岩、花岗闪长岩、花岗片麻岩、正长岩、辉长岩、粗面岩等。伟晶岩。微风化的石英粗面岩、微晶花岗岩、带有溶解空洞的石灰岩。硅化的磷灰岩、角页化凝灰岩、绢云母化角页岩。细晶质的辉石绿帘石、石榴子石硅卡岩。硅钙硼石、石榴石、铁钙辉石、微晶硅卡岩。细粒细纹状的磁铁矿、赤铁矿、石英岩、层状重晶石。含石英的黄铁矿、带有相当多黄铁矿的石英。含石英质的磷灰岩层	14~16	0.25	0.65
10	坚硬的	细粒的花岗岩石、花岗闪长岩、花岗片麻岩。流纹岩、微晶花岗岩、石英钠长斑岩、石英粗面岩。坚硬的石英伟晶岩。粗纹结晶的层状硅卡岩、角页岩。带有微晶硫化矿物的角页岩。层状磁铁矿层夹有角页岩薄层。致密的石英铁帽。含碧玉玛瑙的铝矾土	16~18	0.15	0.50
11	坚硬的	刚玉岩、石英岩。块状石英、最硬的铁质角页岩。含赤铁矿、磁铁矿的碧玉岩。碧玉质的硅化板岩。燧石岩	18~20	0.09	0.32
12	最坚硬的	完全没有风化的极致密的石英岩、碧玉岩、角页岩、纯的辉石刚玉岩、石英、燧石、碧玉		0.045	0.16

常用钻进方法表 表5-5

钻进方法	岩石可钻性等级和特点
表镶金刚石回转钻进	4~11级，较完整均一岩层
孕镶金刚石回转钻进	4~12级，较破碎不均一岩层
金刚石冲击回转钻进	9~12级，坚硬打滑岩层
硬质合金钻进	1~6级，软、中硬岩层
针状合金钻进	4~7级，中硬岩层
硬质合金冲击回转钻进	5~8级，中硬岩层
钢粒钻进	7~11级，硬岩层
冲击钻进	1~5级，松散地层

钻井工艺在近些年有了长足的发展，各种新型钻探工艺如反循环钻探、冲击钻探、浅孔锤钻探、欠平衡钻探等纷纷出现并得到了应用，但钻探工艺的主流依然是泥浆正循环回转钻进，各种新型钻探工艺都具有其针对性，但常规的泥浆正循环回转工艺具有最广泛的适用性，应用此常规钻井工艺在钻井过程中应着重控制以下技术细节：

图5-14 泥浆正循环回转钻进

① 钻压

土壤源热泵系统垂直埋管所需钻井深度一般为80~150m，随着钻井深度的增加有可能出现钻压不足的问题，从而直接影响钻井效率，在实际工程中表现为钻进深度越大钻进速度越小。当发现钻进速度明显变慢时，应根据钻头的型号及钻铤和钻杆的质量调整钻压，一般容易在钻进中硬以上岩层时出现这种情况，此时增加钻压使岩石实现体积破碎即可。

图 5-15 泥浆正循环回转钻进

近些年，随着钻杆、岩心管材质的提高，允许钻压值得以增大。实践证明高转速钻进可以取得较高的经济效益，且钻井质量高、消耗少，为此钻进中应该加以足够的钻压。但土壤源热泵钻井深度较浅，钻进中加大钻压往往使钻机被顶起来，实践中可采用在钻场增加重量的办法，比如采用脚手架压住钻场，钻杆、套管或其他重物堆放在钻机两侧等措施。

② 转速

牙轮钻头主要以牙齿对岩石的冲击、压碎和剪力作用来破碎岩石。硬和极硬地层主要靠要齿对岩石的冲击、压碎作用来破碎；极软和软地层主要靠牙齿对岩石的剪切作用来破碎；中软、中硬地层靠这两种作用同时破碎地层。因次，对极软和软地层应采用低压高速，对硬和极硬采用高压低速。

钻头的转速与钻进效率有着直接的关系，在一定范围内转速越高效率也越高，但转速的提高又受到功率、钻具强度和震动等的限制，因此对钻头转速的控制除了应考虑岩土类型还应掌握“不产生剧烈振动的前提下适当提高钻速”的原则。

③ 泥浆参数

泥浆的主要作用为：冷却钻头、携带岩屑、护壁堵漏。泥浆要保持孔底清洁，并维护孔壁稳定。在北京地区一般较好的泥浆性能为：失水量 10 ~ 15mL/30min，比重 1.05 ~ 1.15，黏度 25 ~ 32s，泥皮厚度 0.5 ~ 1mm，pH 值碱性。对于泥岩地层，应加入降失水剂，泥浆性能应为：黏度 18 ~ 22s，失水量小于 10mL/30min，用好的黏土造浆或提高黏土颗粒含量，现场应配有振动除砂器和旋流除砂器，并及时去除废浆。

④ 泵量

泵量应保证孔底干净，无残留岩屑。孔内岩屑过多不但会出事故，而且影响效率。一般常配的泥浆泵排量为 600L/min，850L/min。泵量大，效果好。

图5-16　钻井用循环泥浆

钻井过程中应注意阻隔不良水质或被污染的地下水（包括非开采含水层水）进入取水。

当遇到土质较硬的岩土层时，需要采用特殊的钻头及钻进方法，其中较为常见的是潜孔锤钻进法和牙轮循环回转钻进法。潜孔锤钻进法需要使用特殊的钻井机械，即潜孔锤钻机，如图5-17、图5-18所示。

图5-17　潜孔锤钻机

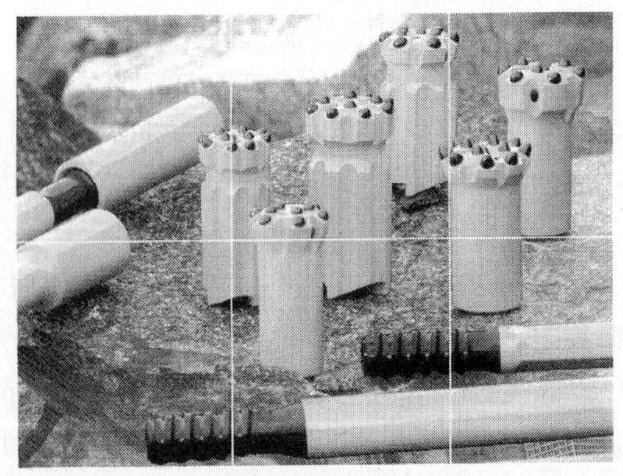

图5-18　潜孔锤钻头

牙轮回转钻进与泥浆正循环回转钻进在设备的使用上大部分相同，钻进工艺也比较相似，但需要使用特殊的牙轮钻头（图5-21）。

图 5-19 泥浆正循环回转钻进普通钻头

图 5-20 泥浆正循环回转钻进普通钻头 2

图 5-21 牙轮钻进专用钻头

钻井成功与否，护壁堵漏也是一项关键技术环节。进行护孔作业前，应准确掌握漏失层或坍塌层的深度、厚度和严重程度，根据护孔要求、地下水活动程度和货源条件，选择合适的护孔材料和方法、确定材料用量。护孔材料及其适用范围可参照表5-6。

护孔材料及其适用方法 **表5-6**

护孔材料	材料要求	适用条件	护孔方法
泥浆或无固相冲洗液	根据地层特性，配制不同性能的泥浆或无固相冲洗液	1. 破碎坍塌、掉块及一般漏失地层 2. 水敏性地层 3. 覆盖层	1. 配制优质泥浆或无固相冲洗液 2. 高黏度堵漏泥浆 3. 全絮凝或胶结堵漏
黏土	1. 选用黏性大的黏土 2. 黏土中加纤维物 3. 制成黏土球	1. 钻孔浅部一般漏失 2. 覆盖层浅部一般漏失	1. 黏土球投入到预定位置 2. 用钻具挤压
水泥	1. 高强度等级水泥加速凝剂 2. 地勘水泥加减水剂 3. B1型早强水泥	1. 坍塌严重的破碎带 2. 漏失严重的裂隙地层或覆盖层	1. 浅部干口采取直入法 2. 深部采取泵入法或导管注入法及灌注器送入法
化学浆液	1. 有一定的抗压强度能有效固结岩石 2. 可控制固化时间	1. 漏失严重的裂隙地层 2. 破碎坍塌地层 3. 漏失严重的覆盖层、架空层、有流动水地层	用灌注器送入预定地段固化或泵入法
套管	1. 符合标准 2. 不松扣	1. 松散覆盖层及架空层 2. 严重坍塌漏失地层 3. 较大的溶洞	1. 基岩中应下到完整的坚硬岩石 2. 孔口间隙堵严 3. 反扣套管管口要固定 4. 反扣套管管靴要封固

（2）回填材料选择

灌浆回填材料一般为膨润土和细砂（或水泥）的混合浆或其他专用灌浆材料。膨润土的比例宜占4%~6%。钻孔时取出的泥沙浆凝固后如收缩很小时，也可用作灌浆材料。如果地埋管换热器设在非常密实或坚硬的岩土体或岩石情况下，宜采用水泥基料灌浆，以防止空隙水因冻结膨胀损坏膨润土灌浆材料而导致管道被挤压截流。

（3）洗井技术

钻井完成后下U形管之前必要时应首先进行洗井作业，并且洗井应在钻井完成后立刻进行，目的是清洗井内黏度较大的泥浆，以便下管，但应控制好清洗的强度。

（4）回填工艺关键技术

回填材料应采用网孔不大于15mm×15mm的筛进行过筛，保证回填料不含有尖利的岩石块和其他碎石。为保证回填均匀且回填料与管道紧密接触，回填应在管道两侧同步进行。

U形管安装完毕后，应立即灌浆回填封孔，隔离含水层。灌浆即是使用泥浆泵通过灌浆管将混合浆灌入钻孔中的过程。泥浆泵的泵压足以使孔底的泥浆上返至地表，当上返泥浆密度与灌注材料的密度相等时，认为灌浆结束。灌浆时，应保证灌浆的连续性，应根据机械灌浆的速度将灌浆管逐渐抽出，使灌浆液自下而上灌注封孔，确保钻孔灌浆密实，无空腔，否则会降低传热效果，影响施工质量。

回填过程应严格保证回填质量，为确保回填密实应杜绝采用人工手动回填的方式，而应采用泥浆泵机械回填。

5.1.3 存在问题及解决措施

当前，地埋管地源热泵系统的工程应用主要在现场测试、设计方法、施工质量控制与检测等方面存在一些问题。

1. 现场测试

地埋管地源热泵系统的现场测试存在问题的主要原因是尚没有相关的国家标准作为测试依据，主要体现在以下几方面：

① 如果按照每延米换热量进行系统设计，测试过程应该模拟土壤源热泵系统的哪一种工况，单独模拟一种工况是否具有足够的代表性；

② 如果按照每延米换热量进行系统设计，测试孔的孔数应该如何确定；

③ 在某一特定工况下测试所得的每延米换热量的数据是否需要做相应的修正用来作为系统设计的依据，如果需要修正又该如何修正；

④ 实测过程测试仪器的制热及制冷功率、地埋管换热器内的水流速度该如何确定。

解决措施：

在某一特定工况及气候条件下测试得出的每延米换热量的值，若没有科学合理的方法被修正为设计值，也就没有达到现场测试为力求设计精确性的本来目的，这样的测试是没有必要的。通过分析现场测试数据计算出的应是某一相对固定的设计参数，这一参数应不受外界环境因素及系统运行工况的影响，或影响较小，否则即使某一参数是通过分析实测数据计算所得也必须经过修正。

实测得到的每延米换热量不能够直接用于换热器系统的设计，而应首先做科学合理的修正，但现在尚没有一整套修正的方法。因此，获取的现场测试数据应被用于计算不受外界环境因素及系统运行工况影响或影响较小的参数，这也就是岩土的热物理参数，包括岩土的导热系数、比热容以及岩土密度等。

目前，国家标准里还没有对岩土热物理参数的测试方法做出相应规定，对测试仪器的制热及制冷功率、换热器水流速度、测试周期、测试孔成孔工艺等关键技术问题业内尚存在许多不同的认识，为使现场测试能够为工程设计提供应有的原始数据，急需在地源热泵国家标准中补充现场测试规范这部分内容。

2. 设计方法

如前所述，当前土壤源热泵系统的地埋管换热器的设计主要有两种方法，其中动态负荷模拟设计法能够较为全面的还原土壤源热泵系统实际运行的工况，是一种比较精确的设计方法；每延米换热量法存在着较多的问题，这些问题主要集中在每延米换热量的确定方法上，与前述测试方法上存在的问题有所重复，该方法仅适用于方案设计阶段，施工图设计阶段应采用前一种方法。

造成每延米换热量法存在较多问题的原因主要是这种设计方法忽略了土壤源热泵系统的一个重要特性，即土壤源热泵系统的耦合性，表现在系统实际运行过程中浅层土壤的温度场分布受室外气候因素的影响很大，地埋管部分的进出水温度与建筑负荷之间联系密切，也即地埋管部分的实际换热量与建筑负荷的变化直接相关。

决定地埋管换热器实际换热量的因素是多方面的，除了工程所在地岩土热物理性质、换热器内水流速度（系统运行过程中往往控制换热器内水流速度为经济流速，即达到紊流状态时的最小流速）等相对固定的因素，还包括室外气象参数、建筑物负荷等随时间不断变化且变化幅度也较大的因素。因此，设计用每延米换热量的值若是根据经验估计则不可能具有说服力，若是工程所在地实地测试则得到的只能是特定运行工况及特定气候条件下的某一特定数值，当前尚没有科学合理的修正计算方法将每延米换热量的测试值修正为设计值。每延米换热量设计法，由于其设计思想先天的缺陷，使得依照此法设计的地埋管换热器系统为使系统安全运行不得不过度增加保险系数。

解决措施：

与每延米换热量法不同，动态负荷模拟设计法完全体现了土壤源热泵耦合性的特性，影响地埋管换热器换热量的岩土热物理参数是实地测试得出的，且热物理参数在岩土组成成分一定的前提下是相对固定的，在模拟设计软件中建立的系统模型考虑了建筑负荷及室外气候条件对地埋管换热器的影响。动态负荷模拟设计法更全面的考虑了地埋管换热器系统的影响因素，工程现场实测了随时间及测试系统运行工况的变化相对固定的土壤热物理参数，现场实测更加科学合理。

在没有科学合理的修正计算方法将每延米换热量的测试值修正为设计值之前，动态负荷模拟设计法是解决每延米换热量设计法存在问题的唯一途径。

3. 施工质量控制与检测

地埋管换热器系统的施工质量对其换热效果具有巨大影响，《地源热泵系统工程技术规范》中在施工质量控制方面缺少一些明确的强制性规定，从而使施工质量不易被严格把关。比较关键的两个技术环节包括：U形管地埋管换热器成孔孔径的最小值未做强制规定，回填方式使用机械回填或是原浆自然回填未做严格规定。

实际工程中，有的施工方为节省回填材料的使用及加快成孔的速度，成孔孔径尽可能的小，如单U埋管成孔孔径仅为110mm甚至更小，这种做法会极大地增加回填难度，若使用机械回填则泥浆泵导入管将很难深入孔内，若使用原浆自然回填则由于孔径过小回填不易密实，往往需要多次反复回填，即便如此仍无法保证回填的效果。

《地源热泵系统工程技术规范》规定U形管换热器宜采用机械回填的方式，但实际工程中采用这种方式的极少，若采用机械回填必将增加地源热泵系统的工程造价，并且已经运行的未采用机械回填的系统，并未出现系统制热或制冷出现严重问题的情况，因此绝大多数实际工程使用的都是原浆自然回填，但这种方式存在质量隐患也是事实。

无论是原浆自然回填还是机械回填，施工质量的检测也即回填密实性的检测都是必须的，但目前还没有检测回填密实性的方法，因此对这个施工技术环节的现场质量验收目前还无法操作。

解决措施：

《地源热泵系统工程技术规范》的有关内容应对U形管换热器成孔孔径的最小值做出强制规定；对原浆自然回填的效果重新评估，自然回填的质量隐患可以忽略，则应在规范中做出明确说明，若评估认为自然回填的质量隐患很大，会对地埋管换热器的换热量产生巨大不利影响，则应在规范中彻底禁止使用原浆自然回填且必须采用机械回填；尽快建立一套检测回填密实性的测试方法，并且建立根据回填密实程度评定地埋管换热器施工质量的评定体系。

5.1.4 国内研究现状及评价

我国在开展地埋管地源热泵系统的研究与应用方面起步较晚，但到2000年左右，在各种因素的共同作用下，成为一个非常“热门”的研究课题。

1. 理论研究

在地源热泵系统中，地埋管换热器的研究一直是地源热泵技术的难点，同时也是该项技术研究的核心和应用的基础。国内开展了大量的相关工作，对地埋管换热器的传热模型、地埋管换热器设计计算模拟以及影响地埋管换热器传热的各种因素进行了初步研究，取得了一些阶段性成果。有学者对土壤多孔介质性质、管群之间热回流等的影响进行了研究，除了普通的U形竖直埋管，还有对于竖直螺旋埋管、水平埋管的研究，对于换热器性能的优化也有相关研究。

国内在如何有效地降低地源热泵系统初投资、保证系统的可靠运行等方面的研究一直没有大的突破。其主要原因是已开展的研究绝大多数都局限于对所建立的具体系统进行研究并与传统的空气源热泵性能进行技术经济比较，从而得出地源热泵节能的一般性结论。由于缺乏对地埋管换热器在岩土中复杂的传热、传质综合传递过程的深入研究，使得这些结论只适用于某一具体的系统，所提供的基础数据较少而不能作为普遍的设计依据。

2. 实验研究

现有的地埋管换热器设计方法大都基于美国和欧洲对地埋管换热器的理论和实验研究。国内对于地源热泵系统的研究重点均放在地埋管换热器的实验研究上，实验的重点是：单位管长放热量的确定、系统COP的确定、埋管合理间距的确定、岩土热物性的确定等。实验的埋管形式有如下几种：

① 水平埋管热泵系统冬夏季供冷供热实验；

② 竖直U形管热泵系统冬夏季供冷供热实验；

③ 单、双层水平埋管换热器实验；

④ 竖直套管式地埋管换热器实验。

各研究单位分别根据各自的地质条件给出了相关的实验结果。由于影响地埋管换热器的因素很多，而且地下传热过程复杂，因此现有的各种实验数据缺乏一般的指导意义，各种设计方法得出的结论往往相差很大，而且在短时间内很难达成共识。

3. 设计施工技术研究

正在进行的国家“十一五”课题“水源地源热泵高效应用关键技术研究与示范”，将在回填材料方案及建立标准化地下换热器施工工艺等方面做进一步深入的施工技术研究。此专题研究计划收集有关土壤源热泵地下换热器施工过程的资料，并在实地调研的基础上写出调研报告；计算回填材料导热系数的变化对地下换热器换热量的影响，结合当前普遍采用的回填材料的类型提出几种切实有效的回填材料方案；根据调研报告总结地下换热器规范化的施工流程，指出控制施工质量的关键环节。

地源热泵系统的设计主要集中在系统地下部分的设计，包括冷热负荷的确定，地下换热器的选型、布置，室内气流的组织形式，热泵的容量等，不过要重视对地源热泵空调系统设计的基础资料的准确性和真实性进行鉴别，特别是水文地质、地表情况、试验井（坑）、水质这些资料，以免造成系统失败或者和预期效果大相径庭。

5.2　地下水源热泵系统

5.2.1　基本原理与分类

地下水源热泵系统（Ground Water Heat Pump system，GWHPs）是采用地下水作为低位热源，并利用热泵技术，通过少量的高位电能输入，实现冷热量由低位能向高位能的转移，从而达到为使用对象供热或供冷的一种系统。地下水源热泵系统适合于地下水资源丰富，并且当地资源管理部门允许开采利用地下水的场合。

地下水的水温常年保持不变，一般比当地平均气温高几度。我国东北北部地区的地下水温约为4℃，东北中部地区约为8～12℃，东北南部地区约为12～14℃；华北地区的地下水温度约为15～19℃；华东地区的地下水温度约为19～20℃；西北地区的地下水温度约为18～20℃。由于地下水的温度恒定，与空气相比，在冬季的温度较高，在夏季的温度较低，另外，相对于室外空气来说，水的比热容较大，传热性能好，所以热泵系统的效率较高，仅需少量的电量即能获得较多的热量或冷量，通常的比例能达到1：4以上。

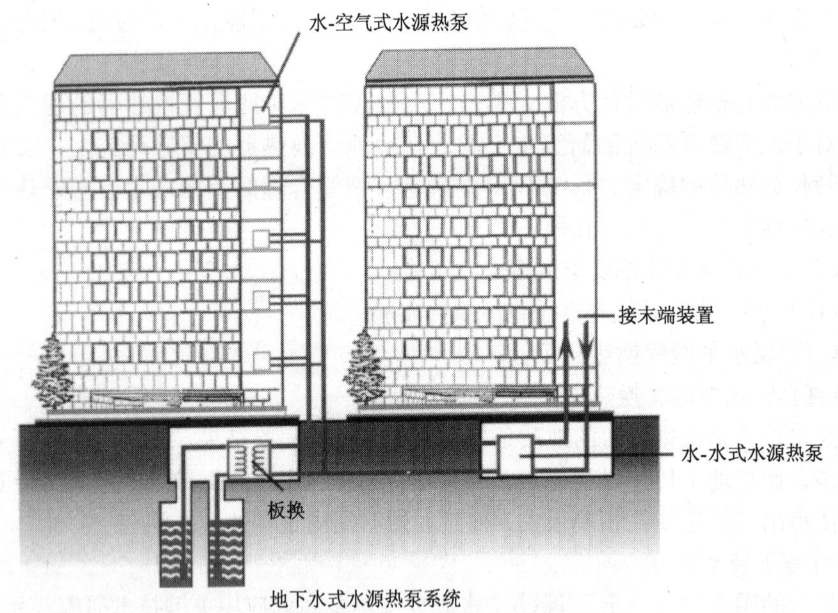

图5-22　地下水源热泵系统原理图

地下水资源在开采利用时必须遵循以下原则：地下水源热泵系统应根据水文地质勘察资料进行设计，并必须采取可靠回灌措施，确保置换冷量或热量后的地下水全部回灌到同一含水层，不得对地下水资源造成浪费及污染。

利用地下水作为地源热泵系统的低位热源时，应注意以下几个问题：

① 现场勘察。如果有足够的地下水量，水质较好，并且经当地资源管理部门许可后，可以考虑采用地下水源热泵系统。

② 采取可靠措施，以确保水源不受污染，不对地质造成灾害，做到取“热”而不取“水”。

③ 注意对水质的要求及处理，防止出现换热设备、管路的腐蚀等问题。

与地下水进行热交换的地源热泵系统，根据地下水是否直接流经水源热泵机组，分为间接和直接系统两种。

1. 间接地下水换热系统

在间接地下水源热泵系统中，地下水通过中间换热器与建筑物内循环水系统分隔开来，经过热交换后返回同一含水层。

间接地下水源热泵系统与直接地下水源热泵系统相比，具有如下优点：

① 可以避免地下水对水源热泵机组、水环路及附件的腐蚀与堵塞。

② 减少外界空气与地下水的接触，避免地下水氧化。

③ 可以方便地通过调节井水水流量来调节环路中的水温。

根据热泵机组的分布形式，间接式系统可分为集中式系统和分散式系统。

(1) 集中式系统

所谓集中式地下水源热泵系统是指热泵机组集中设置在水源热泵机房内，热泵机组产生的冷冻水或热水通过循环水泵，输送至末端的系统。

集中式水源热泵系统的特点是：

① 冷、热源集中调节和管理；

② 水源热泵机组的效率较分散式水-空气机组高；

③ 机房占地面积较分散式系统大；

④ 可以与各种不同的末端系统组合，如风机盘管、组合式空气处理机组、辐射式供冷供热系统等。

(2) 分散式系统

分散式系统是采用地下水作为低位冷、热源的水环热泵系统。水环热泵系统是小型水-空气热泵的一种应用方式，即利用水环路将小型水-空气热泵机组并联在一起，构成以回收建筑物内部余热为主要特征的热泵供热、供冷的系统。

分散式地下水源热泵系统结合了地源热泵系统和水环热泵系统的优点，其主要特点如下：

① 可回收建筑物内区余热；

② 机房面积较小；

③ 控制灵活，可以满足不同房间不同的温度需求；

④ 应用灵活、便于计量；

⑤ 单从热泵机组能效比来看，小型水-空气热泵机组较水-水热泵机组低；

⑥ 压缩机分布在末端，噪声较一般风机盘管系统大，需要采取防噪声措施。

目前，国内地下水源热泵系统中，较多采用的是集中式系统。但是，分散式系统由于其调节、计量等方面的优势，正在得到越来越多的工程应用，具有较好的前景。

2. 直接地下水换热系统

当地下水水量充足、水质好、具有较高的稳定水位时，可以选用直接地下水源热泵系统。选用该系统时，应对地下水进行水质分析，以确定地下水是否达到热泵机组要求的水质标准，并鉴别出一些腐蚀性物质及其他成分。

从保障地下水安全回灌及水源热泵机组正常运行的角度，地下水尽可能不直接进入水源热泵机组。

5.2.2 特点及技术要点

5.2.2.1 资源勘查

在地下水源热泵系统方案设计前，应根据地源热泵系统对水量、水温和水质的要求，对工程场区的水文地质条件进行勘察。水文地质条件勘察可参照《供水水文地质勘察规范》(GB 50027)、《供水管井技术规范》(GB 50296) 进行。

地下水热泵系统浅层地温能勘查的目的，是在充分利用现有水文地质、工程地质等资料的基础上，查明区域上和场地内地下水系统所蕴含的浅层地温能资源数量、质量以及分布规律，查明区域上和场地的浅层地温能资源的成因机制，为地下水源热泵系统提供适合的地下水热源。

浅层地温能的开发利用与区域水文地质、工程地质以及区域气候特征息息相关。我国地域辽阔，由于各地区地质和水文地质条件的复杂性和多变性，导致各地区岩（土）层的导热性和水文地质参数差异巨大，在一个地区能成功应用的地下换热系统，在另一地区往往并不适用。目前，由于一些地下水源热泵系统工程承包方不了解该地区地质、水文地质条件和回灌工艺，盲目承包工程，导致出现了许多不该出现的问题，如抽取的地下水回灌不下去，不仅浪费了宝贵的地下水资源，还造成了不良的生态、环境和经济后果。因此，开展地下水源热泵系统浅层地温能勘查对于开发与保护浅层地温资源、提供资源/储量及其所必须的地质资料，以减少开发风险、取得浅层地温资源开发利用最大的社会经济效益和环境效益，并最大限度地保持资源的可持续利用具有重要的意义。

地下水源热泵系统浅层地温能勘查主要解决以下两个问题：第一，特定水文地质条件和气候特征下，地下含水层的流动和传热机制；第二，地下含水层储能与水、热调蓄的能力。

从浅层地温能勘查范围来分，则可分为区域浅层地热资源调查以及场地浅层地热资源勘查。其中，区域浅层地热资源调查目的在于进行区域浅层地热资源开发利用的适宜性评价，为区域浅层地热资源开发利用规划服务。主要调查内容包括区域水文地质条件、区域工程地质条件、气候条件、经济规划与格局；而场地浅层地热资源勘查则为热泵系统建设提供设计依据，勘查内容主要包括水文地质条件、工程地质条件、各种热参数试验、参与循环的水量和热量等。

根据勘查的目的任务，地区总的自然条件及其水文地质研究程度，地下水热泵系统勘查可分为普查、详查和勘探三个阶段。大范围区域性浅层地温能勘查属普查阶段工作；以城镇所在水文地质单元（或地质单元）为对象的小范围区域性浅层地温能勘查属详查阶段工作；场地浅层地温能勘查属勘探阶段工作。勘探阶段之后，为浅层地温能开发工作。各阶段的勘查技术要点如下：

1. 普查阶段

(1) 充分利用现有的水文地质勘查和研究成果，初步查明大范围区域性水文地质条件。初步查明地下水含水层结构、厚度、埋藏、水位分布、水温分布、水量和水质及动态情况等。

(2) 根据已有实测数据或经验数据（表5-7)，确定未知岩土体的热物理参数（热导率和比热）。

空气、水和几种常见岩石的比热、密度、热导率和热扩散率 表 5-7

岩　石　名　称	比热 (J/kg·℃)	密度 (kg/m^3)	热导率 (W/m·℃)	热扩散率 (m^2/d)
花岗岩	794	2700	2.721	0.110
石灰岩	920	2700	2.010	0.070
砂岩	878	2600	2.596	0.098
湿页岩			1.4~2.4	0.065~0.084
干页岩			0.64~0.86	0.055~0.074
钙质砂（含水率43%）	2215	1670	0.712	0.017
干石英砂（中~细粒）	794	1650	0.264	0.017
石英砂（含水率8.3%）	1003	1750	0.586	0.029
砂质黏土（含水率15%）	1379	1780	0.921	0.032
砂（砂砾石）			0.77	0.039
粉砂			1.67	0.050
亚黏土			0.91	0.042
黏土			1.11	0.046
砂（饱水）			2.50	0.079
空气（常压）	1003	1.29	0.023	1.536
冰	2048	920	2.219	0.102
水（平均）	4180	1000	0.599	0.012
回填膨润土（含有20%~30%的固体）			0.73~0.75	
回填混合物（含有20%膨润土、80%石英砂）			1.47~1.64	
回填混合物（含有15%膨润土、85%石英砂）			1.00~1.10	
回填混合物（含有10%膨润土、90%石英砂）			2.08~2.42	
回填混合物（含有30%膨润土、70%石英砂）			2.08~2.42	

（3）根据已有实测数据、气象监测数据或经验数据，确定恒温带的温度和深度、大地热流值，并在冻土地区，确定冻土层厚度。有条件的地区，初步掌握地温分布及动态。

（4）根据已有实测数据或经验数据，确定岩土体的孔隙率（裂隙率）、含水量、密度等物理参数。

（5）分析浅层地温能的热来源和热成因机制，提出浅层地温能形成的概念模型。

（6）主要采用热储法、放热量法、比拟法和水文地质学计算方法求取D+E级储量，估价其开发利用前景，提交普查报告。

2. 详查阶段

（1）在充分利用现有的水文地质、工程地质勘查和研究成果的基础上，补充必要的调查取样、坑探、槽探、钻探或试验等工作，基本查明以城镇所在水文地质单元（或地质单元）为对象的小范围区域性水文地质条件、工程地质条件。基本查明地下水含水层结构、厚度、埋藏等，基本查明地下水水位分布、水量、水质情况及其动态变化等。

（2）在已有实测数据基础上，补充必要的调查取样、钻探坑探、槽探、钻探或试验等工作，确定未知岩土体的热物理参数（热导率和比热）。

（3）在已有实测数据、气象监测数据的基础上，补充必要的地温调查工作（即采取坑探、槽探或钻探手段测量地温），基本查明地温分布、水温分布及其动态，确定恒温带的温度和深度、大地热流值，并在冻土地区，确定冻土层厚度。

（4）在已有实测数据的基础上，补充必要的调查取样、坑探、槽探、钻探或试验等工作，确定岩土体的孔隙率（裂隙率）、含水量、密度等物理力学参数。

（5）未进行回灌试验的空白地区，应选择代表性地段进行回灌试验，初步评价含水层的回灌能力并求取渗透系数。

（6）基本查明浅层地温能的热来源和热成因机制，基本查明地下水水热的补给、运移、排泄条件，提出浅层地温能形成的理论参数模型。

（7）主要采用热储法、水热均衡法、水文地质学计算方法或数值法求取 C + D 级储量，为浅层地温能开发规划和是否转入勘探阶段提供依据。

3. 勘探阶段

（1）在充分利用现有的水文地质、工程地质勘查和研究成果的基础上，开展调查取样、坑探、槽探、钻探或试验工作，查明场地水文地质条件、工程地质条件。查明地下水含水层结构、厚度、埋藏等，基本查明地下水水位分布、水量、水质情况及其动态变化，查明包气带岩土体结构等。

（2）在已有实测数据基础上，开展调查取样、钻探坑探、槽探、钻探或试验等工作，确定岩土体的热物理参数（热导率和比热）。

（3）在已有实测数据、气象监测数据的基础上，开展地温调查工作（即采取坑探、槽探或钻探手段测量地温）和试验等工作，查明地温分布、水温分布及其动态，确定恒温带的温度和深度、大地热流值，并在冻土地区，确定冻土层厚度。

（4）在已有实测数据的基础上，开展调查取样、坑探、槽探、钻探或试验等工作，确定岩土体的孔隙率（裂隙率）、含水量、密度等物理力学参数。

（5）进行回灌试验和原位热传导试验，评价含水层的回灌能力，求取渗透系数和热传导系数。

（6）查明浅层地温能的热来源和热成因机制，查明地下水水热的补给、运移、排泄条件，查明包气带地温能的补给、运移和排泄条件，提出浅层地温能形成的参数模型。

（7）主要采用数值法、热储法、水热均衡法、水文地质学计算方法求取 B + C 级储量，提出合理开发方案并做出环境影响评价，提交勘探报告，为浅层地温能开发提供依据。

另外，在浅层地温能开发地质工作中，应加强系统的动态观测工作，利用长期观测和开采过程中的实际资料，运用数值法对其进行工程研究，计算储量，并进行开发利用过程中的环境问题研究，建立浅层地温能的开发管理模型。

地下水源热泵系统勘察结束后应提交水文地质勘察报告，报告应分析地下水资源条件，评估工程项目采用地源热泵系统的可行性，并提出地源热泵系统方案建议。建议应包括以下内容：

（1）抽水方式和回灌方式；

（2）抽水量和回灌量；

（3）抽水井和回灌井数量；

（4）热源井井位分布和井间距；

（5）热源井井身结构和井口装置；

（6）抽水泵型号和规格、泵管和输水管规格；

（7）供水管和回灌管网布置及其埋深；

（8）水处理方式和处理设备。

5.2.2.2 水井设计、成井工艺

地下水源浅层地温能开发利用是以浅层含水层作为其储能场所，故地下水源热泵系统与传统地热井系统不同，一般深度局限于地表以下200m深的范围内，其水井设计及成井工艺等均可参考一般地下水供水管井的相关规范要求。

管井是垂直安装在地下的取水构筑物，在地下水源热泵系统中表现为抽水井和注水井。它由井口、井管、过滤器以及沉砂管组成。井的终孔直径应根据井管口径和主要储能含水层的种类确定：在砾石、粗砂层中，孔径应比井管外径大150mm，在中、细、粉砂层中，应大于200mm，但采用笼状填砾石过滤器时，孔径应比井管外径大300mm。

1. 管井基本构造

（1）井口

井口所处的周围应封闭黏土、水泥等不透水材料，以防止地面污水渗入井内。一般封闭深度不小于3m。

（2）井管

有钢管、铸铁管、卷焊管及非金属材料管等。一般井深大于100m时常用钢管。井管口径的大小要根据储能含水层富水性、透水性及抽水设备等因素决定。当安装抽水设备时，井径应比泵管外径大50～100mm；有时井管上部和下部采用不同的口径，即上大下小，中间用大小头连接，这样可以安装较大规格的水泵，充分发挥井的作用。

常用的异径井管有以下几种：

上部口径为250～300mm，下部口径为200mm；

上部口径为400～500mm，下部口径为300～400mm。

（3）过滤器

有钢管、钢骨架管、铸铁管、石棉水泥管、混凝土管、砾石水泥管及塑料管等，一般常用钢管和铸铁管过滤器。

（4）沉砂管

沉砂管材料同井管，其长度与含水层岩性和井的深度有关，一般长2～10m。根据井深可参考下列数值选用：

井深16～30m，沉砂管长不小于3m；

井深31～90m，沉砂管长不小于5m；

井深大于90m，沉砂管长不小于10m。

2. 管井的设计

热源井的设计单位应具有水文地质勘察资质。管井设计应符合现行国家标准《供水管井技术规范》（GB 50296）的相关规定。

管井设计应包括以下内容：

（1）管井抽水量和回灌量、水温和水质；

（2）管井数量、井位分布及取水层位；

（3）井管配置及管材选用，抽灌设备选择；

（4）井身结构、填砾位置、滤料规格及止水材料；

（5）抽水试验和回灌试验要求及措施；

（6）井口装置及附属设施。

管井设计时应遵循以下原则：

（1）氧气会与管井内存在的低价铁离子反应形成铁的氧化物，也能产生气体粘合物，引起回灌井阻塞，为此，管井设计时应采取有效措施消除空气侵入现象。

（2）抽水井与回灌井宜能相互转换，以利于开采、洗井以及岩土体和含水层的热平衡；为避免将空气带入含水层，其间应设排气装置；抽水井具有长时间抽水和回灌的双重功能，要求不出砂又保持通畅；抽水管和回灌管上均应设置水样采集口及监测口。

（3）管井数目应满足持续出水量和完全回灌的需求，在水质较差或经常出现过滤网堵塞现象的区域，应多打一口抽水井作为备用。

（4）为了避免污染地下水，管井位的设置应避开有污染的地面或地层，管井井口应严格封闭，井内装置应使用对地下水无污染的材料。

（5）管井井口处应设检查井，井口之上若有构筑物，应留有检修用的足够高度或在构筑物上留有检修口。

3. 过滤器的设计

（1）过滤器类型的选择

一般为了增加出水量，防止涌砂，减少水流阻力，在砂卵石地层中可选用填砾过滤器。在保证强度要求的条件下，应尽量采用较大孔隙率的过滤器。在粉细砂层中或含铁质较多的地区，应尽量采用双层填砾过滤器，参见表5-8。

不同含水层适用过滤器的类型　　表5-8

储能含水层特性	过滤器的类型
坚硬或半坚硬的稳定岩石	不安装过滤器
半坚硬的不稳定岩石	圆孔或条孔过滤器
砂、砾、卵石层	圆孔或条孔外缠金属丝或包网过滤器、钢筋骨架过滤器，填砾过滤器
粗砂	圆孔或条孔外缠金属丝或包网过滤器、钢筋骨架或填砾过滤器
中细砂	填砾过滤器
粉砂	填砾过滤器、笼状填砾过滤器

（2）过滤器口径的选用

我国现有管井的直径有200mm、250mm、300mm、400mm、450mm、500mm、550mm、600mm、650mm等规格。管井最大出水量可达2万~3万m^3/日。国外有的井孔直径达1~3m者，过滤器直径也达到1~1.5m，以适应开发丰富地下水源的供水需求。

（3）过滤器长度选用估算

① 当储能含水层厚度小于10m时，过滤器长度应与含水层厚度相等；

② 当储能含水层厚度很厚时，过滤器长度可按下式进行概略计算：

$$l=\frac{Qa}{d}$$

式中 l——过滤器长度（m）；

Q——水井抽水量或回灌量（m^3/h）；

d——过滤器外径（mm），非填砾管井按过滤器缠丝或包网的外径计算，填砾管井按填砾层外径计算；

a——决定于储能含水层颗粒组成的经验系数，按表 5-9 确定。

不同储能含水层经验系数 *a* 值 **表 5-9**

渗透系数 K（m/d）	经验系数 a
2～5	90
5～15	60
15～30	50
30～70	30

（4）井管及过滤器的一般要求

常用井管（通常兼指井壁管及过滤器而言）应符合以下的要求：

① 井管本身及连接部分不应弯曲，以保持整个井壁垂直；

② 井管内壁需光滑、圆整，且满足在井管内顺利无碍地安装抽水或回灌设备；

③ 井管管材应有足够的抗压、抗剪和抗弯强度，能经受管壁外侧岩层和人工填砾的压力；

④ 安装时，井管及连接部分要有一定的抗拉强度，能经受住全部井管的重量；

⑤ 过滤器要有较大的空隙率，以保证减少地下水通过管内的阻力，最大可能地增加出水量或回灌量。

4. 管井的施工

管井的施工和质量要求包括：

（1）成孔可采用正或反循环泥浆回转钻进。

（2）管井在成井后必须及时洗井。

（3）100m 深度孔斜不大于 1.0°，200m 内不大于 2.0°。

（4）孔深误差不大于 2‰。

（5）出水含砂量不大于 1/2（体积比）。

井开挖时应在井网的四周形成稳定的构筑物以提高工作效率。经常被采用的一些井的建造方法有喷射、振荡、后洗及泵吸。这些技术措施是为了使井群周围的颗粒变碎，以使它们能够从井内被泵吸出或舀出，这种挖掘过程要一直持续到井水中不再出现颗粒，水变得澄清无色为止。类似的挖掘在无网的石床井中也是需要的。

在井的建造过程中将会产生大量的水和沉积物，应有合理的处理措施使现场不会被淹没。

5. 抽水井的测试和验证

一旦完成井的建造，应进行井的测试和验证来决定井的持久产量。测试应提供出估算的蓄水层水压特性的数据。

抽水的检验应在有资格的水文地质工作者监督下进行，以确保使用的步骤和收集的数据是正确的，检测应包括一个在泵长时间稳定速率情况下的过程检测，收集的数据将包括水位降低量、流量及复原情况等。

过程检测包括在3~5个不同的速率下用泵抽水，在每个速率（每次比前一次大）持续30~120min，并使水位线恢复到两级之间。经过持续的检验得出的信息可用来估计井的产水率和选择适当的速率长时间对井进行检测。在检测中，泵的速率及井中的水位线和附近井的情况应被监控检查。

检查井在不变速率下的检测应继续到井的水位线稳定或获得一个稳定的水位趋势（至少48小时），即监控的水位线达到90%的复原。在检测中，泵的速率必须被监控并保证其恒定不变。井中地下水位和附近井的情况必须在确定的间隔时间内有水文地质工作者进行测量。

抽出的水应最短用500英尺的管线排放远处，以减少井附近的再渗透。在抽水检测时应收集地下水的样本，来确定水质情况。

在工程项目中，水池容积是需要确定的，那么首先要有长时间的检测计划，随后经过几个星期的实施得出可确定水池容积的检测结果。

6. 井的完成

（1）密封

在井的套管外侧和钻孔的墙身之间必须安装密封环面，阻止污物渗出环面。低渗透性的材料例如水泥泥浆、混凝土及黏土可被放在干净、清洗过的沙子和砾石上形成密封。为了便于密封，钻孔靠上部分应至少比井的直径大4英尺。所采用的密封形式取决于井的形式和井的安装构成。注射井要求更好的密封以抵挡较高的注射压力。

（2）结合器

如果井端头上不想有遮蔽物，建议安装结合器，结合器是特殊设计的连接器，它可以在井套的出水管管线穿墙处提供水密封。它的设计使出水管和潜水泵的断开变得容易，当需要时，结合器可以帮助井的复原和泵的重新安置。

（3）井盖

如果井中安装了潜水泵，必须用井盖或洁净的密封盖在井的顶部以防止地表水和其他物质的进入。一个隔离保护的通气口必须使井内的空气压力与大气压力保持一致。

7. 回灌

略。

5.2.2.3　冷、热源系统

1. 最大释热量和吸热量

见5.1.2节。

2. 地下水的回灌温度和水量

增大地下水的利用温差，可以减少所需要的取水量和相应的回灌量，减少一次投资，同时也降低了取水泵的能耗。但是，温差加大后，无论采用直接或间接式的系统，热泵机组冬季的蒸发温度都会有所下降，而夏季的冷凝温度有所提高，热泵机组的COP会有所降低。因此，需要根据不同的取水温度、不同的地下水条件以及不同的机组性能，合理确定地下水的设计回灌温度。目前，一般系统冬季采用的地下水设计温差约7～11℃；夏季采用的地下水设计温差12～18℃。

地下水的设计取水量可以分夏季和冬季工况，根据最大释热量、吸热量和相应的地下水设计温差计算得出。如资源勘察和实验确定的水量达不到设计取水量，则需要另外设置辅助冷、热源。

3. 抽水泵的选择

目前，应用最多的回灌方式是使用不带排气管的回水立管向回灌井回灌，采用此种方式的抽水泵扬程的确定应考虑如下因素：抽水泵的扬程为运行期间抽水井的抽水泵最低吸水面至回灌井最高的水平面的垂直高度、回灌井中回水立管的垂直淹没高度、抽水泵和回灌井中的回水立管之间的管道摩擦阻力、阀门的背压与虹吸作用产生的压头的差值，这四项之和。

抽水泵宜选用潜水泵，并应设备用泵，以便在抽水泵发生损坏的时候，可以快速进行替换。

抽水泵的控制方式有台数控制和变频控制，宜采用变频控制。变流量系统可降低地下水源热泵系统的运行费用，且进入地源热泵系统的地下水水量越少，对地下水环境的影响也越小。

当系统中设计有多个抽水井时，应注意各抽水量应保持一致，必要时应在井室内设置定流量阀，以防止由于阻力不一致或管路堵塞造成的不平衡。

4. 间接地下水源热泵系统

间接地下水源热泵系统与直接地下水源热泵系统的主要区别是在中间增设了中间换热器。目前，最常用的换热器是板式换热器，它具有导热性能好；结构紧凑，体积小；可抗腐蚀；造价低；清洗、维护方便等优点。

当板式换热器具有加热和冷却两种功能时，要分别进行计算，最终以较不利的工况（计算的地下水流量较大）来确定板式换热器的型号。

（1）冷却工况

冷却时的计算过程如下：

① 通过调研或测试，确定供冷设计工况下地下水源侧的进水温度（T_{wg}）。

② 确定水源热泵机组循环水的进水温度（T_{sh}）。水源热泵机组的循环水进水温度（T_{sh}）可按照《水源热泵机组》(GB/T 19409）来确定，其制冷工况下的进水温度范围为10～25℃。

根据已知的设计散热量（Q_S）、设计循环水流量（G_S）及热泵机组循环水的进水温度（T_{sh}），可确定热泵机组循环水的出水温度（T_{sg}）

$$T_{sg}=T_{sh}+0.86\times Q_S/G_S$$

式中 Q_S——设计散热量(kW)；

G_S——设计循环水流量(m^3/h)。

选择板式换热器地下水的回水温度(T_{wh})与热泵机组循环水的出水温度(T_{sg})的温差(ΔT)，一般为1～2.5℃，来确定地下水的回水温度(T_{wh})。

$$T_{wh}=T_{sg}-\Delta T$$

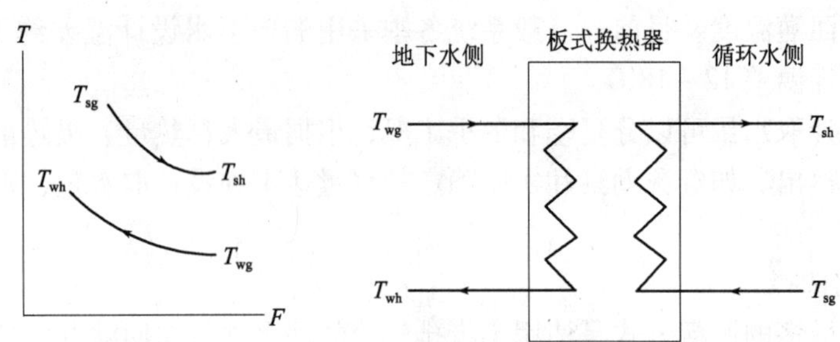

图 5-23 冷却工况的板式换热器

③ 根据地下水供水温度（T_{wg}）、回水温度（T_{wh}）及设计散热量（Q_R），确定冷却工况时的设计地下水流量（G_L）。

$$G_L = 0.86 \times Q_S / (T_{wg} - T_{wh})$$

式中 G_L——冷却工况下，设计地下水流量（m^3/h）。

（2）加热工况

加热时的计算过程如下：

① 通过调研或测试，确定供热设计工况下地下水源侧的进水温度（T_{wg}）。

② 确定热泵机组循环水的进水温度（T_{sh}）。水源热泵机组的循环水进水温度可按照《水源热泵机组》(GB/T 19409) 来确定，其制热工况下的进水温度范围为 10～25℃。

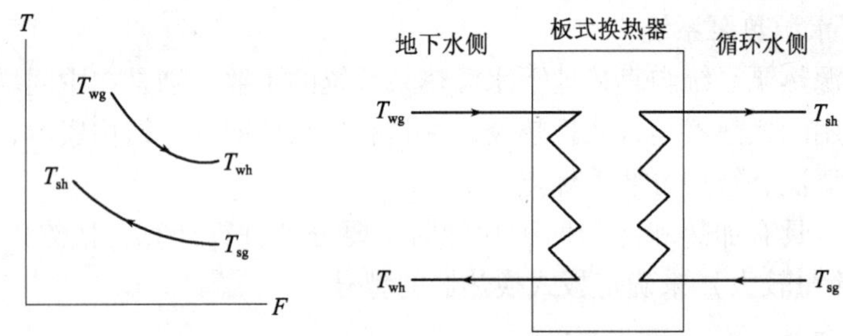

图 5-24 加热工况的板式换热器

③ 根据已知的设计吸热量（Q_R）、设计循环水流量（G_S）及热泵机组循环水的进水温度（T_{sh}），可确定热泵机组循环水的出水温度（T_{sg}）

$$T_{sg} = T_{sh} - 0.86 \times Q_R / G_S$$

式中 Q_R——设计吸热量（kW）；

G_S——设计循环水流量（m^3/h）。

④ 选择板式换热器地下水的回水温度（T_{wh}）与热泵机组循环水的出水温度（T_{sg}）的温差（ΔT），一般为 1～2.5℃，来确定地下水的回水温度（T_{wh}）。

$$T_{wh} = T_{sg} + \Delta T$$

⑤ 根据地下水供水温度（T_{wg}）、回水温度（T_{wh}）及设计吸热量（Q_R），确定供热工况时的设计地下水流量（G_w）。

$$G_w = 0.86 \times Q_R / (T_{wg} - T_{wh})$$

式中 G_w——设计地下水流量（m^3/h）。

(3) 选型

根据计算出的两个设计地下水流量（G_L、G_W）的较大值，地下水侧进、出口温度（T_{wg}、T_{wh}）；设计循环水流量（G_S），循环水侧进、出口温度（T_{sg}、T_{sh}）确定板式换热器的型号。

5. 水源热泵机组

详见5.5节。

6. 水质处理

从保障地下水安全回灌及水源热泵机组正常运行的角度，地下水尽可能不直接进入水源热泵机组。直接进入水源热泵机组的地下水水质应满足以下要求（引自《采暖通风与空气调节设计规范》第7.3.3条条文说明）：含砂量小于1/200000，pH值为6.5～8.5，CaO小于200mg/L，矿化度小于3g/L，Cl^-小于100mg/L，SO_4^{2-}小于200mg/L，Fe^{2+}小于1mg/L，H_2S小于0.5mg/L。

当水质达不到要求时，应进行水处理。经过处理后仍达不到规定时，应在地下水与水源热泵机组之间加设中间换热器。对于腐蚀性及硬度高的水源，应设置抗腐蚀的不锈钢换热器或钛板换热器。当水温不能满足水源热泵机组使用要求时，可通过混水或设置中间换热器进行调节，以满足机组对温度的要求。

根据地下水的水质不同，可以采用相应的处理措施。

① 除砂。地下水要经过水过滤器和除砂设备后再进入机组，目前多采用旋流除砂器，也可采用预沉淀池。前者初投资较高，后者较低，但采用开式水箱，氧气容易进入，加速设备的腐蚀。

② 除铁。我国地下水的含铁量一般都超过允许值，因此在使用前要进行除铁。除铁的方法一直是供水工程的研究课题之一。曾采用曝气氧化法，但效果不够理想。现多使用除铁设备进行除铁，尽管初投资和管理费用增加，但效果很好。

③ 软化。目前供暖空调行业多采用软化水设备除去地下水中的钙、镁离子并将水软化以达到用水标准。

④ 较为常用的是加装换热器和对管道、阀门进行处理，推荐采用的是铜镍合金板式换热器，内外衬环氧树脂的管道合阀门、镀锌钢板、塑料以及玻璃纤维环氧树脂管材。当潜水泵采用双位控制时，应加设止回阀，以免停泵时水倒空，氧气进入系统腐蚀设备。一般不推荐采用化学处理，一是费用昂贵，二是会改变地下水水质。

7. 水源热泵系统的节能策略

地源热泵系统中热泵机组的选择、室外换热侧流量的确定均是基于设计工况下的，而对于全年来说，绝大部分时间不在设计工况下，即热泵机组绝大部分时间在部分负荷下运行，与机组的容量相对应的水侧环路（水泵）和风侧环路（风机）也不在额定工况下运行。为此，应采取一系列的节能、控制措施，减少系统的运行电耗，同时，达到保证室内舒适性的要求。

① 水源侧和循环水侧采用变流量系统。

② 冷凝热回收制备生活热水。

③ 蓄冷、蓄热。

④ 水侧节能器。

5.2.3　存在问题及解决措施

我国地源热泵工作者对地下水源热泵运行中出现的问题做了很多详细的调查和分析，主要有以下四类：回灌阻塞问题、腐蚀与水质问题、井水泵功耗过高和运行管理问题。

1. 回灌阻塞问题

地下水属于一种地质资源，如无可靠的回灌，将会引发严重的后果。地下水大量开采引起的地面沉降、地裂缝、地面塌陷等地质问题日渐显著。例如地下水的过度抽取引起的地面沉降，在我国浙江、江苏和整个华北平原，情况都非常严重。比如西安市，地面沉降已经是较为突出的地质灾害之一。其形成发展的历史较长，波及范围广，并具有独特的活动特征。地面沉降的持续发展还加剧了西安地裂缝的活动，给西安市的市政设施及城市建设造成很大危害。西安市区地面沉降主要特征之一是地面沉降中心与承压水降落漏斗基本一致。受水文地质条件及井群分布等因素的影响，地面沉降中心与承压水降落漏斗基本对应，承压水水位下降大的地区，地面沉降量也相应的较大。西安市区地面沉降，主要是过量开采承压水引起水位大幅度下降，导致开采层段地层失水压密造成的，其次是区域构造活动引起的沉降。研究表明，在过量开采承压水的情况下，不仅使含水砂层被挤压，减少孔隙度，排出含水层中的部分水量而产生压密；同时，承压水位的大幅度下降，也使砂层和黏性土层原有的水力平衡被破坏，黏性土层中的孔隙水压力逐渐降低，随着孔隙水的排出，一部分原来由孔隙水承担的上覆载荷转移到黏土颗粒的骨架上，黏土骨架承受的有效应力增加，使土层原有的结构被破坏，并重新组合排列造成土层压密。这种黏性土层的释水压密特征与含水砂层的释水压密特征不同，是不可逆变形，它是产生地面沉降的最主要原因。

地面沉降除了对地面的建筑设施产生破坏作用外，对于沿海临河地区还会产生海水倒灌、河床升高等其他环境问题。

对于地下水源热泵系统，若严格按照政府的要求实行地下水100%回灌到原含水层的话，总体来说地下水的供补是平衡的，局部的地下水位的变化也远小于没有回灌的情况，所以一般不会因抽灌地下水而产生地面沉降。但现在在国内的实际使用过程中，由于地质及成井工艺的问题，回灌堵塞问题时有发生，有可能出现地下水直接地表排放的情况。而一旦出现地质环境问题，往往是灾难性和无法恢复弥补的。

回灌井堵塞和溢出是大多数地下水源热泵系统都会出现的问题。回灌经验表明，真空回灌时，对于第四纪松散沉积层来说，颗粒细的含水层的回灌量一般为开采量的1/3～1/2，而颗粒粗的含水层则约为1/2～2/3。回灌井堵塞的原因和处理措施大致可以归纳为下面六种情况：

（1）悬浮物堵塞：注入水中的悬浮物含量过高会堵塞多孔介质的孔隙，从而使井的回灌能力不断减小直到无法回灌，这是回灌井堵塞中最常见的情况。因此通过预处理控制回灌井中悬浮物的含量是防止回灌井堵塞的首要方法。在回灌灰岩含水层的情况下，控制悬浮物在30mg/L以内是一个普遍认可的标准。

（2）微生物的生长：注入水中的或当地的微生物可能在适宜的条件下在回灌井周围迅速繁殖，形成一层生物膜堵塞介质孔隙，从而降低了含水层的导水能力。通过去除水中的有机质或者进行预消毒杀死微生物可以防止生物膜的形成。在采用氯进行消毒的情况下，典型的余氯值为1～5mg/L。

（3）化学沉淀：当注入水与含水层介质或地下水不相容时，可能会引起某些化学反应，这不仅可以形成化学沉淀堵塞水的回灌，甚至可能因新生成的化学物质而影响水质。在碳酸盐地区可以通过加酸来控制水的pH值，以防止化学沉淀的生成。

（4）气泡阻塞：回灌入井时，在一定的流动情况下，水中可能挟带大量气泡，同时水中的溶解性气体可能因温度、压力的变化而释放出来。此外，也可能因生化反应而生成气体物质，最典型的如反硝化反应会生成氮气和氮氧化物。气泡的生成在潜水含水层中并不成问题，因为气泡可自行溢出；但在承压含水层中，除防止注入水挟带气泡之外，对其他原因产生的气体应进行特殊处理。

（5）黏粒膨胀和扩散：这是报道最多的因化学反应产生的堵塞。具体原因是水中的离子和含水层中黏土颗粒上的阳离子发生交换，这种交换会导致黏粒的膨胀和扩散。由这种原因引起的堵塞，可以通过注入$CaCl_2$等盐来解决。

（6）含水层细颗粒重组：当回灌井又兼作抽水井时，反复的抽、回灌可能引起存在于井壁周围细颗粒介质的重组，这种堵塞一旦形成，则很难处理。因此在这种情况下，回灌井用作抽水井的频率不易太高。

2. 腐蚀与水质问题

现在国内地下水源热泵的地下水回路都不是严格意义上的密封系统，回灌过程中的回扬、水回路中产生的负压和沉砂池，都会使外界的空气与地下水接触，导致地下水氧化。地下水氧化会产生一系列的水文地质问题，如地质化学变化、地质生物变化。另外，目前国内的地下水回路材料基本不作严格的防腐处理，地下水经过系统后，水质也会受到一定影响。这些问题直接表现为管路系统中的管路、换热器和滤水管的生物结垢和无机物沉淀，造成系统效率的降低和井的堵塞。更可怕的是，这些现象也会在含水层中发生，对地下水质和含水层产生不利影响。

腐蚀和生锈是早期地下水源热泵遇到的普遍问题之一（地下水的水质是引起腐蚀的根源因素。因此，国内外学者对地下水的水质问题作了分析，对地下水水质的基本要求是：澄清、水质稳定、不腐蚀、不滋生微生物或生物、不结垢等）。地下水对水源热泵机组的有害成分有：铁、锰、钙、镁、二氧化碳、溶解氧、氯离子等。

（1）腐蚀性：溶解氧对金属的腐蚀性随金属而异。对钢铁，溶解氧含量大则腐蚀速率增加；铜在淡水中的腐蚀速率较低，但当水中氧和二氧化碳含量高时，铜的腐蚀速率增加。水中游离二氧化碳的变化，主要影响碳酸盐结垢。但在缺氧的条件下，游离的二氧化碳会引起铜和钢的腐蚀。氯离子会加剧系统管道的局部腐蚀。

（2）结垢：水中以正盐和碱式盐形式存在的钙、镁离子易在换热面上析出沉积，形成水垢，严重影响换热效果，即影响地下水源热泵机组的效率。地下水中的Fe^{+2}以胶体形式存在，Fe^{+2}易在换热面上凝聚沉积，促使碳酸钙析出结晶，加剧水垢形成。而且Fe^{+2}遇到氧气发生氧化反应，生成Fe^{+3}，在碱性条件下转化为呈絮状物的氢氧化铁沉积而阻塞管道，影响机组的正常运行。

（3）混浊度与含砂量：地下水的混浊度高会在系统中形成沉积，阻塞管道，影响正常运行。地下水的含砂量高对机组、管道和阀门造成磨损，加快钢材等的腐蚀速度，严重影响机组的使用寿命，而且混浊度和含砂量高还会造成地下水回灌时含水层的阻塞，影响地下水的回灌，使回水量逐渐降低，影响供水系统的稳定性和使用寿命。为防止管井的堵塞主要采用回扬方法。所谓回扬即在回灌井中、开泵抽出水中的堵塞物，或采用倒井的方法。

当潜水泵采用双位控制时，应加设止回阀，以免停泵时水倒空，氧气进入系统腐蚀设备。一般不推荐采用化学处理，一是费用昂贵，二是会改变地下水水质。

地下水源热泵系统本身并不污染地下水，但凿井深度必须控制。北京市海淀区对地下水源热泵系统回灌下游水质跟踪检测三年多，未发现有污染和异常。欧洲、北美等地，已使用20~30年。只要严格控制凿井深度在浅表地层，严格禁止深入饮用水层以避免对饮用水的层间交叉污染，同时注意上层井管的止水，凿井对地下水的污染是能够避免的。

3. 井水泵功耗过高

井水泵的功耗在地下水源热泵系统能耗中占有很大的比重，在不良的设计中，井水泵的功耗可以占总能耗的25%或更多，使系统整体性能系数降低，因此有必要对系统井水泵的选择和控制多加注意。

常用的潜水泵控制方法有：设置双限温度的双位控制、变频控制和多井台数控制。推荐采用变频控制。在设计时应根据抽水井数、系统形式和初投资综合选用适合的控制方式。

4. 运行管理

运行管理是任何一个暖通空调系统的重要组成部分，对于地下水源热泵这种特殊系统更是关键因素。在系统验收调试完成，交付使用前，应对运行管理人员进行培训。培训内容应该包括系统的运行原理，各种实际运行中可能出现的工况和操作方法等。

5.2.4 国内研究现状及评价

随着20世纪90年代后期地源热泵系统在国内的应用逐渐增多，国内一些研究单位和高校也相继开展了水源热泵相关的研究工作。目前，研究热点主要集中在以下几个方面：

（1）模型及模拟研究；

（2）含水层贮存和回用；

（3）适用性、节能及经济分析；

（4）工质的研究；

（5）系统优化的研究；

（6）太阳能与水源热泵的综合利用。

1. 模型及模拟研究

在地下水模型及模拟研究方面，目前主要以地下水作为研究对像，研究方向主要分为下列几个方面：

① 对含水层的速度场和温度场进行数值模拟，研究在水源热泵长期运行的情况下，井间的相互影响、“热贯通”现象以及对长期运行效果的影响。

② 研究井水与土壤之间的传热数学模型，对各种工况进行数值模拟，研究各种热源井结构、间距，不同运行方式以及不同地质条件对水源热泵运行的不同影响。

③ 研究回灌过程中渗流场的变化，分析影响回灌的一些关键因素。

以上的研究，对一些特定地质条件和特定工况下的水源热泵工程，具有一定的指导意义。对某些因素对地下水源热泵系统的影响，可以进行一些定性的分析。

由于不同项目的地质条件千差万别，而且同一项目区域不同地点的地质条件也可能不尽相同，因此在建模的过程中需要对一些未知或复杂的条件进行简化，同时模拟结果的准确性也受到影响。因此在今后的研究中，需要形成较为准确和公认的数学模型。同时研究成果中需要对建模过程的一些边界条件设置和模型简化方法做出详细的阐述，并说明研究结论的适用条件和范围，以指导实际工程。

2. 适用性、节能及经济分析

地下水源热泵系统的适用性、节能及经济分析也是国内目前的研究热点。研究方向主要为：

① 地下水源热泵系统与传统空调采暖方式的对比。这方面，主要是针对特定的项目，比较和分析采用地下水源热泵系统与其他常规的空调采暖方式，在初投资、运行费用、环境效益等方面的差别，从而对项目方案的确定提供依据，或对地下水源热泵系统进行评价。

② 不同地区的适用性研究。主要研究不同的气候条件、地下水条件下，地下水源热泵系统的适用性问题。

③ 改善地下水源热泵系统节能性与经济性的方法研究。

以上的研究内容对特定条件下的系统适用性、节能性和经济性可以得到较为直观的结论，对因地制宜的推广地下水源热泵系统具有重要意义。同时，在今后的研究中，需要重点解决以下几方面的问题：

在经济性比较方面，需要客观分析各种因素对系统初投资、运行费用和环境效益的影响，进行全寿命周期评价。

研究内容需要更多的实测数据，尤其是动态实测数据来支撑。目前进行的各种节能效益比较和系统评估中，一般依据静态工况的测试数据（或设计工况下的额定效率）推算到全年。而实际上系统的全年效率与控制系统的完善程度，机组和输配系统的调节性能等因素关系很大。

另外，在地区适用性研究方面，目前尚未有针对全国各地区的较为系统的研究。

3. 工质的研究

近年来关于水源热泵系统新工质的研究也有不少。一方面，HCFC 禁用期限的临近，推动了对地源热泵替代工质的研究。另一方面，一些工程中需要较高的冷凝温度和蒸发温度，也促进了采用不同工质的高温热泵的开发。目前的研究主要还局限在理论研究和实验室研究上，也有一些厂家推出了相应产品，但总体上看还没有大量的应用，需要实际工程的检验。

4. 系统优化的研究

系统优化主要是在系统模拟的基础上，以节能为目标，在设计阶段对系统进行优化配置，或对系统的运行调节进行优化控制。目前国内在这方面开展的研究还比较少，一些系统优化研究中，对系统的某些关键环节进行了过多的假设，导致结果的主观性和随意性过大。另外，还缺乏运行优化方面的研究。

图5-25 利用池塘水换热的地表水源热泵系统

5.3 地表水源热泵系统

5.3.1 江、河、湖水源热泵系统

5.3.1.1 基本原理与分类

地表水源热泵系统（SWHPs，Surface Water Heat Pumps system）是地源热泵的一种系统方式。它是利用地球表面水源如河流、湖泊或水池中的低温低位热能资源，并采用热泵原理，通过少量的高位电能输入，实现低位热能向高位热能转移的一种技术。如果建筑附近有可利用的海、河流、湖泊或水池等水体，地表水源热泵系统可能是最具有节能优点而又最经济的系统。如图5-25为一典型的利用池塘水换热的地表水源热泵系统。地表水水源包括江水、湖水、海水、水库水、工业废水、污水处理厂排出的达到国家排放标准的废水、热电厂冷却水等。根据不同的地表水水源，地表水源热泵系统可分为污水源热泵系统（也称为再生水源热泵系统）、海水源热泵系统以及淡水源热泵系统。

与地表水进行热交换的地源热泵系统，根据传热介质是否与大气相通，分为开式和闭式系统两种。将封闭的换热盘管按照特定的排列方法放入具有一定深度的地表水体中，传热介质通过换热管管壁与地表水进行热交换的系统称为闭式系统。闭式系统将地表水与管路内的循环水相隔离，保证了地表水的水质不影响管路系统，防止了管路系统的阻塞，也省掉了额外的地表水水处理过程，但换热管外表面有可能会因地表水水质状况产生不同程度的污垢沉积，而影响换热效率。

地表水在循环泵的驱动下，经处理直接流经水源热泵机组或通过中间换热器进行热交换的系统称为开式系统。其中，地表水经处理后直接流经水源热泵机组的称为开式直接连接系统；地表水通过中间换热器进行热交换的系统称为开式间接连接系统。开式直连系统适用于地表水水质较好的工程，并需要进行除沙、除藻、除悬浮物等处理。

以江水、湖水、水库水等地表水体做为低位热源的地表水系统称为淡水源热泵系统。

原则上，只要地表水冬季不结冰，均可作为冬季低位热源使用。

地表淡水相对于室外空气来说，一般温度波动小，是很好的低位热源。同时与地下水和地埋管系统相比，地表水系统一般可以节省一部分打井费用。因此在条件适宜的项目中采用地表水系统会有一定的优势。但利用地表水作为地源热泵系统的低位热源时，应注意以下几个关键问题：

（1）应掌握水源温度的长期变化规律，根据不同的水源条件和温度变化情况，进行详细的水源侧换热计算，采用不同的换热方式和系统配置。

（2）系统设计时注意对水质的要求及处理，防止出现换热、管路的腐蚀等问题。同时要考虑长期运行时换热效率下降对系统的影响。

（3）拟建空调建筑与水源的距离。

（4）应注意地表水源热泵系统长期运行后对河流、湖泊等水源的环境影响。

淡水源热泵系统在国外出现较早，应用较为成熟。20 世纪 30 ~ 40 年代就有较成功的工程应用。其中开式系统（包括直连和间连）多用于大型和超大型的项目中。这类系统数量上较少，但规模较大，并且都取得了非常可观的节能减排效果。而闭式系统则更多的应用于中、小型项目。由于对地表水水质要求不高，所以应用也更为广泛。

1939 年，瑞士就出现了以河水作为低位热源的 175kW 的热泵系统。目前，在欧美地表水系统也有一定应用。如加拿大的多伦多市投资 1.7 亿美元兴建湖水源热泵系统，利用安大略湖深层湖水进行集中供冷。美国康奈尔大学建成了深层湖水建成的集中供冷系统，为校区提供约 63000kW 的冷量，取代了原有的制冷机。类似的工程还有伦敦皇家音乐厅、苏黎世联邦工艺学院及日本东京箱崎地区区域供冷供热工程等。

如图 5-26、图 5-27 所示的位于美国印第安纳州的一个 150kW 的地表水换热器的安装现场照片，该工程使用浅溏水作为低位热源，采用高密度聚乙烯换热管。图 5-28 是位于美国俄克拉何马州大学的湖水换热器的安装现场照片，采用了铜管。

图 5-26 印第安纳州某地表水换热器安装现场 1

图 5-27 印第安纳州某地表水换热器安装现场 2

在我国，地表水系统近年来在部分地区也得到了工程应用，系统形式大部分为直连或间连的开式系统。例如，贵阳花溪宾馆采用的地表水（花溪河水）源热泵系统（总热负荷为 1953kW）；浙江建德月亮湾大酒店采用千岛湖下游的新安江水作为低位冷热源，为 4 万 m^2 的酒店供冷供热；湖南湘潭市利用中心地区的人工湖水（6.7 万 m^2）建成的湖水源热泵系统，采用开式直接连接系统，设计热负荷 6953kW；东莞三正半山大酒店地表水

（湖水）源热泵系统。同时，闭式系统也在少数的工程项目中进行了尝试，如南京青龙山生态园的湖水源热泵系统，空调采暖面积13000m^2，水下换热盘管长度为15000m。

图5-28　俄克拉何马州大学的湖水换热器

我国地表水资源丰富，很多需要供暖和空调的建筑物周围都存在着可利用的水体，因此地表水源热泵系统具有较为广泛的应用前景。

5.3.1.2　技术要点

1. 工程勘察

地表水源热泵系统方案设计前，应对工程场区地表水源的水文状况进行勘察。只要项目地点附近有大量地表水源，就应该把它作为系统可能的冷、热源进行调查研究。

地表水源热泵系统勘察应包括以下内容：

（1）地表水水源性质、水面用途、深度、面积及其分布；

（2）不同深度的地表水水温、水位；

（3）地表水流速和流量；

（4）地表水水质；

（5）地表水利用现状；

（6）地表水取水和回水的适宜地点及路线。

地表淡水的水温受气候影响较大，全年处于波动状态。掌握地表水的水温变化规律是实施地表水源热泵系统的前提。地表水水温的勘察应包括近年的极端最高和最低水温，同时掌握全年水温变化曲线也很重要。对于水位较深的水体，还应对冬季和夏季不同深度的水温进行现场测试。根据勘察结果，可以初步判断地表水源长期的温度变化范围是否在系统允许的范围内。另外，应根据吸热量和排热量计算水温降低或提高的数值，并确定是否在能够接受的范围内，是否对水源中的生态环境造成影响。

地表水水位及流量勘察应包括近年最高和最低水位及最大和最小水量。对流入水体的水源温度也应进行勘查，不同的流入水源可能温度不同，应分别进行勘察，如地下泉水的流入、河水的流入、人工水源的流入等。

地表水水质勘察应包括，引起腐蚀与结垢的主要化学成分，地表水源中含有的水生物、细菌类、固体含量及盐碱量等。

地表水源热泵系统勘察结束后应提交地表水水文勘察报告，报告中应对地表水源热泵系统设计方案提供建议。建议应包括以下内容：

（1）取水方式和回水方式；

（2）取水口和回水口位置；

（3）供水管和回水管网分布及埋深；

（4）水处理方式和处理设备。

2. 水温变化特点及换热能力

（1）换热过程

地表淡水与外界的热交换主要通过太阳辐射、天空辐射、与空气的对流换热、蒸发、与大地的热传导，以及水源流入流出带走的热量。如图5-29为地表水传热过程示意图。

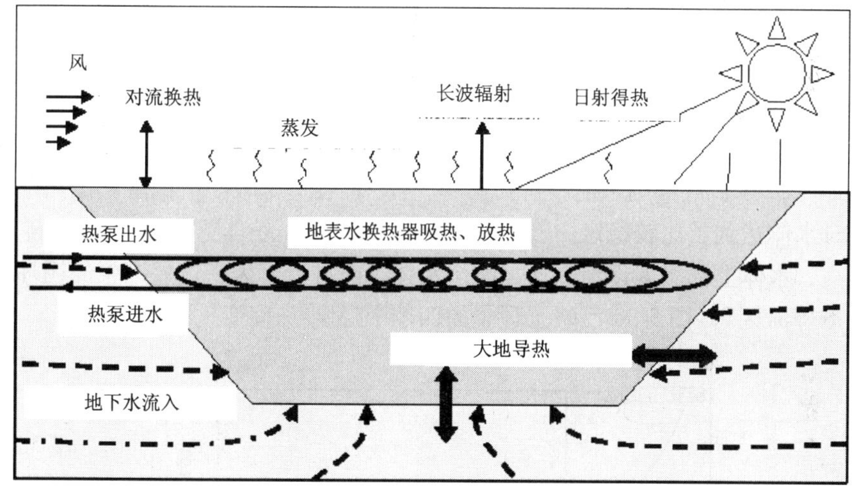

图5-29 地表水传热过程示意图

其中，太阳辐射得热占有很大比重，可以达到950W/m^2，它主要被水体上部分吸收。大约40%的太阳辐射在表面被吸收，其余能量的大约93%在人眼可见的深度内被吸收。当湖面比空气温度低时，热量通过对流换热传递到湖水中。风速的增加会使湖水的对流换热量增加，但通过对流传热的得热非常小，通常最大只相当于太阳辐射得热的10%～20%。湖水的冷却主要通过表面蒸发完成。风速对蒸发换热量的大小有很大的影响。因为温差相对较小，对流得热或散热在夏季只占一小部分。在晴朗的夜晚，温度相对较高的水体表面将向温度较低的天空进行辐射传热，这部分热量在水体冷却中占有不少的比例，比如当温差达到14℃时将有160W/m^{2}的热量通过辐射传递出去。最后一项热传递是通过大地导热的热量，它所占的比例并不大。

（2）水源流入对水体温度的影响

很多的地表淡水如江水、河水等，具有很大流量的水源注入，此类地表水温度在很大程度上取决于水源温度。一般当水体每日吞吐量超过水体总容体积的2倍时，可以认为水体平均温度与本地传热过程关系不大。

地表水的水源包括地下泉水的流入、河水的流入、人工水源的流入，以及雨水的汇入等。水源的流入一般对提高水体冬季温度和降低夏季温度是有利的，因此可以不同程度的提高水源热泵系统的换热能力。例如有泉水注入时，由于地下水温度与当地年平均温度接近，因此可以有效的增加水体温度的惰性，减小气象条件变化对水体温度的影响。

(3) 分层对水体竖向温度分布的影响

当地表水体达到一定深度时，会产生明显的分层现象。水在4.0°C时的密度是最大的，而并非冰点0°C，这种物理现象是使地表水体产生温度分层的原因。温度分层对提高水源热泵系统效率一般是有利的。因为在夏天需要向地表水体排热时，水体底部温度低于整个水体的温度平均值；而冬季需要从水体中吸热时，水体底部温度一般高于平均值。

在冬季，水体表面的温度较低，并可能冻结，而底层温度较表面可能高出3～5°C。水体的竖向温度场趋于稳定，进入所谓"冬季停滞区"。春季，水体表面温度升高，当超过4.0°C时，表面和底层由于密度差而产生对流循环，这使得整个水体的温度变得相对平均。随着温度的上升，循环只在水体的上部分进行，这种过程一直持续到整个夏季。水体上部受气候的影响较大，不断进行着吸热放热的过程。这些传热过程和水体循环一般不能穿透到底部，而大地导热量相对较小，所以水体底部维持相对较低的温度。这样水体上部可能达到21～32°C，底部则可能维持在4～13°C，而在中部较小的深度范围内形成一个斜温层。这时水体达到了比较稳定的竖向温度分布状态，称为"夏季停滞区"。随着秋季和冬季的来临，水体上部温度逐渐降低，整个水体不断进行着因密度差产生的循环，一直到进入"冬季停滞区"。图5-30反映了理想的四季中温度-深度变化曲线。

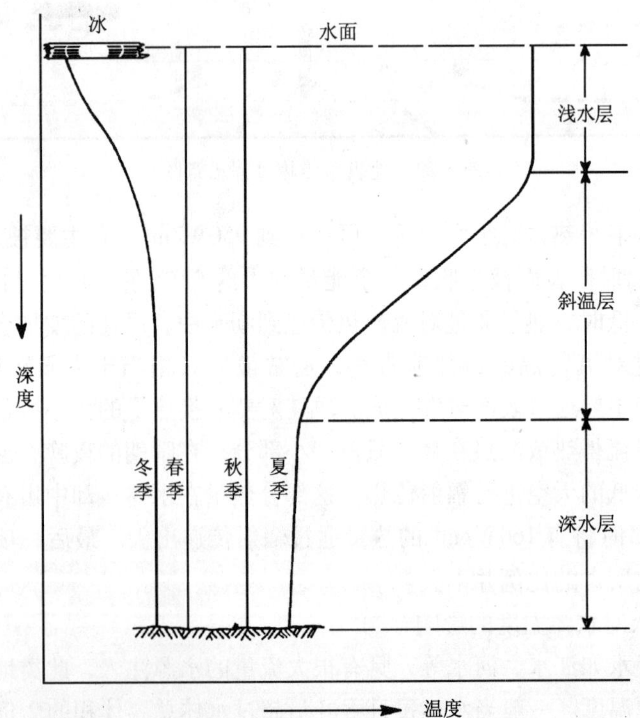

图5-30　理想的四季中温度、深度变化曲线

很多湖水的温度分层情况与理想状况非常接近。而造成与理想分层状态差异的因素主要包括：流入流出水体的影响；深度较小；水体内的波动；风力的扰动；冬季气温较高而达不到“冬季停滞区”。

（4）换热能力

一定地表水体所能提供的换热量是有限的。在夏季，如果向水体中排出过量的热，可能会使地表水体温度上升而使热泵机组的能效比大大下降，同时也可能由过破坏水体生态环境而不被允许。在冬季，如果从水体中吸收过多的热量，将使水体温度下降而低于所要求的工作温度甚至结冰。

因此，需要掌握热泵系统的取热量与水体温度的变化关系，并校核在满足系统所需要换热负荷的条件下，水体的温度变化是否在允许的范围内，这样才能保证所设计的系统能够正常运行。在进行地表水体的换热能力计算应按以下步骤进行：

① 根据勘察结果确定水体的最高、高低温度，体积、水源流量深度等参数。

② 根据环境影响评价，确定所允许的水体最高温度和最低温度。

③ 根据可利用的温差，采用动态模拟法或参考工程经验数据，计算水体可承担的散热、取热负荷的大小。

④ 计算（或估算）水源流入及水体分层对换热能力的影响。

图 5-31 和表 5-10 是一个采用模拟计算的实例结果（采用 TRNSTS16）。实例是按照某建筑的采暖和空调负荷分布趋势，通过动态模拟，计算的单位表面积地表水体在最大取热负荷为 0、120、240、360W/m^2，最大散热负荷为 0、150、300、450W/m^2 的条件下，水体平均温度（地点广州，深度 4m，无大量水源流入）的全年变化情况。本实例中，取热、散热热负荷随建筑冷、热负荷逐时变化，年平均取热负荷和散热负荷约为最大负荷的 2 倍。可以看出，夏季在 300W/m^2 的设计散热负荷下，水体平均温度最高升高了 2.2℃左右；冬季在 240W/m^2 的取热负荷下，水体平均温度的最低下降了近 3.5℃。

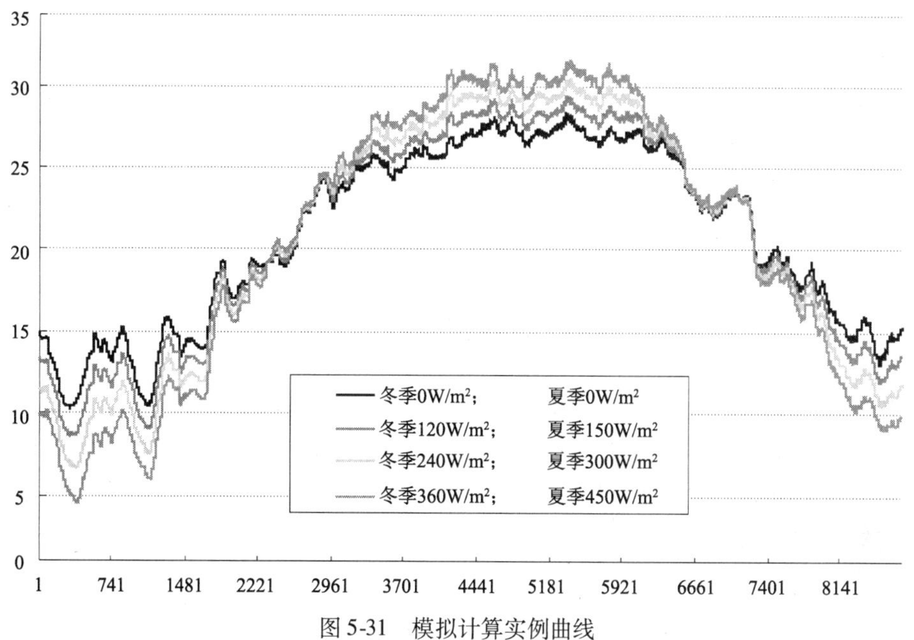

图 5-31 模拟计算实例曲线

模拟计算实例数据　表 5-10

夏　季	设计放热负荷（W/m²）	0	150	300	450
	水体最高温度（℃）	28.37	29.42	30.52	31.62
	水体温度升高值（℃）	0	1.05	2.15	3.25
冬　季	设计取热负荷（W/m²）	0	120	240	360
	水体最低温度（℃）	10.19	8.51	6.61	4.52
	水体温度降低值（℃）	0	1.68	3.58	5.67

以上实例未计算流入水源及水体分层的影响，当考虑这两项后，地表水体的换热能力还可显著提高。例如当地表水深度超过9m且温度分层明显时，有资料表明其冬季换热量的推荐值最大可达到690W/m^2。

在地埋管或地下水源热泵系统中，系统长年运行时可能会由于取热量的季节不平衡而使土壤温度或地下水源温度产生逐年变化，而恶化换热工况和影响系统的运行寿命。但一般来说，对地表水系统不需要要考虑这个问题。这是因为地表水体与外界环境换热相对频繁，受气象条件的影响较大。从长时间来讲，一般均可以消除季节性的换热不平衡的影响。

3. 闭式地表水源热泵系统

（1）闭式系统的特点

将封闭的换热盘管按照特定的排列方法放入具有一定深度的地表水体中，传热介质通过换热管管壁与地表水进行热交换的系统称为闭式系统。闭式系统主要具有下列优点：

① 闭式系统将地表水与管路内的循环水相隔离，保证了地表水的水质不影响管路系统，防止了管路系统的阻塞，也省掉了额外的地表水水处理过程。

② 由于不必考虑从取水点到热泵机组的高度水头，闭式系统一般可以有效降低源侧泵耗。

③ 当地表水冬季温度低于4℃时，闭式系统几乎是唯一可行的选择。

同时闭式系统的缺点也很明显：

① 与开式直连的系统相比，冬季源侧水温会降低2~7℃，热泵机组效率会有所下降。

② 换热盘管置于水体内，有被损坏的危险。

③ 当水体流动性较差、换热盘管安装在水体底部时，盘管上容易产生污垢和水生物沉积，影响换热效率。

（2）换热盘管管材

闭式系统换热盘管的管材，目前多采用高密度聚乙烯（PE3408），连接形式为热熔连接或插接。管材应该具有抗紫外线辐射能力，尤其是在靠近水面的位置安装时，PE3408黑色管道含有少量的碳黑成分，有很强的抗紫外线辐射能力，能够在室外露天存放或使用。聚氯乙烯（PVC）管材不宜在闭式系统中采用。

铜管也是可选择的换热盘管管材，在国外有成功的应用。由于铜管的传热性能较好，管道长度可以降低到PE管的1/3至1/4，但铜管的耐用性不如PE管，另外，污垢和水生物沉积对铜管的换热影响比较大。

（3）盘管换热器的设计

盘管换热器在水体中的布置有两种形式：松散盘卷式和排圈式。

在深度较大或流速较大的水体中宜采用松散盘卷式，其布置如图 5-32（*a*）所示。一般将工厂生产的成捆管材拆散后，重新捆绑为松散盘卷，并在底部系以重物。重物可以由填充碎石的废旧轮胎构成，填充碎石的量应以能将盘卷沉入水体为准。

在深度较小或流速较小的水体中宜采用排圈式，其布置如图 5-32（*b*）所示。这种形式在流动性差的水体中可以防止形成局部过热点或过冷点，单位长度的换热量也比松散排圈式大一些，但安装难度稍大。

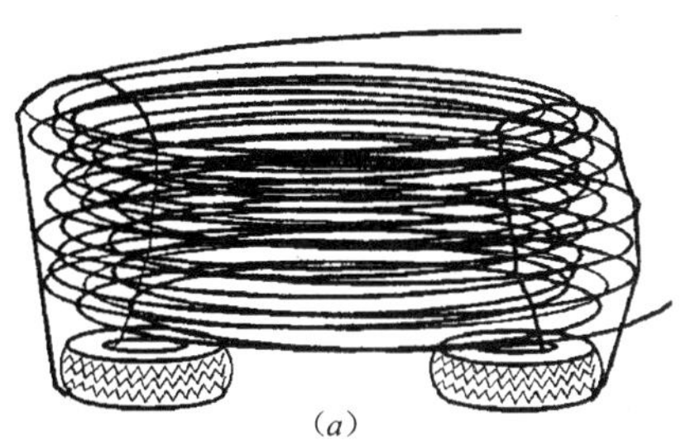

（*a*）

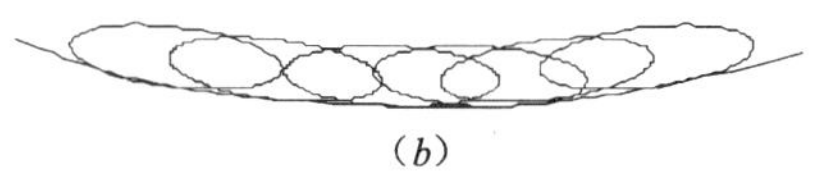

（*b*）

图 5-32 盘管换热器布置形式

（*a*）松散盘卷式；（*b*）排圈式

地表水换热盘管的换热量应满足系统设计最大吸热量或释热量的需要。闭式系统换热盘管的总长度可以按照换热器的设计出水温度和水体温度的差值，参考图 5-33（*a*）~（*d*）的曲线选取。图中给出的曲线是基于管内紊流流动状态得出的（Re >3000）。表 5-11 给出了保证不同流体紊流流动状态的最小流量。

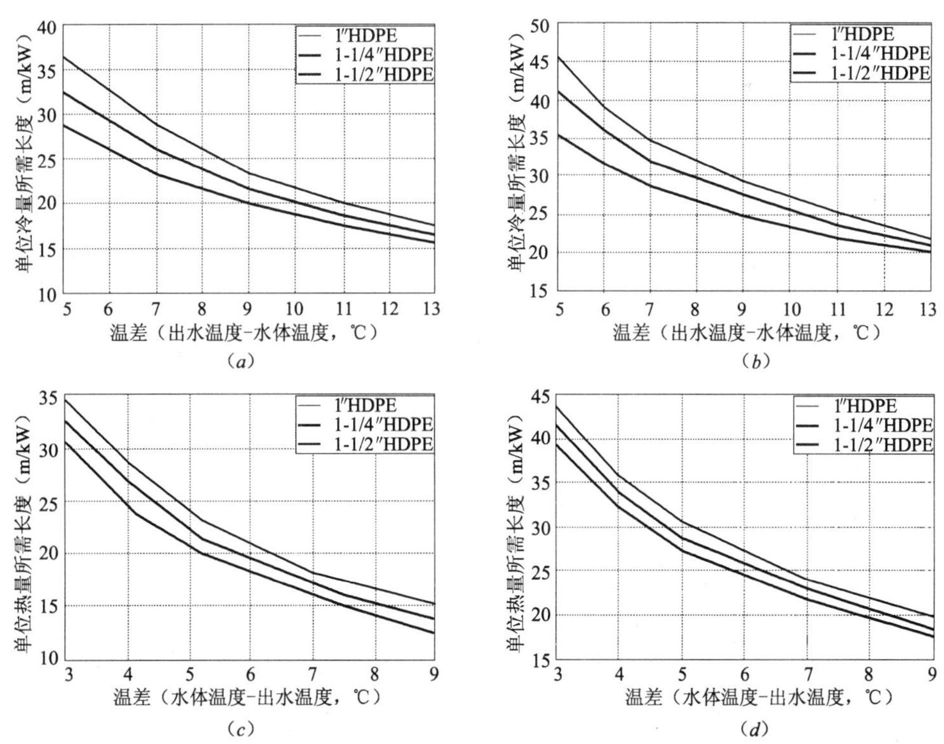

图 5-33 盘管长度曲线

（*a*）排圈式单位冷量所需的盘管长度曲线；（*b*）松散盘卷式单位冷量所需的盘管长度曲线；（*c*）排圈式单位热量所需的盘管长度曲线；（*d*）松散盘卷式单位热量所需的盘管长度曲线

保证不同流体紊流流动状态的最小流量（m^3/h）　**表 5-11**

流　体	-1.1℃				10℃			
	管　径				管　径			
	3/4″	1″	1 1/4″	1 1/2″	3/4″	1″	1 1/4″	1 1/2″
20%乙醇	0.86	1.09	1.36	1.57	0.59	0.73	0.91	1.04
20% 乙二醇	0.57	0.70	0.89	1.02	0.41	0.50	0.64	0.70
20%甲醇	0.66	0.82	1.02	1.18	0.45	0.57	0.70	0.79
20% 乙二醇	0.77	0.95	1.23	1.39	0.52	0.64	0.82	0.93
水	—	—	—	—	0.25	0.32	0.39	0.45

当机房距离水体较远或水体分层较明显时，还应考虑总管上的温降（或温升）对机组的进水温度进行修正。

确定了换热盘管的总长度后，要开始设计换热盘管的构造和流程，即需要使用多少等长的盘管（环路数量），怎样把盘管分组连接到环路集管上，以及根据现有水体如何布置环路集管。设计原则如下：

① 将计算得到的盘管总长度按单个盘卷或排圈的管长，分成等长的换热环路；

② 一般将每10个盘卷或排圈宜为一组，并联连接到环路集管；

③ 同一集管内的盘管连接应同程布置；

④ 每个环路集管中，环路数量相同，以保证流量平衡和环路集管管径相同；

⑤ 环路集管布置应与现有水体形状相适应，并使环路集管最短。

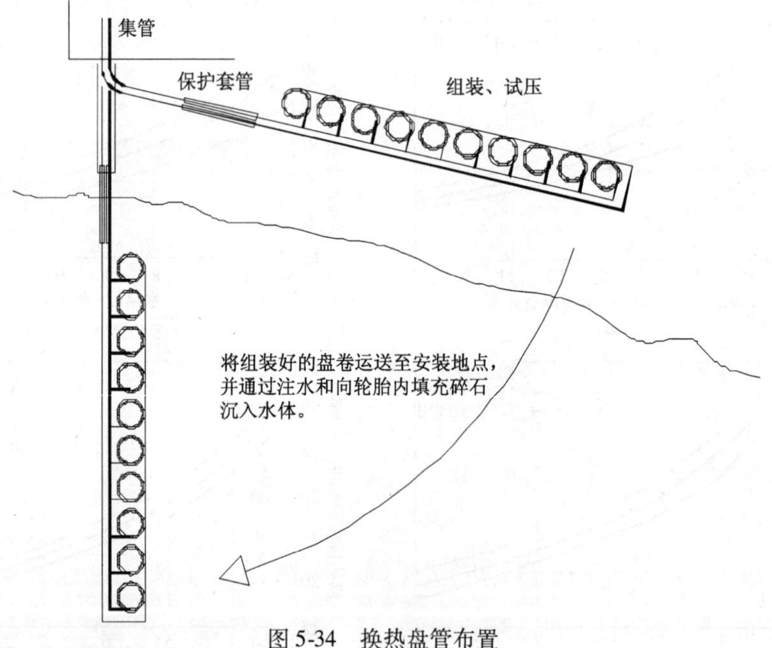

图5-34　换热盘管布置

4. 开式地表水源热泵系统

开式地表水系统相对简单，也是我国大部分地表水系统所采用的形式。取水口一般应设置在水体的底部，通过水泵抽取至热泵机房内，经热泵机组或中间换热器换热后排至水体。

由于需要克服取水点到热泵机组的高度水头，开式系统的源侧泵耗可能较大。在进行系统设计前，应考虑系统的综合效率，如泵耗过大则不宜采用开式系统。另外，当地表水冬季温度低于4℃时，一般不宜采用开式系统。

当采用开式系统时，从保障水源热泵机组正常运行的角度，地表水应尽可能不直接进入水源热泵机组，即宜采用开式间接连接的地表水源热泵系统。直接进入水源热泵机组的地表水水质应符合以下规定：

含砂量小于 1/200000，pH 值为 6.5 ~ 8.5，CaO 小于 200mg/L，矿化度小于 3g/L，Cl^- 小于 100mg/L，SO_4^{2-} 小于 200mg/L，Fe^{2+} 小于 1mg/L，H_2S 小于 0.5mg/L。

当水质达不到要求时，应进行水处理，地表水经过处理后仍达不到规定时，应在地表水与水源热泵机组之间加设中间换热器。对于腐蚀性及硬度高的水源，应设置抗腐蚀的不锈钢换热器或钛板换热器。

取水构筑物和回水构筑物设计可按《室外给水设计规范》(GBJ 13) 进行。开式地表水源热泵系统用于供暖时，要根据水源热泵机组的温降特性保证足够的流量以防止机组出口端结冰。

5.3.1.3　存在问题及解决措施

地表水源热泵作为一种新型的制冷供暖方式，从技术的角度，尤其是热泵机组的角度上看应当是相当成熟。但考虑到中国的国情，以及将地表水源热泵制冷供暖作为一个整体的系统来推广应用时，还是存在一些问题：

1. 计算设计方法不完善

地表水源热泵系统的设计仍停留在根据经验数据进行估算的水平上，仍未出现普遍认同的软件。虽然有些软件可以用来计算地表水源热泵系统，比如 TRNSYS，但其对使用者要求较高，不易普遍推广。设计方法欠缺，必然会影响工程的实际效果。为了更好的应用地表水源热泵系统，发挥其优势，必须在设计计算方法上加以完善。

2. 水体参数

利用地表水源时，要了解地源热泵系统设计的基础资料。要在当地完成对工程所在地的水深、水温、水体容量、水质、水流情况等原始资料的采集，并保证这些资料的有效性和正确性基础之上，根据这些资料进行分析研究。目前全国范围内比较大的水系的水体参数虽然有，但仅仅掌握在相关部门而并未公开。一旦有采用地表水源热泵系统的意向，则需全面调查水体资料，增加了成本。对于江水、河水、湖水问题不是很突出，对于应用海水作为冷热源来说，难度比较大，限制了地表水源热泵系统的推广。

3. 水质

与地下水源热泵系统相类似，地表水源热泵系统同样面临水质处理的问题。

4. 对水体的生态影响

湖泊水、河川水、海水等自然水体经升温或降温后在排回水源当中，必然会或多或少的影响水体的生态系统，这从生态上来讲是否合理也是值得探讨的问题。

(1) 地表水体水温和水质基础资料缺乏。我国目前建立的地表水水温资料数据库主要是针对热电厂和气候研究所构建的，不能满足江河湖水源热泵空调系统的设计需要。基础资料缺乏会影响到整个江河湖水源热泵空调系统的设计形式和前期的经济性分析的准确性，不能为项目的决策提供准确的依据。

(2) 缺乏地表水热迁移方面的研究。江河湖水源热泵空调系统在应用过程中会有大量的冷量和热量排入水体中，排入的热量和冷量对特定的水体区域温度场分布产生影响进而可能对系统正常运行和水体的生态环境造成影响，目前这部分内容还没有形成量化的标准。

(3) 地表水源热泵的系统形式和规模。地表水源热泵空调系统供热、供冷面积，在不同使用规模和负荷变化特点时系统应具有不同的设计形式和机组优化配置，这是直接关系到系统的初投资和运行能耗的重要参数，这些方面还需要进一步研究。

(4) 地表水源热泵的应用还会受到投资经济性的限制。由于受到不同地区、不同用户及国家能源政策、燃料价格的影响，水源基本条件不同，一次性投资及运行费用会随着用户的不同而有所不同。虽然总体来说，地表水源热泵的运行效率较高、费用较低。但与传统的空调制冷取暖方式相比，在不同地区不同需求的条件下，地表水源热泵的投资经济性会有所不同。

针对以上问题，在地表水源热泵的推广应用中应从事以下几方面的工作：

(1) 建立针对地表水源热泵空调设计用的地表水体资料数据库。对现有的数据进行整理分类，不足的进行实测。研究参数包括地表水体的温度、水质等物性参数以及其他评价生态环境的指标。

(2) 开展地表水体热扩散迁移问题的研究。对排放一定热（冷）量的热扩散迁移问题进行分析，确定扩散范围及程度，并分析造成这种扩散的主要影响因素，进而指导今后地表水源热泵空调系统的设计，减少对水体生态环境的影响。

(3) 整体系统的设计。水源热泵系统的节能作为一个系统，必须从各个方面考虑，如果水源热泵机组可以做到利用较小的水流量提供更多的能量，但系统设计对水泵等耗能设备选型不当或控制不当，也会降低系统的节能效果。同样，若机组提供了高的水温，但设计的空调系统的末端未加以相应的考虑，也可能会使整个系统的效果变差，或者使得整个系统的初投资增加。

5.3.1.4 国内研究现状及评价

地表水地源热泵系统的应用在我国尚处于刚刚起步的阶段，相对于地下水系统和地埋管系统，地表水系统的相关研究也较少。主要集中在：

1. 地表水水体的温度变化规律

地表水水体温度是决定系统可行性和经济性的关键因素。在这方面，国内目前缺乏各地区水体极端温度的总体实测数据。一些研究分析了水体温度与室外温度的关系。中国建筑科学研究院在TRNSYS平台上，对不同气象条件下水体平均温度的全年变化建立了模型。另外，国内部分高校对开式系统中水体的水平温度场进行了数值模拟。

2. 地表水热泵系统的换热研究

对特定水体的换热能力的研究也较少，仅有的一些计算分析也是建立在静态分析的基础上。在设计时多数参考国外的设计推荐值和经验数据。

在地表水换热器的研究中，主要针对开式间接连接的系统，即对板式换热器和容积式换热器的设计计算和工况计算，对闭式系统的换热研究较少。

3. 特定地表水地源热泵项目的分析及评价

这方面主要是研究特定的项目中，采用地表水地源热泵系统的经济性和适用性分析及评价。另外，一些研究中还对特定地表水地源热泵系统对水体热环境影响进行了分析。

5.3.2 海水源热泵系统

海洋是一个巨大的可再生能源库，进入海洋中的太阳辐射能除一部分转变为海流的动能外，更多的是以热能的形式储存在海水中，而且海水的热容量又比较大，为 3996kJ/(m^3 · ℃)，而空气只有 1.28 kJ/(m^3 · ℃)，非常适合作为热源使用。另外，虽然海水在一定深度的温度是随季节变化的，但是在深度大约 700m 以下海水的温度就基本保持不变了，温度大约常年维持在 6 ~7℃左右，特别是在受到冷海流影响，在较浅的深度就可以得到低温海水。因此，在特定的条件下海水又很适合做天然冷源使用。把海洋作为一种冷、热资源，能量是取之不尽的，可再生的。我国海岸线较长，一些沿海城市具有很好地利用海水源热泵系统的条件。利用海水源热泵为建筑提供冷、热源，以节约能源，减小污染，既具有高科技成果应用的现实经济意义，更具有长远的节约型社会发展进步意义。

1. 海水源热泵原理与分类

目前海水资源在暖通空调上的应用主要有两种形式，一种叫海水源热泵（Seawater source heat pump，SWHP）；另一种叫深水冷源系统（Deep water source cooling，DWSC）。两种方式在工作原理、系统组成和需要海水条件等方面都存在一定的差异，但在某些条件下可以联合使用。

海水源热泵系统是水源热泵装置的配置形式之一，即利用海水做为热源或热汇，并通过热泵机组，加热热媒或冷却冷媒，最终为建筑提供热量或冷量的系统。海水中所蕴含的热能是典型的可再生能源，因此，海水源热泵系统也是可再生能源的一种利用方式。

海水源热泵系统的工作原理是夏季热泵用作冷冻机，海水作为冷却水使用，冷却系统不再需要冷却塔，这样会大大提高机组的 COP 值，据测算冷却水温度每降低 1℃，可以提高机组制冷系数 2% ~3% 左右。冬季通过热泵的运行，提取海水中的热量供给建筑物使用。供热和供冷的时候使用一套分配管网系统。系统主要组成部分包括：海水取排放系统、热泵、冷冻水（供热）分配管网和热交换器（根据海水是否直接进入热泵确定有无）。这种系统把海水作为冷、热源使用，可以部分甚至全部取代传统空调和供热系统中的冷冻机和锅炉，是瑞典、挪威等欧洲国家应用比较多的形式。

深水冷源系统是与直接供冷（Free cooling）相对应的。工作原理是利用一定深度海水常年保持低温的特性，夏季把这部分海水取上来在热交换器中与冷冻水回水进行热交换，制备温度足够低的冷冻水供建筑物使用。系统主要由海水取排放系统、热交换器和冷冻水分配管网构成。这种系统仅把海洋作为冷源来使用，可以部分或者全部取代传统空调系统中的冷冻机，是美国、加拿大等美洲国家应用比较多的形式。系统工作原理图如图 5-35 所示。

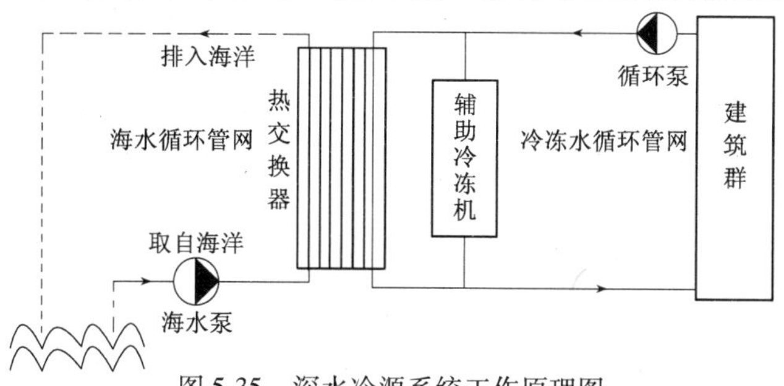

图 5-35 深水冷源系统工作原理图

以上两种方式，不论是通过热交换利用海水的冷量，还是通过热泵将海水的热量进行转换，得到的热水或冷冻水，均可以通过建筑内部的管道系统输送到空调器内，建筑的冷、热负荷最终将转移到海水中，排入大海。因此，这两种形式也可以统称为海水空调（Seawater air conditioning，SWAC）。

2. 中国应用海水源热泵技术的前景

海水温度是海水源热泵技术应用成败的关键，是实现海水资源利用的核心问题，对热泵系统能否正常运行起决定性作用。利用海水直接供冷要求海水温度在12℃以下。目前国外的热泵技术供热运行时要求海水温度不得低于2℃（少数热泵产品可在-4℃以上运行），而且海水温度越高，热泵机组的制热系数越大，供热效率越高。不同的海水温度在供热系统设计形式上也会存在差异，直接影响到工程投资和运行费用。

海水温度条件主要涉及海水最冷月和最热月海水各层的温度，在这方面我国黄海、渤海地区有很好的水温条件。黄海、渤海1976~1999年间的海水2月份表层和8月份35m平均深度的温度分布见图5-36、图5-37。

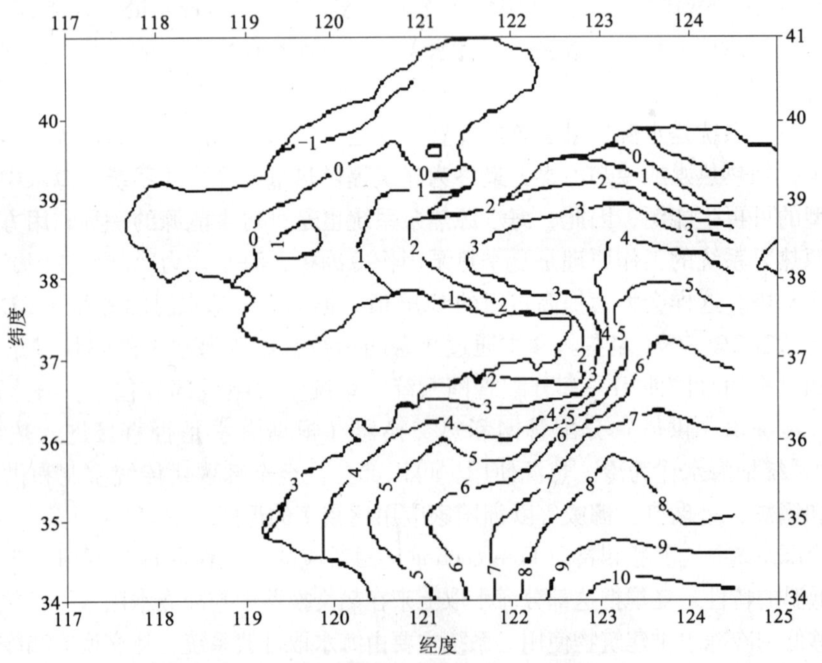

图5-36　2月黄海、渤海表层海水平均温度

从图中可以看出，在海水温度最低的月份2月份，在黄海地区海水表面温度大部分区域在2℃以上，这个温度可以满足热泵的运行条件，在瑞典同样的水温状况下热泵的COP值可以达到3左右。在夏季，在水深35m处，海水温度多在12~14℃左右。尤其在山东半岛附近，受冷水团影响不同等温线之间间距更小，因此较近距离内就可以取得温度更低的海水，从而减少海水管线的敷设长度，降低工程造价。

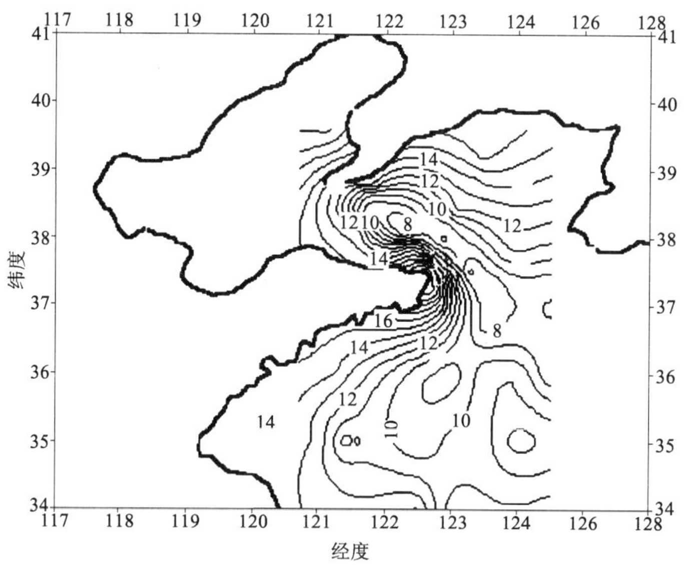

图 5-37 8 月 35m 深度海水平均温度

因此海水源热泵设计首先要考虑 SWHP 和 DWSC 的结合形式。在过渡季和夏季部分负荷时可以利用海水直接供冷，在峰值负荷的时候运行热泵。冬季切换部分阀门，热泵按照制热模式进行区域供热。夏季联合运行系统如下图 5-38 所示。这种系统设计形式在热泵供冷运行时海水作为冷却水使用，充分利用海水的自然温度条件，是节能运行的最佳模式。因此在设计时要充分调查当地水温和水深条件找到最佳的取水深度。

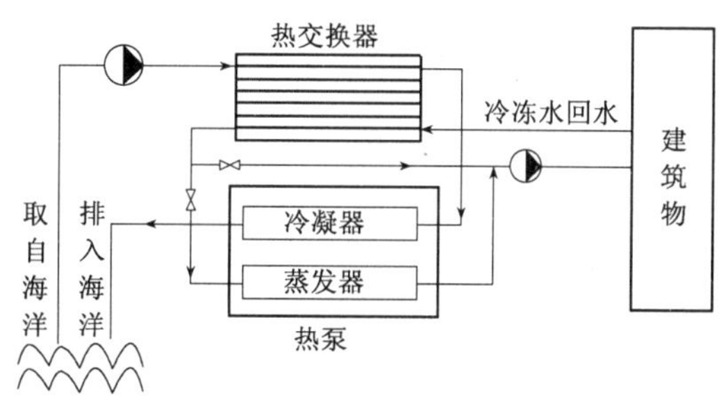

图 5-38 SWHP 和 DWSC 夏季联合运行系统图

我国海岸线长，有众多的岛屿和半岛，目前沿海城市是发展最快的地区，同时沿海城市又是冷、热负荷最集中的地区，有很多地区正在考虑大规模的整体开发海水源热泵系统。如果将当地地理优势和热泵技术充分结合必能大大缓解空调用电的压力，对环境保护有很大帮助的同时可以带来巨大的经济效益和社会效益。国外应用工程的经验也表明系统规模越大，整体的经济效益也就越好。同时海水源热泵取消了空调系统的冷却设备，可以节约大量的淡水资源，这一点对于淡水资源匮乏的中国而言意义也很大。

3. 已具备的技术和理论基础

海水源热泵系统是一个综合技术的体现，最终达到应用阶段还有赖于暖通行业与其他相关专业的共同发展，在这方面中国已经具备了一定的理论基础和工程经验，为此项技术的推广提供了技术保障和理论支持。

（1）对海水的直接利用的成功经验为海水空调技术实现提供了技术保障

海水直接利用是直接采用海水代替淡水，以满足工业用水和生活用水的需求。近20年来，我国北方地区和沿海城市由于淡水资源短缺，在海水直接利用方面有了长足发展。据不完全统计，我国海水作为工业冷却水的年用量为150亿m^3，近年来借鉴美国英格索尔-兰德公司、日本荏原和德国KSB公司等先进技术并结合我国实际，取长补短，在泵组形式上突破传统的轴流模式，开展了大型斜流泵研究，成果达到国际先进水平研究，我国自己生产的大流量、低扬程海水型斜流泵作为冷却水泵已经广泛应用到沿海电厂和化工厂上。同时在海水管道的设计、敷设、过滤、防腐、灭藻能力和换热器的防结垢问题上也已经积累了一定的经验，这些都为海水源热泵的应用做好了技术上的储备。

（2）具备生产高密度聚氯乙稀管材料（HDPE）大管径管道的能力

国外海水源热泵海水管线所用的管材主要为HDPE，它具有很好的柔韧性和防腐性能，内壁光滑不易附着海洋生物，管道寿命可以达到50年。我国已经具备了HDPE大型管径的生产能力，最大管径达到*DN*1600，完全可以满足海水管线的需要。实现管材的国产化，这对降低工程的造价很有意义。

（3）区域供冷和供热设计和运行方面的研究

海水源热泵系统优点还在于冬、夏可以采用一套系统。根据国外工程经验，当此项技术规模化应用，进行区域供冷和供热，其节能和环保效益体现更加明显。区域供热我国已经有比较成熟的经验。我国自2000年以来，引入区域供冷概念，近几年来在机组的优化配置、管线优化设计和蓄冷装置的应用等多方面进行了较深入的探讨。

4. 技术条件

在系统选择、设备选型及进行地源热泵系统设计之前，必须对建筑物的冷、热负荷进行精确估算。估算时首先应进行空调分区，然后确定每个分区的冷、热负荷，最后计算整幢建筑总供热与供冷负荷。分区负荷用于各分区热泵的选型；总负荷用于确定热泵系统主设备容量及海水源热泵系统需要的附属设备的选择，如热交换器或对水井的要求。关于负荷计算方法不再赘述。

如果海水有足够的可利用量、水质较好，有开采手段，当地规定又允许，就应该考虑此系统设计，现场调查将对以上问题给予确认，以下是一些基本原则：

（1）海水循环水流量要求是根据计算得到的最大得热量和最大释热量确定。

（2）根据具体系统形式的不同，对不同部位进行防腐处理。

（3）如果选择一个带有板式热交换器的闭式海水源热泵系统，建筑物的高度就不必考虑。

（4）海水系统的运行温度要求管道保温。

（5）海水系统的投资效益比，较大的建筑物比小的建筑物好，因为海水取水设施的投资并没有随容量的增加而线性上升。

海水源热泵系统主要包括海水循环系统、热泵系统及末端空调系统等三部分，其中海水循环部分由取水构筑物、海水引入管道、海水泵站及海水排出管道组成。

根据使用区域的规模、功能和开发进度，热泵站方案设计比较灵活，主要有以下设计方案：集中式海水源热泵系统，就是将大型海水源热泵机组集中设置于统一的热泵机房内（热泵机房根据需要设置），热泵机房制备的冷/热水通过小区外网输送至各用户，如图5-39所示。这种设计适用于建筑物相对集中的区域。每个泵站可以设多个热泵机组，根据负荷变化情况进行台数调节。

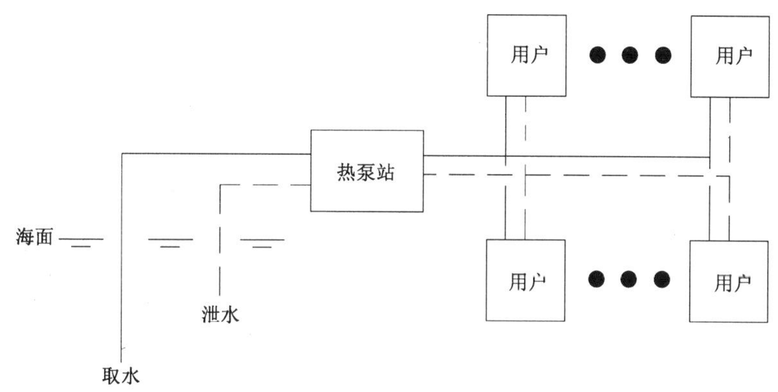

图5-39 集中式海水源热泵空调系统

因为并非所有的用户都在同一时刻达到峰值负荷，集中式系统可以减少设备的总装机容量，有利于降低自身的初投资。集中式系统一般采用大型热泵机组，COP值比小型机组的要高，提高了能量利用效率。不需要冷却塔，这样既节省了许多宝贵的建筑面积，增加了业主的收益，又可以减轻由设备的布置而给结构专业带来的设计负担，和降低结构施工的成本。

在规模大，建筑群分散并存在多个功能组团的区域，仅靠设置一、两个热泵站进行区域供冷和供热，不论是在机组的运行效率和运行调节都是很难达到最优的。因此系统可以设计成由一个主站和多个子站构成，系统原理图如图5-40。主站的供水水温可以不用太高，10～15℃即可，二级热泵站可以根据末端设备的不同需要灵活运行。采取这种系统运行调节比较方便，便于管理。

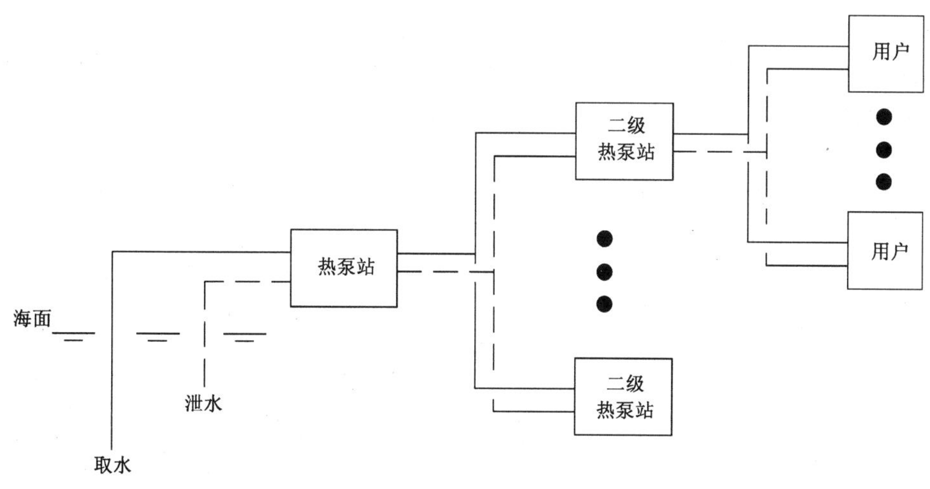

图5-40 多级泵站海水源热泵空调系统图

分散式系统一般应为间接式系统，分散式海水源热泵系统的系统形式如图5-41所示：所有的热泵机组都分散至各用户，室外管网系统只为各用户机组提供所需的循环水，循环水一般非海水。与集中式海水源热泵空调系统相比，该系统的热泵机组分散，容量相对较小，初投资会相应增加，机组的COP值也会比集中放置的大型机组略低，并且各用户仍然要有冷热源机房；但该系统中各用户的热泵机组相对独立，增大了用户的灵活性，如各用户可根据自身的特定需要来调节热泵的进出水温度的高低。

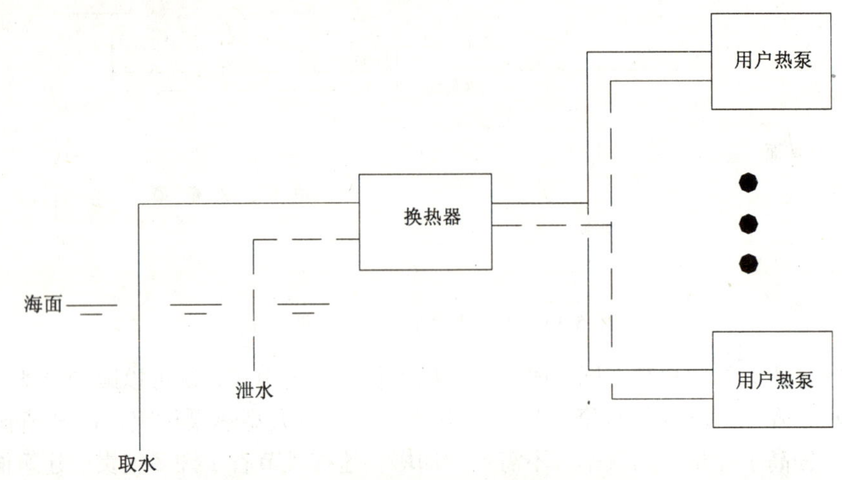

图5-41 分散式海水源热泵空调系统图

根据海水是否进入机组可以分为以下两种方案：直接式系统指海水经过输运管道直接进入热泵的蒸发器或者冷凝器，释热或者取热后经管道排入海中。在直接式系统中要求海水泵以及热泵的蒸发器或者冷凝器必须采用耐腐蚀材料。间接式系统是指采用换热器将海水与热泵机组隔离开，利用循环水泵将海水通过输送管道送至换热器中，使其与热泵回水在换热器中实现能量交换，从而将海水的冷热量传递给热泵系统的循环介质，再通过循环介质将冷热量传递给热泵的蒸发器或者冷凝器，海水则经过管道排入海中。在间接式系统中由于热泵不与海水直接接触，可以采用常规的热泵机组。换热器则需要采用耐腐蚀材料，而且可以方便的进行清洗或更换。缺点是海水温度过低时会降低热泵效率。

5. 海水取水装置

海水取水方式之一为在换热站周边开凿海水井。因为在近海区域的岩土体通常存在一些地质裂缝，使得距离海岸线一定范围内的岩土体内充满海水。如果开凿水井，则水量较大，水温也基本与海水温度一致。该方案的优点是取水路径缩短，相当于就地取水，可以节省部分管道投资以及海水构筑物的投资。但是该方案是否可行，应进行进一步的打井测试实验，以校核水量、水温条件是否满足要求。如果条件允许，应优先采用该方法。因为地下海水温度相对恒定、水质容易得到保证，这更有利于机组稳定、高效运行。海水井做法如图5-42所示。管道直接取水方式如图5-43所示。也可采用增设集水井的方式所示，利用连通的原理将海水利用PE管道将远处的深海水输送到岸边设置的集水井内，在集水井内安装潜水泵取水。取水井做法基本与方式一相同，但是水处理应前移到PE管道端头。

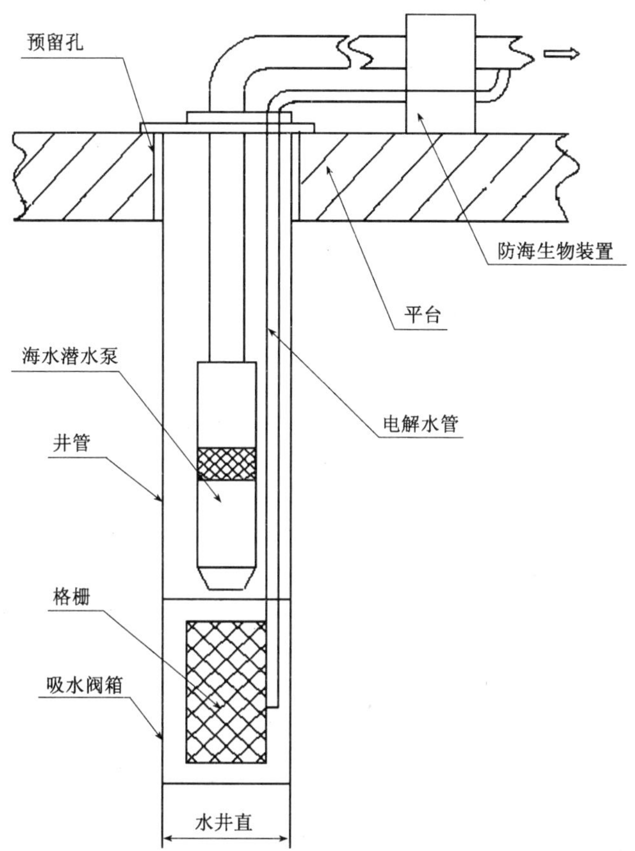

图 5-42 海水井取水示意图

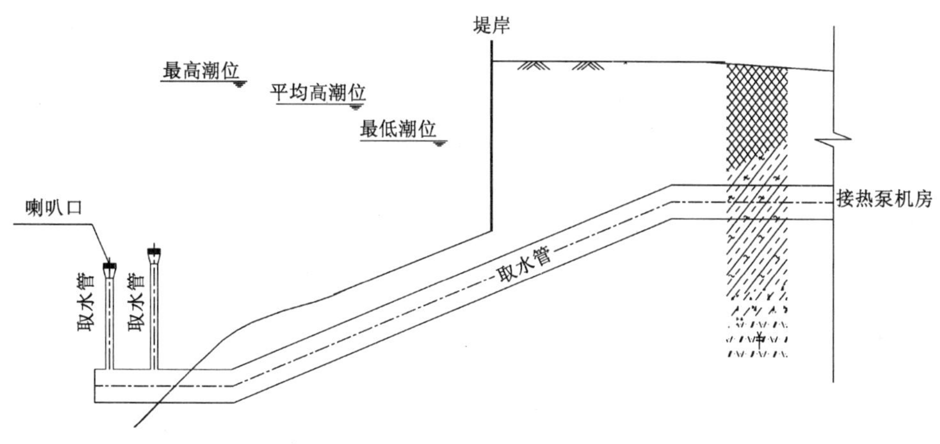

图 5-43 取水原理图

6. 防海水腐蚀问题

对于利用海水作为热泵系统冷热源这一问题，人们普遍关心的技术问题主要是海水对设备和管道的腐蚀以及海生物附着造成的管道和设备的堵塞等，针对这些问题，可以从以下几方面开展工作：

1）尽可能采用耐腐蚀的材料：管材采用铸铁，高密度聚乙烯材料等；对水泵腐蚀发生在机械磨损与水流较快部位，这些部位材料最好采用铸铜、磷青铜和不锈钢等。阀门腐蚀主要是丝杆，闸板密封圈，可采用不锈钢或者铜质材料。

2）涂刷防腐保护层。

3）采用电化学防腐保护层。

4）化学防腐法：向水中投加化学药剂，进行碱化在管内形成保护层。

7. 防海生物堵塞问题

为了保证进入热泵机组的海水水质，海水需要经过过滤、除砂、杀菌、祛藻等处理环节。一般应设滤网去除水中的贝类动物、海藻以及其他较大的杂质。为防止砂砾进入机组，磨损换热器甚至导致换热器堵塞，在海水进入机组前可设置通过除砂器，用以去除直径在0.5mm以上砂砾，并且保证进入机组的海水含砂量在50ppm以下经过过滤器过滤，再由电解海水法或者化学加药法杀死海水管路中的海生物幼虫或虫卵。在过渡季系统停用期间应采取措施对管道、换热器等进行保养（比如添加药剂），以确保防止海洋生物造成的堵塞。换热器可采用钛板可拆式板式换热器，其具有良好的耐腐蚀性和传热效果，可拆式换热器清洗更换非常方便。为了确保取水安全，取水管道至少两条，管径和水泵扬程适当加大。如果设计形式海水直接进入机组，需要考虑加设自动清洗装置。

5.3.3　污水源热泵系统

污水源热泵系统是地源热泵系统的一种类型。众所周知，污水水温的变化较室外空气温度变化小，因而污水源热泵的运行工况比空气源热泵的运行工况要稳定。城市处理后的污水是一种优良的引人注目的低温余热源，是水/水热泵或水/空气热泵的理想热源。

污水源热泵在北欧诸国、日本发展较早。我国污水源热泵技术推广应用刚刚起步，但发展很快。综述国内外研究现状，经多年的理论研究和运行实践表明：由于污水水质的缘故，相对于其他地源热泵系统而言，污水源热泵系统具有其特殊性，污水特性对污水源热泵系统的设计与运行带来一些新的影响。针对于此，本部分将主要介绍：污水源热泵系统形式；污水换热器结构形式；我国城市污水冷热能潜力分析；国内外污水源热泵研究现状和工程实例；防堵、防腐、防垢及其他技术要点和措施。

5.3.3.1　污水源热泵系统形式

污水源热泵系统形式较多，按照是否直接从污水中提取冷热能，可分为直接式和间接式污水源热泵系统；按照热泵机组机房的布置情况可分为集中、半集式和分散式的污水源热泵系统；按照其使用污水的处理状态可分为以原生污水源热泵系统和以二级出水和中水作为热源/热汇的污水源热泵系统。

1. 原生污水源热泵系统

以原生污水为污水源热泵的热源/热汇，可就近利用城市污水，把未处理污水的冷/热量通过热泵系统，能就近输送给城市的用户，可以显著增加污水源热泵供热供冷的范围。但由于未处理污水含有大量杂质，故其水处理和换热装置比较复杂。工程中常用的方案有两种：

(1) 沿污水主管道设热泵站

由于污水排放主管道具有较广的排污收集面积，因此具有污水流量较大且较稳定的特点，可在其沿线设置热泵站，以供沿线部分建筑作冷热源使用。但该方式需要注意在冬季供热时，防止污水温度降低过多而影响其后污水的处理工艺，否则，从系统观点来看，是一种得不偿失的方法。

(2) 在小区污水处理器设热泵站

据有关城市污水排放规定，小区污水在排放入市政排水管网之前应经过小区的污水处理器的预处理。污水处理器集中了小区的全部污水，具有稳定的来源，且维持了一定的容量，也很适合作为污水热热泵工作。特别是随着人们对水资源的关注，污水回用的中水系统逐渐得到普遍认可，中水也将会是很好的冷热源。

城市污水干渠（污水干管）通常是通过整个市区，如果直接利用城市污水干渠中的原生污水作为污水源热泵的低温热源，则使用范围大幅扩展，并且热源靠近热用户，节省输送热量的耗散，从而提高其系统的经济性，但应注意以下几个问题：

① 污水取水设施如图 5-44 所示，取水设施中应设置适当的水处理装置。

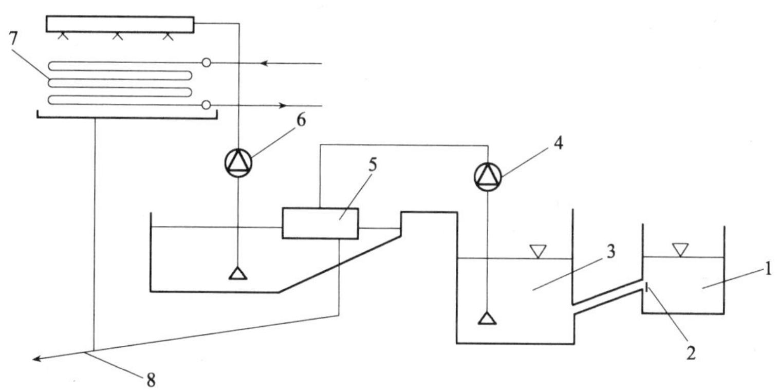

图 5-44　污水干渠取水设施

1—污水干渠（污水干管）；2—过滤网；3—蓄水池；4—污水泵；
5—旋转式筛分器；6—已过滤污水水泵；7—污水/制冷剂换热器；8—回水和排水管

② 应注意利用原生污水热能对后续污水处理工艺的影响，若原生污水水温降低过大，将会影响污水生物处理的正常运行，这一点早在 1979 年英国 R. D. 希普编《热泵》一书中已明确指出。在牛津奴菲尔德学院的一个小型热泵上，已对污水热量加以利用。由于污水处理要求污水具有一定的热量，若普遍利用这一热源，意味着污水处理工程中要外加热量，这是我们不希望的。

③ 由初步的工程实测数据表明，清水与污水在同样的流速、管径条件下，污水流动阻力为清水的 2 ~4 倍。因此，在设计中对这点应充分注意到，要适当加大污水泵的扬程，采取技术措施适当减少污水流动阻力损失。

④ 以哈尔滨望江宾馆实际工程为对象，经 3 个月（2003 年 12 月 ~2004 年 2 月）的现场测试，基于实测数据得到污水/水换热器总传热系数列入表 5-12 中。

当管内流速为 1.0 ~2.5m/s、管外水流速为 1.0 ~2.5m/s 时，其传热系数为 1740 ~3490W/m^2 · ℃。有文献指出，污水/水换热器换热系数约为清水的 25% ~50%。因此，在设计中要适当加大换热器面积，或采取技术措施强化其换热过程。

污水/水壳管式换热器总传热系数　　表 5-12

工　况	1	2	3	4	5	6	7
污水供回水水温（℃）	10/6.8	14.2/10	14.8/7.2	14.0/8.5	11.5/8.5	14.2/8.1	14.0/8.9
清水供回水水温（℃）	6/3.2	9/6.4	6.8/4.5	7.6/4.7	8.0/5.0	8.3/6.1	9.0/7.4
管内污水流速（m/s）	2.78	2.4	1.72	1.47	1.14	1.0	0.87
总传热系数 K（$W/m^2 \cdot ℃$）	654	562	456	442	439	425	410

⑤ 提高原生污水源热泵运行稳定性及其改善措施。

所谓的原生污水源热泵运行稳定性差是指热泵在运行过程中随着运行天数的增加，其供热量在不断衰减的现象。引起这种现象的主要原因有：

A. 流入换热器内的污水量随着热泵运行天数的增加而不断减少，对哈尔滨望江宾馆实际工程3个月（2003年12月~2004年2月）的现场测试充分说明这一点，污水量的测试结果列入表5-13中。根据这组实测数据，若假定污水温降为5℃，那么热泵从污水中吸取热量的变化情况列入表5-14中。由表5-14可以看出，热泵运行30d后，热泵从污水量的吸热量比第1天的吸热量减少了一半多，这意味着热泵随着从污水中吸取热量的减少而使其供热量也减少。

污水量随时间的变化　　表 5-13

运行天数（d）	1	2~5	5~20	20~25	25~30
污水流量（m^3/h）	195	170	150	120	90

计算结果（$\Delta t=5℃$）　　表 5-14

运行天数（d）	1	2~5	5~20	20~25	25~30
热泵中蒸发器负荷（kW）	1134	1017	872	698	523
与第1天比较值	1	0.872	0.769	0.615	0.462

B. 由于换热器内积垢，随着运行天数的增加也会越来越多，这意味着换热热阻的加大，其结果又会使换热器的换热能力下降。

C. 为了改善污水源热泵的运行特性，在设计中通常采用设置热水蓄热罐，使向用户供应的热量趋于稳定。日本某宾馆杂排水热能回收系统，设置两类储热罐，一是预热储热罐，二是加热储热罐。用这些储热罐的蓄热作用改善其运行特性。

在设计中也可考虑设置辅助加热系统，在污水源热泵供热量不足时，投入辅助加热系统运行，通过辅助加热器来改善其运行特性。

2. 在污水处理厂设大型热泵站

在污水处理厂设置热泵站，相比于前两种方式，具有更大的优势。污水集中，流量很大，可利用处理后的排放污水或城市中水设备制备的中水作为冷热源，几乎不受降温的影响，将较大地提高热泵的性能，而且换热器的腐蚀结垢等情况也将极大地减少。这时可以将热泵站与区域供冷相结合，发挥其更大的节能效益，这将有助于中小冷热用户减少投资和运行费用。

城市污水处理厂通常远离城市市区，这意味着热源与热汇远离热用户。因此，为了提高系统的经济性而在远离城市市区的污水处理厂附近建立大型污水源热泵站。所谓的热泵站是指将大型热泵机组（单机容量在几 MW 到 30MW）集中布置在同一机房内，置换热水通过城市管网向用户供热的热力站。

20 世纪 80 年代初在瑞典、挪威等北欧国家建造的一些以污水为低温热源的大型热泵站相继投入运行。现将瑞典早期的以城市污水和工业废水为低温热源的大型热泵站列入表 5-15 内。目前，瑞典斯德哥尔摩有 40% 的建筑物采用热泵技术供热，其中 10% 是利用污水处理厂的处理后污水。

瑞典以城市污水和工业废水为低温热源的早期大型热泵站　　表 5-15

地　点	容量（MW）	制　造　厂	投入工作时间	低 温 热 源
伊索喔	1×80	Asea-Stal	1986	城市污水
哥德堡	27+29	Gotaverken	1983/1984	城市污水
	2×42	Gotaverken	1986	城市污水
索尔纳	4×30	Asea-Stal	1986	城市污水
斯德哥尔摩	2×20+2×30	Asea-Stal	1986	城市污水
厄勒布鲁	2×20	Asea-Stal	1985	城市污水
乌穆奥	2×17	Asea-Stal	1984	城市污水
液夫勒	14	Stal-Laval	1984	城市污水
奥斯特桑德	10	Sulzer	1984	城市污水
恩歇尔茨维克	14	Stal-Laval	1984	工业废水
博尔隆格	12	Asea-Stal	1985	工业废水
塞德维肯	12	Stal-Laval	1986	工业废水
阿拉乌	10.5	Frigor/York	1982	工业废水
卡尔斯塔德	2×14	Dlajo/Sulzer	1984	工业废水

3. 在污水处理厂设立泵站的分散式热泵系统

在污水处理厂设立泵站把处理后的污水分送到需要的热用户，作为用户水源热泵的低位热源，向用户供冷或供热。这样的好处是，处理后污水输送管网不用保温，管网投资低，热量损失少。此外，用户可以根据自己的需要，选择常规热泵机组，并且可以根据自己的需要，开启热泵机组提供冷水或热水，使用起来方便灵活。

4. 直接式和间接式污水源热泵系统型式分析

所谓的间接式污水源热泵是指热泵低位热源环路与污水热量抽取环路之间设有中间换热器，或热泵低位热源环路通过水/污水浸没式换热器在污水池中直接吸取污水中的热量。而直接式污水源是将热泵或热泵的蒸发器直接设置在污水池中，通过制冷剂汽化吸取污水中的热量（见图 5-45）。二者相比，具有以下特点：

① 间接式污水源热泵相对于直接式运行条件要好，一般来说没有堵塞、腐蚀、繁殖微生物的可能性，但是中间水/污水换热器应具有防堵塞、防腐蚀、防繁殖微生物等功能。

② 间接式污水源热泵相对于直接式而言，系统复杂且设备（换热器、水泵等）多，

因此，间接式系统的造价要高于直接式。

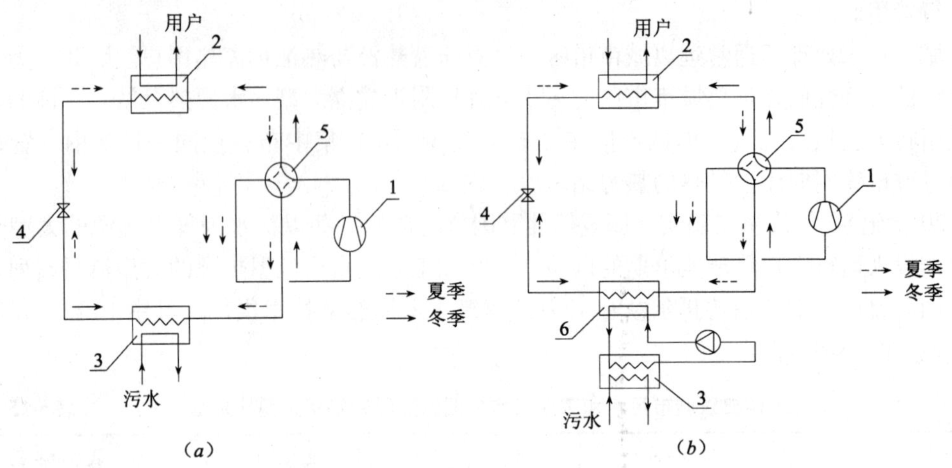

图5-45 污水热能利用方式

(a) 直接利用方式；(b) 间接利用方式

1—压缩机；2—用户侧换热器；3—污水侧换热器；4—节流阀；5—四通换向阀；6—间接换热器

③ 在同样的污水温度条件下，直接式污水源热泵的蒸发温度要比间接式高2~3℃，在供热能力相同情况下，直接式污水源热泵要比间接式节能7%左右。

5. 典型污水源热泵系统方案比较分析

由于换热设备的不同或系统取热形式的不同，可组合成多种污水源热泵系统方案，下面介绍几种目前可行的典型污水源热泵系统方案。

(1) 方案1

如图5-46所示，该方案是由三个环路组成，环路Ⅰ将污水中的热量转移给中间介质(水)，环路Ⅱ又将中间介质（水）中的热量转移给热泵，通过热泵将中间介质（水）中的热量提高其品位，并转移给环路Ⅲ中的热媒，热媒通过环路Ⅲ向楼内供暖。

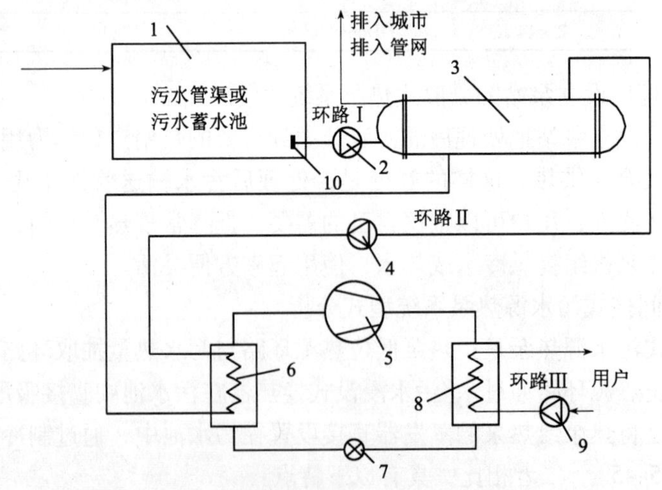

图5-46 方案1原理图

1—污水管渠或污水蓄水池；2—环路Ⅰ循环泵（污水泵）；
3—污水/水换热器；4—环路Ⅱ循环泵；5—压缩机；6—蒸发器（热泵工况）；
7—节流阀；8—冷凝器（热泵工况）；9—环路Ⅲ循环泵（热水泵）；10—过滤装置

方案1特点：

① 热泵设备工作条件好，不受污水的腐蚀和污垢的影响。

② 由于环路多，相应的循环泵亦多，循环泵耗功过大。

③ 系统复杂，中间环节多，从而造成低温热源温度品位降低，使热泵系统COP值有所下降。

④ 为了尽量提高中间介质的热泵进口温度，污水/水换热器3的传热温差势必很小，这样造成了污水/水换热器的换热面积非常大。

⑤ 若此系统是以原生污水为热源/汇，由于夜间污水量很小，因而为了满足夜间供暖的要求，应设置蓄水池（约可供6~7h用），且出口处应设置过滤装置。

（2）方案2

该方案如图5-47所示。方案2与方案1相比较，方案2中利用浸没式换热器将方案1中的蓄水池与污水/水换热器有机地集成在一起，从而省掉了环路Ⅰ，节省了初投资和环路Ⅰ循环泵的功耗，同时可节省过滤器装置。方案1和方案2都属于间接换热方式，因此，都存在传热温差小、换热面积大、传热性能差等问题。浸没式污水换热器传热管易被腐蚀结垢，并且不易清洗和更换，吉林建筑工程学院通过实验研究，建议换热管选用塑铝螺旋管形式，管间距150mm。

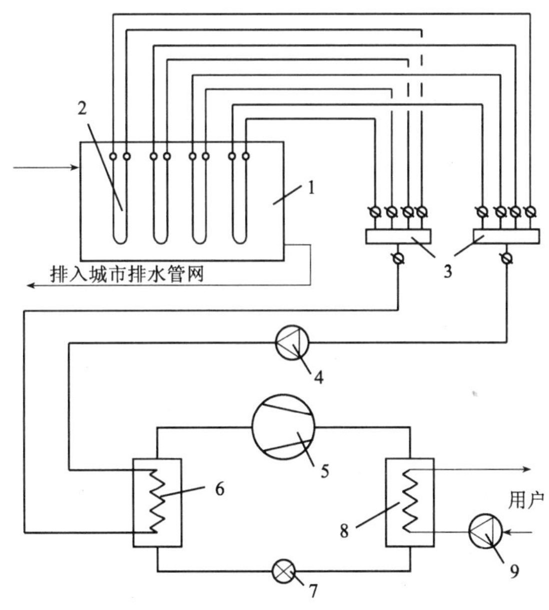

图5-47 方案2原理图

1、4、5、6、7、8、9—同图5-46；2—浸没式换热器；3—集水缸与分水缸

（3）方案3

该方案如图5-48所示。该方案属于直接热交换方式，将蒸发器直接放置在污水管渠或蓄水池内，制冷剂在此直接蒸发，吸取污水中的热量，制冷剂蒸发后，再经压缩机压缩至高压，送入冷凝器，用于加热热媒，以供用户使用。

由图5-48可见：

① 相对方案1与方案2而言，方案3系统简单，蒸发温度要高些，从而使热泵系统性能系数也高些，有利于节能；

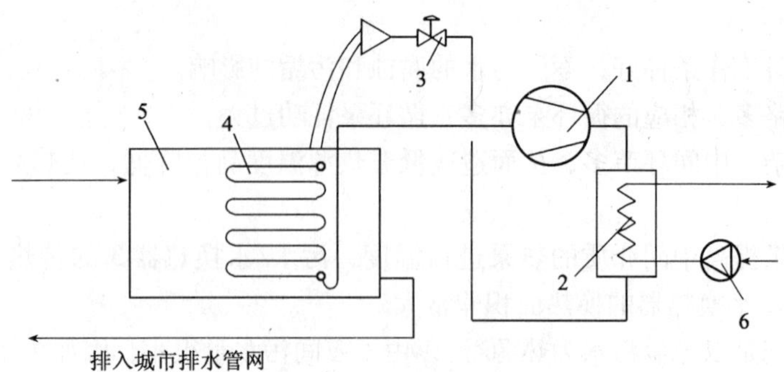

图 5-48　方案 3 原理图

1—压缩机；2—冷凝器（热泵工况）；3—节流阀；
4—蒸发器（热泵工况）；5—污水管渠或蓄水池；6—循环泵

② 方案 3 省略了方案 1 中的环路Ⅰ和环路Ⅱ，从而避免了两个环路循环泵的功耗，这两个环路中循环泵的耗功约占方案 1 中总耗功的 15% 左右；

③ 在污水蓄水池中布置盘管的数量相对方案 1 和方案 2 而言要少；

④ 在污水蓄水池中布置的盘管仍存在腐蚀、污垢等问题；

⑤ 该方案无技术问题，但要因地制宜现场安装；

⑥ 设计中要注意制冷工况与热泵工况运行时设备与系统的回油问题；

⑦ 系统采用直接供液系统。

(4) 方案 4

如图 5-49 所示。它是一种泵供液系统，依靠泵的机械力向蒸发器 4（污水干管组合蒸发器）供制冷剂。高压部分的系统同方案 3，高压制冷液体节流后进入低压循环储液桶 7 中，使气液分离，其中制冷剂液体经制冷剂泵 8 送入蒸发器 4 中蒸发吸取污水中热量，然后返回低压循环储液桶中。

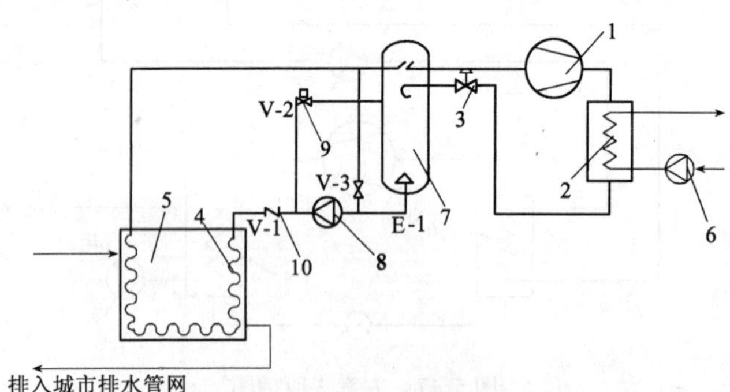

图 5-49　方案 4 原理图

1、2、3、4、5、6—同图 5-48；7—低压循环储液桶；
8—制冷剂泵；9—旁通阀；10—止回阀

与方案 3 相比，它有如下的特点：

① 方案 3 与方案 4 同属于直接式污水源热泵形式，但是方案 3 是直接供液系统，而方案 4 是泵供液系统。

② 系统中设有低压循环储液桶，其功能是起着气液分离和储存低压制冷剂液体的作用。

③ 制冷剂泵的供液量通常是蒸发器中的蒸发量的3～6倍，泵的入口段要保持一定高度的液柱，以防止工作时，因压力损失而导致液体管中闪发蒸汽和泵气蚀。

④ 系统采用污水干管组合式蒸发器，其传热性能比方案3蒸发器的传热性能差，安装也较复杂，必须设置检漏装置。因此，在实际工程上应用比方案3的难度要大。

5.3.3.2 污水换热器结构形式

针对污水水质的特点，设计和优化与污水接触的换热器的构造，使换热器具有一定的防堵塞、防腐蚀、防结垢等功能，污水换热器种类较多，通常采用的有壳管式换热器、浸没式换热器、淋激式换热器、污水干管组合式换热器，见图5-50。除此之外，还有人提出板式换热器，以及液固流化床换热器。

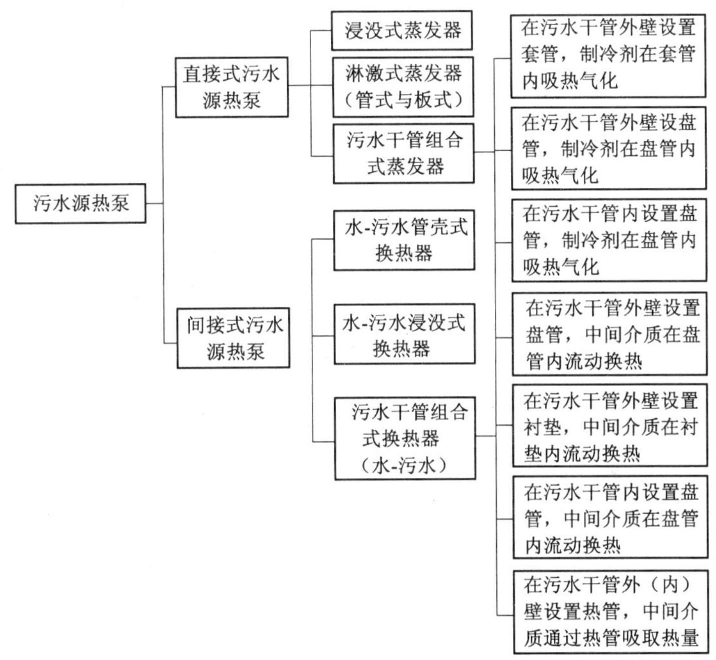

图5-50 污水源热泵形式框图

1. 浸没式换热器

① 浸没式换热器是由直管或螺旋状弯管组成。

② 浸没式换热器结构简单，制作最为简单。

③ 浸没式管外污水流速低，传热温差不大，传热系数相对较低，因此换热面积较大，体积庞大，对工况的改变不敏感。

2. 壳管式换热器

① 壳管式换热器，传热系数较高，在其他领域应用广泛，不同负荷的换热器型号完备。

② 污水可在壳侧，也可在管侧。若污水在管侧流动，容积流量小，需增大换热管管径。若污水在壳侧流动，为加大流速，需在管外空间装设折流板，污水曲折流动多次，在壳侧空间容易发生积垢和阻塞，且不容易清洗。

③ 壳管式换热器更适合于处理后污水，而对原生污水需在换热器前加设过滤装置等。

④ 对采用壳管式换热器用作污水换热器时，主要研究集中在对过滤设备、在线除垢设备以及离线除垢周期等问题的研究上。

3. 淋激式换热器

① 淋激式换热器结构简单，形式开放，易于清洗和维护，且喷淋清洗效果最好。

② 污水通过淋激装置均匀的淋洒在传热元件上（通常为圆管或平板），并以液膜或少量液滴和液流的状态沿管壁或板壁流下，与此同时与制冷剂或水等介质换热。淋激在传热面上的液膜较薄，且受重力作用，流动加强，与浸没式换热器管外自然对流相比，换热系数较高。

③ 操作中易于观察与控制，由于污水在管外流动换热，其成膜情况及结垢情况可以方便地观察并测定，易于实现控制。

④ 由于溶液沿管壁呈传热效果较好的膜状流动，液膜很薄，且有波动性质，有利于液膜与管壁间的传热。低温传热性能优良，传热温差小，适合回收污水热能等低品位热能。

⑤ 维持流动水膜的相对稳定，使之均匀地包覆传热表面是保证水膜强化传热和换热器安全有效运行的一个重要前提。一旦液体薄膜发生破断，在传热表面出现干区，那么就会使换热系数迅速降低。维持液膜稳定有如下技术要点和措施：

A. 合理设计喷淋密度和热流通量，喷淋密度过小或热流通量过大都容易造成壁面液膜破裂。

B. 合理设计污水布水器，包括布水孔的大小、密度、排列方式以及距离首层换热管的高度，以使稳定液膜尽快形成。

C. 常用的喷淋装置有喷头式、排管式等，淋激式污水换热器宜使用溢流式，从而限制喷淋速度，防止溅射。

D. 增强换热器壁面亲水性，可涂部分亲水涂层。

E. 换热器顶部管表面可包覆吸性材料，如吸水性织物等，以提高换热器的表面润湿性能，该吸水性织物，并可起到一定的过滤作用，可定期更换。

国内有关淋激式换热器的研究很少，其降膜换热机理及强化，以及污水液膜稳定性，污水布水器的形式，淋激式换热器的管间距等结构优化等方面都需进一步详细研究。

4. 污水干管组合式换热器

一般有如下几种形式：

（1）在污水干管外壁设置盘管，中间介质在盘管内流动换热；

（2）在污水干管内壁设置盘管，中间介质在盘管内流动换热；

（3）在污水干管外壁设置热管，中间介质在热管内流动换热；

（4）在污水干管内壁设置热管，中间介质在热管内流动换热；

（5）在污水干管外壁设置衬垫，中间介质在衬垫内流动换热；

（6）在污水干管外壁设置套管，中间介质在套管内流动换热。

与污水接触的换热器设计时还应注意：

（1）合理选择防腐管材，目前出现的管材有：铜质、钛质、镀铝管材传热管和铝塑管传热管等。日本曾对铜、铜镍合金和钛等几种材质分别作污水浸泡试验，试验表明：以保留原有管壁厚度 1/3 作为使用寿命时，铜镍合金可使用 3 年，铜则只能使用 1 年半，而钛则无任何腐蚀。因此，在原生污水源热泵，宜选用钛质传热器和铝塑传热管。但应注意到：

① 钛质传热管与其他材质相比较，其价格昂贵。

② 铜管对污水中的酸、碱、氨、汞等的抗腐蚀能力相对较弱。

③ 钢制、铝制换热管的表面电镀铜合金表面不适用于污水源热泵系统。

④ 采用金属表面喷涂防腐防垢且不影响换热的涂层。

（2）要求换热器尽可能的结构简单，形式开放，越复杂越难清洗，并应留有清洗开口或拆卸端头，以方便清洗、更换管件等日常维护。

（3）换热器附属设备，如框架装置等应尽可能少的接触污水，以减轻不必要的腐蚀和结垢。

（4）在污水进入换热器之前，宜设置沉淀池、格栅、过滤器等设备，以对污水进行初级物理处理，去除污水中的浮游性物质，如污水中的毛发、纸片等纤维质，尤其对原生污水。

5.3.3.3 我国城市污水冷热能潜力分析

1. 我国污水水量及处理现状

随着国民经济的发展，我国城市污水处理厂的数目及其处理能力均增长较快。截至2004年底，全国661个城市共建有污水处理厂708座，总处理能力为4912万 m^3/日，是2000年的两倍多。而全国1636个县城则共有117座污水处理厂，总处理能力为273万 m^3/日，这也就是说，2004年我国城镇污水处理能力的总量达到了5185万 m^3/日。2004年全年，城市污水处理量162.8亿 m^3，比2000年增加了43%，城市污水处理率达到45.7%，而一些大城市的污水处理率（如北京）已达到70%。2006年我国各地区城市污水排放及处理情况见表5-16。此外，“十一五”城镇污水的规划和编制情况报告，预测2010年污水排放量比2004年增加15%左右；2015年在2010年基础上增加10%左右，也就是说到2010年，我们每年污水的排放量将达到464亿 m^3，这是一个很关键的数据，为下一步确定建设规模提供了基础。同时给出了不同类型城市污水处理规划目标的具体情况：到2010年底，全国城镇污水处理率平均达到60%以上，其中省会以上城市平均达到80%以上、地级市平均达到60%、县级市平均达到50%、县城平均达到30%；北方地区缺水城市再生水利用率达到污水处理量的20%以上。由此可见，原生污水及处理后的污水水量，数量相当可观。

各地区城市污水排放和处理情况（2006年） **表5-16**

地区	城市污水排放量（万 m^3）	污水处理厂（座）	二、三级处理（座）	污水处理厂污水处理能力（万 m^3/日）	二、三级处理（万 m^3/日）	污水处理厂污水处理量（万 m^3）
全国	3625281	815	689	6366.3	5424.9	1569071
北京	129138	25	25	331.0	331.0	93198
天津	69076	14	13	176.1	175.6	36975
河北	121278	38	38	316.1	316.1	63766
山西	58059	29	24	133.6	119.1	31241
内蒙古	37954	18	17	97.2	92.7	18752
辽宁	227590	34	28	365.6	322.6	93962
吉林	68529	10	4	113.3	44.0	19243
黑龙江	117022	9	9	125.2	125.2	21550

续表

地 区	城市污水排放量（万 m^3）	污水处理厂（座）	二、三级处理（座）	污水处理厂污水处理能力（万 m^3/日）	二、三级处理（万 m^3/日）	污水处理厂污水处理量（万 m^3）
上 海	221591	40	38	509.8	332.8	166024
江 苏	252280	111	84	559.2	449.2	153167
浙 江	177160	47	43	417.8	410.6	93067
安 徽	127856	17	13	167.9	146.6	42092
福 建	105280	24	20	206.7	189.7	45370
江 西	108126	8	7	62.8	57.8	20849
山 东	208574	80	74	461.1	417.1	123185
河 南	138613	35	30	278.7	253.7	68483
湖 北	208190	28	20	266.8	167.7	53257
湖 南	177867	20	19	136.4	135.2	30158
广 东	525979	74	57	669.6	514.9	185668
广 西	107962	7	6	60.9	40.9	11756
海 南	19134	3		39.5		11541
重 庆	59692	18	18	147.8	147.8	26122
四 川	120309	33	25	217.0	181.6	52637
贵 州	26602	7	6	31.5	28.5	7841
云 南	49159	21	16	110.1	95.7	27809
西 藏	7166					
陕 西	45472	10	10	75.0	75.0	19783
甘 肃	39026	14	11	81.7	75.2	12507
青 海	10798	2	2	13.5	13.5	2200
宁 夏	23906	11	9	52.5	40.5	10665
新 疆	35893	28	23	141.9	124.6	26203

地区	其他污水处理装置		污水处理能力（万 m^3/日）	污水处理量（万 t）	污水再生利用量（万 t）	城市污水处理率（%）	#污水处理厂集中处理率（%）
	（万 m^3/日）	处理量（万 t）					
全 国	3367.7	457153	9734.0	2026224	96108	55.67	43.06
北 京	52.2	2086	383.2	95284	36088	73.78	72.17
天 津	13.5	4111	189.6	41086	559	59.48	53.53
河 北	62.3	13403	378.4	77169	4637	63.63	52.58
山 西	21.4	3741	155.0	34982	530	60.22	53.78
内蒙古	2.9	1016	100.1	19768	1990	52.08	49.41
辽 宁	79.9	16984	445.5	110946	8605	48.75	41.29
吉 林	9.7	1564	123.0	20807	1152	30.36	28.08

续表

地　区	其他污水处理装置		污水处理能力（万 m^3/日）	污水处理量（万 t）	污水再生利用量（万 t）	城市污水处理率（%）	#污水处理厂集中处理率（%）
	（万 m^3/日）	处理量（万 t）					
黑龙江	159.6	16795	284.8	38345		32.77	18.42
上　海			509.8	166024	19800	74.92	74.92
江　苏	665.7	54896	1224.9	208063	669	81.82	60.06
浙　江	62.2	19733	480.0	112800	1939	61.53	50.39
安　徽	168.0	31411	335.9	73503	241	57.49	32.92
福　建	115.6	16556	322.3	61926	364	58.82	43.09
江　西	72.0	16918	134.8	37767		34.93	19.28
山　东	168.2	21169	629.3	144354	6501	69.18	59.03
河　南	44.4	7979	323.1	76462		54.08	48.32
湖　北	242.7	60743	509.5	114000	200	54.52	25.35
湖　南	346.3	45830	482.7	75988	274	42.72	16.96
广　东	297.6	51788	967.2	237456	1225	45.15	35.30
广　西	561.5	38796	622.4	50552		46.82	10.89
海　南	3.2	1037	42.7	12578		65.74	60.32
重　庆	12.7	3941	160.5	30063	118	50.36	43.76
四　川	22.1	6780	239.1	59417	1749	49.38	43.75
贵　州	0.8	250	32.3	8091		29.54	28.60
云　南	68.9	6539	179.0	34348	2202	69.83	56.53
西　藏							
陕　西	66.8	3665	141.8	23448		51.57	43.51
甘　肃	29.6	5823	111.3	18330	2305	46.97	32.05
青　海			13.5	2200	10	20.37	20.37
宁　夏	10.0	2704	62.5	13369	78	55.92	44.61
新　疆	7.9	895	149.8	27098	4872	74.62	72.13

2. 城市污水分类及简介

城市污水有三种形式：原生污水、二级再生水和中水。原生污水就是未经任何物理手段处理的污水。二级再生水是指经过物理处理之后的一级污水再经过活性污泥法或生物膜法等生化方法处理或深度处理后（可称为二级污水），达到排入天然河道的标准，主要用于使河水还清。少量二级再生水经过进一步深化处理，成为中水，作为城市杂用水，用于市政绿化、居民冲厕等。城市污水来源广泛，汇流面积大，污水原水流量具有小时变化规律明确、日流量相对稳定、随着城市规模的扩大而呈逐年递增的趋势等特点。将水源热泵系统技术与城市污水结合来回收污水中的热能，不仅是城市污水资源化的新方法，更是改善我国供暖以煤为主的能源消费结构现状的有效途径，同时也为可再生能源的应用和发展拓展了新的空间。不仅扩大城市污水利用范围，而且拓展了城市污水治理效益。

3. 城市污水资源特征

污水冷热能资源化的潜力取决于污水的水量、水温和水质，前面介绍了我国污水水量情况，下面介绍污水水质特征和污水水温特征（即污水热能特征）。

（1）污水水质特征

污水水质特征取决于给水原水水质的化学成分、每人每日用水量以及排入下水道物质的性质和数量。城市污水由生活污水和工业废水组成，它的成分是极其复杂的，难以用单一指标来表示其性质。在众多的水质指标中，按污水中杂质形态大小分为悬浮物质和溶解物质两大类，每类按其化学性质又分为有机物质和无机物质；按消耗水中溶解氧的有机污染物综合间接指标有生物化学需氧量（BOD）、化学需氧量（COD）等。污水水质的优劣是污水水源热泵系统成功与否的关键，相关水质标准如表5-17所示，可以作为换热器设计的依据。此外，我国东北地区污水水质主要受工业企业影响，水污染元素主要为总硬度、矿化度、硝酸盐、亚硝酸盐、铁和锰；其次为硫酸盐和氯化物，在设计时应引起注意。

污水水质标准［mg/L］ **表5-17**

基本控制项目		一级标准	二级标准	三级标准
COD（$\times 10^4 m^3/d$）	>5	50	80	100
	1~5	50	80	100
	<1	60	80	100
BOD（$\times 10^4 m^3/d$）	>5	10	20	30
	1~5	10	20	30
	<1	15	20	30
SS		15	20	30
动植物油		1	3	5
石油类		1	3	5
LAS		0.5	1	2
总氮		15	20	
NH_2-N		5	5	25
TP（以*P*计）		0.5	0.5	3
色度（稀释倍数）		30	30	30
pH		6~9	6~9	6~9
粪大肠菌群数（个/L）		103	104	104

注：表中，COD-化学需氧量；BOD-生化需氧量；SS-固体物质或悬浮物；LAS-阴离子表面活性剂；TP-总磷。

处理后污水中的悬浮物、油脂类、硫化氢等均要比原生污水小十倍乃至几十倍，因此，处理后污水作为热泵热源要优于以原生污水做热源，热泵的制热性能系数和制冷性能系数都较大，在能够使用处理后污水为热源/汇时，尽量使用处理后污水。

（2）污水热能特征

① 城市污水水温与季节和地域有关。由表5-18可以看出：城市污水水温稳定，变化幅度小，夏季水温比当地气温低10℃左右，冬季则因地域不同而差别较大，东北地区差别30℃左右，西南地区也在10℃之上，具有典型的冬暖夏凉特征。作为一种稳定的水源，污水处理厂的污水温度特性可以很好地满足污水源热泵系统的稳定、高效运行的需要。

不同地域城市污水水温状况 表 5-18

地 域	冬季水温情况	夏季水温情况	冬夏室外空调设计温度
东北地区（哈尔滨）	10℃左右	23℃左右	-29℃/33.3℃
华北地区（北京）	13℃左右	20—25℃	-12℃/33.2℃
华东地区（南京）	15℃左右	22—27℃	-6/35℃
中原地区（郑州）	14℃左右	20—27℃	-7/35.6℃
西南地区（重庆）	16℃左右，最低不低于13℃	夏季一般为25~28℃，最高不高于30℃	2/36.5℃

② 污水处理厂出水的水量稳定，流量大，污水处理厂稳定的流量可使污水源热泵机组运行稳定，正常发挥机组的工作性能，有较好的节能效果。城市污水是城市排热的主要渠道之一。统计资料表明，我国各大城市污水排热量占城市总排热量的10%~16%，而日本东京城市污水排热量则占城市排热量的39%。此外，城市污水水温受气候影响小，利用区域也较广。

③ 污水水质对热泵系统的影响主要有三种：腐蚀、结垢及堵塞。污水如果直接进入换热器，仍然会对系统造成一定的影响。但通过采用特殊设计、特殊材料的换热器，以及装设自动换热器清洁系统，或者采用特殊设计的污水热泵系统，能够解决污水对换热器的腐蚀和堵塞结垢等问题。

从以上分析可看出，城市污水原水、二级水、中水具有水量大、水量较稳定、温度适宜、水温在应用季节相对稳定等特点，能很好地满足水源热泵的使用要求，用作水源热泵系统的冷/热源是完全可行的。

4. 污水资源热能利用潜力分析

(1) 污水热能可利用程度分析方法

污水中赋存大量的热能，但污水中究竟赋存多少热能，又有多少热能可以利用，这是下面我们要分析的。在计算分析中，制冷系数及制热系数采用日本东京城市污水处理厂污水热能利用系统的实际运转结果，其制冷系数为4.6，制热系数为4.3。

$$Q = L \times c_p \times \Delta T$$

式中 Q——城市污水中赋存的热（冷）量（GJ/d）；

L——污水流量（t/d）；

ΔT——污水进、出口温差（℃）。

$$Q_1 = Q \cdot COP/(COP + 1)$$

式中 Q_1——城市污水中赋存的可利用冷量（GJ/d）；

COP——制冷系数。

$$Q_2 = Q \cdot COP_H/(COP_H - 1)$$

式中 Q_2——城市污水中赋存的可利用热量（GJ/d）；

COP_H——制热系数。

$$q = Q_2/S$$

式中 q——城市污水中赋存的可利用热量密度，MJ/(km^2·d)；

S——地区面积（km^2）。

$$T = S'(18 - t)$$

式中　T——城市热需要指标（$km^2 \cdot$℃）；

S'——城市建筑面积（km^2）；

t——城市1月平均气温（℃）；

18——冬季室内采暖设计温度。

根据东北地区各省统计局公布的2003年城市污水排放量等有关统计数据，利用以上计算式，对哈尔滨、沈阳、长春等33个地级城市进行了城市污水中赋存的热（冷）量、可利用热（冷）量及可利用热量密度等进行分析计算，制冷时设定为5℃，制热时设定为3.3℃（此为日本东京城市污水处理厂的实际运转值）。其计算结果如图5-51所示。

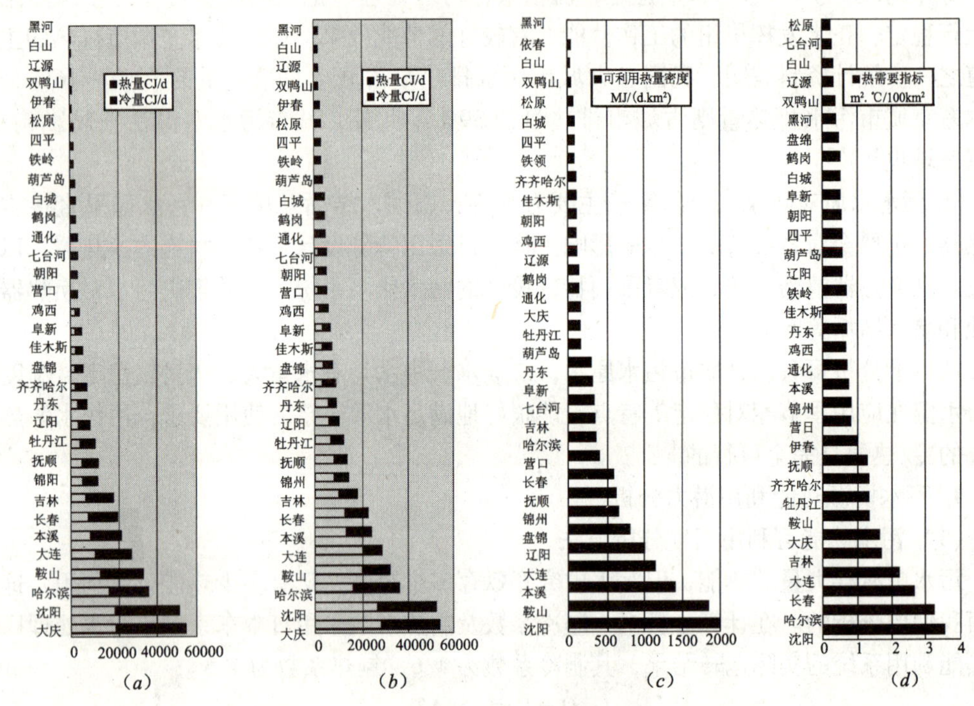

图5-51　东北地区部分城市污水资源热能分析

（a）城市污水中所赋存的热（冷）量；

（b）城市污水中可利用的热（冷）量；（c）可利用热量密度；（d）热需要指标

根据计算结果，由图5-51可见，东北地区沈阳、哈尔滨等33个大中城市的污水中赋存热量为$0.37\times10^3\sim20.65\times10^3$GJ/d，赋存的冷量为$0.56\times10^3\sim31.29\times10^3$GJ/d，赋存的可利用热量为$0.48\times10^3\sim26.91\times10^3$GJ/d，赋存的可利用冷量为$0.46\times10^3\sim25.7\times10^3$GJ/d。在以上参数中，最大值与最小值基本相差100倍左右，这主要与城市的规模有关。由图5-51（d）、（c）可见，东北地区33个大中城市污水中赋存的可利用热量密度为7～2000MJ/($d\cdot km^2$)，平均值为403.84MJ/($d\cdot km^2$)，而城市热需要指标为0.23～3.46$m^2\cdot$℃/1000km^2，平均值为0.95$m^2\cdot$℃/1000km^2。一般情况下，城市污水中赋存的可利用热量密度和城市的热需要指标越高，污水热能有效利用的可能性就越大，反之亦然。通过以上的计算分析，我们明显的看出，东北地区的城市污水中赋存的能源潜力巨大，而这种能源是一种清洁的可再生利用能源，所以应大力研究和开发，并积极的推广应用，使其成为新型的节能手段。

利用该方法，可对我国不同城市和地区污水节能潜力进行分析和预测。

（2）典型城市污水热能潜力

1）北京市污水源热泵系统应用潜力

2005 年北京市污水排放与处理设施的规划目标为逐步建立健全污水处理系统，城市污水管道普及率达到 80%，污水处理率达到 70%，使市区河道水质逐步提高，到 2008 年北京市日产生城市污水 300 万 t，城市污水处理率达到 90%（即处理 270 万 t），中水回用率达到 50%。全市按 80% 以上的污水资源在能量上得以利用，供暖面积将达到 2280 万 m^2（约需 30 万 t 标准煤），供冷面积将达到 1100 万 m^2，生活热水供应量将达到 7.4 万 m^3/d。此外，按照北京市的规划，到 2010 年要铺设 4000 多公里的污水干线，建 14 座污水处理厂。由此可见，北京市有巨大的污水热能有待利用，污水供热/冷水系统将在北京的新能源市场占据重要的位置。2008 年前各污水处理厂建设计划与潜能计算结果见表 5-19。

2008 年前北京各污水处理厂建设计划与潜能计算结果 **表 5-19**

水系名称	还清时间（年）	已（在）建污水处理厂		日处理量（万 m^3）	可供暖面积（万 m^2）	可供冷面积（万 m^2）	供热水量（m^3/d）
通惠河	2006	已建	高碑店污水处理厂	100	860.0	416.00	28000
		在建	定福庄污水处理厂	4	34.4	16.64	1120
坝河	2006	已建	北小河污水处理厂	4	34.4	16.64	1120
			酒仙桥污水处理厂	20	172.0	83.20	5600
		在建	北小河污水处理厂	6	51.6	24.96	1680
			酒仙桥污水处理厂	20	172.0	83.20	5600
			东坝污水处理厂	2	17.2	8.32	560
清河	2008	已建	肖家河污水处理厂	2	17.2	8.32	560
		在建	清河污水处理厂	20	172.0	83.20	5600
凉水河	2005	已建	吴家村污水处理厂	5	43	20.8	1400
		在建	五里砣污水处理厂	4	34.4	16.64	1120
			卢沟桥污水处理厂	10	86.0	41.60	2800
合计		已建	158 万 t		1333.0	644.80	43400
		合计	268 万 t		2279.0	1102.40	74200

注：供热负荷按 $60W/m^2$ 计算，供热能力的 15% 用来加热生活水，供热考虑了 40% 的调峰量；冷负荷按 $70W/m^2$ 计算；污水利用量按处理量的 80% 计算。

2）重庆市污水源热泵系统应用潜力

据资料介绍，重庆市每天排放废污水高达 270 万 t，主城 9 区废污水每年排放 4.58 亿 t，其中生活排污每年排放 2.67 亿 t。主城 9 区中，沙坪坝区排污量最大，每年达 0.883 亿 t；巴南区排污量最少，每年 0.265 亿 t。主城排水工程已于 2001 年 9 月开始启动，将在长江、嘉陵江两岸新建总长 73km 的污水截流管线，以及 98km 的城市二级污水管线，将主城区 600 个排放口分四条管线进行污水截流。同时，在渝中半岛新建一座日处理能力为 50 万 m^3 的污水预处理站，在主城区江段下游建两座日处理能力分别达到 30 万 t、60 万 t 的唐家沱污水处理厂和鸡冠石污水处理厂。目前，主城区将于 2007 年前新建 5 座污水处理厂，李家沱污水处理厂、中梁山污水处理厂、大渡口污水处理厂、井口污水处理厂和北碚污水处理厂。建成投运后，所辖区域污水处理率最终将达到 90%。

某文献以重庆地区2005年的全年市区污水流量56825万m^3为基础数据，对重庆市进行了预测，城市污水中赋存热量为2.15×10^4(GJ/d)，赋存冷量为3.26×10^4(GJ/d)，城市污水中赋存的可利用热量为2.80×10^4(GJ/d)，赋存可利用冷量为2.68×10^4(GJ/d)，污水中赋存的可利用热量密度为4.81×10^4MJ/(d·km^2)，城市热需要指标为2.72m^2·℃/1000km^2。由此可见，重庆市区热需要量密度高、污水中储存的可利用热量密度也很高。充分利用这部分热（冷）量，可以节省大量能源，具有很高的环境保护价值，有利于实现重庆及三峡库区的环境保护与可持续发展。

3）沈阳市污水源热泵系统应用潜力

目前，沈阳市已建成8座污水处理厂，基本分布在沈阳市浑河沿线，其中7座污水处理厂已正式投入使用，设计污水处理能力为$134\times10^4m^3/d$，实际处理能力为$108\times10^4m^3/d$。到“十一五”末期，沈阳市拟新建10座污水处理厂，处理能力为$84\times10^4m^3/d$，届时污水处理总能力将达$218\times10^4m^3/d$，污水利用前景广阔。已运行的7座污水处理厂大都采用二级生化处理技术，出水水质较好，适于污水源热泵系统的建设，具体情况见表5-20。

沈阳市污水处理厂污水特征参数及应用潜力 **表5-20**

污水处理厂	设计处理能力 ($10^4m^3/d$)	实际处理量 ($10^4m^3/d$)	冬季污水温度 (℃)	可提取能量 (10^4kW·h)	可供热面积 (10^4m^2)
北部污水处理厂	40	36	11	10.45	209
仙女河污水处理厂	40	32	18	20.13	402
沈水湾污水处理厂	20	20	11	5.8	116
五里河污水处理厂	10	3	11	0.77	15.4
满堂河污水处理厂	2	2	8	0.29	5.8
西部污水处理厂	15	12	11	3.48	69.6
东部污水处理厂	3	3	11	0.87	17.4
上夹河污水处理厂	4				
合计	134	108		41.79	835.2

根据沈阳市污水源热泵供热系统的规划思路，未来5年全市将以投入运行的7座城市污水处理厂为依托，为丁香湖等7大区域提供稳定的热源，实现供热面积大于$8\times10^6m^2$。目前，沈阳市已建污水源热泵系统主要分布在仙女河、五里河两座污水处理厂，但受污水处理厂周边区域的限制，热泵系统供热面积较小（分别为8000m^2、6000m^2）。考虑到北部污水处理厂周边区域已形成稳定的供暖（冷）需求，同时管网建设也较成型，因此在该污水处理厂实施污水源热泵系统具有较大的可行性和示范性。北部污水处理厂周边区域热负荷现状见表5-21。

北部污水处理厂周边区域热负荷现状 **表5-21**

供暖单位	燃煤锅炉总容量（t/h）	供热面积（10^4m^2）	
		公共建筑	住宅建筑
沈阳市皇姑区供暖公司	70		44.00
沈阳惠天热电股份有限公司	50	0.90	32.00

续表

供暖单位	燃煤锅炉总容量（t/h）	供热面积（10^4m^2）	
		公共建筑	住宅建筑
辽宁省军区机关修缮队	28	12.89	
沈阳飞机工业有限公司	30	1.00	22.40
沈阳惠冬供暖有限公司	30		18.50
沈阳市泰信物业管理有限公司	20		12.00
沈阳市春长房屋管理供暖公司	6		3.00
皇姑区教育局房管所	8	1.6	1.00
辽宁省军区第二干休所	4		1.1
英守村住宅小区	16		3
大方士住宅小区	8		3
小方士住宅小区	4		1.5
合计	274		157.89

从表5-21可知，北部污水处理厂周边现供暖面积为$1.58\times10^6m^2$，而其污水供暖能力为$2.09\times10^6m^2$，因此用污水源热泵系统取代燃煤供暖完全可行。以平均耗煤量为45kg/m^2的经验值估算，改用污水源热泵系统供暖后，一个采暖期可以减少燃煤量约7.1×10^4t。以燃煤煤质灰为30%、含硫量为0.8%、除尘效率为88%、脱硫效率为20%计算（飞灰计算法），一个采暖期内二氧化硫和烟尘的减排量分别为727t和533t，以1kg燃煤将向大气中排放2kg左右的二氧化碳计，则二氧化碳的减排量约1.4×10^5t，从而表明利用污水供暖方式具有明显的环境效益。

4）南京市污水源热泵系统应用潜力

南京地处我国东南部的长江下游，属亚热带湿润气候。夏季炎热需要空调供冷，冬季不太冷，但却需要供暖。在冬季的供热方式多为风机盘管供热风，水温45～50℃即可，恰为热泵机组工作范围，而且该水温也可满足地板供暖方式。有资料表明，南京市污水中赋存热量为37.132GJ/d，赋存的冷量为53.44GJ/d；赋存的可利用热量为70.78GJ/d，赋存的可利用冷量为26.15GJ/d。以上这些指标中，南京均处于全国第四的地位，位居上海、北京、武汉之后。目前，南京市污水处理能力已达到104.5万t/d。到2008年，城市污水处理能力将提高到198万t/d，综合污水处理能力将达到90%以上。且南京市正在大力推广城市污水的再生利用，根据规划，将铺设超过60km的城市污水再生利用管道，预计可以每天进行5万t城市污水再生利用。且城东污水处理厂也为城市污水再生利用预留了土地，到2010年将投资建设污水再生利用设施，成为南京最大的城市污水再生利用工程。据南京市政部门介绍，除了污水处理厂功能的扩大，小区配套建设也有了一个思路，即在规划建设新的生活小区时，在设计阶段就把再生水利用、小区内生活污水处理后利用等因素考虑进去，使得每个新建小区从一开始就规划设计成节水型小区。总之，南京污水集中处理排放以及其中所含有能量之大和南京市政部门的城市污水再生利用的思想与政策，都为南京市污水源热泵的运用创造了非常好的条件与前提。污水源热泵以其特殊的优点将会有广阔美好的发展前景，并会为广大市民带来巨大的利益。

5.3.3.4 国内外污水源热泵研究现状和工程实例

1. 国外

从20世纪80年代开始，采用热泵技术回收污水中的能量，用于供暖、空调和热水供应，国外有很多工程实例，得出很多可供借鉴的经验。如：

① 1954年牛津努菲尔德（Nuffield）学院建造了污水源热泵装置；

② 1980年，挪威奥斯陆开始建设利用未处理污水作热源的热泵区域供热系统，1983年投入使用，热泵站的容量为9000kW；

③ 在瑞典，利用污水区域供热热泵站1981年在塞勒建成后，发展很快，到1983年又建成8个；

④ 日本东京市政府从1987年开始启动城市污水热能回收项目，现有11个污水源热泵系统在运行。

详细的国外研究经验和工程实例见表5-22。

国外研究现状和应用实例汇总 **表5-22**

污水源热泵使用地点和工程名称	应用情况和可供借鉴经验
日本东京汤岛泵站，1987	原生污水，供490m^2，冬季水温10.8～12℃，夏季水温26～29℃，冬季COP=3.2，夏季COP=3.6，采用了自动筛滤器，立式流水，镀铝管板式换热器，传热面可自动清洗
日本东京后乐泵站，1997	原生污水，供热面积175400m^2，日本最大的污水源热泵系统，冬季COP=3.8，间接换热，采用除污器、储热器、钛管换热器
日本东京落合污水处理厂，1986	二级处理后污水，供热/冷面积2270m^2，冬季水温8.7～12℃，夏季水温25～30℃，冬季COP=4.3，夏季COP=4.6，采用污水在管内，R22在管外流动的铜质壳管式换热器，有辅助锅炉和蓄热装置
日本千叶县花则污水处理厂，中心区：1991年；扩建区：1998年	二级处理后污水，为污水处理厂周围的外幕张新都小区供热，是日本首次以污水为冷源建设小区集中空调系统，冷量由污水站送至供热站，分两阶段建设实施，中心区：4900m^2，扩建区：8500m^2
日本东京大区污水管理局12个项目	4个原生污水，8个二三级处理后污水
日本荏原公司	对污水源热泵进行综合经济性评价，与电制冷加油锅炉比较节省初投资25%，节省运行费用40%
日本东京Ochiai污水处理厂	冬天较锅炉节约25%的运行费，4年回收初投资
日本东京Korakul-chome区域供热/冷系统	原生污水，采用旋转过滤器，固定端冲洗刷，不锈钢和钛的换热管，并用热水加热清洗换热管
日本都森崎污水处理厂	开展了不同铜管，如镀铝铜管等的腐蚀实验
挪威奥斯陆，1983	原生污水，热泵站
挪威ASKER污水处理厂	原生污水，供厂外开发区28栋商业建筑空调使用，155000m^2
瑞典RAY污水处理厂	二级处理后污水为热源，厂外设集中供热站，四台热泵，为5170栋建筑集中供热，供热量2893GW·h
瑞士苏黎世市政厅	Sulzer公司承建的大型污水源热泵系统
瑞典斯德哥尔摩、哥德堡、奥斯特桑德、伊索喔等13处大型污水源热泵站	容量从12MW到80MW，瑞典40%的建筑采用热泵技术供热，其中10%以污水处理厂处理后污水为热源
俄罗斯莫斯科，1999	二级处理后污水，9.5MW
俄罗斯莫斯科乌赫托木斯基小区	二级处理后污水，用于室内游泳池供热，人工滑冰场制冷，并为融雪装置供热
塞勒，1981	二级处理后污水，热泵站，3.3MW

2. 国内

我国污水源热泵技术推广应用刚刚起步，但发展很快。北京市排水集团在高碑店污水处理厂开发了一套污水源热泵试验工程（为900m^2 建筑供热），然后在北小河污水处理厂安装一套供6000m^2 建筑供暖与供冷的污水源热泵。目前在秦皇岛、哈尔滨、大庆、石家庄等地均有污水源热泵系统在运行，详见表5-23。

国内研究现状和应用实例汇总　　表5-23

污水源热泵使用地点或工程名称	应用情况和可供借鉴经验
北京排水集团，在北京高碑店、北小河、清河、酒仙桥、卢沟桥等污水处理厂	二级处理后污水，如高碑店，2001年，冬季水温15℃，夏季22℃，全年COP：3.5~4.4，浸没式换热器
北京市市政总公司，密云污水处理厂	供热面积8700m^2
大庆恒茂宾馆	原生污水，污水干管 d=800mm，浸没式换热器
大庆富尔达办公楼	200m^2
哈尔滨望江宾馆，2003	原生污水，距宾馆60m的干渠6m×3m，供暖和生活热水，面积13000m^2，初投资227万元，运行费用38.8元/m^2，比原来节省58.2%
哈尔滨水泵二厂，宣化桥马家沟西侧欧式别墅，2002	截流渠污水，为600m^2 别墅建筑供热，采用SWQR/L100型热泵
哈尔滨马家沟阶梯式分段提热	原生污水，市政污水管线内，分不同段提取热能
秦皇岛海湾区污水处理厂	二级处理后污水，不锈钢纤焊板式换热器，自动自清洗过滤器，电子水处理仪，40目和60目钢质过滤框架网
秦皇岛污水处理厂	二级处理后污水，3500m^2 供热面积
哈尔滨水泵二厂，哈尔滨优琪尔热泵所	研制污水源热泵，用于民用住宅，冬季运行费15元/m^2，夏季4.5~5元/m^2
吉林建筑工程学院，尹军	考察分析了我国主要城市的污水热能可利用状况，污水热能回收的可行性，以及减少对大气的污染作用
吉林建筑工程学院，白莉	国内第一台污水热能回收与利用试验台，间接换热，浸没式铝塑管换热器

3. 特殊场合应用

除了市政系统内的污水（原生污水，二级、三级处理后污水），在很多特殊的场合可以就地回收排放污水中的热能并就地使用，如：

（1）美国Wilton污水处理厂的热泵，回收处理后污水中热能为污水处理厌氧硝化池供热，系统性能系数可达2.8。

（2）英国某牛奶厂，采用两台热泵，构成蒸发器彼此独立，冷凝器串联的系统。一台蒸发器回收冷却牛奶用回水中的热量，另一台蒸发器回收厂区废水中的热量，从而制得了冷却牛奶用的冷冻水箱用水，并且回收的热能又通过两台冷凝器串联制备60℃的水，供清洗牛奶瓶等工艺用热。

（3）家庭生活污水，如淋浴水、洗碗水和洗衣机排水等，通过收集贮存，设计带蓄热器的热泵，可以制备50℃的热水，作为用户热水供应和采暖辅助热源。据布伦希和舍费尔的分析，民用住宅有40%的废热进入污水，如采用上述热泵装置，那么10口之家的住宅可节能50%以上。

（4）油田开采过程中有大量含油污水，其含油量只有10%，而83%为40℃左右的污水。我国每年陆上油田有190万m^3，海上有4648万m^3的含油污水，我国几大油田已采用吸收式热泵将其热能回收，并用于油田采油的工艺需热中，如稠油热采，油水分离，原油长输管线拌热等。2001年，大庆还采用热泵回收含油污水中的热能，为大庆学府小区1.6万m^2的建筑供热。

5.3.3.5　防堵、防腐、防垢及其他技术要点和措施

众所周知，防堵、防腐、防垢问题是污水源热泵系统设计、安装和运行中的关键性问题。其问题解决得好与坏，是系统成功与否的关键。污水源热泵系统在设计以及运行过程中的技术要点、难点、特点，以及目前存在问题和解决措施，主要集中归纳如下：

（1）由于二级或三级处理后污水和中水水质较原生污水好，在可能的条件下，宜选用二级或三级处理后污水或中水做污水源热泵的热源和热汇。这样，其系统类似于一般的水源热泵系统。例如，瑞典中部距斯德哥尔摩西100km的城镇塞勒（Sala），于1981年投入运行的净化后污水源热泵站运行表明：净化后的污水不会引起由电镀碳钢制成的蒸发器腐蚀问题，因污水而使蒸发器积垢问题不大。

（2）在设计中，宜选用便于清理污物的淋激式蒸发器和浸没式蒸发器，污水/水换热器，即中间换热器，宜采用浸没式换热器。

（3）安装设置自动过滤除垢装置，目前已经出现的有自动筛滤器、转动滚筒式筛滤器、德国的除污并联环、电子水处理仪、过滤框架网、连续过滤除污器、滚筒格栅自清装置，我国应继续自主研究该类装置。

（4）对污水走管内的壳管式换热器的在线除垢技术有螺旋线，螺旋纽带和螺旋弹簧，即在换热管内设置螺旋线，纽带或弹簧，利用流体流过螺旋元件所传递的动量矩，来刮扫内壁污垢，达到在线、连续、自动防垢和除垢的目的。除此还有海绵胶球在线清洗法。

（5）系统设计阶段，防垢措施是：应充分考虑污垢形成后，其热阻对换热性能的影响，计算洁净系数和冗余面积，从而合理加大换热器面积。

（6）系统运行阶段，抑垢措施有：投放杀生剂、缓蚀剂、阻垢剂以及控制污水pH值。研究表明，污垢组分的溶解能力随pH值的减小而增大。因此向污水中加酸的方法使pH维持在6.5~7.5，对抑制污垢有利。

（7）污垢形成后阶段，除垢措施有：一是物理清洗，最常采用的是喷水清洗，即利用具有一定压力的水流对设备污脏表面产生冲刷、气蚀、水楔等作用以清除表面污垢。现推荐的污水除垢喷水压力为70~140MPa。德国和美国研制出超高压水射流冲洗系统，可提供200~300MPa的工作压力。二是化学清洗，主要化学清洗分为酸清洗、碱清洗和杀生剂清洗等，化学清洗能清洗到机械清洗所清洗不到的微小间隙，且清洗均匀一致，不会留下沉积颗粒。

（8）对腐蚀性强的污水，污水中的硫化氢使管道和设备腐蚀生锈，在合理选用防腐管材和涂层外，还应加入缓蚀剂。

（9）城市污水由生活污水和工业废水组成，其成分复杂。生活污水常含有较高的有机物（如淀粉、蛋白质、油质等），工业废水中含无机化合物、油类、有机污染物等，因

此污水换热器表面易形成微生物膜或油垢膜，其热阻较大，影响不容忽视，可采用一段时间后喷热水清洗兼化学清洗的办法。

(10) 长期运行，由于堵塞和结垢影响，使与污水接触的换热器流动阻力增大，污水量减少，同时传热热阻增大，传热系数减小。因此，污水源热泵运行稳定性较差，其供热量有随运行时间的延长而衰减的趋势，因此应及时清理除垢，污水源热泵的运行管理和维修工作量较大。

(11) 注意在线清洗和周期停运清洗的配合，现在已经开发出许多新的在线清洗的设备，如自动刷系统，旋转式弹簧清洗设备，螺旋线型除垢强化器等。对于离线清洗，是指周期停运系统而进行彻底清洗。

(12) 污垢热阻的存在和逐渐加大使系统各部件的性能都受影响，使整个系统性能恶化。而污垢对换热器的影响复杂，不仅与污垢热阻大小有关，还与传热系数的大小有关，因此应加强污垢理论研究，细致研究污垢生长和剥落的过程，为能够逐步实现污水源热泵换热器污垢在线监测和控制提供理论依据。

(13) 污水的水量和水温是污水冷热能潜力的标志，是决定污水冷热能是否能够资源化，是否有必要回收和利用的根本。而污水的水质是决定污水源热泵能否有效运行的关键因素。因此在选择和设计污水源热泵系统之前，首先要在工程地点做好调查工作，详细了解该处污水的水温和水量以及水质情况，尤其对原生污水热能的回用更为重要。应该通过勘查充分了解，掌握和考虑如下因素：

① 污水管道的主干渠位置，跟踪测定一天、一个月乃至一个采暖周期内的该处污水管道内的污水水量及水温的详细变化情况，水量太小或水温太低，都不适合采用污水源热泵系统。

② 根据该处水温水量的变化，从而了解该处可提取冷热能的潜力，并据此决定污水源热泵是否可行，是否需要补充内部水源作为冷热源，如自来水水池等，是否需要选择加设辅助加热装置或蓄热装置及其容量。

③ 了解该处污水管道的流动方向，距离污水处理厂的距离等。因原生污水热能，不能全线取用，如果长期并大量使用原生污水热能，将影响后期处理厂内的污水生物处理，应该保证取热地点之后，该部分污水能够依靠管道周围土壤的热能或其他汇入管道的污水热能来恢复其温度，保证后期污水处理厂内的生物处理要求。

④ 考察该处污水水质的实际情况，作水质分析，包括 BOD，COD，SS 以及 pH 值等，并了解周围是否有工业企业的污水汇入，以及该企业的排水性质，从而对污水源热泵系统内换热器形式的选择以及管材和涂层，以及后期除垢方法和化学试剂的选择等提供依据。

因此必要时需编写污水水量，水温，水质的勘查报告，以作为污水源热泵系统科学决策的依据和设计的原始资料。

(14) 对特殊场合，如污水处理厂内部、洗浴中心和游泳池、油田、药厂、啤酒厂、医院等地，其污水可以因地制宜地回收热能并就地使用，满足自身的工艺热能或厂区供热制冷的需要。这样处理后污水的余热获得的地点同使用热的地点相吻合，且一般二者都属于低品位热能，能源利用效率高，热泵系统能效比大，避免能源浪费。

(15) 注意污水热能与其他可再生能源的综合利用，如土壤热能和太阳能。美国 2006 年盐湖城能源理事会项目报告中提出综合回收管道内原生污水热能和土壤热能的一种取热方式。将距取热地点60英尺的污水管道换为不锈钢双层壁管，两层管壁之间通入传热介质，传热介质同时吸收污水和土壤热能后，流入室内换热器，为室内供热制冷提供能量。

5.4 复合式地源热泵系统

对于冷热负荷差别比较大，或者单纯利用地源热泵系统不能满足冷负荷或热负荷需求时，经技术经济分析合理时，可采用复合式地源热泵系统。下面以地埋管地源热泵系统为例，进行介绍。

对冷热负荷不等的地区，地源热泵向地下排放和吸收的热量不等，存在着不平衡，如果夏季空调向岩土体排放的热量大于冬季采暖时所提取的热量，那么，长期运行结果势必使岩土体温度越来越高，所能排放的热量会逐年减少，这将降低热泵系统的运行效率，最终导致夏季地源热泵系统不能正常运行。相反，如果夏季空调向岩土体排放的热量小于冬季采暖时所提取的热量，那么，长期运行结果势必使岩土体温度越来越低，所能取得的热量会逐年减少，这也将降低热泵系统的运行效率，最终导致冬季地源热泵系统不能正常运行。

为实现地源热泵系统长期高效的运行，应使地源热泵每年从地下取热和排热总量基本达到平衡。因此，对冷、热负荷相差较大时，可采用复合式地源热泵系统。当冷负荷大于热负荷时，可采用“冷却塔+地源热泵”的方式，地源热泵系统承担的容量由冬季热负荷确定，夏季超出的部分由冷却塔提供。当冷负荷小于热负荷时，可采用“辅助热源+地源热泵”的方式，地源热泵系统承担的容量由夏季冷负荷确定，冬季超出的部分由辅助热源提供。通常采用的辅助热源有：太阳能、燃气锅炉、电加热器或余热等。采取复合式地源热泵系统后，可以使得吸、排热量大体平衡。

下面分别介绍典型的复合式地源热泵系统，如：地源热泵与太阳能复合式系统、地源热泵与冰蓄冷复合式系统、地源热泵与冷却塔复合式系统、地源热泵热水系统等。

5.4.1 地源热泵系统与太阳能系统

太阳能是永不枯竭的清洁能源，量大，资源丰富，绿色环保。但太阳能也具有一些缺点：① 太阳能的能流密度低，而且它因地而异，因时而变；② 太阳能具有间歇性和不可靠性。太阳能的辐照度受气候条件等各种因素的影响不能维持常量，如果遇上连续的阴雨天气，太阳能的供应就会中断。此外，太阳能是一种辐射能，具有即时性，太阳能自身不易储存，必须即时转换成其他形式能量才能利用和储存。因此，尤其在寒冷地区，单独利用太阳能对建筑物进行供暖，一般很难满足要求。

而对于地源热泵系统来说，如果长期连续从岩土体取热，将会使岩土体的温度场长期得不到有效恢复，从而造成岩土体温度不断降低，这不仅降低了热泵机组的COP值，同时由于蒸发温度与冷凝温度的变化而使热泵运行工况不稳定。

为了解决太阳能和地源热泵系统单独应用时存在的缺陷，这两种能源应该联合使用，互相弥补自身的不足，提高资源利用率。

太阳能-地源热泵系统具有以下优点：① 采用太阳能集热器辅助热源供热时，热泵机组的蒸发温度提高，使得热泵压缩机的耗电量减少，节省运行费用；② 在夏季夜间运行时太阳能集热器可作为辅助散热设备，从而减少了夏季向地下的排热量，使地温在数年内保持稳定，以保证机组在高效率下运行；③ 在冬季运行时由于蒸发温度提高，使得用户侧出水或空气出口温度上升，舒适性提高；④ 在系统设计时，使地源热泵系统可以按照夏季工况进行设计，从而减小了地下换热器的容量，减少了地源热泵地下部分的投资。

1. 太阳能作为辅助热源的可行性

我国拥有丰富的太阳能资源，见表5-24。据统计，每年中国陆地接收的太阳辐射总量相当于24000 亿 t 标煤，全国2/3 的地区年日照时间都超过 2000h，特别是西北一些地区超过3000h，这就为在热泵系统中利用太阳能提供了宝贵的资源。而且太阳能是取之不尽，用之不竭的一种绿色环保能源，不受任何人控制和垄断，它的利用也比较灵活，规模可大可小。

太阳能资源表 **表 5-24**

等级	太阳能条件	年日照时数 (h)	水平面上年太阳辐照量 (MJ/(m^2·a))	地区
一	资源丰富区	3200～3300	>6700	宁夏北、甘肃西、新疆东南、青海西、西藏西
二	资源较丰富区	3000～3200	5400～6700	冀西北、京、津、晋北、内蒙古及宁夏南、甘肃中东、青海东、西藏南、新疆南
三	资源一般区	2200～3000	5000～5400	鲁、豫、冀东南、晋南、新疆北、吉林、辽宁、云南、陕北、甘肃东南、粤南
		1400～2200	4200～5000	湘、桂、赣、江、浙、沪、皖、鄂、闽北、粤北、陕南、黑龙江
四	资源贫乏区	1000～1400	<4200	川、黔、渝

2. 太阳能-地源热泵技术应用的条件

在太阳能-地源热泵系统联合运行的工程中，在初投资上，太阳能系统完全为增量成本，系统的初投资较高，因此在应用太阳能-地源热泵技术时应遵循下列原则：

（1）在经济许可的前提下最大限度地利用太阳能。太阳能是完全免费的，在利用过程中，仅消耗水泵能耗，运行费用低，所以在经济许可的情况下，尽可能增大太阳集热器的面积，以提高太阳能的利用率。

（2）太阳能-地源热泵技术适宜全年供生活热水、冬季供暖、夏季制冷的全年综合利用的场所。在实际工程中，采用太阳能-地源热泵技术后，系统初投资较高，尤其是太阳能集热器，全部是增量成本，最好能全年综合利用。例如：太阳能集热器冬季供热、夏季制冷，在过渡季，不设空调时，太阳能除提供生活热水外，将多余的热量储存起来，供冬季供热。这样的做法既可以做到太阳能的综合利用，又可以避免太阳能集热器的空晒，增加了太阳能集热器的寿命。

（3）新能源利用的前提是必须采用节能建筑，以降低系统的初投资。太阳能的能流密度较低，太阳能集热系统的价格在目前仍然偏高；地源热泵系统与常规系统相比，初投资也较高。为了尽可能减少系统的初投资，必须保证建筑围护结构符合节能规范的要求，以降低供暖、空调系统的负荷需求。

（4）与供水温度要求低的末端系统配套使用。目前高温型的地源热泵机组 COP 值较低，对于常规地源热泵机组来说，供热时，出水温度较低。同时，太阳能集热系统的集热效率与集热系统的出水温度有关，温度越高热损失越大，集热效率降低，因此在选择供暖系统时应优先选择供水温度要求低的形式，如低温地板辐射采暖系统。

3. 太阳能系统与地源热泵系统联合运行的方式

太阳能系统与地源热泵系统联合运行的原则是：以地源热泵系统为主，太阳能系统为辅助热源，但在运行控制上要优先采用太阳能，并加以充分利用。

太阳能系统与地源热泵系统联合供热的方式有两种：并联和串联方式。并联方式示意图如图5-52所示：

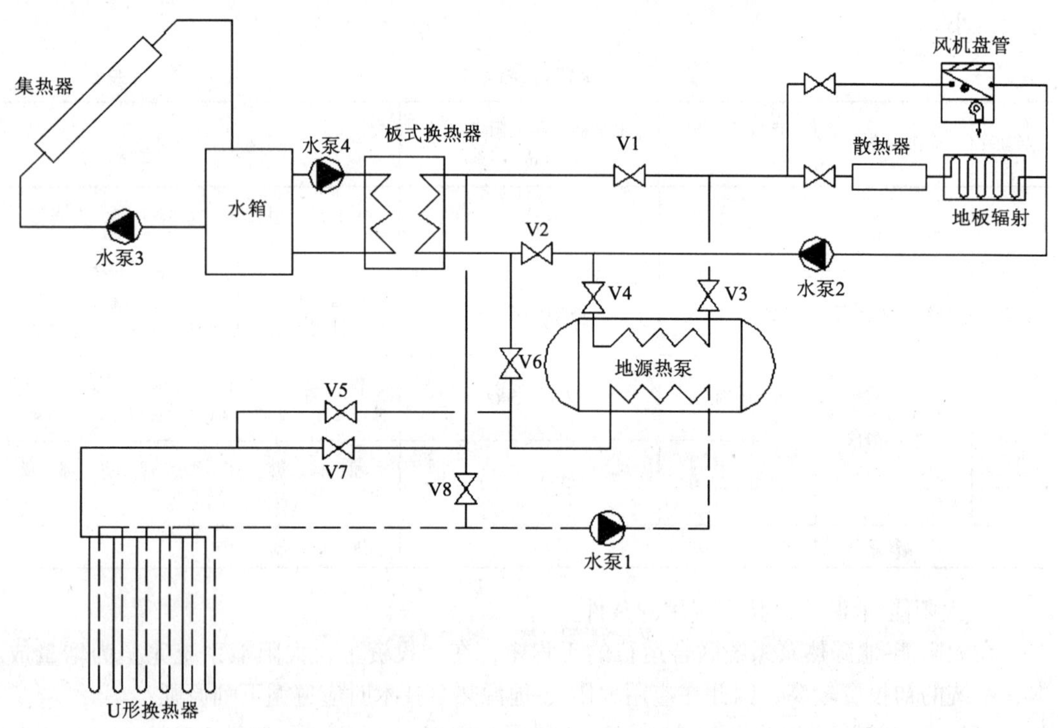

图5-52　太阳能系统与地源热泵系统并联供热方式

假设末端系统所需的供回水温度为50/40℃并联系统的运行模式为：①在供暖初始时，由于室外温度较高，采暖负荷较小，此时，经过太阳能加热后的供水温度 T_g 较高时（如 T_g 温度高于50℃），太阳能被直接利用，此时阀门V1、V2开启，水泵2、水泵3、水泵4开启；阀门V3、V4、V5、V6、V7、V8均关闭，热泵机组关闭，水泵1关闭。②当 T_g 温度低于50℃时，且高于30℃时，太阳能不能被直接利用，而是加热岩土体侧地埋管换热器，此时阀门V3、V4、V6、V7开启，水泵1、水泵2、水泵3、水泵4开启，热泵机组开启；阀门V1、V2、V5、V8均关闭。③当 T_g 温度低于30℃时，且高于15℃时，太阳能不能被直接利用，而直接进入热泵机组的蒸发器，此时阀门V3、V4、V6、V8开启，水泵1、水泵2、水泵3、水泵4开启，热泵机组开启；阀门V1、V2、V5、V7均关闭。④当 T_g 温度低于15℃时，太阳能系统停止运行，仅采用热泵系统供暖。此时，阀门V3、V4、V5开启，水泵1、水泵2开启，热泵机组开启；阀门V1、V2、V6、V7、V8均关闭，水泵3、水泵4关闭。

串联方式示意图如图 5-53 所示：

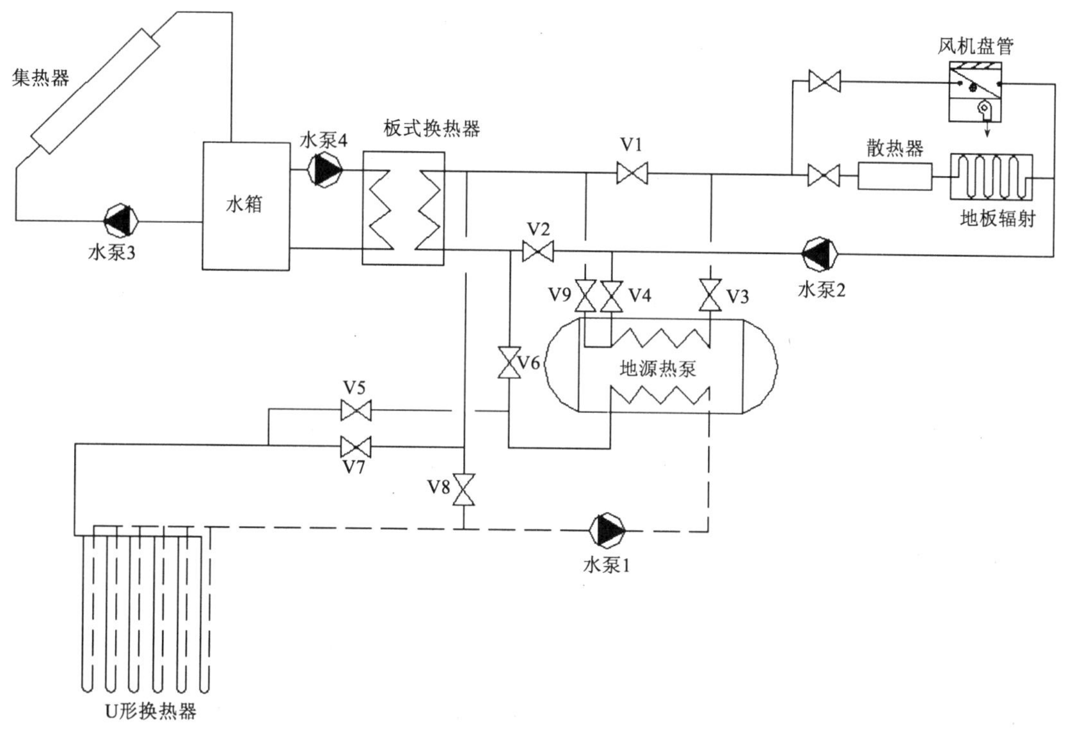

图 5-53　太阳能系统与地源热泵系统串联供热方式

假设末端系统所需的供回水温度为 50/40℃ 串联系统的运行模式为：①在供暖初始时，由于室外温度较高，采暖负荷较小，此时，经过太阳能加热后的供水温度 T_g 较高时（如 T_g 温度高于 50℃），太阳能被直接利用，此时阀门 V1、V2 开启，水泵 2、水泵 3、水泵 4 开启；阀门 V3、V4、V5、V6、V7、V8、V9 均关闭，热泵机组关闭，水泵 1 关闭。②当 T_g 温度低于 50℃时，且高于 40℃时，太阳能不能被直接利用，而是与热泵机组串联，进入热泵机组的冷凝器侧，此时阀门 V2、V3、V5、V9 开启，水泵 1、水泵 2、水泵 3、水泵 4 开启，热泵机组开启；阀门 V1、V4、V6、V7、V8 均关闭。③当 T_g 温度低于 40℃时，且高于 30℃时，太阳能不能被直接利用，而是加热岩土体侧地埋管换热器，此时阀门 V3、V4、V6、V7 开启，水泵 1、水泵 2、水泵 3、水泵 4 开启，热泵机组开启；阀门 V1、V2、V5、V8、V9 均关闭。④当 T_g 温度低于 30℃时，且高于 15℃时，太阳能不能被直接利用，而是直接进入热泵机组的蒸发器，此时阀门 V3、V4、V6、V8 开启，水泵 1、水泵 2、水泵 3、水泵 4 开启，热泵机组开启；阀门 V1、V2、V5、V7、V9 均关闭。⑤当 T_g 温度低于 15℃时，太阳能系统停止运行，仅采用热泵系统供暖。此时，阀门 V3、V4、V5 开启，水泵 1、水泵 2 开启，热泵机组开启；阀门 V1、V2、V6、V7、V8、V9 均关闭，水泵 3、水泵 4 关闭。

并联运行模式与串联运行模式相比，各有优缺点：

① 并联系统：当太阳能集热器的温度较高，而又不能直接供热时（如温度在 30～50℃之间），可以将集热器的热量转移到地下贮存，这样既可使岩土体温度场得以较快的恢复，又可提高热泵机组的效率；缺点是直接利用太阳能的时间较短，大部分时间太阳能是间接利用的，即利用太阳能来加热岩土体的温度，以提升进入蒸发器入口的介质的温度。

② 串联系统：除具有上述并联系统的优点外，它还具有直接利用太阳能的时间较长（温度在40℃以上都可利用）的优点。

在实际工程中，要根据情况，合理选择并联或串联运行方式。

5.4.2　地源热泵与冰蓄冷系统

地源热泵系统、冰蓄冷系统在国内工程项目上已被较广泛地采用，其中冰蓄冷系统在夏季将蓄能空调和电力系统的分时电价相结合，从宏观上可以起到削峰填谷，平衡电网负荷的作用，微观上可以使空调用户享受分时电价政策，节省大量运行费用。地源热泵系统优缺点前面已经论述，不再重复。

但是，作为地源热泵系统和冰蓄冷系统，这两种系统都具有一定的局限性。地源热泵系统虽然能同时提供冬季采暖、生活热水和夏季制冷，但却无法起到削峰填谷的作用；对于冷负荷大于热负荷的建筑来说，机组选择的时候，按照冷负荷标准进行机组的选择，则会导致机组的制热能力大大超出建筑物的热负荷需求，在供热上造成了机组投资和运行的浪费；而若按照热负荷标准选择的话，则会出现夏季制冷量不够，往往需要添加额外的制冷机组，造成这些机组在冬季闲置。而对于冰蓄冷系统，主机设备只能在夏季使用，冬季闲置，造成巨大浪费。而此时采用冰蓄冷后，则可以减少机组、相关辅助设施的容量和投资，使系统实现更为合理的配置。采用以三工况热泵机组为核心的地源热泵与冰蓄冷相结合的系统是目前解决系统优化配置的良好选择。

因此，采用以三工况热泵机组为核心的地源热泵系统和冰蓄冷系统的联合运行，既可以使用户使用到冬季廉价的供热，又可使用户使用到具有良好舒适性的冰蓄冷空调制冷。这样既减轻了采用常规能源带来的环境压力，还为平衡电网负荷做出了贡献，可谓一举多得。

1. 地源热泵与冰蓄冷系统运行策略

地源热泵与冰蓄冷联合运行系统主要由以下系统构成：室内供冷、供热系统、三工况热泵机组工质循环系统、冰蓄冷系统和地埋管换热系统。

在冬季，冰蓄冷系统不运行，地源热泵系统单独运行，这与通常的地源热泵系统无异，在此不再赘述，以下仅介绍夏季制冷工况。

冰蓄冷系统的运行方式有两种：全部蓄冷模式和部分蓄冷模式。两者相比，部分蓄冷的热泵机组利用率高，蓄冷设备容量少，是一种更经济有效的运行模式。

三工况热泵机组选择时，根据供热负荷确定容量，在夏季运行时，不足容量由蓄冰设备承担。

运行策略要以夏季逐时负荷为依据，采用负荷均衡的部分蓄冰运行策略，以便得到最佳的投入产出比。除方案设计或初步设计，可使用系数法或平均法对空调冷负荷进行必要的估算外，施工图必须进行逐项、逐时的冷负荷计算。

地源热泵与冰蓄冷联合运行时，在夏季电力低谷时段，启动热泵机组制冷工况蓄冰，将冷量储存在蓄冰槽中，白天用电高峰时段释冷。如果日间冷负荷需求较小，单独采用冰蓄冷空调制冷；若日间冷负荷需求较大，开启三工况热泵机组制冷工况，由地源热泵机组和冰蓄冷联合制冷。若夜间有少量负荷需求，可单独设基载热泵主机。具体工程要根据不同的负荷情况确定控制策略，常用的冰蓄冷控制策略如表5-25所示。

常用的冰蓄冷控制策略　表 5-25

空调负荷	制冷方案	控制策略
100%负荷段	三工况热泵机组+蓄冷设备+基载主机	夜间利用基载主机供冷，三工况热泵机组在电力低谷段蓄冰；在电力平段、高峰段，根据负荷情况投入三工况热泵机组、蓄冷设备、基载主机
40%~80%负荷段	三工况热泵机组+蓄冷设备+基载主机	夜间利用基载主机供冷，三工况热泵机组在电力低谷段蓄冰；在电力平段根据负荷情况投入蓄冷设备、基载主机；在电力高峰段，根据负荷情况投入三工况热泵机组、蓄冷设备
30%以下负荷段	蓄冷设备+基载主机	夜间利用基载主机供冷，三工况热泵机组在电力低谷段蓄冰；在电力平段、高峰段，根据负荷情况投入蓄冷设备

2. 地源热泵与冰蓄冷系统设计注意事项

在采用地源热泵与冰蓄冷系统时，应注意以下几点：

(1) 进行技术经济分析，合理确定冰蓄冷系统承担夏季空调负荷占设计负荷的比例，确定蓄冰设备容量及配套主机和辅助设备规模。

(2) 主机与蓄冰设备是整个系统的核心，其安全可靠性在很大程度上决定了整个系统的安全可靠性。主机应选用三工况热泵机组，要适应空调工况、制冰工况和制热工况；蓄冰设备要选用技术成熟、安全、可靠，运行与调节操作灵活，蓄冷与释冷效率高的产品。

(3) 根据现场可用地表面积、岩土体类型以及钻孔费用，合理确定地埋管换热器的埋管方式、埋管形式、钻孔数量及深度，并进一步确定热交换器采用的管材与管径、钻孔间距、钻孔回填料配方。

(4) 采用地源热泵与冰蓄冷相结合的系统，运行工况多，包括：空调工况、制冰工况、融冰工况、制热工况和上述工况的可能组合，工况切换频繁，特别是冰蓄冷系统控制直接影响系统运行的运行效率及安全可靠性。在设计时，应制定科学合理的工艺流程、运行模式和控制策略，实现主机设备与蓄冰设备的合理搭配，同时制定安全有效的防冻保护措施。

5.4.3　地源热泵生活热水系统

1. 系统简介

随着人们生活水平的提高，提供安全、稳定的生活热水系统，已成为宾馆、医院、学校设施要求的基本条件，居民住宅小区集中供生活热水的需求也越来越大，尤其是夏热冬暖地区地处亚热带，气候潮湿、冬季气温变化大、夏季炎热，人们用热水洗澡的天数一般占全年80%以上。长期以来，各种热水锅炉和家庭热水器为解决生活热水问题，既有其便利之处，又有其各方面不足和局限。燃煤锅炉成本低，但污染严重，一些城市已下文禁止使用燃煤锅炉，要求改用燃油锅炉，但随着燃油价格的不断上涨，其运行成本使大家难以承受；燃气热水器在通风条件差的地方使用存在安全隐患且运行成本高；采用太阳能热水系统，可节省大量高品位能源，但对于冬季阴雨连绵的地区，冬季是需要热水量最多的季节，却要以电（或燃油）加热为主，集中供热水其能耗之大使得冬季运行费用高，难以承受；空气源热泵热水设备，安装灵活，使用方便，与电锅炉相比节能效果突出，逐渐成为热水设备的主流产品之一，但同样是冬季需热水量最大时，能效最低，达不到最佳节能效果，而且在北方寒冷地区冬季不适用。

地源热泵热水系统是近年来推出的新型热水系统，经过我国一些地区的有效实施表明其节能、环保效果突出，如系统设计合理，具有供热水量稳定、可靠、能效比高、无污染等特点，能满足生活热水水温45~60℃的要求。

地源热泵热水系统必须具备一定的环境资源条件，必须因地制宜，根据用户要求、使用情况、资源条件合理选择热源形式和热源组合方式，既要保证系统效果，又要综合考虑投资运行成本。

2. 地源热泵热水系统形式

按热水是否由水源热泵机组直接供给，系统可分为直接供水和间接供水两种。直接供水系统示意图如图5-54所示，间接供水系统示意图如图5-55所示。

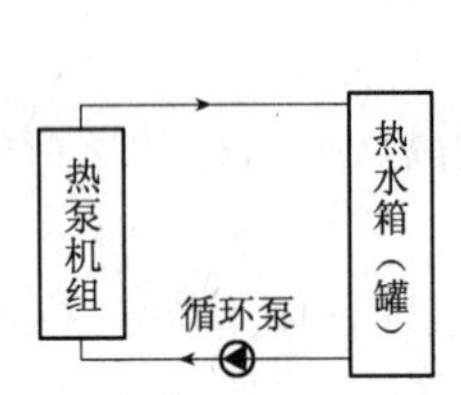

图5-54 直接供水系统示意图

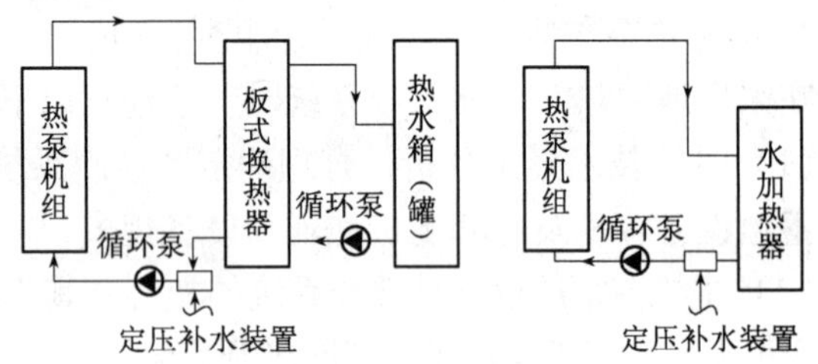

图5-55 间接供水系统示意图

直接供水系统适用于冷水硬度小于等于150mg/L，且对供热水要求一般的场所。该系统的优点是热效率高，系统简单。缺点是在循环工质泄露时会污染热水；冷水水质不好时可能造成热泵机组内冷凝器等结垢或阻塞，影响使用寿命。

间接供水系统适用于冷水硬度大于等于150mg/L，且对供热水要求较高的场所。该系统优点是循环工质泄露时不会污染热水，冷水水质不好时不会影响热泵机组。缺点是系统复杂，系统热效率降低；系统出热水温度降低。两种间接式供水方式比较，采用板式换热器时换热面积小和温差小但需设两组循环水泵。

地源热泵热水系统可分为独立地源热泵热水系统和复合式地源热泵热水系统两类。独立地源热泵热水系统是指生活热水完全由地源热泵系统来承担，不和其他热源及空调系统联合运行的方式，如图5-56所示。复合式地源热泵热水系统是指由地源热泵系统和其他辅助热源或空调系统联合运行的方式。按照与空调系统的组合运行方式可以分为直接组合方式、热回收组合方式、冷却水二次利用组合方式等，如图5-57、图5-58、图5-59所示。按照辅助热源组合形式可分为：地源热泵与空气源并联的混合型地源热泵热水系统、地源热泵与常规能源（热力网、燃气、燃油加热设备、电加热设备等）并联的混合型地源热泵热水系统、太阳能-地源热泵耦合型地源热泵热水系统等。

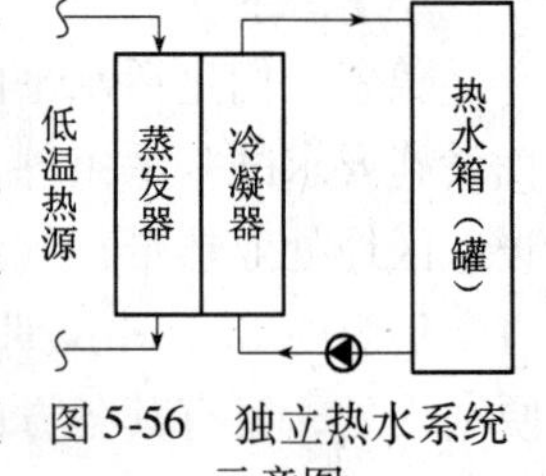

图5-56 独立热水系统示意图

独立地源热泵热水系统的优点是运行不受其他热源及空调等的影响，系统日常操作简单。缺点是与联合系统相比节能效果差，地源热泵系统仅作为生活热水热源的场所。

直接组合热水系统运行方式的优点是在空调季节节能效果好，热泵机组一机多用。缺点是热水与供暖的供回水温度需一致，热水只能采用间接供水，系统运行操作复杂，几种负荷运行中相互干扰。该系统适用于有较大的空调负荷，且能解决空调与热水高峰时间不一致的场所。

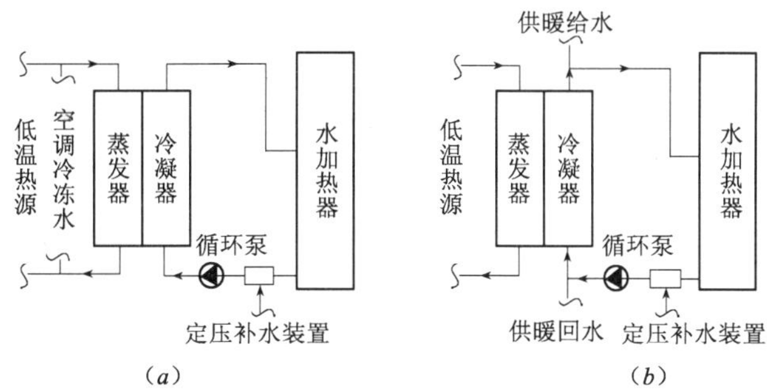

图 5-57 直接组合热水系统示意图

(a) 空调季节；(b) 供暖季节

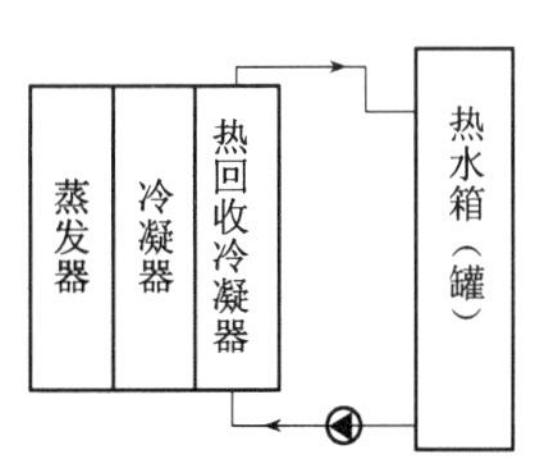

图 5-58 热回收组合运行示意图

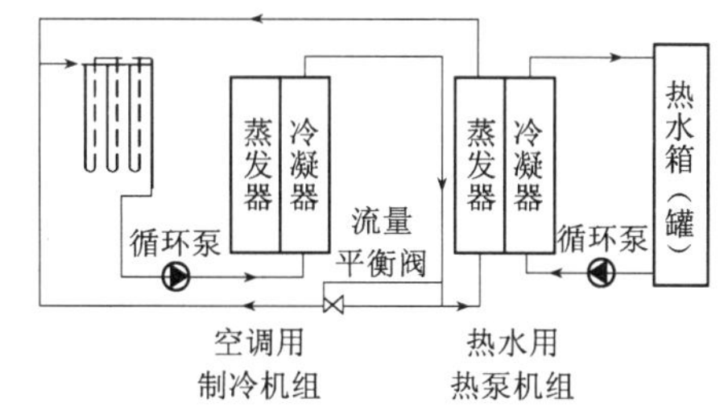

图 5-59 冷却水二次利用运行示意图

热回收组合方式的特点是要选用带热回收冷凝器的水源热泵机组。该运行方式的优点是热水系统相对独立，热水温度可独立设置，操作简单。缺点是几种负荷运行仍有些干扰，热水温度及热水量受回收热量的限制。

冷却水二次利用运行方式的优点是在空调季节节能效果好。缺点是当空调负荷小于热水负荷时需考虑设辅助热源。该运行方式适合于空调季节很长，且热水负荷相当空调负荷很小的场所。

3. 其他典型复合式地源热泵热水系统形式

(1) 地源热泵与空气源热泵并联的复合式热水系统

在这种复合式地源热泵热水系统中，岩土体和空气并联组成三种运行方式：当环境温度低于一定温度时，复合式地源热泵热水系统的低位热源主要是岩土体，此时采用岩土体的制热能效比高于空气；当环境温度高于一定温度时，空气的换热效率高于地埋管换热器，此时单独使用风扇吸收空气中的热量；当环境温度位于一定范围之内时，可以同时综合利用岩土体和空气，这样可以减少和防止地埋管换热器由于吸取地下过多热量而导致的系统性能下降。

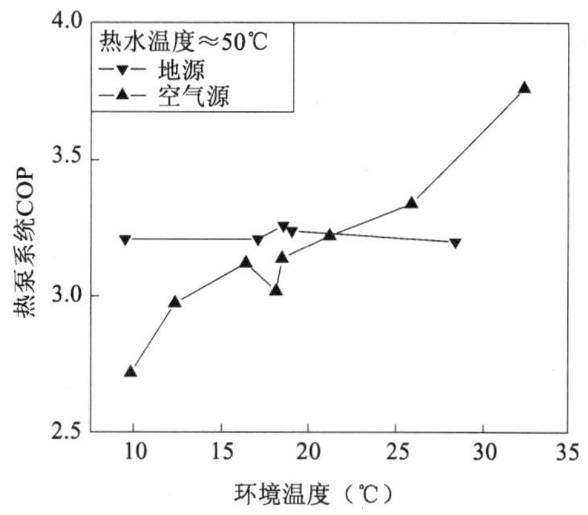

图 5-60 环境温度对系统 COP 的影响

图 5-60 是某实际工程中热泵系统能效比随环境温度的变化曲线。由该图可知，采用岩土体时热泵系统的能效比较稳定，一般保持在 3.2 左右；采用空气源时热泵系统的能效比受环境温度的影响较大，其能效比随环境温度上升的幅度比较明显，当环境温度约为 10℃时系统能

效比为2.7左右，当环境温度为33℃时系统的能效比达到3.9，说明空气源热泵系统能效比受季节性影响较大。特别是当冬天热水需求量最多的时候，空气源热泵系统能效比较低的缺陷更显示了地源热泵系统的优势所在（冬季地埋管地源热泵与空气源热泵的COP值相比，约提高了18.5%）；从图上可以看出当环境温度高于21℃时空气源热泵系统能效比就开始高于地源热泵系统能效比，即当环境温度达到21℃使用空气源热泵比较节能，同时又可以避免由于长期取热导致系统性能下降，这对热泵系统长期高效运行是至关重要的。

（2）太阳能-地源热泵复合式热水系统

太阳能-地源热泵复合式热水系统主要由热泵机组、太阳能集热器、保温水箱、水泵等组成，通过自动控制系统，可根据情况选择多热源或单热源，有效地实现了太阳能和浅层地热能两种可再生能源的互补利用。在夏、秋季，太阳日照充足情况下，系统以太阳能为主，当检测到太阳能水箱水温不足的情况下，再由地源热泵系统循环加热；在冬、早春季节，白天利用太阳能系统进行加热，晚上热水注入中间水箱，由地源热泵机组进行加热，第2天提供生活热水，从而实现最大程度的利用太阳能。

图5-61为某实际工程中太阳能-地源热泵复合式热水系统的COP情况，测试时间为2007年3月26日至4月7日。该时间段处于广州地区的梅雨季节，天气情况以阴雨、潮湿天气为主。3月26日至4月7日平均最低气温为18.3℃；平均最高温度为22.9℃。而且在13天中，有10天以阴雨天气为主，日照情况较差，复合式热水系统运行中主要以地埋管地源热泵为主。从图中可以看出，复合式地源热泵热水系统的COP平均为4.53，而单一地源热泵系统情况下为3.60；在前7天，天气温度较高，日照较好的情况下，太阳能系统效果较好，所以复合式地源热泵热水系统与单一地源热泵系统之间的Δ_{COP}较大（Δ_{COP}在1左右）；在后7天，气温降低，持续阴雨天气，日照很少的情况下，以地埋管地源热泵系统工作为主，所以复合式地源热泵热水系统与单一地源热泵热水系统COP非常接近，且波动较小。以上数据表明：太阳能-地源热泵复合式热水系统受天气的影响较大，但系统的COP值始终高于单一地源热泵系统，在4~6之间，能效比很高，节能效果明显；单一地源热泵系统COP值稳定，始终在3~4.5之间波动，受天气温度、日照的影响很小，运行可靠。可见，采用多热源的耦合型地源热泵系统可以提高系统能效比，降低运行成本。

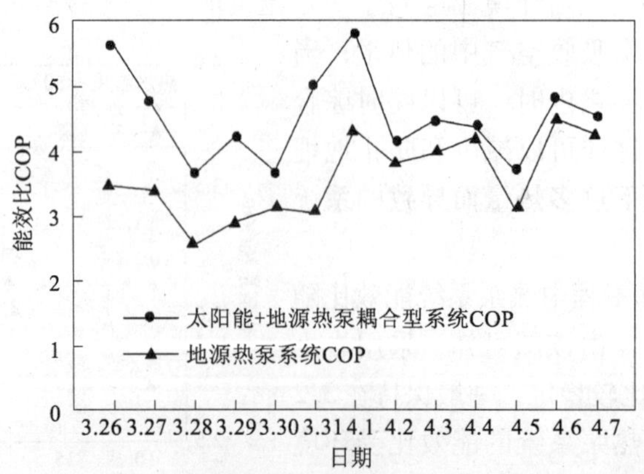

图5-61　太阳能-岩土体源耦合型地源热泵热水系统COP情况

5.4.4 复合式地源热泵系统综合集成

在复合式地源热泵系统中，地源热泵系统的设计要满足吸热量和排热量中数值较小的需求，其余多出的热量由辅助散热或辅助加热系统来承担。在实际工程中，年吸热量、排热量并非要求绝对的平衡，只要这种不平衡率不会导致随运行年数的增加而使地源热泵系统的工作状况恶化就可以了。

假设年吸热量、排热量允许的不平衡率为 $\pm P$（%），建筑所需的年供冷量为 Q_LMW·h，年供热量为 Q_RMW·h，且年均供冷、供热性能系数分别为 COP_L 和 COP_R，分别按满足供冷和供热需求所选择的地源热泵数量为 N_L 和 N_R，则实际地源热泵系统的确定方法如下：

（1）求出年吸热量、排热量值

$$\text{年排热量 } Q_{SL}=\frac{COP_L+1}{COP_L}Q_L$$

$$\text{年吸热量 } Q_{XR}=\frac{COP_R-1}{COP_R}Q_R$$

（2）当 $Q_{SL}>Q_{XR}$时，分为两种情况

① 若$\frac{Q_{SL}-Q_{XR}}{Q_{XR}}\leqslant P$，则地源热泵按满足夏季供冷要求计算，无需增设辅助散热设备；

② 若$\frac{Q_{SL}-Q_{XR}}{Q_{XR}}>P$，则需增加辅助散热设备，且其至少要承担 $Q_{SL}-(1+P)Q_{XR}$的年散热量，而此时地源热泵必须以能够满足冬季供热时的需求为下限，具体数值可由技术经济分析得到。

（3）当 $Q_{SL}<Q_{XR}$时，也分为两种情况

① 若$\frac{Q_{XR}-Q_{SL}}{Q_{SL}}\leqslant P$，则地源热泵按满足冬季供热要求计算，无需增设辅助加热设备；

② 若$\frac{Q_{XR}-Q_{SL}}{Q_{SL}}>P$，则需增加辅助加热设备，且其至少要承担的年加热量相当于从岩土体中吸收大小为 $Q_{XR}-(1+P)Q_{SL}$的热量，而此时地源热泵必须以能够满足夏季供冷时的需求为下限，具体数值可由技术经济分析得到。

以地源热泵-冷却塔系统为例，介绍复合式地源热泵系统在设计中应注意的问题。

在实际工程中，地源热泵和冷却塔的连接方式有两种，一种是串联，一种是并联。

地源热泵和冷却塔的串联连接方式如图 5-62 所示。由地源热泵系统承担基础负荷，冷却塔用于调峰和平衡吸热量和排热量的差异。

地源热泵和冷却塔的并联连接方式如图 5-63 所示。在并联连接方式中，地源热泵和冷却塔可同时运行，也可交替运行，这主要取决于冷却塔的具体选型。

地源热泵和冷却塔的连接方式不论是串联还是并联，对于冷却塔来说，都有以下三种控制策略：

控制策略 1：设定冷却塔的运行时间，并在规定的时间域内启动冷却塔。

控制策略 2：设定地埋管换热器流体平均温度。当温度超过设定值 t 时，启动冷却塔。

控制策略 3：设定地埋管换热器流体温度与环境湿球温度的差值。当温差大于设定值 Δt_1 时，启动冷却塔；当温差小于设定值 Δt_2 时，关闭冷却塔。

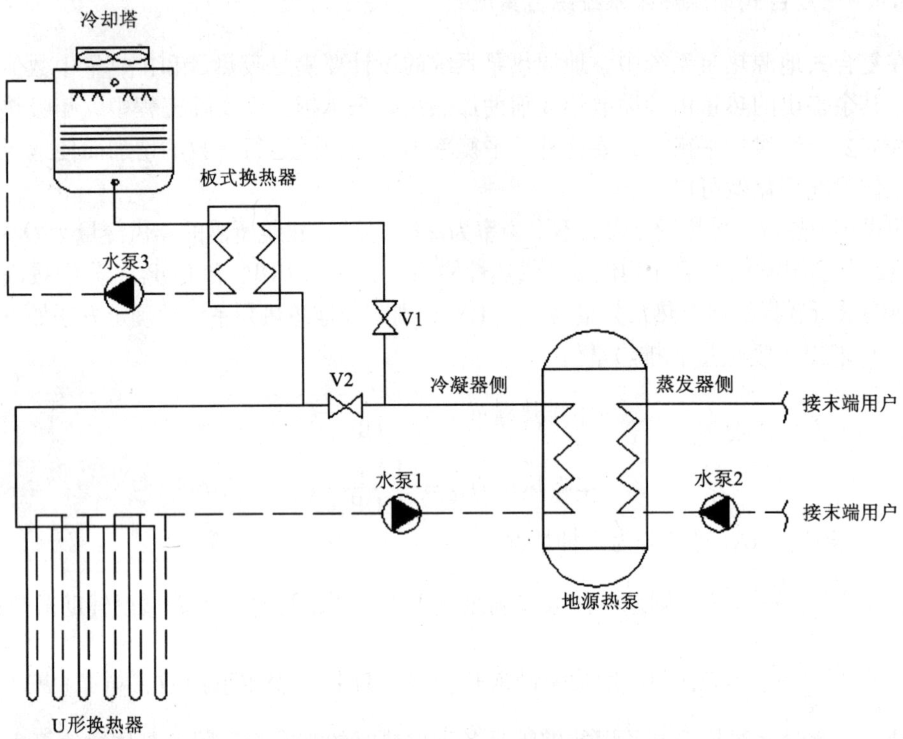

图5-62　地源热泵—冷却塔系统串联连接方式

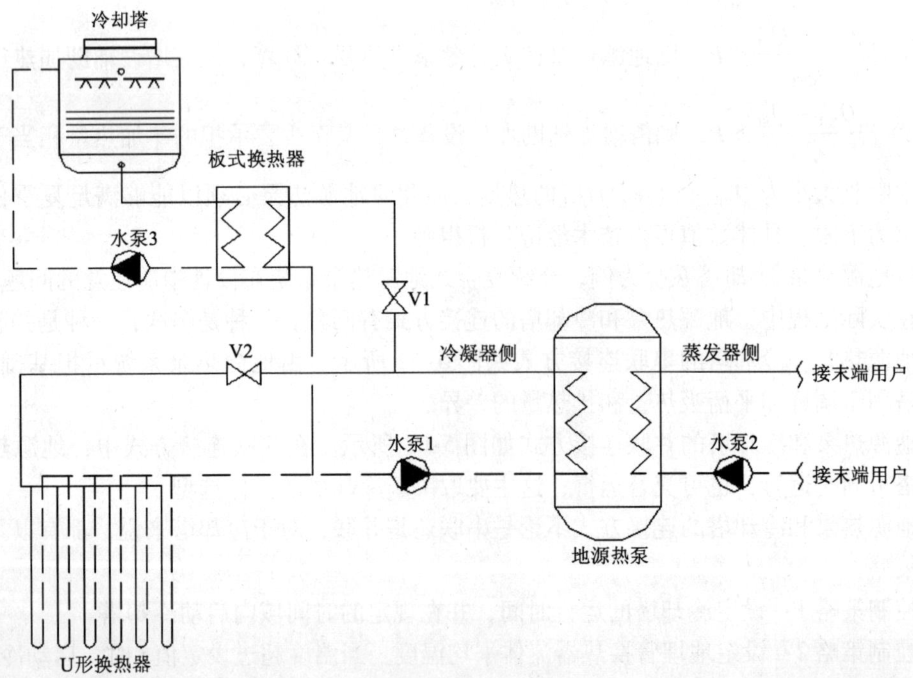

图5-63　地源热泵—冷却塔系统并联连接方式

无论采用哪种连接方式，在选择冷却塔时，冷却塔运行时的出力和时间的乘积应能平衡吸热量和排热量的差异，使得地下岩土体的温度在一个周期内（一般为1年）基本保持不变。

5.5 水源热泵机组及相关设备概况

5.5.1 水源热泵机组分类和相关标准

1. 分类

水源热泵机组容量5~2000kW不等。按照工作原理上不同，可分为无四通换向阀的机组和有四通换向阀的机组；按照使用方式不同，可分为冷热水型和冷热风型；按照水源形式不同，可分为水环式（水源）、地下环路式（土壤源）和地下水式（地下水源）；按照结构形式不同，可分为分体式和整体式等；按照用途不同，可分单冷型和冷热型。

2. 相关标准和评价指标

水源热泵机组的检测和评价有如下标准：

国外标准：ARI 320-98，Water-Source Heat Pumps；ARI 325-98 Ground-Water-Source Heat Pumps；ARI 330-98 Ground-Source Closed-Loop Heat Pumps；ASHRAE 37-1988 Methods of Testing Unitary Air-Conditioning and Heat Pump Equipments；ANSI/ARI/ASHRAE ISO Standard 13256-1998，Water-Source Heat Pumps-Testing and Rating for Performance 等。

国内标准：GB/T 19409—2003《水源热泵机组》；GB/T 10870—2001《容积式和离心式冷水（热泵）机组性能试验方法》；GB/T 18430.1—2001《蒸汽压缩循环冷水（热泵）机组工商业用和类似用途的冷水（热泵）机组》；GB/T 18430.2—2001《蒸汽压缩循环冷水（热泵）机组户用和类似用途的冷水（热泵）机组》；JB/T 7227—1994《复合热源热泵型螺杆式冷水机组》；GB 50366—2005《地源热泵系统工程技术规范》。

国外标准和国内标准都采用了制冷能效比（EER）和制热性能系数（COP）作为能效等级的评价指标。国外能效等级要求可参考ARI/ISO-13256-1，国内能效等级要求可参考GB/T 19409—2003。国外和国内在能效标准的评价上，依据的测试工况有所不同。表5-26给出了GB/T 19409—2003关于水源热泵机组的试验工况，表5-27给出了ARI/ISO-13256-1关于水源热泵机组的试验工况。由于冷热水型机组在输送冷热量过程中还需要消耗水泵的能耗，故对于相同的制冷量范围，冷热水型机组要求的能效一般要比冷热风型要高。

水源热泵机组水源侧试验工况（GB/T 19409—2003） **表5-26**

试验条件	使用侧入口空气干球/湿球温度	使用侧进水/出水温度	热源侧进水/出水温度		
			水环式	地下水式	地下环路式
标准制冷工况	27℃/19℃	12℃/7℃	30℃/35℃	18℃/29℃	25℃/30℃
标准制热工况	20℃/15℃最大	40℃/*	20℃/*	15℃/*	0℃/*

*采用名义制冷工况确定的水流量。

水源热泵机组水源侧试验工况（ARI/ISO-13256-1）　　表5-27

试验条件	使用侧入口空气干球/湿球温度	使用侧进水/出水温度	热源侧进水/出水温度		
			水环式	地下水式	地下环路式
标准制冷工况	26.7℃/19.4℃	12℃/7℃	29.4℃/35℃	21.1℃/②	25℃/②
标准制热工况	21.1℃/15.6℃最大	40℃/①	21.1℃/①	10℃/①	0℃/①

① 采用名义制冷工况确定的水流量。
② 采用制造厂规定的水流量。

5.5.2　水源热泵机组构造形式及工作原理

1. 有四通换向阀的水源热泵机组

该类机组多为水-空气机组，部分为小型水-水机组，水-空气机组原理图如5-64所示。机组制冷时，制冷剂/空气热交换器2为蒸发器，制冷剂/水热交换器3为冷凝器。其制冷流程为：压缩机1→四通换向阀4→制冷剂/水热交换器3→双向节流阀5→制冷剂/空气热交换器2→四通换向阀4→压缩机1。机组制热时，制冷剂/空气热交换器2为冷凝器，制冷剂/水热交换器3为蒸发器。其制冷流程为：压缩机1→四通换向阀4→制冷剂/空气热交换器2→双向节流阀5→制冷剂/水热交换器3→四通换向阀4→压缩机1。

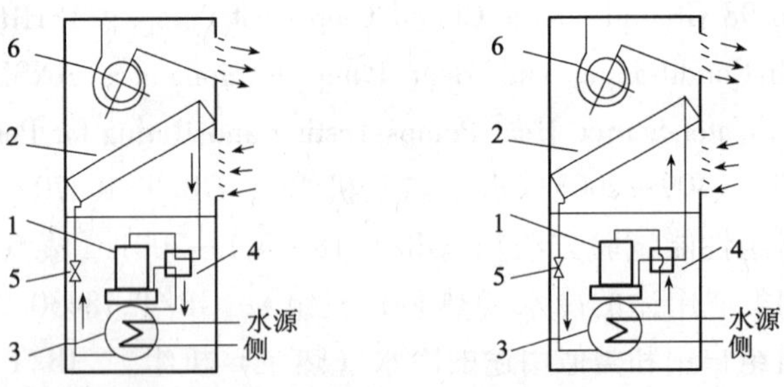

图5-64　冷热风型水源热泵工作原理
1—压缩机；2—制冷剂/空气热交换器；3—制冷剂/水热交换器；
4—四通换向阀；5—双向节流阀；6—风机

这种机组形式较多，按安装方式上可分为暗装机组和明装机组两种，暗装机组一般吊装在顶棚中或设置在专门的小型机房内，一般需要接风管，对噪声的指标要求相对要低些，需与室内装修协调一致。明装机组一般不需要接风管，直接置于室内墙角或窗边，由于机组明装，安装维修相对方便。

2. 无四通换向阀的水源热泵机组

该类机组多为单冷型水源热泵机组，机组容量较大。机组制冷剂环路无四通换向阀，采用水路阀门转换来实现使用侧制冷和制热功能，蒸发器和冷凝器的功能不变。

这种机组按照结构形式不同，可分为整体式水源热泵机组和模块化水源热泵机组。整体式水源热泵机组容量较大时，压缩机一般具有能量调节手段，可实现部分负荷运行。模块化水源热泵机组由多个独立回路的单元机组组合而成，每个单元机组有独立的压缩机、冷凝器、蒸发器和节流装置等，通过水管将各个单元连接在一起。单元机组一般分为主机和辅机，主机带有控制系统，根据负荷变化的情况，自动调节制冷（热）量输出，保证与冷热负荷的匹配。由于采用了模块化设计，便于能量扩展，单元模块体积小，重量轻，搬运方便。

5.5.3 机组部件概况

水源热泵机组一般由压缩机、蒸发器、冷凝器、节流装置、电控机构、贮液器、油分离器等部件组成，同我们常用的冷热水机组基本相似，所用的制冷剂主要有R22、R134a、R407C、R410a、R404a等。现就主要部件的应用情况做一些说明。

1. 压缩机

活塞式压缩机制造工艺成熟，容易维护，性价比实惠，但存在湿压缩敏感，变负荷调节性能差的缺点，一般采用压缩机前置低压贮液器、间歇运行方式。由于单台压缩机容量大时启停运行对电网冲击较大，因此常用在小型水源热泵机组或模块化水源热泵机组中。

螺杆式压缩机零部件少，结构简单，易于维护，对湿压缩不敏感，容积效率高，运行可靠，可实现无极调节，常用于大型水源热泵机组。其夏季制冷运行季节性能系数比往复压缩机高6%～20%，冬季供热运行性能系数比往复压缩机提高12%～20%。因此，对于比较寒冷、热水温度在56℃以上场合推荐使用螺杆压缩机。缺点是噪声大，对噪声有特别要求的地方需对机房进行处理。

离心式压缩机具有易损件少，供气脉动性小，运转平稳可靠，可实现无油压缩，维护费用低，单机制冷量大，单位制冷量机组的重量轻、体积小、占地少、效率高等优点，不足之处是单机容量必须较大，变工况适应能力不强，而且噪声较大。需要注意其喘振区及高速轴的润滑。

目前，一台机组常采用多台压缩机并联运行，这样可以降低启动电流，配以一定的控制程序，可在部分负荷时轮流使用，延长压缩机使用寿命，并且部分负荷时效率比单压缩机机组要高。即使一台压缩机出现故障，其余压缩机仍可继续工作。

2. 冷凝器和蒸发器

大型水源热泵机组冷凝器和蒸发器主要以壳管式为主，传热管多采用内外侧强化传热管。蒸发器可分为干式和满液式，其中满液式蒸发器属于液体和液体传热，因此传热效率比干式蒸发器高出15%～25%，由于水走管侧，故水侧阻力小，易于维护及清洗。满液式蒸发器也存在两个缺点：第一，蒸发器水容量小，出水温度波动较大，容易被冻结，涨裂传热管；第二，制冷剂充注量较大，回油较为困难，采用满液式蒸发器时，油分离器作为水源热泵的重要部件。

由于板式换热器具有体积小、重量轻、传热效率高、加工过程简单等优点，近年来得到广泛的应用。两器如采用板式换热器，可使机组设计得更为紧凑，制冷剂的充注量更少，但由于换热通道较窄，清洗较为困难，内部渗漏不易修复，冷凝器侧容易结垢，蒸发器侧容易冻结，因此需注意解决维护简便性和换热器可靠性问题。

套管式换热器传热效果好，具有结构紧凑、制造简单、价格便宜、冷却水耗量少等优点。但两侧流体的流动阻力较大，且清除水垢较困难，目前多用于小系统中。

3. 节流装置

热力膨胀阀由于价格便宜，得到广泛的应用。由于制冷、制热工况不同，制冷剂循环量变化较大，必要时，需两个或多个热力膨胀阀以适应工况要求。在液态管路阻力大的场合，要注意适当加大相应膨胀阀的孔量，以免出现供液不足的情况。缺点是控制精度不高，有所滞后，在启动和负荷突变时，可能导致被调参数将发生周期性振荡。

电子膨胀阀控制精度高，响应快，流量调节范围宽，可以按预设的各种复杂调节规律动作，获得很好的过热度调节品质，使装置的启动和变负荷动态特性大为改善，因此，电子膨胀阀能够使得水源热泵机组控制更为可靠和节能。

4. 控制系统

采用先进的控制系统将使得水源热泵能够更加高效、可靠、稳定运行。目前，大多数水源热泵机组采用PLC可编程控制器进行控制，能够根据制冷和供热运行情况，对机组冷热运行进行精确显示、控制和保护，小型水源热泵的控制系统基本停留在开停机、参数显示和具有简单保护功能水平上。

用户操作界面，常采用触摸屏控制，可以突破语言障碍，操作人员可以通过表示为图形的按键，进行快捷操作，可以选择运行时间、故障查询、运行状态、参数设定、调节显示、操作界面等子菜单，实现冷水进出温度和热水进出温度，蒸发压力、冷凝压力及温度，油过滤器压差和油温，电机温度，电子膨胀阀开度，压缩机运行小时数及机组运行小时数等的显示，并进行有效的操作和控制。

冷热水温度控制，采用PID控制算法可保证蒸发器和冷凝器出水温度恒定，避免机组频繁启停，有效保持机组运行的稳定性和经济性。通过连续监视蒸发器冷水进口温度以精确控制机组负载，并控制机组启动时蒸发器出水温度降低速率在0.1～1.1℃/min，有效避免冷水出水温降速率过快导致的能量浪费，提高机组性能系数，延长机组寿命。

机组的控制，应能自动控制各制冷回路以及各回路中的每台压缩机的启停及上下载顺序，以均衡各回路及压缩机的运行时间。实现冷水及冷却水泵的联锁，保证机组高效安全运行。

故障预诊断和报警，机组启动前通过快速模拟检测确认机组的各个开关量、传感器、电压和压缩机是否正常。运行中通过人机界面显示各种设置点及实际运行参数，监视机组运行，必要时报警。还能对机组进行有效的保护，如冷水出水温度过低、油压过低、制冷剂压力过高或过低、漏电流、电机过载、电压过高及过低和缺相、冷（热）水流量低保护等。一些机组可以提供百余种显示和报警信息，根据报警信息再采取相应的方法即可解除。

5.5.4 发展现状

天津大学热能研究所吕灿仁教授在20世纪50年代就开展了我国热泵的最早研究，1965年研制成功国内第一台水冷式热泵空调机。目前，国内的清华大学、天津大学、重庆建筑大学、天津商学院、中国科学院广州能源研究所等多家大学和研究机构都在对水源热泵进行研究。其中清华大学在多工况水源热泵的研究上已形成产业化的成果，并建成数个示范工程，而天津大学和西安交通大学则在制冷剂的专利方面取得了较多的成果。

目前，水源热泵机组的制造厂商较多。国外较著名的公司有Addison Products Company、Advanced Geothermal Technology、Carrier Corporation、ClimateMaster Inc.、Econar Energy Systems Corporation、FHP Manufacturing、Mammoth Inc.、The Trane Company、WaterFurnace International等公司。国内的水源热泵制造厂商则有山东富尔达空调设备有限公司、广州中

宇冷气科技发展有限公司、北京永源热泵有限责任公司、北京嘉和晟业水源热泵空调有限公司等。北京永源热泵有限责任公司通过利用地下水这一大地耦合方式，采用抽水回灌方式节约能源，在北京地区获得很好的普及和推广，山东际高以蒸发冷凝方式，引进瑞典专利技术，生产小型水冷冷水机组，在北方市场销路良好，广州中宇开发水环路分离式水源（地源）热泵空调系统，在两广与浙江地区得到广泛应用。

5.5.5 发展方向

目前节能与环保是国家关注的两大主题。水源热泵作为一种节能又环保的冷热源产品，必将在建筑空调和工业余热利用方面，得到更加广泛应用和推广。但就节能而言，水源热泵的节能主要体现在水源热泵工况的节能（夏天水温较低，冬天水温较高），并非机组的节能。就环保而言，水源热泵机组能够减少 CO_2 温室气体的排放，但其本身采用的氟利昂制冷剂具有臭氧破坏潜能（ODP）大、全球变暖潜能（GWP）高的特点。就其应用领域来说，目前水源热泵大部分应用在常温的空调供冷和供热领域，高温领域的拓展研究必将推动大范围工业余热的回收利用。因此，在今后一段时期内，水源热泵技术的研究主要集中在节能、环保及高温化方面。

1. 节能

提高水源热泵机组的能效，主要是在热泵优化、传热强化等几个方面。

（1）热泵优化

热泵优化的研究主要归结到三个方面：

① 工质热物性对循环性能的影响；

② 部件匹配性能；

③ 系统的控制策略。

目前研究工作主要以装置和部件的仿真模拟和实验验证为主，建立水源热泵机组的稳态模型，进行工质热物性和部件匹配的热泵循环性能研究，建立水源热泵机组的动态模型，得到水源热泵的控制策略，据此，开发出相应的水源热泵机组，并进行实验验证。目前，上海交通大学、清华大学等都对此展开了相关的仿真和试验研究，并开发出了相关的水源热泵机组及与之匹配的制冷剂，如清华大学研发的环保型高温水源热泵机组及申报的“HTR01”和“HTR02”的混合工质专利等，其供热量为300kW，能有效地利用30～60℃的低品位热水资源，稳定地提供70～85℃的热水，能效比大于3.4。

（2）强化传热

近年来，国内外对于两器的研究十分活跃，通过强化传热，来缩小设备尺寸，提高热效率，归结起来主要有以下几个方面：

① 开发新型换热器，采用涂层、粗糙或扩展表面，例如换热表面采用多孔表面、粗糙表面、螺旋表面或肋化表面等强化传热。

② 改善两器内液体的流动状况，在蒸发器内装入多种形式的湍流构件，可提高沸腾液体侧的传热系数。例如将铜质填料装入满液式蒸发器后，可使沸腾液体侧的传热系数提高50%。这是由于构件或填料能造成液体的湍动，同时其本身亦为热导体，可将热量由加热管传向溶液内部，增加了蒸发器的传热面积。

③ 改进溶液的性质，例如有研究表明，加入适当的表面活性剂，在换热介质中掺入

少量异种物质小颗粒来强化换热。加入适当阻垢剂减少蒸发、冷凝过程中的结垢亦为提高传热效率的途径之一。

2. 环保

随着环境污染问题的日益严重，传统的广泛使用的制冷剂，如R11，R12，R113，R114和R22等，由于其臭氧破坏潜能（ODP）大、全球变暖潜能（GWP）大，逐渐被淘汰，传统的自然工质受到普遍关注。

欧洲热泵协会中，现今讨论的热点问题是如何用自然工质来取代HFCs等传统工质在热泵中的应用。在挪威等国，CO_2已经作为高温工质在高温热泵实验中开始使用，与传统热泵系统相比，CO_2跨临界循环的运行压力相对较高，系统的设备，部件，管路都要重新设计和计算，从理论上来讲，压缩机的出口温度可以达到110℃，足可以满足工业加热和供暖所需。国外如日本已经开始CO_2应用于热泵热水器并大量投入生产，国内的这方面研究也刚刚开始，相信在不久的将来，CO_2作为新型的制冷工质将在中高温热泵中间广泛使用。除此之外，R717（氨）在欧洲的一些国家开始被用于热泵系统中，在瑞典的热泵产品中，丙烷已经取代R22应用于热泵系统中，因此在热泵工质研究中，自然工质的使用是对现在，更是向未来的挑战。

尽管二氧化碳、丙烷和氨等自然制冷剂具有良好的热物性以及循环性能，但由于其使用安全性一直没有解决，并没有得到广泛的应用。HFCs及其混合物具有与R22相近的热力性质，是目前水源热泵广泛采用的替代工质，其中R134a、R410A和R407C是近期合适的R22的替代工质，HFC32、HFC25、HFC134a、HFC143a、HFC152a、HFC227ea、HFC236fa和HFC245fa被认为是具有潜力的水源热泵替代工质或组分。

3. 高温化

从对北美地区的调查来看，食品烟草、纤维工业、木材工业、纸浆加工、化学工业、橡胶制品、皮革制品、陶瓷工业需要的温度大部分都在100℃以上，因此高温热泵有良好应用前景，使其成为近年国际热泵研究的一个基本方向。在日本的超级热泵项目，美国IEA热泵中心和IIR热泵发展计划及欧洲的大型热泵研究计划中，高温热泵均是其中的重点研究内容之一。国内目前水源热泵也在向高温化方向发展，主要用于原油加热、高温供暖、工业废热回收利用等方面，研究主要集中在中高温制冷剂研究上，目前已经经过试验并可能可靠提供60℃以上的制冷剂有HFC227ea、HFC236fa、HFC245fa、HCFC22/CFC114、HFC32/HC290、HFC32/HFC152a、HC290/HC600a、HCFC22/HFC134a、HCFC22/HFC152a、HCFC22/HCFC142b、HCFC22/HCFC123、HCFC22/HCFC142b/HCFC21、HCFC22/HCFC21、HCFC22/HCFC152a/HCFC21、R22/R141b、R290/R600a/R123等。

第6章　地源热泵系统的测试与评价

地源热泵技术已经基本成熟，但在各个应用环节还存在着一些问题，这些问题的存在大大降低了地源热泵技术本身优势的发挥，也影响其健康发展。对于具体项目地源热泵系统是否节能要看系统实际的检测结果，但对于目前运行的大多数项目的实际情况还缺乏具体数据的反馈，而且目前国内关于地源热泵系统还没有一个完整的测试和评价体系，因此通过对地源热泵示范项目的测试、调查和分析，建立和完善地源热泵系统测试和评价体系，对于保证我国地源热泵技术的健康发展具有重要的意义。

目前，地源热泵技术检测受到业界的充分重视，住房和城乡建设部组织相关科研单位正在编制的《可再生能源示范项目测评标准》，并要求住房和城乡建设部批准并享受补贴的可再生能源示范项目必须依据标准进行测评工作，依据测评结果来决定是否继续给予财政部政府财政补贴，示范项目主要为太阳能和地源热泵技术。

地源热泵测评技术主要依托单位是国家空调设备质量监督检验中心、高校和地方科研单位等。目前，国内对地源热泵项目测试分析主要集中在地源侧换热器的测试及换热特性的模拟研究，对于系统全面的测试评价才刚起步，以下主要介绍地源热泵项目综合测试和评价方法、测试项目情况、测试结果及分析。

6.1　检测评价方法

6.1.1　测评内容

1. 测试内容

系统性能检测主要是针对整个地源热泵系统，不是针对某个设备进行评价，测试目的是对地源热泵系统运行情况进行全面评价。对某个地源热泵应用项目做出全面、客观、合理的评价，一般要测试以下内容：

（1）室内应用效果；

（2）热泵机组的性能；

（3）输配系统的性能；

（4）地源热泵系统综合能效；

（5）地源侧特性；

（6）地下水地源热泵系统回灌效果。

2. 评价内容

（1）室内空调效果；

（2）水源热泵机组和系统能效；

（3）系统节能性；

（4）系统经济性；

（5）系统环保性。

6.1.2 测评方法

1. 测试方法

地源热泵系统综合能效现场测试应在比较典型的供暖日和供冷日进行测试，测试周期为5~7天。

（1）室内应用效果测试方法

调节室内温湿度，满足人们舒适性要求或工艺要求是空调系统最基本的功能，地源热泵空调系统各种性能的评价都要在满足舒适性要求的前提下进行。因此在对地源热泵系统性能进行测试和评估的同时，应首先对地源热泵空调系统的室内应用效果进行测试。

地源热泵系统室内应用效果即舒适性测试，包括制冷季和供暖季效果测试，测试应选择典型的供暖日（供冷日）进行测试，测试方法相同，对于热泵系统同时承担冬季热负荷和夏季冷负荷的项目，应在两个季节分别进行测试，具体测试参数主要是温度和湿度。具体测试步骤及测试仪器参照相关规范和资料，这里不再详述。

室内应用效果的测试一般要求连续监测，根据具体情况确定监测时间间隔，室外温湿度的监测应与室内温湿度监测同步，测试时间长短根据具体情况确定。

（2）机组能效测试方法

水源热泵机组性能（COP）是指热泵机组输出冷热量与输入功率的比值，每台热泵机组都有铭牌参数，包括制冷量、制热量、输入功率、输入电流、进出口水温、能效比，铭牌上的值都是在实验室额定工况下得出来的值，并不是机组实际运行参数，这里热泵机组的性能检测是指机组在实际应用工况下的性能检测。

热泵机组性能测试包括供冷季和供暖季测试，测试方法和测试参数相同，对于冬夏季都应用的热泵系统，应在典型的供冷季和供暖季分别进行测试，主要测试参数：

① 热源侧介质流量（m^3/h）；

② 空调侧介质流量（m^3/h）；

③ 热源侧进出口介质温度（℃）；

④ 空调侧进出口介质温度（℃）；

⑤ 机组输入功率（kW）；

⑥ 机组制冷（热）量（kW）；

⑦ 机组制冷（热）工况下的性能系数。

（3）输送系数性能检测方法

输送系统的性能是反映热泵系统输送系统输送能力的主要参数，是输送冷热量与输入能量的比值，输送系数越大表示单位输入功率输送的冷热量越大，所以，输送系统的输送系数越大，表示输送系统的输送性能好。

输送系统主要指热源侧能源输送系统和空调侧能源输送系统，热源形式或者系统形式的不同测试内容也相应不同，一般包括末端循环泵、地源侧循环泵或潜水泵或海水泵、二次泵。同样输送设备本身都有铭牌参数，主要包括流量、扬程、输入功率等，这些也指实验室额定工况下的运行参数，与实际运行工况不同。这里的输送设备性能检测主要指现场应用实际性能检测。主要测试参数：

① 水泵流量（m^3/h）；

② 水泵扬程（mH_2O）；

③ 水泵功率（kW）；

④ 水泵效率；

⑤ 系统输送系数。

（4）系统能效测试方法

地源热泵系统的综合能效指整个热源系统输出能量与输入能量的比值，它不是指某个设备性能，而是指整个系统包括所有设备的综合性能，系统中每个设备的性能都会直接影响系统的性能，不仅如此，系统中各个设备之间的匹配、系统的运行模式、控制方式是否合理都会影响系统的性能，要测试系统的运行性能需要测试如下参数：

① 系统空调侧流量（m^3/h）；

② 系统空调侧介质进出口温度（℃）；

③ 系统热源侧流量（m^3/h）；

④ 系统热源侧介质进出口温度（℃）；

⑤ 系统的供冷（热）量（kW）；

⑥ 系统总的输入功率（kW）；

⑦ 系统的性能系数。

（5）地源侧换热特性测试方法

地源热泵技术是间接利用浅层地能来供暖或供冷，浅层地能包括土壤、地下水、地表水（江水、湖水、海水）和生活污水、工业废水。这些低位热源的特点和热物性直接影响地源热泵系统的应用效果，因此在项目初期需要对低位热源的热物性进行测试，对于土壤源热泵系统来说主要参数包括土壤的含水量、导热率、比热容、密度等。地下水系统主要参数有含水层的深度、类型、富水性、地下水的补给条件、水质等。

上述参数需要在地源热泵系统方案确定之前进行测试，这里的地源侧换热特性主要指系统设计安装完成后，地源侧换热系统的实际应用特性。按照地源侧热源形式确定需要具体测试的参数，测试的内容主要包括热源温度的稳定性及可持续能力。

① 地表水源、污水源：取水温度、热源侧换热量；

② 地下水源：取水温度、流量、热源侧换热量；

③ 土壤源：水温、土壤温度、热源侧换热量。

（6）地下水回灌效果的检测方法

虽然地源热泵系统是一种节能环保型空调系统，但利用地下水资源作为热源时，如果在前期勘察、设计、施工、运行管理等各个环节中出现问题，可能会导致地下水资源的消耗或者污染。由于我国地下水资源形式严峻，必须实施严格的水资源保护措施，因此充分回灌是地下水源热泵系统的生命线。对于地下水源热泵系统来说，回灌水量及回灌水质的监测应该放在第一位。

① 回灌水量检测方法

对于地下水源热泵系统回灌效果的测试需要连续监测且选好测试位置，同时要注意观察各个回水井的井口位置有没有溢水迹象。

抽水水量测点可直接设置在制冷机房内总的管路上，回灌水量要求在各个回灌井支路靠近回灌井处进行测试，要求测试周期内累计抽水量和累计回灌水量。

② 回灌水质检测方法

虽然从表面上看，水源热泵机组只是提取了水中的热量，水源水经过热泵机组进行热量交换后又回灌到地下，水质几乎没发生变化，回灌不会引起地下水污染，但还是会有一些潜在原因可能会引起水质的变化，例如输送管道上生锈、换热器管路的泄漏等都会对回灌水质产生影响。一旦发生地下水质污染，后果将不堪设想，尤其是离饮用水较近的水源。

因此，回灌水质的监测应该是持续监测，可取的做法就是定期对回灌水质进行取样，送有关部门检测。

2. 评价方法

（1）室内应用效果评价

对室内外温湿度监测结果进行整理，计算室内温度保证率，具体计算方法见式（6-1）。

$$PPS = \frac{N_{ps}}{N_{pt}} \tag{6-1}$$

式中　PPS——室内温度保证率；

N_{pt}——总的测点数量；

N_{ps}——满足要求的测点数量。

根据室内温度保证率对地源热泵系统在该项目中的室内应用效果进行评价。

（2）地源热泵系统性能评价方法

按照实测热泵机组制热量（制冷量）和消耗的功率，计算各个时刻地源热泵机组的EER（COP），具体计算公式见式（6-2）：

$$EER(COP) = \frac{Q}{P} \tag{6-2}$$

式中　EER——机组制热工况能效比；

COP——机组制冷工况能效比；

Q——实测制热量或制冷量（kW）；

P——机组实际输入功率（kW）。

根据计算结果可以得出机组性能随负荷变化的关系曲线，根据变化曲线对热泵机组实际运行性能，包括热泵机组对负荷变化的适应调节能力进行评价。

（3）输送系统评价方法

① 水泵效率

根据输送设备运行效率的实际计算结果与其额定工况下效率进行比较，对输送设备的运行效率进行评价。

②系统输送系数

系统输送系数是指输送系统输送冷量（热量）的效率，是输送冷量与消耗能量的比值，具体计算公式见式（6-3）：

$$WTF = \frac{Q_t}{N_t} \tag{6-3}$$

式中 WTF——水输送系数；

Q_t——水系统输送的冷量或热量（kW）；

N_t——水系统消耗的功率（kW）。

输送冷热量的计算方法与机组两侧换热量计算方法相同，输送系统的功率指水泵所消耗的功率。

根据输送系统的输送系数对输送系统运行方式的合理性和输送系统的实际运行性能进行评价。

（4）综合能效评价方法

综合能效是评价地源热泵系统的综合性指标，它反映了由制冷（热）设备和输送设备所组成的热泵系统的综合能效。

根据测试期间地源热泵系统总的供回水介质的温度、系统流量，计算系统在不同时刻的逐时制热量或制冷量，将各时刻系统各设备功率求和，得出不同时刻系统总的输入功率，进而得出不同时刻系统的性能系数，具体计算公式见式（6-4）。

$$COP_s = \frac{Q_s}{N_s} \tag{6-4}$$

式中 COP_s——系统性能系数；

Q_s——系统总制冷（热）量（kW）；

N_s——系统总的输入功率（kW）。

将不同时刻热泵系统的制热量（制冷量）即系统负荷变化与系统性能系数的变化关系生成曲线。根据测试期间系统运行情况及性能，对整个地源热泵系统运行的可靠性、稳定性和随负荷变化的自动调节能力进行评价。

（5）地源侧换热特性评价方法

根据测试周期内热源温度（取水温度或土壤温度）的测试结果，分析热源温度的变化趋势，分析地源热泵空调系统对热源温度的影响程度，进而分析热源的稳定性和可持续性。对热源的影响可以用单位换热量的温升作为量化指标。

（6）地下水回灌效果评价方法

① 回灌率

根据测试周期回灌水量与抽水量的测试结果，计算回灌率，对地下水源热泵系统回灌效果进行评价。

② 回灌水质

根据抽水水质及回灌水质的检测结果和对比，对水源热泵系统对地下水质的影响进行分析评价。

（7）节能性评价方法

节能性评价主要指其相对于传统的供暖或空调方式的节能性分析，一般选取一个供暖季或一个供冷季进行分析评价，对于地源热泵系统既供冷又供暖的项目，可以综合起来进行评价。以下分别介绍制热工况和制冷工况节能性的评价方法。

1）供暖季节能性评价方法

① 负荷估算

负荷估算是节能性评价的基础，根据热负荷的构成特点，可以根据测试期间室内外温度测试结果、负荷计算结果以及当地历史气象资料对整个供暖季的热负荷进行估算，目前负荷计算主要局限于设计阶段，而设计负荷往往比实际负荷偏大，而要对项目的全年负荷进行测试又不太现实，因此建议采用实测与计算（度日法）相结合来估算全年热负荷。

② 节能性评价

根据负荷估算结果，结合空调系统运行管理人员提供的运行记录、测试结果和其他相关资料，对测试项目地源热泵系统供暖季能耗进行计算。同样根据负荷估算结果，结合各种供暖方式的一般计算效率，计算采用常规燃煤锅炉供暖所需要的能耗。将两种供暖形式的能耗折算成一次能源进行比较，计算地源热泵系统相对于常规供暖方式的一次能源节能率。具体计算公式见式（6-5）。

$$SEP = \frac{CE_c - CE_g}{CE_c} \tag{6-5}$$

式中　SEP——节能率；

CE_c——常规空调系统一次能源消耗量（t标准煤）；

CE_g——地源热泵系统一次能源消耗量（t标准煤）。

2）供冷季节能性评价方法

① 负荷估算

根据建筑功能及冷负荷形成的特征，依据测试期间负荷随室外环境温度变化情况、各个时间段负荷分布情况和室内外温湿度测试结果，采用合适的方法估算整个供冷季的冷负荷。

② 节能性评价

根据冷负荷估算结果、实测结果和运行管理人员提供的相关资料，对地源热泵空调系统供冷季能耗进行估算，采用同样的方法对运用常规水冷空调系统所需要的能耗进行估算，将两者消耗能源折算成一次能源进行比较。

注：对于同时承担冬季热负荷和夏季冷负荷的地源热泵空调系统，可以综合起来对该系统的节能性进行评价。

（8）经济性评价方法

经济性评价指其相对于传统空调系统的初投资、能耗费用、运行管理费用、使用年限等方面的综合分析评价。

① 计算方法

初投资计算，对于地源热泵示范项目的初投资，可以根据项目管理人员提供的相关资料（设备价格、安装费用、配合费等）计算该项目空调系统的初投资。另外，在没有相关资料的情况下可以根据热泵系统的形式、热泵机组以及输送设备的品牌等信息，依据行业内一般价格和空调面积估算地源热泵项目的初投资。

能耗费用计算，根据制冷季或供暖季地源热泵系统消耗的能源数量，结合当地能源的价格计算所需要的能耗费用。

运行管理费用计算根据系统配置情况、自控程度确定大致需要运行管理人员的个数，结合当地工资水平计算一个供冷季或供暖季地源热泵空调系统管理需要的人工费，根据设备具体情况估算一个制冷季或供暖季所需要的维护费用。

② 评价基础、评价方法

采用寿命周期费用成本法（LCC）对示范项目地源热泵系统的经济性进行评价。寿命周期成本法是把供暖空调系统在寿命周期内所有的成本，包括初投资、运行能耗费用、维护费用等通过选择贴现率，把未来的成本价值贴现为与之等值的现值累加起来。这一成本可以表现为现值也可以表现为年值。具体计算公式见式（6-6）。也可以简单地计算静态回收期，将地源热泵系统的增量投资成本除以因投资产生的项目实施后每年节约的费用。

$$ENPV = \sum_{t=0}^{n} \frac{C_t}{(1+i)^n} \tag{6-6}$$

式中 $ENPV$——费用现值；

i——贴现率，按银行一年期的利息计算；

C_t——为 t 年的成本；

n——寿命周期。

（9）环保性评价方法

地源热泵技术属于可再生能源技术，地源热泵应用项目会带来良好的环境效益，包括较少温室气体和有害气体的排放、减小热岛效应等。另外在采用地下水源作为热源时，还包括回灌水量及回灌水质对水资源的影响。

① 对水源影响评价方法

这里水源指地下水源，主要指采用地下水源热泵系统的示范项目。具体评价方法：根据回灌水量测试结果及回灌水质化验结果和空调运行管理人员提供相关资料，对水源热泵系统地下水回灌质量和对水源的影响进行客观的评价。

② 对大气环境影响评价方法

根据地源热泵空调系统相对于常规空调系统的一次能源节能率，参照消耗一次能源所产生的温室气体和污染气体量，对示范项目应用地源热泵空调系统所带来的环保效益进行评价。

③ 节水性

常规水冷式空调系统需要设置冷却水系统，冷却水系统需要消耗大量的水，包括冷却所需要的蒸发水量、漂水量和排污水量。而地源热泵空调系统制冷工况运行时，理论上没有水量损失。具体节水量的计算方法，可以根据循环水量按一定的水量损失比例进行估算，也可以根据实际负荷的大小分别计算需要的蒸发水量、漂水量和排污水量并进行累加。

6.2 测试项目概况

国家空调设备质量监督检验中心是原国家标准局1985年10月发文拟建的第一批113家国家级质检中心之一，中心于1989年通过原国家技术监督局的审查认可和计量认证，2000年按CNACL 201—99《实验室认可准则》(等同ISO/IEC导则25（1990)《校准和检测实验室资格的通用要求》）通过中国实验室国家认可委员会的评审，首次通过国家实验室认可和国家计量认证、审查认可，是国家依法授权的具有第三方公正地位的空调设备、系统质量监督检验机构。中心基本任务：承担国家监督抽查、仲裁检验、产品鉴定、许可证和委托检验评定工作；编制有关空调产品及系统的标准、规程；研究、开发新的检验技术方法和进行技术咨询、检测人员培训；承担各类空调设备、采暖设备应用实验室的设计、施工、调试和性能认定。

近年来，中心承担许多重点工程验收工作和空调领域应用新技术的测评工作，因此是目前国内对地源热泵系统进行测评最多的单位，也是可再生能源示范项目测评工作主要技术依托单位之一。

目前地源热泵测试项目主要来源是，科研课题、国家重点工程验收和示范项目验收，下面着重从以下几个方面介绍测试项目。

1. 科研项目

科研项目　　表 6-1

科研项目	测试项目	建筑类型	建筑面积（m^2）	热源形式
建设部科技司课题《大型公共建筑冷源系统能耗调查》	北京二十一世纪大厦	办公	15600	地下水源
	北京大红门商场	商场	100000	地下水源
	北京友谊医院	医院	94000	地下水源
《沈阳地源热泵项目冬季应用情况测评》	沈阳金海园小区	住宅	70000	地下水源
	沈阳五里河污水处理中心	办公＋厂房	6000	污水源
	沈阳和泰大厦	住宅＋办公	45000	地下水源
	东北大学游泳馆	公建	6670	地下水源
	沈阳罗曼宫酒店	酒店	14000	地下水源
	沈阳世博园玫瑰园	公建	7351	土壤源

2. 建设部、财政部可再生能源示范项目验收

可再生能源示范项目主要包括太阳能应用项目和地源热泵项目，为了保证建设部可再生能源示范项目的顺利实施、加强对可再生能源建筑应用示范项目进行管理和监督，建设部组织相关检测单位分批对目前已经批复的273个可再生能源示范项目进行测评。这里列出几个典型的地源热泵示范项目。

建设部、财政部可再生能源示范项目　　表 6-2

项　目　名　称	建筑类型	示范面积	热源形式
北京鑫福里小区热泵集中供暖工程（改造项目）	住宅	13万m^2	地下水源、污水源
大连星海湾商务区海水源热泵工程	公建	200万m^2	污水源、海水源
上海浦江智谷商务园地源热泵工程	公建	约14万m^2	土壤源
济源市国际时代商业广场地源热泵工程	公建	8.5万m^2	地下水源

3. 大型、重点工程验收

国家空调设备质量监督检验中心受北京市建设工程安全质量监督总站的委托，对2008年奥运会所有比赛场馆的空调通风系统、冷源系统进行性能测试，并对各场馆的冷源系统的运行情况进行评价。

2008年北京奥运会比赛场馆的建筑本着绿色、节能、环保的理念，采用了很多环保节能的新技术。仅奥运村就采用了建筑外围护结构及遮阳、太阳能集中热水系统、再生水源热泵技术、景观花房生物水处理技术等20多项高新节能技术。表6-3列出采用地源热泵技术的几个场馆。

采用地源热泵技术的几个奥运场馆 表 6-3

项目名称	建筑功能	建筑面积	热源形式
顺义水上公园（2008 年北京奥运会水上项目比赛场地）	公建	15000m^2	地下水源
北京工业大学体育馆（2008 年北京奥运会羽毛球和艺术体操比赛场地）	公建	20000m^2	地下水源
青岛国际帆船中心媒体中心（2008 年北京奥运会帆船比赛场地）	公建	8000m^2	海水源
奥运村（2008 年北京奥运会运动员居住和活动场所）	住宅	37 万 m^2	污水源
网球中心 2 号赛场（2008 年北京奥运会网球比赛场地）	公建	约 1 万 m^2	土壤源

6.3 检测结果及分析

6.3.1 应用效果

测试各应用项目室内效果良好，基本满足设计或规范要求，大部分用户对热泵系统的应用效果比较满意。

6.3.2 水源热泵机组性能

（1）冬季

在热泵系统正常运行的情况下热泵机组平均性能系数为 3.33，多数机组运行 COP 值在 3.1 ~3.7 之间，有些特殊情况的如以热源品质较高的工业废水作为热源时，机组的性能系数达到 4 以上。

（2）夏季

夏季热泵机组平均运行 COP 为 4.6，多数热泵机组夏季运行性能系数在 4.1 ~5.2，也有个别的项目机组运行性能系数低于 3.5，主要原因一方面是机组本身性能较差，另一方面是机组长期小负荷运行，还有就是设备长时间严重偏离机组允许工况运行，造成机组性能衰减较大。

6.3.3 地源热泵系统性能

1. 系统性能系数

冬季热泵系统平均运行性能系数为 2.5，大部分项目系统性能系数都在 2 ~3 之间，也有个别项目因为匹配不合理等原因系统性能系数低至 1.5。

夏季热泵系统平均性能系数为 3.2，大部分系统系统性能系数都在 2.7 以上。各个项目热泵系统运行参数的差别包括设计、设备、运行等原因，对于热泵系统来说匹配和运行模式对系统性能影响较大。

2. 输送系统性能系数

热源输送系统的性能是影响热泵系统性能的主要参数之一，评价输送系统性能可以用输送系数作为评价指标。

冬季：项目使用侧平均输送系数为 23，热源侧输送系统输送系数平均为 18。大部分系统热源侧和空调侧输送系统性能都在 15 ~30 之间。有些个别改造由于匹配不合理等原因导致输送系数较低，最低的只有3.0，这说明输送系统能耗和热泵主机能耗相当，系统运行极不合理。

夏季：测试项目夏季使用侧平均输送系统能耗平均为21，热源侧输送系统输送系数平均为27。大部分输送性能系数在17~37之间。也有个别的项目系统配置比较合理，自控水平较高，运行合理，其两侧输送系统输送系数能够达到50以上，相反也同样存在一些差的项目输送系统输送系数只有2.0。

3. 能耗构成比例

冬季测试热泵主机能耗约占系统能耗的70%，夏季约67%。比较差的项目主机能耗只占系统能耗的50%。

能耗构成比例 **表6-4**

比较项目	冬季		夏季	
	输送系统能耗比例	热泵主机能耗比例	输送系统能耗比例	热泵主机能耗比例
实测平均值	28%	70%	34%	67%
一般设计配置比例	20%	80%	23%	73%

6.3.4 节能效果

从测试结果来看，夏季地源热泵系统相对常规的水冷冷水系统或者大型的风冷热泵系统节能效果并不明显，当然和分体空调相比，还是有很大的节能优势。因此地源热泵系统的节能性主要体现在冬季供暖，经济性也一样。测试项目冬季相对常规分散锅炉供暖系统平均节能率为30%，应用效果好的项目节能率达43%。

6.3.5 经济性

影响地源热泵系统使用经济性的因素很多，如国家能源政策、环保节能政策、能源价格、建筑环境、使用者以及气候条件等。采用地源热泵系统供暖在几种供暖方式中能量转换系数最大，因此在运行费用的节省上也占有一定的优势。

测试调查项目比较结果为：各种供暖方式中，燃煤锅炉房运行费用最低，其次就是地源热泵系统供暖，再次为天然气锅炉房供暖，最贵的就是燃油锅炉供暖。图6-1是北方某地区水源热泵应用项目经济性分析结果。

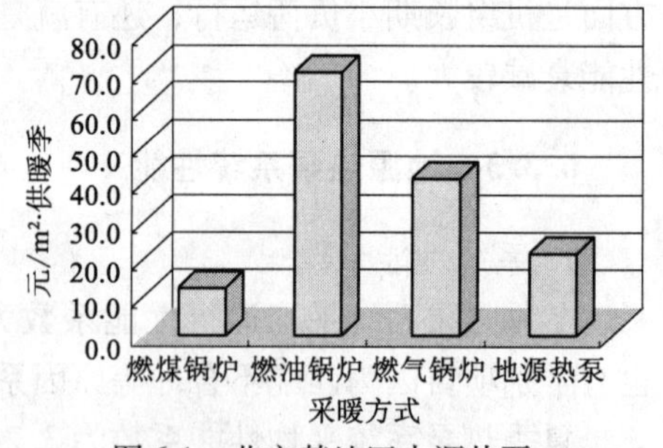

图6-1 北方某地区水源热泵应用项目经济性分析

6.3.6 环保性

为了彻底整治环境，减少污染气体的排放，我国政府正在规划改变以煤为主的能源结构，以实现可持续发展。北京等城市正在考虑以电代煤的办法来解决城市污染问题。煤炭用于发电有着较高的利用效率，而且是最有效控制污染的途径，在大型、特大型锅炉中，采用现代技术，可将燃煤产生的三大大气污染源——尘埃（悬浮颗粒物）、二氧化硫、氮氧化物除去99%。被称为“绿色”供暖系统的地源热泵技术利用少量的电能输入实现可再生能源的利用，能够节约一次能源煤的耗量，同时也减少了污染气体的排放，缓解温室效应和“酸雨”现象。

虽然燃煤锅炉的运行费用较低，但其对环境的污染严重，各城市为了缓解污染物排放带来的环保压力，限制其应用发展。应用地源热泵供暖系统，运行费用虽然稍高于燃煤锅炉，但其社会效益明显，综合考虑节能、环保和经济效益，地源热泵系统是比较合适的供暖方式。根据测试结果，北方地区采用地源热泵采暖相对于常规的燃煤锅炉供暖，每个供暖季每平方米可减少二氧化碳排放21kg，减少二氧化硫排放0.7kg，减少氮氧化物0.6kg。

6.4 存在的问题

由于热泵技术在我国的应用时间相对来说比较短，有些技术的研发还不够深入，同时缺乏相应的市场规范，因此在设计、施工及运行管理等方面存在很多问题，从而降低了系统的节能效果，严重的可能会导致根本不节能，甚至系统瘫痪。通过对部分地源热泵项目的调查测试，发现了在实际应用中的一些问题，下面结合测试情况提出地源热泵技术应用的几个关键性问题和建议。

6.4.1 基础资料收集

无论土壤源热泵系统或者是地下水源热泵系统，其应用条件和应用效果都和当地的气候条件、水文地质情况等有密切的关系，目前我国地源热泵技术虽然广泛应用，但还是在摸索总结阶段，没有形成地源热泵技术应用各个环节所涉及要素的资料库。因此，要注重基础资料的收集和项目的可行性研究工作，有针对性地使用该项技术，促进其有效推广和可持续发展。

6.4.2 系统匹配

地源热泵系统一般被分为三个部分，即末端输送系统、制冷或制热主机与冷热源输送系统，三个系统有机的结合在一起并相互影响。设计时应根据负荷认真计算系统的各项技术参数，对三个部分的匹配进行优化设计，并选择适合的设备。在实际工程测试总结中发现有些项目循环水泵选型过大，很多项目水泵耗电量能占总用电量的30%，甚至到50%，从而大大降低了系统能效比，有些项目主机选型过大，机组频繁启停，不但增加初投资，而且降低了设备的使用寿命。

6.4.3 条件限制

对于应用地下水源热泵系统来说，可靠充足的水源是最关键的，可靠的水源是应用这项技术的前提。而我国目前大部分地区水资源量不足，水源的保证率受降雨量和回灌量的影响较大。另外很多建筑周围场地面积狭小，布井抽水和回灌受到限制，因此，采用水源热泵技术前期的可行性研究是非常必要的。

6.4.4　布井不合理

地下水源热泵系统用水井布置是否合理，不但会影响出水量，而且会影响地下水出水温度，从而直接影响到水源热泵系统的运行效率。目前对于水源热泵用水井的布井方向和井间距，国内还没有明确的规定，各地区应根据抽水与回灌实验结果来确定水井的数量、间距、位置等。如果抽井间距过小，会降低地下水位，从而影响水井出水量；如果回灌井间距过小，而且土壤的渗透系数较低，会抬高地下水位导致回灌不畅；如果抽水井与回灌井间距过小，长时间运行，地下水温会不断的升高或降低，形成抽水与回灌间的“热短路”，致使系统运行效率下降，严重的会造成系统瘫痪。为消除上述负面影响，应根据地下水资源情况，选择合理的布井方向和布井间距。在北京地区要求井间距一般不小于50m，水井距离建筑物不小于30m。

6.4.5　回灌效果

为了保护地下水资源，避免水资源的流失，应用地下水源热泵系统时，一定要保证取出的地下水全部回灌。目前有些地下水源热泵系统存在不同程度的回灌问题，大部分地下水源热泵系统没有回灌水量、水位和回灌水质的监测装置，这样会对地下水资源造成不可预知的影响。

6.4.6　地下水水质

地下水的水质情况可以在前期工程勘查中得到，包括水的温度、化学成分、浑浊度、硬度、矿化度和腐蚀性等。大部分工程采用了地下水经过处理后直接进入主机的方式，这样减少了中间换热过程，提高机组的运行效率。而这种方式关键问题在于地下水的水质情况，若水源中含砂量较高，而矿化度较低（小于350mg/L），可以使用旋流除沙器降低含砂量，防止换热器的阻塞。如果地下水矿化度为350～500mg/L时，为防止腐蚀换热器，地下水不能直接通入机组换热器，需要安装不锈钢板式中间换热器。当水源水矿化度大于500mg/L时，中间换热器应使用钛合金板式换热器。弄清地下水的水质并采用相应的处理办法对系统的安全运行有着至关重要的作用。

6.4.7　水体污染

地下水地源热泵系统通过抽取相对恒温的低品位浅层地表水体作为热源，浅层地表水体作为储存热量的介质使用，它通过封闭的管道在吸收或者释放热量后回灌到水体，回灌水的温度会升高或降低，而其组成成分基本不变。但地下水源热泵系统的运行会造成对水体的热污染。

目前，国内外还没有明确关于热污染的地下水温度排放标准，对这一方面的研究成果也较少。在美国，根据立法机关的要求，已把热排放标准定入法律，对于地下水，排放的温度容许相差5℃。

温度的变化对地下水中的物理、化学和生物过程会有影响，从而对水质产生影响。而这种影响是一个缓慢的过程，其影响程度和范围与回灌水的温差有很大的关系。在没有完全查明回灌水温差对地下水环境影响的情况下，需要加强监测，不断总结和研究，促进这项技术的健康发展。

6.4.8 产品性能质量，产品系列

目前国内地源热泵产品生产厂家有数百家，各个厂家的技术水平及实力参差不齐，因此产品的性能和质量差别较大，影响了该技术的应用和发展。另外，随着可再生能源利用越来越受到人们的重视，可利用的能源形式及应用范围都在逐步的增多，现有的产品已经不能满足技术应用，新的产品有待开发。

第7章 典型工程

本章筛选了部分我国目前地源热泵系统影响力较大的项目进行简单介绍，供广大技术人员参考。

7.1 地埋管地源热泵系统

7.1.1 北京九华山庄

1. 工程概况

北京九华山庄二期酒店工程位于北京市昌平区，是一家涉外四星级庭院式度假酒店，建筑面积共计131262m^2，地下1层，地上13层，建筑高度为55.2m（图7-1）。

图7-1 九华山庄二期酒店工程

2004年冬季，该工程地埋管地源热泵系统施工完毕，具备了调试条件。自2005年4月下旬开始一直运行至今，测试结果表明，运行情况达到了设计要求。

2. 空调系统设计

（1）空调系统负荷

该工程建筑总冷负荷为13000kW，总热负荷为10500kW。

（2）空调系统综述

该工程冷热源系统采用地埋管地源热泵复合式系统，冬夏季基本负荷由地埋管地源热泵系统承担；峰值负荷冬季由汽水换热系统承担（蒸汽由原有锅炉房提供），夏季由冰蓄冷系统承担，达到削峰填谷，节省运行费用的目的。其中冰蓄冷系统采用部分负荷蓄冰系统，制冷主机和蓄冰设备为串联方式，主机位于蓄冰设备上游。

地埋管地源热泵系统选用5台热泵机组，单台制冷量为1251kW，制热量为1100kW；冰蓄冷系统选用3台双工况主机，单台制冷量为1192kW，制冰量为821kW；蓄冰设备采用蓄冰盘管936片，总蓄冰量为28128kWh，蓄冰盘管安装在箱形基础内。汽水换热器2台，单台装机容量为2100W。

(3) 地下换热器设计

地埋管地源热泵系统设计的核心是地下换热器的设计，地下换热器的设计与土壤的热工参数、建筑物的负荷情况以及运行时间都有很大关系，不能仅仅根据冷热峰值负荷简单计算地下埋管长度，要综合考虑热泵机组全年运行的影响。

① 测取地下热工参数。不同地质情况岩土导热性能有很大差别，岩土的温湿度以及地下水情况等都会影响地下换热器的设计，因此，设计前做热响应试验来获得土壤的导热系数并把它作为设计依据是非常必要的。

在九华山庄相应区域打试验用孔，采用进口测试设备，实际测得当地土壤的热物性参数：

土壤初始温度为16.45℃

土壤的导热系数为1.98W/(m·K)

② 根据热响应试验测出的土壤特性，输入空调负荷，由地下换热器专业计算软件，确定工程的埋管形式，竖直埋管的深度、打井数量和分布等情况。

该工程共采用700个双U形地下换热器，深100m。

③ 地下热平衡模拟

保证地下热平衡是地下换热器系统常年稳定运行的关键。根据初步确定的系统方案和冬季调峰比例，在充分保证地下热平衡的前提下，确定夏季冰蓄冷的调峰比例，并利用地下换热器设计软件进行模拟计算，依据模拟结果反复调整和优化方案，最终方案的计算结果如图7-2、图7-3所示。

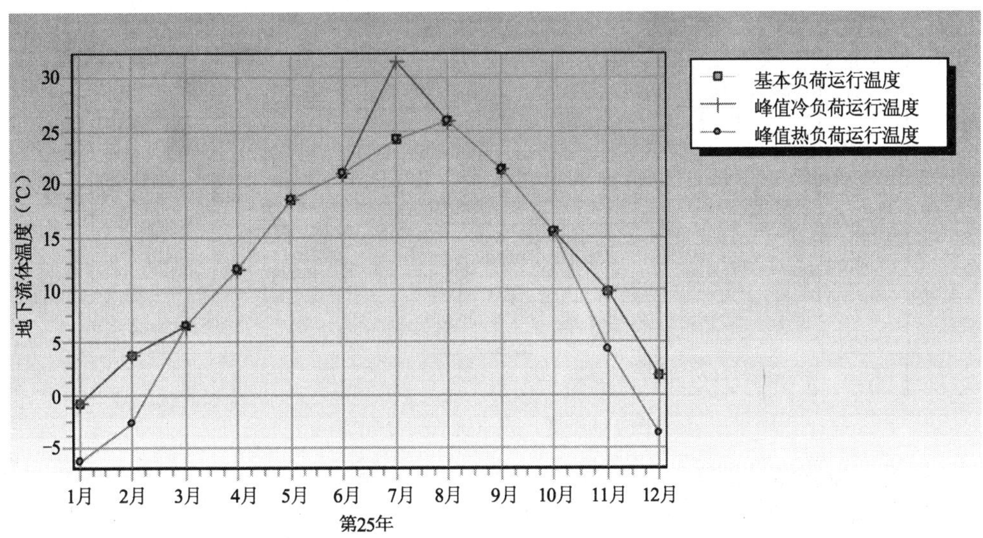

图7-2 采用复合式系统第25年地下温度情况

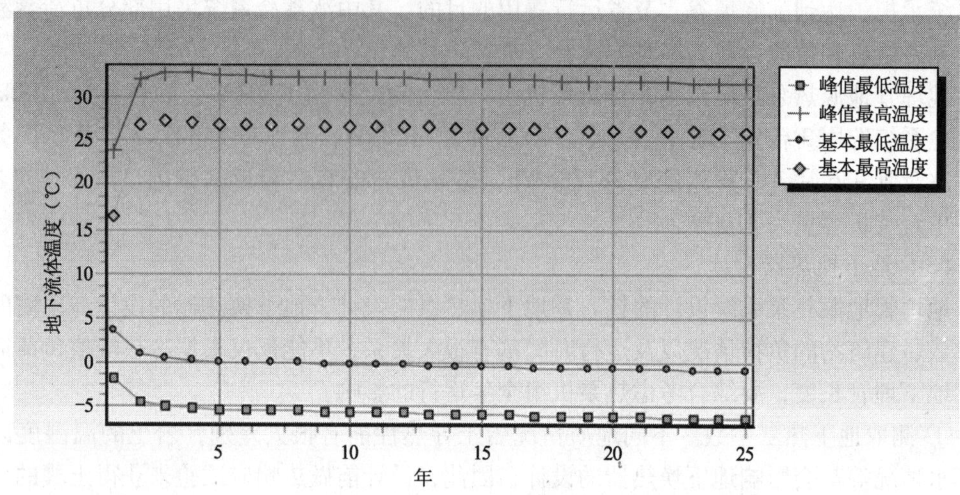

图7-3　采用复合式系统地下温度25年变化情况

从图7-2、7-3可以看出，采用复合式系统，地下换热量冬夏季达到了热平衡，地下温度变化不大，第25年地下温度在-5.5～32℃之间变化，可以保证热泵机组经济高效地运行。

（4）系统运行策略

① 冬季供暖系统

冬季采用“土壤热泵+蒸汽换热”方式，土壤热泵系统承担基本热负荷，约占60%，蒸汽换热来承担冬季峰值负荷，约为总热负荷的40%。

② 夏季供冷系统

夏季采用“土壤热泵+冰蓄冷”方式，土壤热泵系统承担基本冷负荷，约占48%，冰蓄冷系统承担夏季调峰负荷，约为总冷负荷的52%。

复合式系统负荷分配见图7-4。

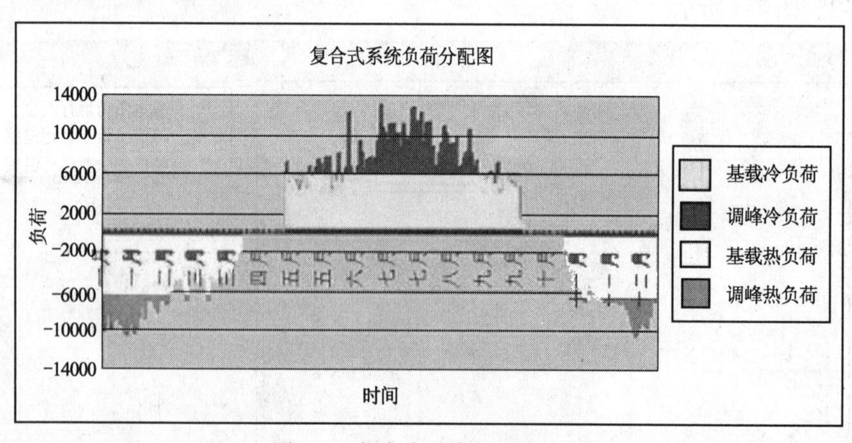

图7-4　复合式系统负荷分配图

（5）系统流程图（图7-5）

3. 系统测试结果

2005年夏季和冬季，九华山庄地埋管地源热泵工程测试小组对地埋管地源热泵系统运行工况进行了跟踪测试。

(1) 夏季测试结果

① 热泵机组设计工况运行

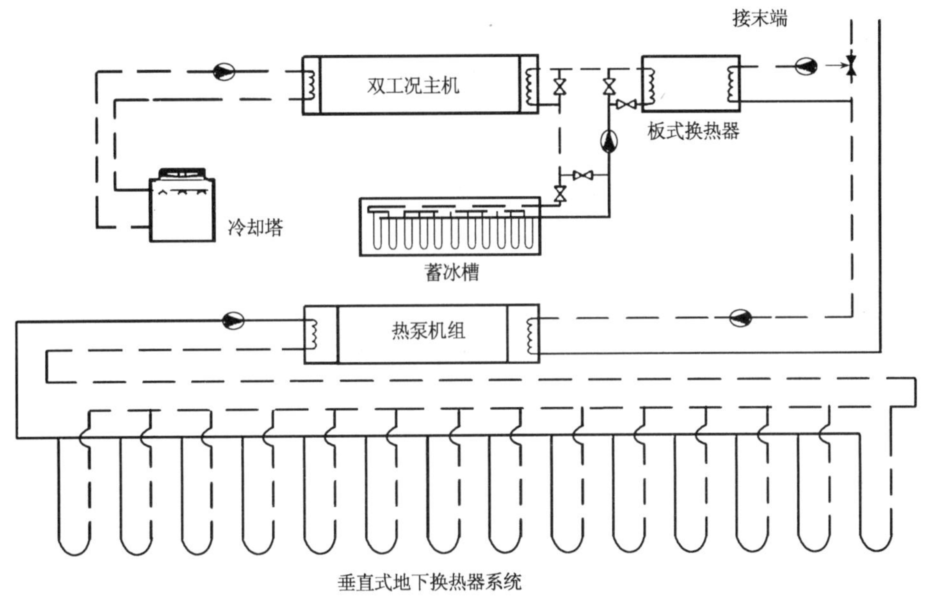

图 7-5 系统流程图

开启 1 台热泵机组，按设计要求地下换热器开启 2 个区，运行情况如图 7-6 所示，地下换热器进/出水温度基本稳定在 31.3℃/27.4℃，与设计参数基本相符。

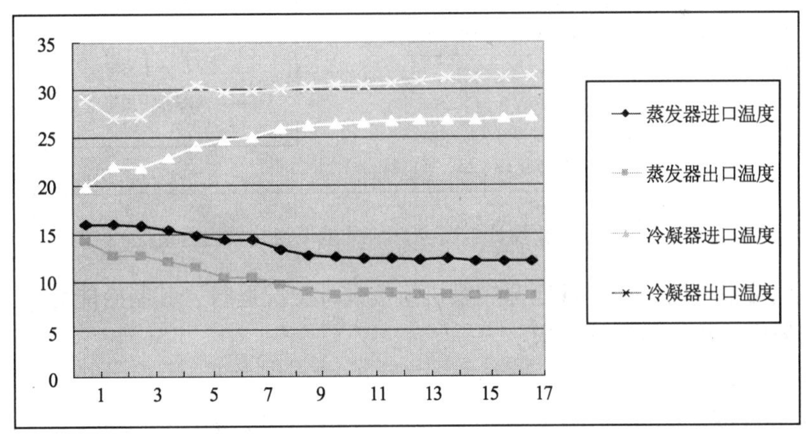

图 7-6 夏季设计工况下的运行情况

注：每隔 30min 记录一次，其余图同。

② 比设计工况多 50% 的地下换热器运行

开启 1 台热泵机组，地下换热器开启 3 个区，当机组正常运行后，调整冷水、冷却水流量至设计值，地下换热器进/出水温度基本稳定在 29.2℃/24.6℃（图 7-7），低于设计参数。

③ 比设计工况少 50% 的地下换热器运行

为了测试地下换热器设计不足的状况，开启 1 台热泵机组，地下换热器开启 1 个区，地下换热器进/出水温度稳中有升，机组满负荷运行 15 小时，停机时地下换热器进水温度超过37℃（图7-8），证明地下换热器超负荷运行，机组效率下降，不能达到经济运行的目的。

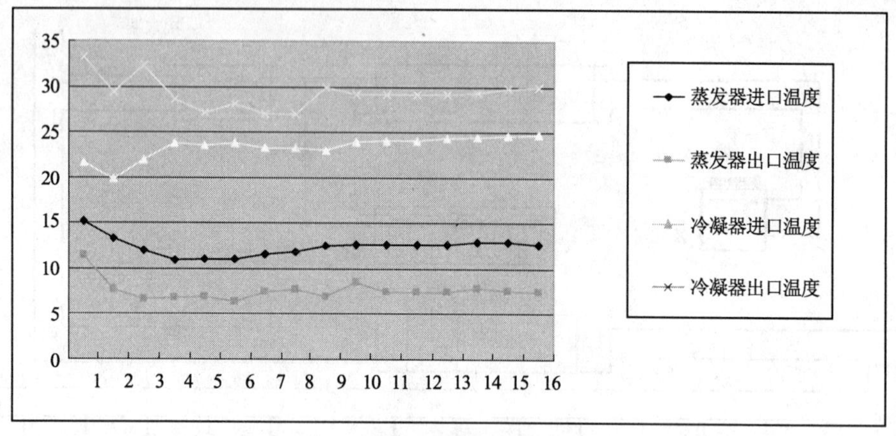

图7-7 夏季比设计工况多50%的地下换热器的运行情况

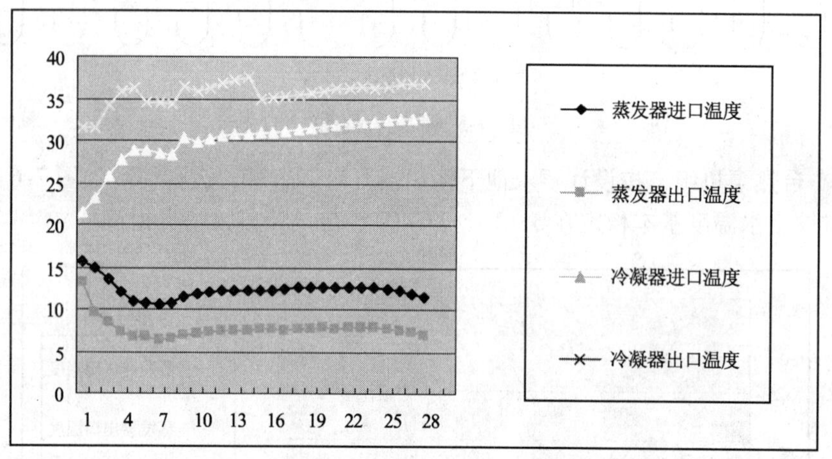

图7-8 夏季比设计工况少50%的地下换热器运行情况

目前测试结果表明，地埋管地源热泵机组按设计工况运行，其制冷能力和冷水、冷却水侧供回水温度均能满足设计要求。

（2）冬季测试结果

2006年1月份，对九华山庄冬季运行情况进行了测试，测试结果如下。

① 热泵机组设计工况运行

开启1台热泵机组，按设计要求地下开启2个区，如图7-9所示，地下换热器进/出水温度基本稳定在2℃/5.1℃。

② 比设计工况多50%的地下换热器运行

开启1台热泵机组，地下开启3个区，当机组正常运行后，调整冷水、冷却水流量至设计值，地下换热器进/出水温度基本稳定在3.3℃/5℃（图7-10）。

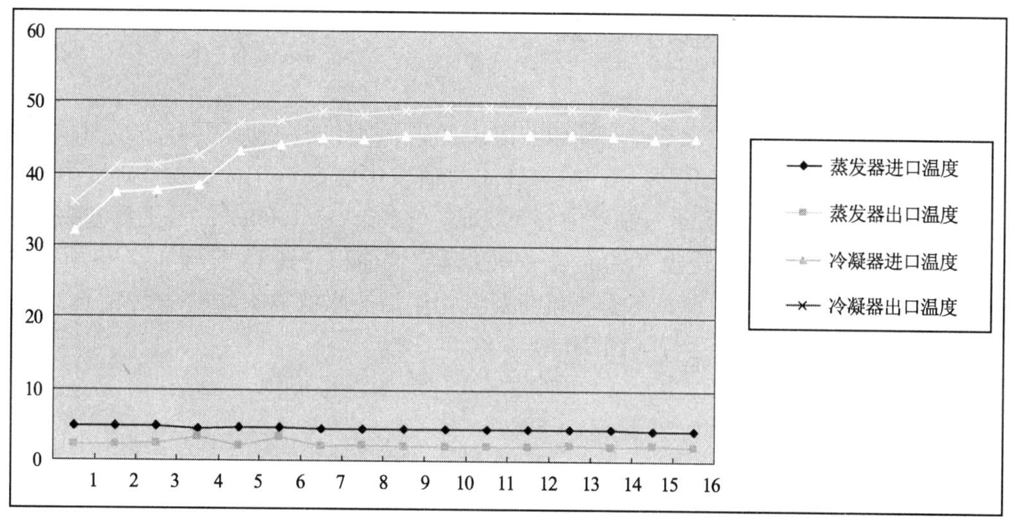

图 7-9 冬季设计工况下的运行情况

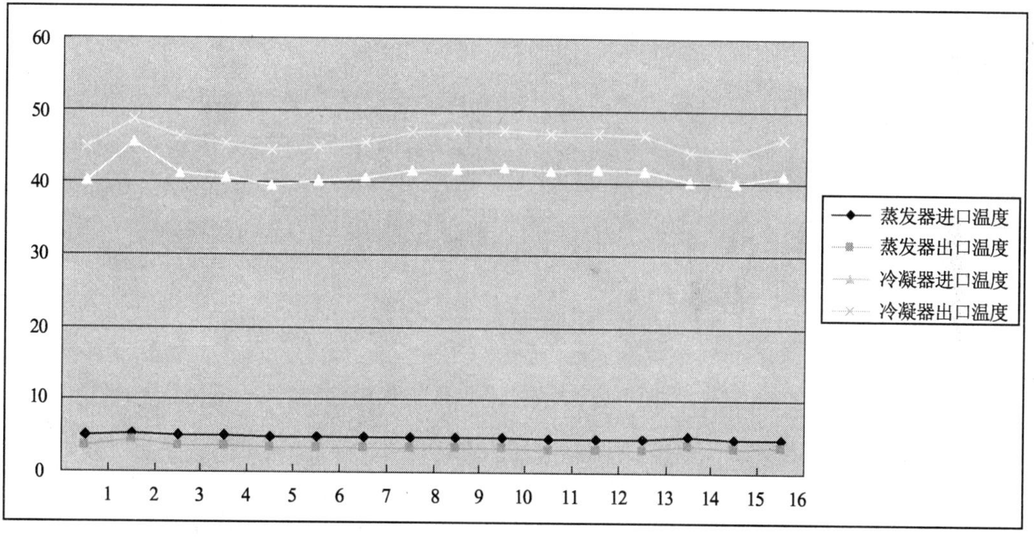

图 7-10 冬季比设计工况多 50% 的地下换热器的运行情况

4. 节能效果

该工程采用了冰蓄冷系统来共同承担夏季冷负荷，减少了地埋管地源热泵机组的数量，降低了初投资，也减少了电力装机容量 849kW，夏季移高峰电量 216547kWh，移平峰电量 394023kWh，缓解了用电紧张，起到了移峰填谷的作用。经过计算，该工程运行费用夏季为 17 元/m^2，冬季为 12 元/m^2。采用地埋管地源热泵复合式系统，比常规电制冷机组 + 燃气锅炉系统每年可节省 30% ~40% 的运行费用，节约 40% 左右的一次能源，同时大大改善了城市大气污染问题。

7.1.2　北京中关村用友软件园一期

1. 工程概况

用友软件园位于中关村永丰产业基地西南端，整个软件园占地面积45.52公顷，总建筑面积40万m^2，分两期建设，一期主要有：1号研发中心5.5万m^2，2号研发中心7.0万m^2，5号研发中心4.5万m^2，制餐中心5000m^2，交流中心1000m^2，员工食堂2000m^2，展示中心5000m^2和北侧试验楼2000m^2，一期采暖空调面积合计18.5万m^2。该项目空调系统需要满足满足夏季冷负荷，冬季热负荷及全年生活热水的需求。整个系统于2007年7月安装调试完成，并投入运行（图7-11）。

图7-11　用友软件园区效果图

2. 空调系统设计

（1）热负荷

冷负荷：15784kW；热负荷：13391kW；生活热水负荷：1722kW。

（2）冬季采暖方案

按照软件园冬季空调设计热负荷总量13391kW，以一期规划冬季设计日最高负荷的60%为标准，选用法国CIAT三工况地源热泵机组4台，单台机组制热量为1676kW，同时选用4台燃气锅炉，单台制热量2100kW。

（3）夏季空调方案

由于全天负荷变化较大，且夜间有部分冷负荷，故单独设置2台麦克威尔公司生产的离心式冷水机组作为机载冷机，单台制冷量为4219kW，由与之配套的独立设置的冷却塔系统散热；选用4台法国西亚特公司生产的LWP4200三工况热泵机组+蓄冰设备，承担主力冷负荷，三工况机组夜间蓄冰，日间以空调工况与蓄冰设备联合供冷，三工况机组单台制冷量1261kW，制冰量803.3kW，制热量1676kW；配置440m^3高效蓄冰球，总蓄冷量为7040RTH。

（4）生活热水制取方案

冬季：主要依靠在下班后或在夜里23：00～7：00之间电价低谷期内，此时，建筑采暖负荷已极大减少，可自动调整出部分采暖系统富裕出的热泵机组用于加热生活卫生热水，并存储于蓄热水箱内（蓄水箱的体积为108m^3），实现随时按需供水。不足的部分由燃气锅炉提供，最大限度地节约费用。

春季及过渡季：由热泵机组单独供应热水。

夏季：夜间蓄冰时，由存储于水箱内的热水提供卫生热水，不足的部分由燃气锅炉提供；其他时间由热泵机组供应热水，不足的部分由燃气锅炉提供。

（5）土壤换热器系统设计

① 换热孔布孔区水文地质情况

主要收集和整理了该区两眼已有水井的地层资料和水文地质资料，该区180m以上的地层岩性主要为黏土、砂质黏土、粉质砂土，粉细砂、细砂等。

② 换热孔数量及布置

为满足建筑物的供暖、制冷，本项目地埋管采用垂直双U形管，最大数量为73920延长米，单个地埋换热孔深选用120m，换热孔数量为616个，孔径ϕ150mm。换热孔位于地面2.0m以下，换热孔间距为5m×5m。

（6）系统运行策略

① 冬季供暖系统

冬季系统60%的热负荷由热泵机组来提供，不足的部分由燃气锅炉提供。

② 夏季制冷系统

典型空调设计日（100%负荷），由于逐时冷负荷较大，为了充分利用蓄冰设备个热泵机组的供冷能力，空调负荷由三工况热泵机组、机载主机和蓄冰设备共同承担。把蓄冰设备冷量尽量用在电力高峰段。非典型设计日尽量充分利用蓄冰设备的供冷能力，减少负荷较少时段三工况机组开启时间，从而尽可能地降低了系统的运行费用。空调系统原理图见图7-12。

③ 生活热水系统

冬季主要依靠夜间电价低谷期内，富裕出的热泵机组用于加热生活卫生热水，并存储于蓄热水箱内（蓄水箱的体积为108m^3）。不足的部分由燃气锅炉提供，最大限度的节约费用。春季及过渡季由热泵机组单独供应热水。夏季夜间由存储于水箱内的热水提供卫生热水，不足的部分由燃气锅炉提供；其他时间由热泵机组供应热水，不足的部分由燃气锅炉提供。过渡季节的生活热水由专门提供生活热水的机组来提供，不足的部分由燃气锅炉提供。

3. 系统初投资及运行费用

（1）系统初投资

用友软件园一期地源热泵+冰蓄冷空调系统总投资约为4198万元。

（2）系统全年运行费用估算

整个系统全年供暖、制冷运行费用合计为585万元，每平方米建筑面积运行费用为32元。

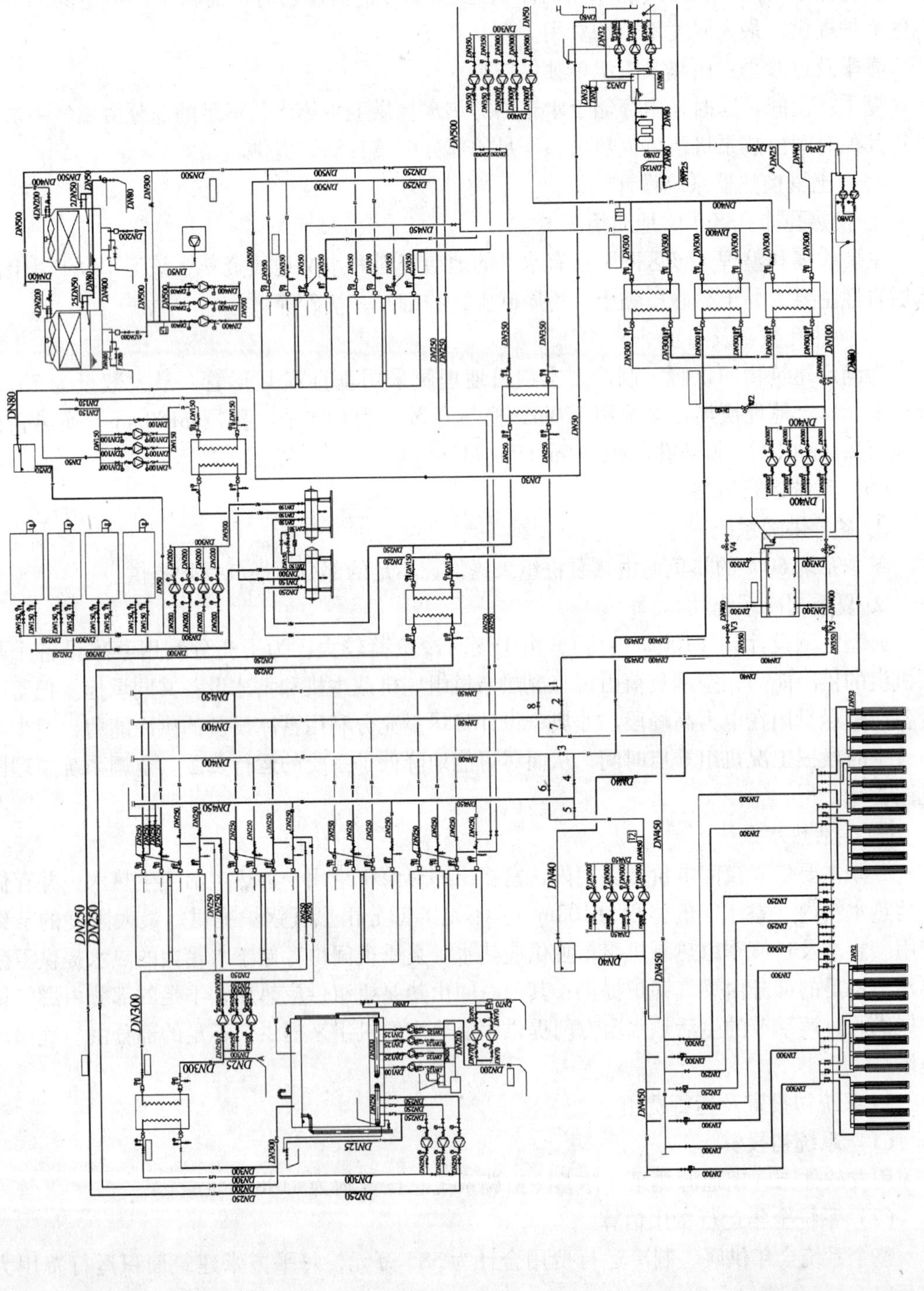

图7-12 空调系统原理图

4. 项目设计特点

该项目空调系统采用地源热泵和冰蓄冷相结合的方式，使得该系统不但具有削峰填谷的功能，还可以一机三用，使用清洁的电能和地下免费的可再生能源，提供稳定的空调采暖系统。

本项目的由地埋管承担的冬夏冷热负荷基本上处于平衡状态，冬夏冷热不平衡现象不明显。本项目为了减少运行费用并提高地源热泵系统运行性能，采用了冰蓄冷技术，并配置了冷水机组及燃气锅炉。

7.1.3 国家北方苗木培训基地

1. 工程概况

国家北方苗木培训基地位于京北小汤山大东流地区，为林业部下属国家级名贵花木的培养、繁殖示范基地。现有办公楼、家属住宅楼建筑面积约6000m²；温室大棚面积约20000m²，分东、西2个功能区（图7-13）。

温室大棚的采暖热源原为燃油锅炉，办公、住宅建筑的采暖由地热井水直供。由于燃油价格的上涨，温室大棚的采暖成本出现较大的增加，使基地背上了沉重的负担。同时地热井仅供办公、住宅楼的采暖和热水，也没有做到物尽其用。本项目应基地的要求，结合现有热源的状况，采用地源热泵加上地热、热泵的采暖热源改造方案，在花费最少的改造费用的条件下，使采暖运行成本有较大程度的降低。

图7-13 国家北方苗木培训基地

项目2005年施工，并在当年冬季投入运行，效果良好。

2. 热源设计方案

（1）原有热源条件

基地内原有燃油锅炉2台，1用1备，单台制热量4100kW，供水温度根据温室大棚的室内温度要求人工进行设定，可根据设定温度自动调节供热量，实现恒温供水。咨询机房管理人员，使用过程中供水温度最高达85℃，在日照较好或室外气温较高时，一天中可在部分时间内无需锅炉供暖。

基地内已有的1眼地热井出水温度57℃，出水量1000m³/天（40m³/h），通过水处理后（除铁、锰），直接供入办公、住宅楼室内采暖系统散热器，采暖地热尾水在40℃以上排放。地热水的直接供暖，一方面为维持室温，地热尾水的排放温度不可能太低（一般均在40℃以上），造成地热资源的巨大浪费；另一方面长期使用，地热水将对室外管网和室内散热系统产生一定的腐蚀作用，缩短了其使用寿命。故此，进行采暖改造，也是完善地热利用方案，消除地热利用负面效应，发挥地热井最大效益的需要。

（2）采暖负荷核算

① 温室大棚采暖负荷按已有锅炉配制为4100kW，咨询机房管理人员，可满足使用要求。

② 办公、住宅楼采暖负荷：建筑采暖热指标取60W/m²，计算办公、住宅楼采暖总热量需求为360kW。

（3）采暖热源改造方案

① 方案综述

地热是清洁能源，同时因其热量主要来自于大自然，又是运行成本最低的一种能源。本方案将充分发挥地热水的效能，以地热直接换热和地热尾水水源热泵热能回收技术为依托，从地热水中获取的能量将作为采暖系统的基本负荷，满足采暖期内绝大部分时间的供热需求，利用地埋管技术，在最冷气候条件下或大棚室温有更高温度要求时作为调峰热源使用，不再使用燃油锅炉。本方案采用中温热泵，末端改为风机盘管或空调机组。后面将对基础负荷与调峰负荷的使用时间段进行测算。

② 系统原理简图（图7-14）

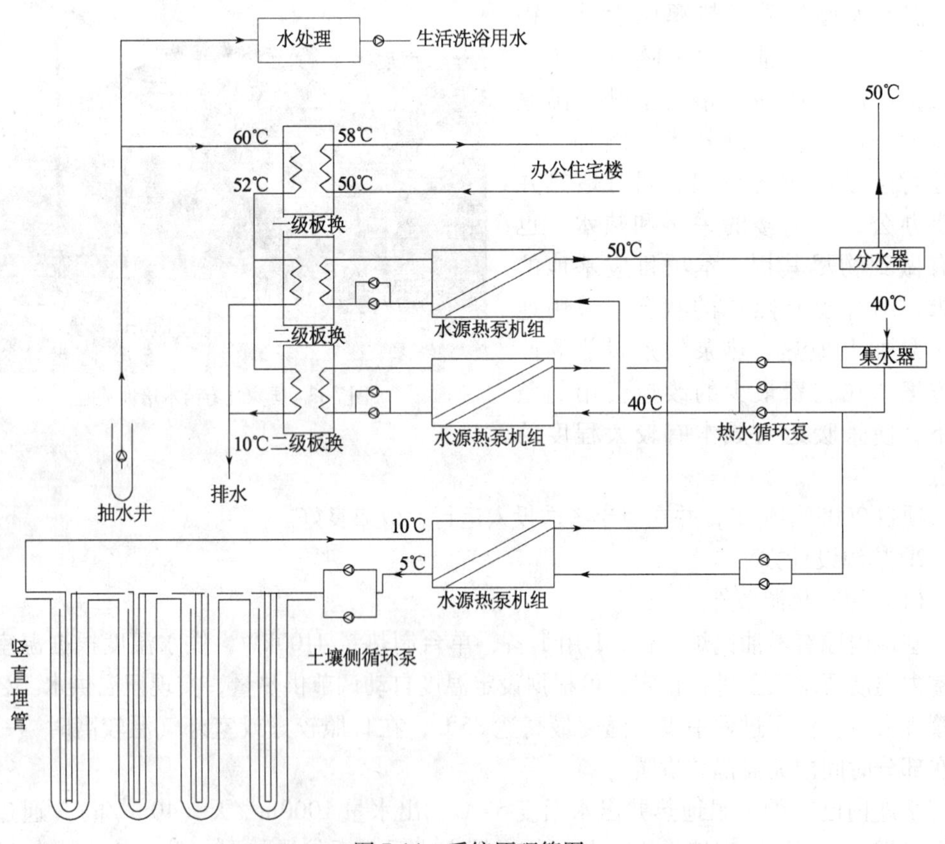

图7-14　系统原理简图

说明：

A. 57℃地热水通过一级板式换热器换热，为办公、家属区住宅楼提供热源（360kW），换热后的地热尾水温度为49.3℃，建筑物侧采用全封闭循环水系统，供回水温度为55℃/47℃。如此设计将地热水与建筑物室内系统隔离，有效地避免了地热水对室内系统散热器和管线的腐蚀。也为后一级地热水的利用创造了条件。

B. 49.3℃的地热水通过二级板式换热器换热后直接排放。

经过高温水源热泵系统的热能回收，地热水的排水温度可达9℃，较目前地热直供方式（地热水排放温度40℃），热能利用提高了3倍以上。

水源热泵热能回收系统可提供的热量为2568kW，需输入的电功率为584.8kW，能效比达4.39，采暖系统供水温度为50℃（表7-1）。

相关参数表 表7-1

	地热水利用温度（℃）	板换二次侧水温（水源热泵低温热源）（℃）	水源热泵进出水温度（℃）	水源热泵型号	数量	供热量（kW）	输入电量（kW）
一级	57/49	板式换热器直接换热供办公、住宅楼				360	
二级	49/29	30/20	50/40	BE/SRHH3002	1	1284	292.4
二级	29/9	18/8	50/40	BE/SRHH3002	1	1284	292.4

C. 设计条件下，由地埋管技术提供的热源供热量为1552kW，采用一台BE/SRHH3602水源热泵，输入的电功率为361kW。能效比达4.3，采暖系统供水温度为50℃。

D. 需改造机房及末端，末端采用组合空调机组加风道全空气系统。

E. 将投入完善的自控系统，实现大棚室温的自动监测，并能根据要求室温，实现地热利用优先和调峰热源的自动投入，做到按需供热。

3. 系统投资及效益

（1）采暖系统改造的初投资费用

① 初投资费用包含：

新建约200m^2 地热换热和水源热泵机房土建；

板式换热器（为钛板材质）和水源热泵机组的设备购置；

换热循环水泵购置；

管线安装；

大棚散热末端改造；

地埋管打孔及管道安装；

自控系统完善（含电动阀门）。

② 初投资费用估算表（表7-2）

初投资费用估算表 表7-2

序 号	项 目 名 称	费用估算（万元）	备 注
1	机房土建	40.0	0.2万元/m^2
2	板式换热器	50.0	3套钛板
3	水源热泵机组	290.0	2台BE/SRHH3002 1台BE/SRHH3602
4	换热循环水泵	3.0	4台QPG100-220

续表

序　号	项 目 名 称	费用估算（万元）	备　注
5	土壤侧循环水泵	2.8	2 台 QPG125-315B
6	空调循环水泵	12.4	3 台 QPG200-400C 2 台 QPG200-400B
7	机房管线安装	78.0	
8	室外管线安装	30.0	
9	散热末端改造	320.0	
10	自控系统	60.0	
11	地埋管打孔	98.0	
12	合计	984.2	

（2）投资效益分析

利用地热资源，实施采暖系统改造的效益如何，在对投资收益进行分析前，需明确下列概念：

① 采暖设计负荷与实际使用负荷：采暖设计负荷为满足最不利工况条件下（最低室外气温、最高室内温度及建筑物同时达到最大用热量），应该配置的采暖热源负荷。在运行过程中，采暖期内平均耗能要远小于设计负荷。就室外气温一项对温室大棚的建筑耗能影响就是十分巨大的。

② 北京地区采暖负荷分布频率表和延时曲线图

采暖设计负荷按室外气温 -9℃的条件核算，而北京地区整个冬季室外平均气温只有 -1.6℃。冬季采暖期按 129 天计（11 月 10 日至次年 3 月 15 日），统计采暖负荷分布频率表如表 7-3 所示。从表中可以看出，在大部分时间内，都处于部分负荷状态。

采暖负荷分布频率表　　表 7-3

负荷百分数	1.00	0.95	0.90	0.85	0.80	0.75	0.70	0.65	0.60	0.55
采暖时数	6	20	54	84	142	278	301	355	370	396
负荷百分数	0.50	0.45	0.40	0.35	0.30	0.25	0.20	0.15	0.10	合计
采暖时数	336	248	156	152	71	71	34	18	4	3096

更直观的反映为采暖负荷延时图（图 7-15）。

③ 温室大棚采暖期内的热负荷耗量计算见表 7-4，水源热泵机组的耗电量为 1837312kWh，而若全部采用燃油锅炉供暖的耗油量为 793013kg。

④ 运行成本比较

采用地热—地热尾水水源热泵—地埋管水源热泵复合热源系统（下称本方案）的供热成本与燃油锅炉供热的成本，在运行管理人员工资费用，二次循环泵的运行电费、软化水补水费用是一致的，故仅对热源成本进行比较。

本方案的供热热源成本包括：地热水的抽取、换热泵电费；水源热泵运行电费；土壤侧循环泵运行电费。燃油锅炉供热成本包括：燃油锅炉燃油费用。

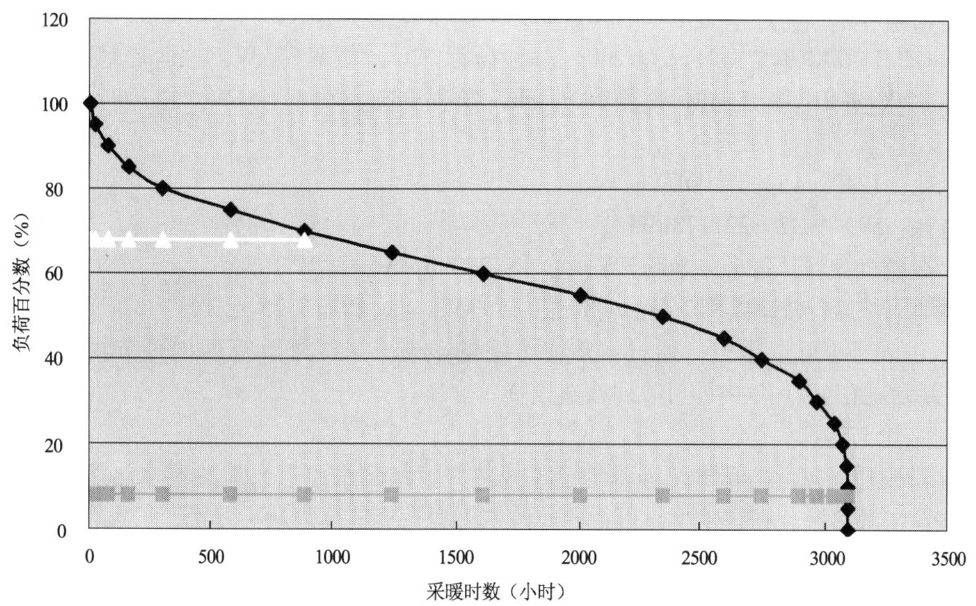

图 7-15 采暖负荷延时图

热源运行费用测算明细表 **表 7-4**

序号	项目名称		取费（万元）
1	本方案	地热水抽取电费	31141 × 1 = 3.11
2		地热尾水换热泵电费	32967 × 1 = 3.30
3		水源热泵机组运行电费	1837312 × 1 = 183.73
4		地埋管循环泵运行电费	18600 × 1 = 1.86
5		末端风机盘管运行电费	60 × 129 × 24 × 1 = 18.56
6		合计	210.56
7	燃油锅炉	燃油锅炉燃油费	793013 × 3.824 = 303.25
8		合计	303.25

地热水的抽取与换热：

地热井泵：单井配备 200QJR/T50-72/3 型井泵，功率 18kW，抽取 1t 地热水耗电：0.36kWh。

地热水抽灌总电耗：86505 × 0.36 = 31141kWh

地热尾水与机组间换热循环泵：循环泵型号 QPG100-220 型，4 台 2 用 2 备，单台循环水量 $100m^3/h$，扬程 27.5m，功率 5.5kW，总运行时数 5994 小时。

电耗：5994 × 5.5 = 32967kWh

土壤侧循环泵：循环泵型号 QPG125-315B，2 台 1 用 1 备，单台循环水量 $136m^3/h$，扬程 24m，功率 15kW，总运行时数 1240 小时。

电耗：1240 × 15 = 18600kWh

空调循环泵：循环泵型号3台QPG200-400C，2用1备；2台QPG200-400B，1用1备；QPG200-400C单台循环水量260m³/h，扬程32m，功率37kW，总运行时数5994小时。QPG200-400B单台循环水量280m³/h，扬程38m，功率45kW，总运行时数1240小时。

电耗：1240×45=55800kWh

电耗：5994×37=221778kWh

末端风机盘管：每平方米约3W，总计：20000×3=60kW

燃油锅炉运行效率以85%计，电费按1元/kWh计，燃油3.25元/L（3.824元/kg）计。

⑤ 由表7-4可以看出，通过本热源方案的改造，采暖季计算期内可节约运行费用92.69万元。在10.6年内即可收回改造投资。

4. 结论与建议

（1）利用国家北方苗木培养基地已建地热井，结合水源热泵地热尾水热能回收系统及地埋管水源热泵，在技术上是可行的。改造工程投资估算为984万元，工程完工后，年可节约供热运行费用92.69万元，具有较高的投资收益。

（2）通过热源改造，扩大了地热资源的利用范围，提高了地热资源的利用率，是地热水作为清洁能源做到了物尽其用。

（3）将地热水直接进入办公、住宅楼室外管网和室内散热系统系统改为间接换热方式，避免了地热水产生的腐蚀作用，消除了运行安全隐患和地热利用的负面效应，是完善地热利用方式的需要。

（4）通过完善自控方案，做到大棚室温的自动监控和不同热源供热的自动按需投入，为温室大棚真正营造一个按需的湿、热环境，使其更加有利于花木的生长，也使热源在更节能的条件下运行。

7.1.4 北京果品市场

1. 工程概况

北京市果品用房仓储用房及配送中心位于北京市海淀区四道口2号，总建筑面积为52161m²，其中地下23428m²，地上28733m²。地下两层，地上三层。地下二层设置有汽车房、泵房和消防水池，局部设战时物质库。地下一层设置有商业、变电室、制冷机房、锅炉间和库房等。地上三层均为大空间交易大厅。屋顶设电梯机房和水箱间。空调系统需要满足夏季最大冷负荷及冬季最大热负荷。该项目空调系统于2007年11月安装调试完成并投入使用。

2. 空调系统设计

（1）冷热负荷

夏季最大冷负荷：8200kW；冬季最大热负荷：4000kW。

（2）冷热源配置

由于冬夏负荷相差较大，考虑到整个系统的安全与可靠性，冬季由水源热泵机组承担全部热负荷，夏季由水源热泵机组联合蓄冰设备共同承担冷负荷。选用4台法国西亚特公司生产的LWP4200三工况热泵机组，同时选用520m³蓄冰设备，设计日由蓄冰设备提供的最大冷量为28860kWh，占设计日全天冷负荷的31%。

(3) 抽灌井系统设计

① 水文地质条件

本项目所在区域地质构造单元属坨里—丰台迭凹陷（Ⅳ级）的西北部，地貌上为平原区。基岩为白垩系（K）地层，其上覆第四系（Q）主要为永定河冲洪积物，水文地质条件较好。取第四系松散层孔隙水，属承压含水岩组，其底板埋深 80 ~ 100m 左右，第三系砾岩、砂页岩构成其隔水底板。该系地层含水层由多层砂砾石组成，与黏性土互层，累计厚度 15 ~45m 不等，变化较大。含水层富水性、补给、径流、排泄条件均较好。地下水位埋深 28m 左右，一般单井出水量大于 2000m^3/d。本区地下水的水化学类型主要为 HCO_3^-、Ca^{2+}、Mg^{2+} 水。该套含水岩组水质一般属弱碱性、微硬水。

② 抽灌井的设计

水源热泵换热需要的抽水井的总出水量为 445m^3/h，根据本地区的水温地质条件和我公司的实际经验，初步设计了 4 口抽水井、4 口回罐井，井深 87m，单井出水量 120m^3/h，单井回灌量 120m^3/h。抽水试验出水量达到 150m^3/h，单井回灌量 120m^3/h，完全满足系统需要。

(4) 地下水源热泵 + 蓄冰方案

根据本工程特点，为节省初投资，本工程冰蓄冷系统的方式选用负荷均衡的部分蓄冰，冰蓄冷系统采用温差可以较大的主机上游的串联系统，同时蓄冰设备选用法国西亚特生产的冰球蓄冰装置。由于乙二醇水溶液的温度较低，可以保证板式换热器为系统提供 7℃出水的同时有较高的效率和较低的初投资。在典型设计日空调冷负荷由三工况热泵机组和蓄冰设备共同承担，非典型设计日通过优化控制来满足冷负荷需求并将系统耗电量降低到最小。

该系统热泵机组与蓄冰设备联合供冷时，乙二醇溶液首先经过热泵机组在空调工况下降温以保持较高效的工作，再经冰槽的冷却使乙二醇溶液的温度进一步降低，这样板式换热器的进出口处乙二醇溶液可以达到较大的温差，从而使在相同的负荷条件下，串联系统乙二醇溶液的流量较小，因此在相同的条件时串联系统的乙二醇循环泵小于并联系统，使串联系统的设备投资和运行费用都优于并联系统。而且串联方式管路简单、运行可靠。

图 7-16 中的符号说明：V1、V2、V4、V6 均为电动二通双位阀，调节乙二醇流动方向；V3、V5 为电动二通调节阀，为该系统的核心部件，可以精确控制进入板式换热器的乙二醇温度。

(5) 系统运行策略

① 冬季供暖系统

冬季热负荷全部由热泵机组来提供。

② 夏季空调系统

基于冷热源的配置，夏季空调系统可实现四种运行模式：热泵机组蓄冰、热泵机组单独供冷、热泵机组联合蓄冰设备供冷、蓄冰设备单独供冷。系统在这四种模式中运行时各阀门的动作状态见表 7-5。

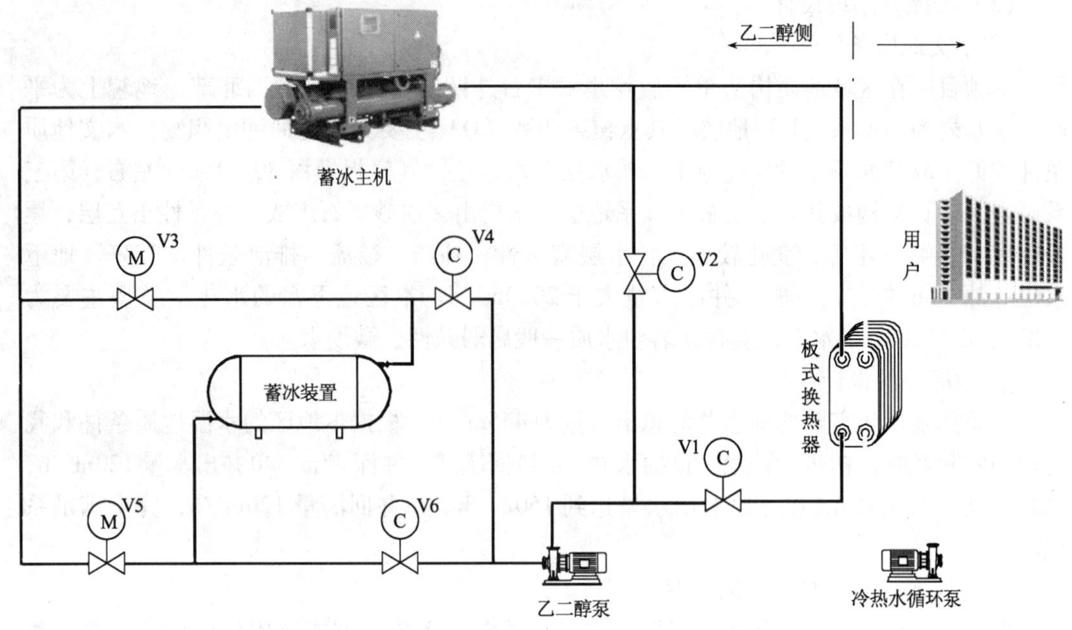

图7-16　系统流程图

系统运行时各阀门的动作状态　　表7-5

运 行 工 况	V1	V2	V3	V4	V5	V6	主机
主机蓄冰	关	开	关	开	开	关	开
主机单独供冷	开	关	关	关	开	开	开
蓄冰装置单独供冷	开	关	调节	关	调节	开	停
主机和蓄冰装置联合供冷	开	关	调节	关	调节	开	开

典型设计日逐时冷负荷较大，空调冷负荷由三工况热泵机组和蓄冰设备共同承担。三工况热泵机组在夜间的电力低谷时段23：00~7：00进行蓄冰，为了合理化运行及尽可能节省运行费用，需要把蓄冰设备冷量尽量用在高峰段上。非典型设计日原则上是尽量充分利用蓄冰设备的供冷能力，减少负荷较少时段的三工况热泵机组开启时间，在这种运行策略下，可以使空调供冷得到最优化的分配，同时尽可能地降低了运行电费。

3. 系统初投资及运行费用

(1) 系统初投资

果品市场地下水源热泵+冰蓄冷系统初投资约为1400万元。

(2) 全年的运行费用

地下水源热泵+冰蓄冷系统全年的运行费用约为211.9万元，合每平方米40.6元。

4. 项目设计特点

使用蓄冰技术可以减少热泵机组的需水量，以及冬季闲置的机组投资。使用热泵技术可以利用较低温度的地下水作为夏季机组制冰的冷却水，大大提高机组的制冰效率。将热泵技术与蓄冰技术相结合使用，可互相充分利用各自的特点，配置更加合理，投资更加经济，堪称最为优化的组合方式。效果图如图7-17所示。

图 7-17 北京市果品市场效果图

7.1.5 南京朗诗国际街区

1. 工程概况

南京朗诗国际街区，位于南京河西新城中央商务区（图 7-18）。总建筑面积约 30 万 m^2，占地 240 亩左右，是一个高科技“健康、舒适、节能”住宅项目。采用埋设垂直管、水平管或向地表水抛设管路等多种方式，直接从浅层常温土壤提取能量，供室内使用。冬季将地热能传递转移到需要采暖的建筑物内，夏季将建筑物内的热量通过热泵机组传递散失到地表浅层中。与其他形式的冷暖设备相比，节能非常明显；与传统的空气源热泵相比，地源热泵取用的能源更广泛，并且解决矿物燃料迅速枯竭以及消耗矿物燃料带来的环境污染等社会问题，是真正意义上的节能环保。从目前跟踪结果显示用户普遍反映使用效果良好，达到前期宣传的效果。

图 7-18 南京朗诗国际街区

一区总建筑面积91557.18m²，地上建筑面积为68115.62m²，分为1~6号楼。其中1号、3号、4号为18层的高层塔楼，2号、5号、6号为7层的中高层塔楼。

2. 空调系统设计

(1) 室内设计参数

室内主要设计参数见表7-6。

室内主要设计参数 **表7-6**

夏季		冬季		新风量[m³/(h·人)]
温度(℃)	相对湿度(%)	温度(℃)	相对湿度(%)	
26	60	20	40	30

(2) 混凝土顶棚辐射制冷制热系统

通过预埋在混凝土楼板中的均布水管，依靠常温水为冷热媒来进行制冷制热。夏季送水温度为20℃左右，回水温度为26℃左右；冬季送水温度28℃左右，回水温度为20℃左右，温差加热或制冷混凝土楼板，再通过楼板以辐射方式进行传热，调节室内温度。

该系统温度分布均匀，室内没有机械转动部件，辐射温度与空气温度相差小，没有吹风感且空气洁净，安静无噪声且不占用室内空间。

(3) 健康全新风系统

经过除尘、消毒、除湿等多级处理的新鲜空气，以略低于室内的温度并以小于0.2m/s的速度，从地面踢脚或窗下送出，无噪声，无吹风感。

由于送风层的温度较低，密度较大，会沿着整个地板面蔓延开来形成一个“新风湖”，通过人体和室内各种其他热源加热，连同人口中呼出的废气一起缓慢上升，通过设在上部的排风口有组织排放。室内空气清新怡人，品质极好。

其冷热源全部采用地源热泵系统，同时提供空调系统冷热水和卫生热水。同时根据空调系统功能不同，通过能量提升系统提供两种不同温度的冷热水：

夏季：新风系统7℃/12℃；辐射系统18℃/20℃

冬季：新风系统45℃/40℃；辐射系统30℃/28℃

热水：60℃/55℃

室内末端采用欧洲成熟的楼板埋管和置换新风技术，进行热湿单独处理，由楼板辐射埋管承担室内的显热负荷，由置换新风承担室内的潜热负荷，保持室内恒温、恒湿、恒氧的科技节能健康住宅。

利用TRNSYS对建筑负荷和空调系统的能耗作了典型年8760小时的模拟。得出整个系统夏季总冷负荷为2333.71kW，其中，天棚系统冷负荷432.17kW，新风系统冷负荷1904.93kW；冬季总热负荷为1827.83kW，其中，天棚系统热负荷654.44kW，新风系统热负荷1173.42kW。

(4) 地源热泵系统设计

① 水系统设计

水系统设计要结合各末端系统的冷热量要求、不同季节末端空调系统的运行模式、经济原则等诸多因素来考虑。

顶棚辐射系统

系统设置两台克莱门特地源热泵机组供给天棚系统，单台制冷量为418.9kW，制热量为

420kW。通过 TRNSYS 对全年能耗模拟分析，我们发现在过渡季节，系统需对天棚提供冷量，为降低系统运行能耗，设置一台板式换热器提供天棚系统冷水，其一次水直接来自地源水。

置换新风系统

本系统另设置两台带热回收装置的主机供给新风系统和生活热水，单台制冷量为 1000.5kW，制热量为 1202kW。

工程包括六栋住宅楼，业主最初提出地源热泵机房分别设置于六栋住宅楼地下一层设备房内的方案，但施工图设计过程中经过多次专家论证和对全年负荷分析计算最后确定改为一个机房，其相对于六个机房的优点有：

A. 由于各栋楼冷热负荷较小，故没有相应的标况机组；而改为一个机房后能够使用标况机组，降低了系统初投资；

B. 避免了使用六个机房时，各环路水量过小导致的沿程阻力小、水泵选型困难的问题。

② 地埋管钻孔设计

地埋管的设计和施工是本工程中难度最大的部分，合理地确定埋管形式，并选取适当的地埋管单位长度取热量和释热量是设计的关键。同时应该考虑建筑物土建结构及其他设施，布置地埋孔时避免与之冲突。

常规的土壤换热器有垂直埋管型和水平埋管型两种。垂直埋管型土壤换热器占地面积少，深度方向有调剂性，越深，受大气影响而引起的波动越小，但造价高于水平埋管，施工难度较大。由于本工程建筑周围场地很小，因此考虑采用桩基埋管，不足的部分在地面建筑空地采用垂直埋管补充。埋于桩基中的地埋管形式（U 形或 W 形）和长度均由桩基的形状和深度决定。通过对当地土壤换热的测试，可确定 U、W、U + W、U + U 等各种类型埋管的每米取热量和释热量。桩基埋管从桩相互之间距离及避免交叉等因素考虑，共计有效利用桩孔环路为 885 个，室外补孔 302 个，间距 5m，钻孔深度 60m。

③ 地埋管水力平衡设计

地埋管环路数量大，如何合理地进行水力调节也是设计的难点。各个环路阻力损失 ΔP，包括沿程阻力损失和局部阻力损失 ΔP_j。

各环路沿程阻力损失 ΔP_m 计算：

$$\text{各环路沿程阻力损失}\ \Delta P_m(\text{mm 水柱}) = iL$$

式中 i——塑料管水力坡降（mm 水柱/m）；

L——各环路总长度（m）。

塑料管水力坡降，可近似按下式计算：

$$i = 0.00095 \times 1000 \times G^{1.774} / d_j^{4.774}$$

式中 G——每个环路流量（m^3/s）；

d_j——地埋管计算内径，本工程为 0.0204m。

各环路局部阻力损失 ΔP_j 计算：

$$\text{各环路沿程阻力损失}\ \Delta P_j(\text{mm 水柱}) = iL'$$

式中 i——塑料管水力坡降（mm 水柱/m），同上；

L'——各环路局部阻力当量长度（m）；

根据以上公式，对所有埋管环路进行详细的水力计算，依据计算出的阻力数值进行分组，阻力相近的埋管划为同组，以 1 号楼、2 号楼为例，地埋管分组详见表 7-7、表 7-8。

1号楼地埋管分组 表7-7

J，F-1		J，F-2		J，F-3		J，F-4		J，F-5		J，F-6		J，F-7		J，F-8		J，F-9		J，F-10		J，F-11		J，F-12	
环路编号	阻力	环路编号	阻力	环路编号	阻力	环路编号	阻力	环路编号	阻力	环路编号	阻力	环路编号	阻力	环路编号	阻力	环路编号	阻力	环路编号	阻力	环路编号	阻力	环路编号	阻力
B-4	1.07	B-21	1.76	B-44	2.29	50	2.74	62	3.02	B-25	3.22	77	3.42	33	3.66	154	4.03	131	4.43	147	4.95	100	5.66
B-5	1.11	B-35	1.77	B-57	2.32	B-28	2.74	1	3.03	34	3.24	B-50	3.44	119	3.71	155	4.03	114	4.49	54	4.95	133	5.66
B-6	1.12	B-36	1.77	B-64	2.33	95	2.75	57	3.03	B-38	3.25	120	3.45	162	3.71	16	4.04	70	4.50	72	5.01	43	5.67
B-3	1.25	B-34	1.78	B-62	2.34	B-41	2.77	3	3.06	25	3.25	92	3.51	36	3.72	37	4.04	9	4.56	103	5.03	115	5.73
B-10	1.25	128	1.85	B-30	2.43	B-54	2.80	27	3.06	45	3.25	110	3.51	48	3.72	140	4.10	21	4.60	80	5.07	146	5.73
B-11	1.28	B-13	1.91	B-43	2.45	63	2.81	127	3.06	121	3.25	125	3.51	96	3.77	7	4.16	39	4.60	148	5.08	84	5.77
B-12	1.29	B-20	1.92	B-56	2.48	B-71	2.82	B-26	3.06	129	3.25	159	3.51	109	3.77	152	4.16	104	4.60	41	5.08	101	5.79
B-2	1.41	24	1.93	B-67	2.50	B-69	2.83	29	3.07	163	3.25	107	3.56	122	3.77	160	4.16	150	4.69	11	5.14	116	5.95
B-9	1.42	B-47	1.93	B-65	2.50	2	2.86	26	3.07	30	3.26	64	3.57	32	3.81	23	4.17	19	4.75	126	5.14	144	5.99
B-16	1.42	B-48	1.94	B-63	2.50	61	2.86	56	3.07	B-51	3.27	81	3.58	124	3.84	153	4.21	85	4.75	102	5.17	143	6.05
B-17	1.44	B-33	1.95	113	2.54	88	2.86	68	3.07	15	3.32	111	3.58	47	3.85	137	4.23	10	4.82	13	5.19	136	6.18
B-18	1.45	B-46	1.96	B-29	2.58	6	2.89	105	3.07	87	3.32	161	3.58	40	3.90	8	4.30	20	4.82	17	5.27	134	6.51
B-1	1.56	B-19	2.08	67	2.60	B-27	2.90	156	3.07	90	3.32	B-49	3.59	130	3.90	71	4.30	42	4.82	28	5.29	142	6.64
B-8	1.58	B-59	2.10	76	2.60	89	2.93	B-39	3.09	93	3.32	31	3.61	46	3.91	79	4.30	83	4.82	117	5.34	141	6.77
B-15	1.59	B-32	2.11	B-42	2.61	157	2.93	B-52	3.12	97	3.38	52	3.64	5	3.95	99	4.30	139	4.82	12	5.40	132	7.62
B-22	1.59	B-60	2.11	B-55	2.64	B-40	2.93	112	3.12	98	3.38	91	3.64	65	3.97	138	4.36	118	4.82	18	5.40		
B-23	1.61	B-45	2.14	B-70	2.66	B-53	2.96	58	3.13	60	3.39	108	3.64	38	3.98	53	4.37	74	4.88	44	5.40		
B-24	1.62	B-58	2.15	B-66	2.66	51	2.97	35	3.17	106	3.39	123	3.64	75	3.98	151	4.37	82	4.88	73	5.40		
B-7	1.73	B-61	2.17	B-68	2.67	94	2.99	14	3.19	B-37	3.41	158	3.64	69	4.01	22	4.43	149	4.92	5.40			
B-14	1.75	B-31	2.27	86	2.73	B-72	2.99	59	3.20	49	3.42	4	3.65	66	4.03	78	4.43	135	4.93	55	5.52		

2 号楼地埋管分组 **表 7-8**

J，F-1		J，F-2		J，F-3		J，F-4		J，F-5		J，F-6		J，F-7		J，F-8		J，F-9	
环路编号	阻力	环路编号	阻力	环路编号	阻力	环路编号	阻力	环路编号	阻力	环路编号	阻力	环路编号	阻力	环路编号	阻力	环路编号	阻力
B-8	2.06	B-22	3.04	13	4.22	51	4.46	36	4.71	103	4.85	114	5.04	87	5.21	18	5.55
B-7	2.16	B-2	3.16	4	4.22	93	4.46	49	4.72	46	4.89	45	5.05	20	5.23	94	5.60
B-9	2.20	B-11	3.18	101	4.22	128	4.48	125	4.72	141	4.89	88	5.05	108	5.24	33	5.64
B-17	2.27	B-21	3.20	118	4.22	112	4.49	115	4.75	79	4.90	89	5.05	75	5.27	38	5.67
B-16	2.38	B-1	3.33	149	4.25	16	4.54	9	4.75	84	4.91	29	5.07	82	5.27	10	5.68
B-18	2.38	B-10	3.34	3	4.25	32	4.55	31	4.77	142	4.92	77	5.07	53	5.30	37	5.70
B-26	2.44	B-20	3.36	124	4.25	120	4.58	61	4.78	22	4.94	109	5.08	43	5.31	80	5.72
B-6	2.48	64	3.50	145	4.30	106	4.61	116	4.78	99	4.94	39	5.08	19	5.33	17	5.74
B-15	2.54	B-19	3.52	123	4.32	27	4.61	63	4.79	6	4.95	11	5.09	24	5.33	55	5.76
B-27	2.55	67	3.77	130	4.33	28	4.61	69	4.79	62	4.95	57	5.11	71	5.34	56	5.79
B-25	2.55	127	3.89	136	4.33	119	4.61	12	4.80	139	4.95	59	5.11	95	5.34	138	5.80
B-5	2.65	143	3.94	146	4.33	111	4.62	35	4.81	26	4.97	5	5.11	85	5.37	41	5.83
B-14	2.69	122	3.96	100	4.35	50	4.63	97	4.81	98	4.97	15	5.12	86	5.37	137	5.83
B-24	2.72	121	3.99	34	4.38	92	4.63	60	4.81	76	4.98	113	5.14	58	5.40	96	5.88
B-4	2.82	134	4.04	40	4.40	126	4.63	110	4.82	21	5.00	78	5.14	81	5.40	74	6.15
B-13	2.85	102	4.06	129	4.40	132	4.63	7	4.82	68	5.02	54	5.17	42	5.41	73	6.47
B-23	2.88	148	4.07	117	4.41	144	4.63	8	4.82	23	5.03	65	5.17	14	5.42		
83	2.90	133	4.11	107	4.41	91	4.66	48	4.82	25	5.03	105	5.18	72	5.47		
B-3	2.99	147	4.11	1	4.45	104	4.66	47	4.85	30	5.03	140	5.18	70	5.53		
B-12	3.02	135	4.17	2	4.45	131	4.66	90	4.85	66	5.04	44	5.21	52	5.54		

设计采用两级分集水器，二级分集水器置于各栋楼专设的窗井内，一级分集水器置于地源热泵机房内。分组的地埋管环路首先接入相应的二级分集水器，为了合理分配各栋楼的水量，在二级集水器总管上加装平衡阀；各栋楼地埋管二级分集水总管再接入机房内一级分集水器。这就避免了环路过多且各个环路阻力相差过大造成的水力失调现象。

地埋管系统图见图 7-19。地埋管施工实景见图 7-20。

④ 土壤热平衡

从地源热泵系统的使用特点可以看出，地源的热平衡是保证系统成功持久运行的关键。如果热平衡受到破坏，将使土壤温度发生改变（不论升高或降低），会严重影响若干年后的可靠使用，因此地源热泵系统的热平衡是能否成功的关键因素。通过对全年地源热泵系统向土壤的排热量（主要包括夏季的建筑需冷量和热泵机组的耗电量）和全年系统从土壤中的取热量计算发现，就全年来说，系统夏季的排热量将大于冬季的取热量。故本工程采用了带热回收的地源热泵机组，夏季利用制冷机的冷凝废热（这部分热量本来是要排到地下土壤中去的）来制取免费的生活热水，既免费得到了供住户使用的卫生热水，又减少了系统对大地的热排放，有利于解决南方地区夏季放热量大、冬季取热量小的土壤热平衡问题。

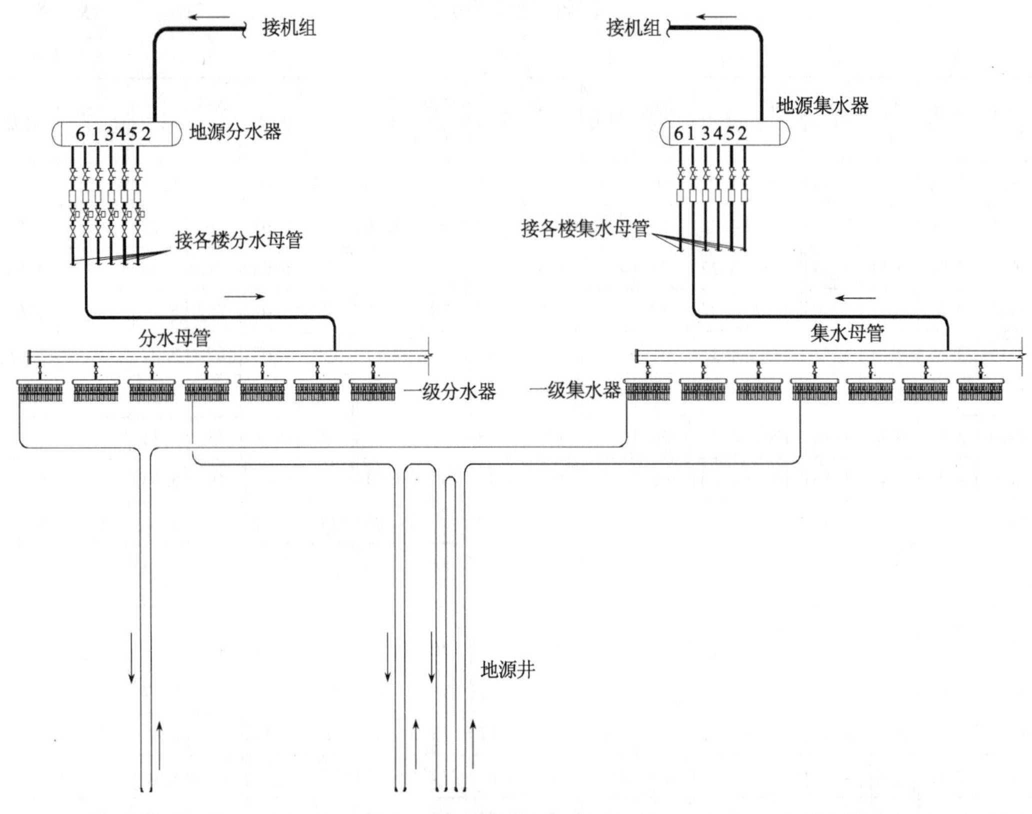

图 7-19 地埋管系统图

图 7-20 南京朗诗一期埋管施工实景

3. 系统投资费用及运行费用

南京朗诗一期工程的投资为800万元，它是目前国内最大的超低能耗节能住宅项目。

4. 设计方案的特点

此项目的设计难点主要是土壤源热泵系统采用了桩基埋管和钻孔埋管，与此同时，项目还采用了天棚辐射盘系统、置换新风系统。

7.1.6 武警辽宁省总队指挥中心

1. 工程概况

武警辽宁省总队指挥中心工程位于辽宁省沈阳市于洪区八家子村，南临规划松山西路，北临规划千山西路，西侧与东侧为规划道。

武警辽宁省总队指挥中心项目总占地 270 亩，建筑面积总计 59920 万 m^2，系公共建筑和居住建筑为一体的综合性建筑，所有建筑的供冷、供热均由设在办公楼地下一层机房的土壤热泵系统提供，该工程包括办公楼、礼堂、综合馆、食堂、宿舍楼等。效果图见图 7-21。

图 7-21 武警辽宁省总队指挥中心

工程响应国家节能减排的号召，采用了土壤源热泵 + 电锅炉复合式系统供冷供暖。

工程于 2007 年年底竣工，2008 年年初对供热进行了初步调试，2008 年夏季对供冷进行了调试，系统运行良好。

2. 空调系统设计

（1）空调系统的冷热负荷

工程的夏季总冷负荷为 4957kW，冬季总冷负荷为 4910kW；夏季累计冷负荷为 2052MWh，冬季累计热负荷为 4466MWh。供冷供暖逐时负荷图如图 7-22 所示。

（2）系统方案综述

根据本工程的负荷特点，系统采用复合式土壤热泵系统。夏季空调冷负荷全部由土壤热泵系统承担；冬季空调基本热负荷由土壤热泵系统承担，峰值热负荷由电锅炉承担。土壤热泵机组夏季为系统提供的供回水温度为 7℃/12℃，冬季供空调用 55℃/50℃ 热水。系统原理图见图 7-23。

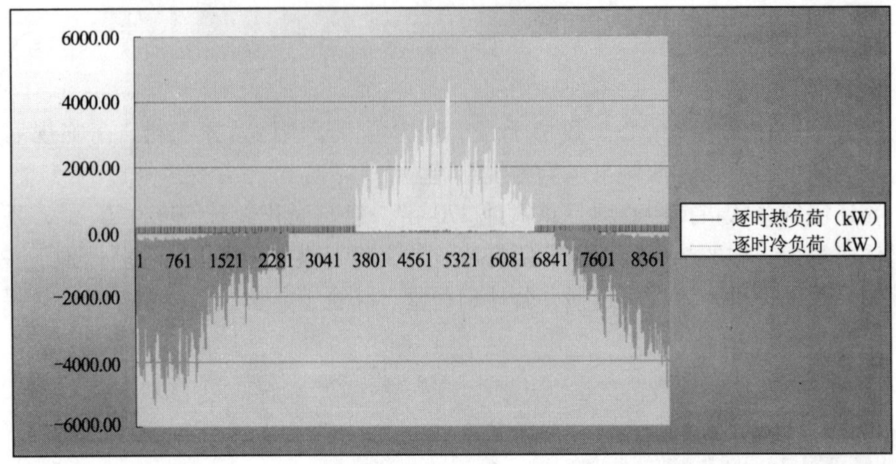

图 7-22 全年逐时负荷图

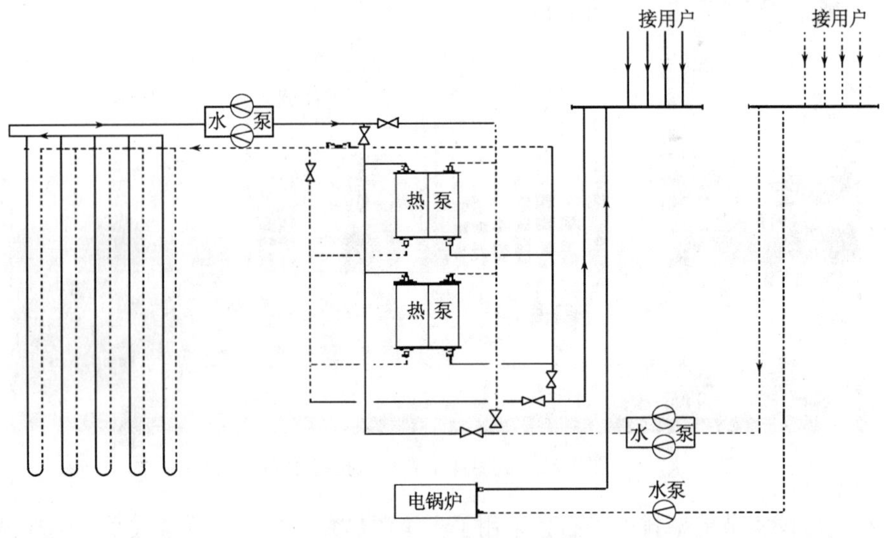

图 7-23 土壤热泵系统原理图

(3) 地质情况

工程的埋管区域为砂土黏土层结构，中间夹有砾石层。

通过现场试验测试的方法，测得了埋管区域内的土壤的导热系数及土壤的原始温度，为地下换热器的设计提供了依据。

(4) 地下换热器模拟计算

根据本工程的地下热响应试验数据及逐时负荷计算结果，利用地下换热器软件进行计算，得出地下换热器的数量、形式以及运行期间地下换热器内流体平均温度情况等如下：

地下换热器数量：753 个；

地下换热器形式：双 U 竖直埋管形式；

地下换热器有效深度：100m；

地下换热器间距：6m；

地下换热器管材：*DN*32 的 PE100，承压 1.6MPa；

地下换热器需打孔面积：约 2.57 万 m^2。

埋管位置：办公楼、礼堂等建筑物前后空地及绿化用地下面。

运行期间 25 年地下换热器内流体平均温度模拟情况见图 7-24 及图 7-25。

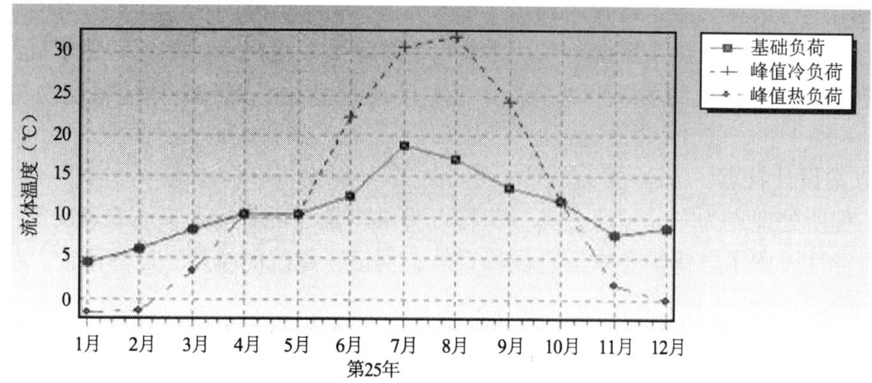

图 7-24 第 25 年地下换热器内流体平均温度变化曲线

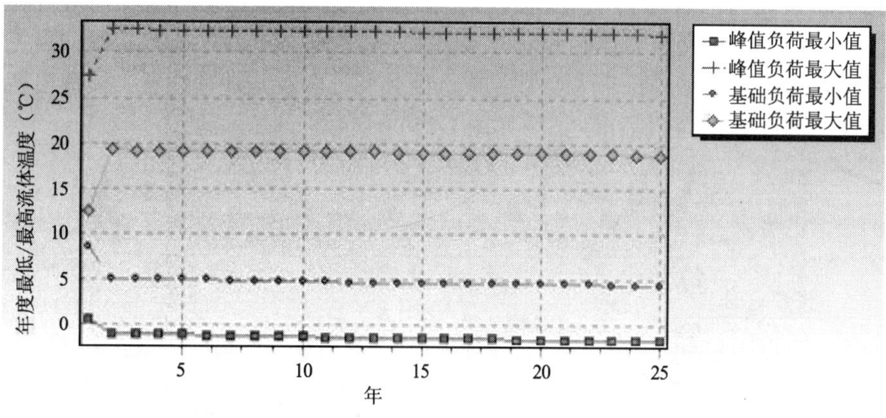

图 7-25 25 年地下换热器内流体平均温度变化曲线

（5）主要设备表（表 7-9）

沈阳武警总队工程主要设备表 **表 7-9**

序号	设备名称	主要参数	数量	备注
1	土壤热泵机组	制冷量 1650kW 制冷电功率 305.8kW 制热量 1110.0kW 制热电功率 455.7kW	3	克莱门特
2	电锅炉	电功率 1680kW，机组进出水温度 55℃/60℃	1	贝龙
3	地下换热器	深 100m	753	

（6）系统的运行策略

夏季：冷负荷全部由热泵机组承担；

冬季：热负荷主要由热泵机组承担，不足部分由电锅炉补充。

该工程已于2008年年初进行了冬季试运行，通过冬季的运行数据显示，地下换热器内流体的最低进水温度为3℃，房间的室内温度均满足设计要求，系统运行良好。

3. 系统运行费用估算及环境效益分析

该工程按照供暖期为150天，每天运行24小时；供冷期为90天，每天运行12小时，对运行费用进行估算，年运行费用约为176万元。

该工程采用土壤源热泵系统与采用常规电制冷系统+燃气锅炉相比，每年节约标煤约511t，减少CO_2排放量约为1300t，减少SO_2排放量约为12t，减少氮氧化物排放量约为3.5t。

4. 方案设计特点

本工程所处地点为东北地区，其负荷特点为供热累计负荷远大于供冷累计负荷，因此根据负荷特性设置了电锅炉冬季运行调峰系统，保证了系统的排热、取热平衡，使得系统可以长期稳定运行。

7.1.7 西安都市之门

1. 工程概况

西安“都市之门”位于西安高新技术产业开发区中央商务区，是一个具有国际化、现代化标准的，集会议交流、休闲和商务办公为一体的现代开发区。该建筑群由三栋办公大楼、一栋管委会大楼和一栋千人会堂组成。因其所处的特殊地理位置，体现出西安南大门的标示性，因此称之为“都市之门”（图7-26）。

图7-26 西安都市之门效果图

管委会大楼及千人会堂采用土壤源热泵作为其冷热源，相应建筑物参数如下：“都市之门”A座为管委会大楼，共20层，建筑高度为97.23m，地下二层为地下室，地上建筑面积为68184.7m^2，地下建筑面积为14176.4m^2，A座总建筑面积为82361.1m^2；千人会堂，地下一层，地上三层，建筑面积为18800m^2，建筑高度为19.12m。二栋楼在能源中心内共用一个空调冷热源系统。

2. 空调系统设计

（1）空调系统的冷热负荷

管委会大楼：建筑面积：82361.1m^2；供热负荷：4526kW，冷负荷：6668kW

千人会堂：建筑面积：18800m^2；供热负荷：1174kW，冷负荷：1914kW

（2）系统方案综述

根据业主提供的《都市之门岩土工程勘察报告》，实际现场勘察深度为85m，地质情况共分为15层，基本上以黄土、中粗砂、中细砂、粉质黏土为主。同时对勘测点土样分析，土壤对混凝土结构无腐蚀性。根据实验数据，得到项目地点的地下综合热物性参数：导热系数为2.239W/(m·K)；比热容为2300kJ/(m^3·K)。2006年7月地下初始温度约为19.7℃，2007年1月地下初始温度约为15.9℃。

根据《地源热泵系统工程技术规范》的规定，地源热泵系统应该保证地下温度场不发生季节性的换热不平衡。由于项目埋管面积有限，本方案根据冬季60%的峰值热负荷选择土壤热泵机组，根据冬季确定的土壤热泵机组确定夏季承担的冷负荷量，不能满足的负荷由辅助冷、热源解决。

本项目采用了土壤热泵复合式系统，冬季按60%的峰值热负荷选择土壤热泵机组，40%的峰值热负荷由蒸汽热网承担；根据冬季确定的土壤热泵机组确定夏季承担的冷负荷量，其余部分冷负荷由蒸汽溴化锂冷水机组承担。

选择2台水/水螺杆式热泵机组承担基本的夏季冷负荷和冬季热负荷，制冷工况下，热泵机组制冷量1654.4kW，冷冻水供回水温度7℃/12℃，冷却水供回水温度30℃/35℃；制热工况下，热泵机组制热量1750.5kW，空调水供回水温度45℃/40℃，地源侧进出水温度9℃/4℃。热泵机组的制冷与制热工况转化通过水路阀门转换。冬季，土壤热泵机组热源完全由地下换热器承担；夏季，土壤热泵冷源由地下换热器和1台冷却塔共同承担。

本项目采用两台蒸汽型溴化锂吸收式冷水机组作为调峰冷源。在标准工况时，每台机组制冷量为3265kW。机组的吸收剂为溴化锂，制冷剂为水。机组的冷冻水供回水温度分别为7℃/12℃；冷却水进出水温度分别为32℃/38℃。采用城市蒸汽热网作为调峰热源，经汽水换热器供给45℃/40℃的空调采暖热水。采用两台换热量为1350kW的换热器。

（3）地埋管换热器设计

采用550孔双U形埋管，管径*DN*32，钻孔深度为100m，钻孔直径150mm，钻孔间距5m，流量700t/h，导热系数取2.239W/(m·K)。初始地温设为16℃。

为使地下温度达到平衡，设计夏季土壤散热量为1680kW，土壤换热器承担的空调冷负荷为1400kW。辅助设备承担的空调负荷为6400kW，辅助设备承担负荷占夏季累计负荷的60%，所需时间为1090h。采用TRNSYS16软件的地埋管换热模型对地下平均温度、地埋管进出口温度进行模拟，经过一年运行地下平均温度约升高不足0.2℃，基本保持不变。系统原理图见图7-27。

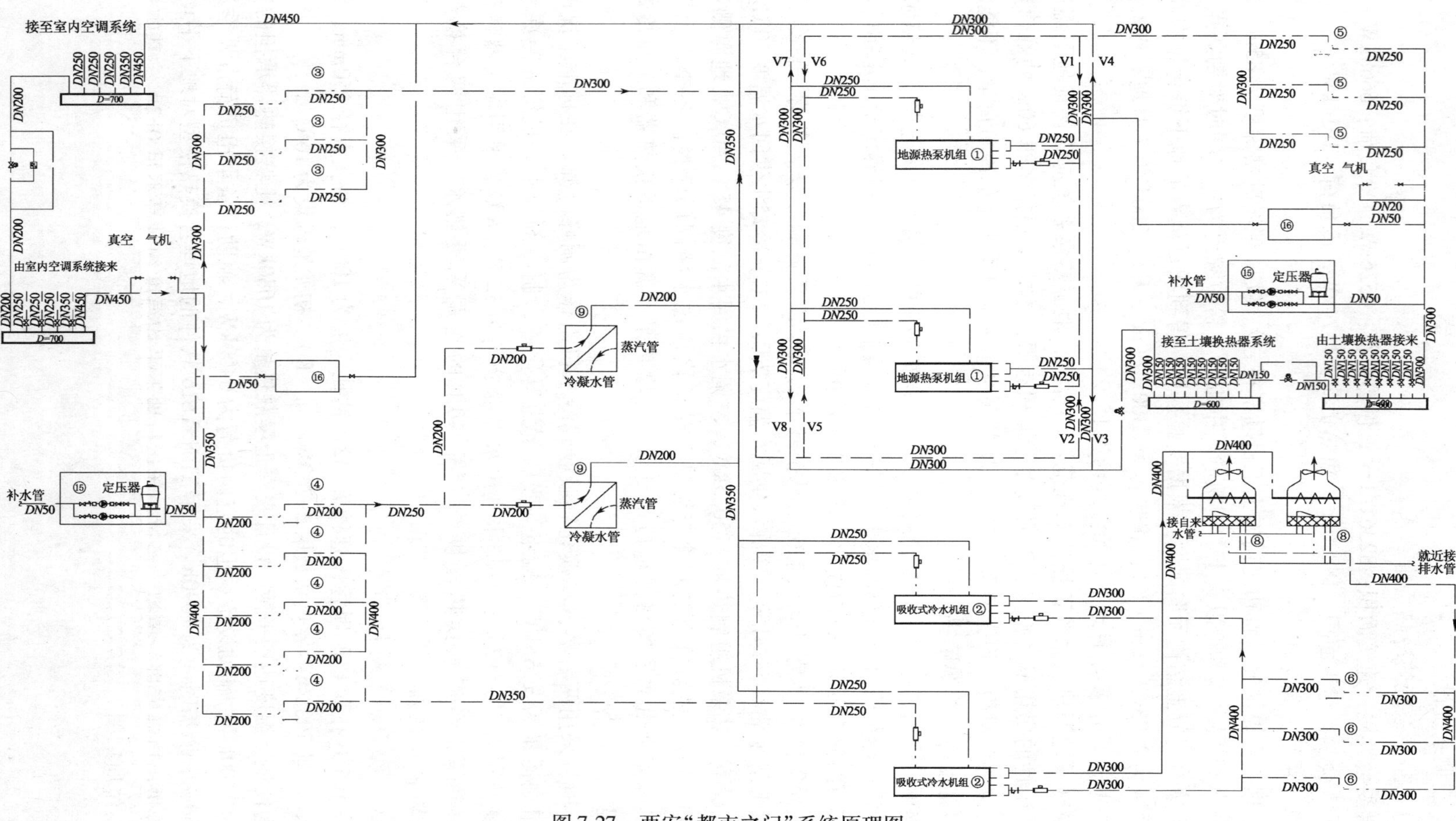

图7-27 西安"都市之门"系统原理图

3. 系统投资与运行费用估算

（1）系统投资

本项目地源热泵供暖空调总投资约2600万元。主要包括热泵机房内的设备费（包括热泵主机和其他配套设备）、安装费、钻孔费、室外管线安装费。其中设备费用2026万元，地下换热器安装费用480万元，其他费用94万元。该项目单位面积投资为257元/m^2，不包括末端系统。

地源热泵系统较常规系统增加了钻孔、地埋管管线及热泵站房的设备，所以系统的初投资较高。地源热泵系统与常规市政采暖加电制冷系统相比，增量成本如下：

① 地埋管换热器200元/m，增量成本为800万；

② 采用高性能的水源热泵机组，增量成本为50万元；

③ 其他设备与施工费用增量成本520万元。

地源热泵系统增量成本总计为1370万元，节能示范面积为101161m^2，则土壤源热泵系统单位面积的增量成本为135元/m^2。

（2）运行费用估算

本项目的增量成本为1370万元，静态投资回收期约为5.9年，运行费用估算及对比如表7-10所示。

运行费用估算表　　表7-10

	常规系统	地源热泵
夏季系统供冷运行费用	7800×10h×120d×0.5÷10000×1/3.5×1.00元/kWh×1.2=160.46万元	7800×10h×120d×0.5÷10000×1/5×1.00元/kWh×54%×1.15=58.13万元
	/	13t/h×10h×120d×0.5÷10000×117元/t×46%=41.98万元
冬季系统供热运行费用	/	5700×24h×120d×0.3÷10000×1/4×1.00元/kWh×96%×1.15=135.92万元
	9.5t/h×24h×120d÷10000×117元/t=320.11万元	9.5t/h×24h×120d÷10000×117元/t×4%=12.80万元
合计	480.57万元	248.83万元

采用可再生能源后，每年节约的运行费用为：

$$480.57-248.83=231.74\text{ 万元}$$

总投资静态回收期

$$\text{静态投资回收期}=\text{增量成本}/\text{每年收益}=1370/231.74=5.9\text{ 年}$$

4. 项目设计特点

本项目的设计在地埋管换热器系统施工方案确定过程中未采用每延米换热量法，采用了设计软件耦合设计法，这种设计方法体现了换热器系统与建筑负荷之间的耦合关系，换热器系统的设计很好的解决了保持土壤热平衡的问题。

5. 项目建设现场（图7-28）

图7-28 项目建设现场

7.1.8 宁波市嘉乐企业办公楼

1. 工程概况

宁波市嘉乐企业办公楼位于宁波市鄞州古林镇陈横楼村嘉乐工业园区，地处鄞县大道与机场路交叉处。属于公建类建筑，总建筑面积3.247万m^2，其中本工程示范面积为1.1万m^2。结构体系为砖墙及组合窗，主要用途为办公、展示厅会议、客房等，采用地源热泵系统来提供制冷、供热。其中一层为大厅及大小会客厅，三层为企业产品展示厅，六层为客房部分，其余楼层为各企业行政办公室。2005年8月至2006年12月完成了整个地源热泵空调系统工程的建设并调试运转。

2. 空调系统设计

(1) 空调系统的冷热负荷

大楼总冷负荷为960kW，热负荷约为580kW。

(2) 系统方案综述

本工程采用地源热泵垂直埋管+冷却塔辅助系统。

室外：嘉乐企业办公楼位于鄞县大道古林段附近，该地区土壤垂直分布基本上可划分为4层：黏土层、淤泥层、砾石层和基岩层。该地区土层较复杂，可适合采用垂直地埋管地源热泵系统，根据宁波地区其他地源热泵工程经验，钻孔深度可达到40~70m。水文条件属于山区盆地集水。水系补给水源为四明山水系及天然降水。可利用的河道水域面积为6500m^2，水面深度为1.5~2.5m，夏季河水温度为26~30℃，冬季河水温度为4~8℃。经计算，本工程共需钻孔250个，设计孔深50m，管井设置D32的U形高压PE管。考虑本工程实际情况，在建筑物周边的绿化带及道路地带钻孔。地耦孔间距约为4.5m×5m，水平管设计采用同程回路设计。

地埋管中的冷却水通过集分水器汇集后，进入各楼层，供应二~八楼层的VKC系列水/水机组及一层PH、PS水/空气机组，当夏季冷却水温高于32℃时，启动冷却塔辅助散热，地埋管起过冷作用，冬季完全使用地埋管。

室内：二～八楼层夏季 VKC 机组产生 7℃/12℃的冷冻水，供应风机盘管制冷，一部分被冷却水系统带入地埋管中，散热到土壤中。冬季 VKC 机组产生 45℃/40℃的温水供应风机盘管制热，冷却水通过地埋管从土壤吸热。一层冷却水直接进入 PH、PS 水/空气机组，由压缩机循环产生冷热风供各房间空调使用。

（3）系统运行

地源介质在冬季作为热泵供暖的热源和夏季制冷的冷源。即在冬季，把地源介质中的热量“吸取”出来，提高循环介质温度后，供人采暖；夏季，把室内的热量取出来，释放到地源介质中去，由地源介质将其储存。

机组提取地下水中的低位能量并将其聚变为高位能量，然后输送给冷暖水循环系统（用户末端）。整个系统仅消耗电能，无任何污染。主机占地面积比传统方式大大减少，可放置在地下室等空间。

与锅炉（电、燃料）和空气源热泵的供热系统相比，水源热泵具有明显的优势。锅炉供热只能将 90%～98%的电能或 70%～90%的燃料内能转化为热量，供用户使用，因此地源热泵要比电锅炉加热节省三分之二以上的电能，比燃料锅炉节省二分之一以上的能量，由于地源热泵的制冷、制热系数可达 4.5～5，与传统的空气源热泵相比，要高出 40%左右，其运行费用为普通中央空调的 50%～60%。

夏季制冷系统

为节约投资，夏季高峰期在设计地下换热孔数满足系统夏季基础负荷的换热量的同时采用原有系统的冷却塔辅助散热，冷却塔调峰负荷约为总负荷的 30%左右。

冬季制热系统

冬季制热时能量由地埋管系统提供。

系统原理图见图 7-29。

3. 系统运行费用

（1）主要设备（表 7-11）

主要设备表 **表 7-11**

序号	楼层	机型	参数				数量
		型号	制冷量（kW）	制热量（kW）	制冷功率（kW）	制热功率（kW）	台
1	一层	PH04	3.3	3.8	0.85	0.85	4
		PH05	4.9	5.45	1.3	1.3	2
		PH07	6.7	7.5	1.65	1.65	3
		PH09	8.95	9.75	2.3	2.3	7
		PS07	6.5	7.8	1.57	1.8	6
		PS09	8.2	10.8	2.2	2.4	3
2	二层	VKC080	72	110	15.6	20.5	2
3	四层	VKC080	72	110	15.6	20.5	2
4	五层	VKC080	72	110	15.6	20.5	2
5	六层	VKC080	72	110	15.6	20.5	2
6	七层	VKC080	72	110	15.6	20.5	2
7	八层	VKC040	36	53	8.0	10.8	2

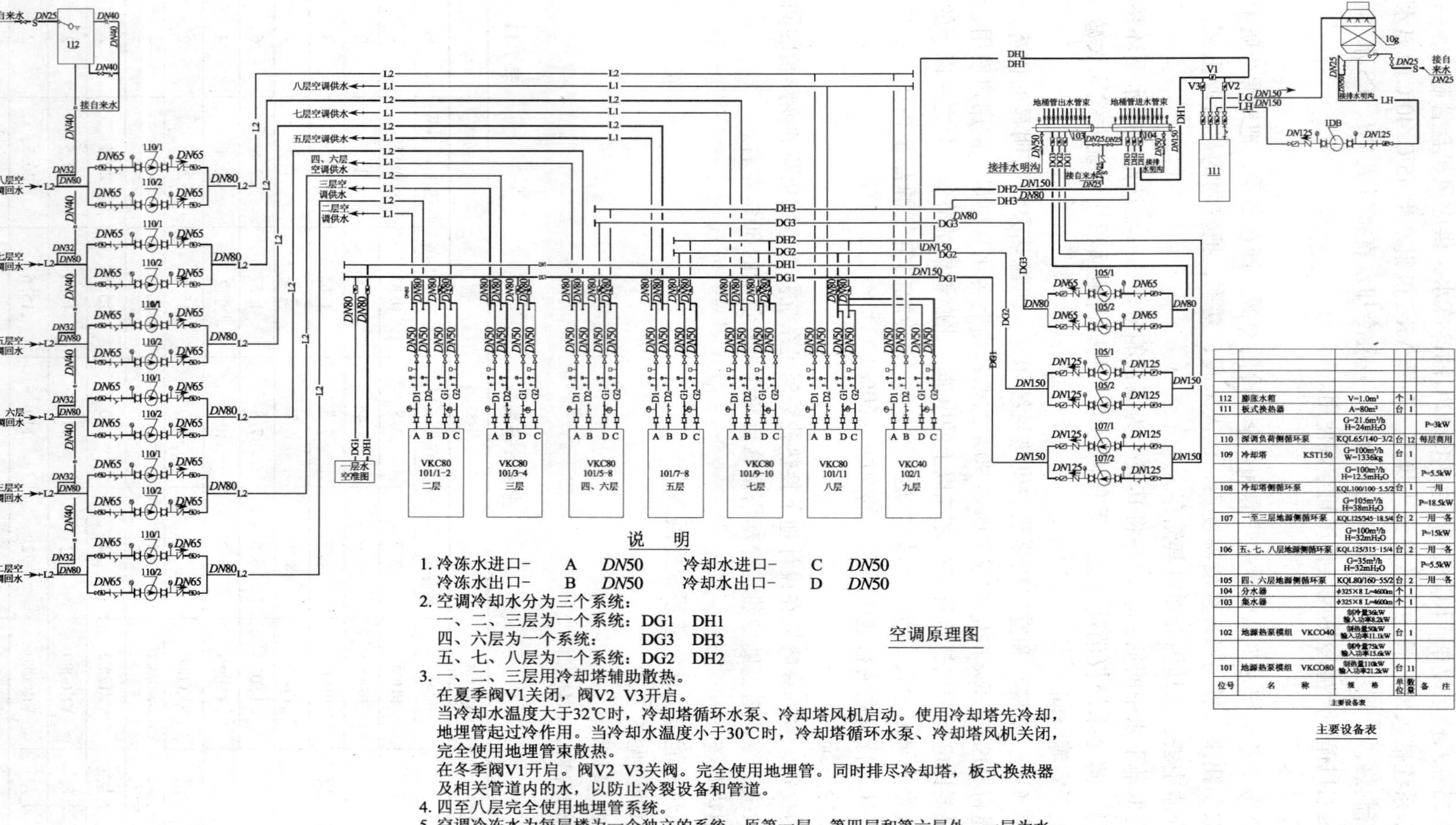

位号	名称	规格	单位	数量	备注
112	膨胀水箱	V=1.0m³	个	1	
111	板式换热器	A=80m²	台	1	
		G=21.6m³/h H=24mH₂O			P=3kW
110	深调负荷侧循环泵	KQL65/140-3/2	台	12	每层商用
109	冷却塔 KST150	G=100m³/h W=1336kg	台	1	
		G=100m³/h H=12.5mH₂O			P=5.5kW
108	冷却塔侧循环泵	KQL100/100-5.5/2	台	1	一用
		G=105m³/h H=38mH₂O			P=18.5kW
107	一至三层地源侧循环泵	KQL125/345-18.5/4	台	2	一用一备
		G=100m³/h H=32mH₂O			P=15kW
106	五、七、八层地源侧循环泵	KQL125/315-15/4	台	2	一用一备
		G=35m³/h H=32mH₂O			P=5.5kW
105	四、六层地源侧循环泵	KQL80/160-55/2	台	2	一用一备
104	分水器	φ325×8 L=4600m	个	1	
103	集水器	φ325×8 L=4600m	个	1	
		制冷量36kW 输入功率8.2kW			
102	地源热泵模组 VKCO40	制热量50kW 输入功率11.1kW	台	1	
		制冷量75kW 输入功率15.6kW			
101	地源热泵模组 VKCO80	制热量110kW 输入功率21.2kW	台	11	

主要设备表

主要设备表

图 7-29　系统原理图

（2）技术经济分析

因宁波地区地质情况较适合地源热泵系统，并结合夏季辅助冷却塔做辅助散热，应用地源热泵成本较低。

大楼一层房间以会议室为主，考虑同时使用率不高，采用地源热泵分散式系统，机组为 PS、PH 系列，每个房间可独立控制房间主机的启停。二层以上办公、展示功能为主，故设计采用地源热泵集中式系统，机组为 VKC 系列，末端加风机盘管。

冷热源系统考虑采用冷却塔做夏季辅助散热，一是节约大楼空调总造价，节省占地空间，二是平衡全年的土壤吸热及散热量（宁波地区冷负荷约 1.5～2 倍于热负荷，故向土壤排热量远大于土壤吸热量），三是夏季使用过程中，以使用地源侧为主，当地源侧回水温度高于 32℃时，开启冷却塔辅助散热。

（3）可再生能源建筑应用部分增量成本概算（包括计算基准）

地源热泵系统成本主要包含三部分：室外换热系统、机组及室内安装部分。

本工程共钻孔 250 个，每孔 50m 深。

机组部分包括 VKC080 机组 10 台，VKC040 机组 2 台，PH04 机组 4 台，PH05 机组 2 台，PH07 机组 3 台，PH09 机组 7 台，PS07 机组 6 台，PS09 机组 3 台。

地源热泵系统增量成本主要为地埋管及施工费用，末端系统和常规中央空调基本一样，不考虑其他因素。

4. 节能预测分析

（1）计算依据

① 制冷期 150 天，制热期 90 天，空调冷负荷 960kW，热负荷为 580kW。

② 大楼空调运行时间为每天 8 小时。

③ 电费按 1.0 元/度。

④ 因室内末端及水泵耗电量相同，且耗电量较小，故本次运行费用计算仅计算主机部分。

⑤ 建筑物各负荷比例的天数（表 7-12）。

负荷率分布表　　**表 7-12**

负荷百分数	夏季运行天数	冬季运行天数
25%	25	20
50%	50	30
75%	50	30
100%	25	10

（2）地源热泵系统运行情况（表 7-13）

夏季制冷功率为 215kW，冬季制热功率为 163kW。

地源热泵系统运行情况　　**表 7-13**

项	目			计算过程	结果
夏季	水源热泵机组	负荷率 100%	25 天	25 天×8 小时×215kW×100%	43000
		负荷率 75%	50 天	50 天×8 小时×215kW×75%	64500
		负荷率 50%	50 天	50 天×8 小时×215kW×50%	43000
		负荷率 25%	25 天	25 天×8 小时×215kW×25%	10750

续表

项目				计算过程	结果
合计			150天		161250
冬季	水源热泵机组	负荷率100%	20天	20天×8小时×163kW×100%	26080
		负荷率75%	30天	30天×8小时×163kW×75%	29340
		负荷率50%	30天	30天×8小时×163kW×50%	19560
		负荷率25%	10天	10天×8小时×163kW×25%	3260
合计			90天		78240
全年运行费用			240天		239490

（3）运行效果监测

项目2006年12月投入运行，至今效果良好，各房间室内温度可达到24℃以上，大厅内温度也能达到20℃以上。较低的运行费用让业主对系统满意。

（4）项目设计特点

楼层之间可实现单独控制，计费简便。

（5）热点问题

夏季高峰期时采用冷却塔辅助散热。

7.2 地下水源热泵系统

7.2.1 北京海淀外国语实验学校

1. 工程概况

北京市海淀外国语实验学校是北京市海淀区政府、海淀区教委为适应中关村科技园区发展的需要而批准成立，由北京市四博连通用机械新技术公司投资举办的一所新型一流外国语实验学校，位于北京西四环杏石口路（图7-30）。

图7-30 北京市海淀外国语学校

学校占地225亩，总建筑面积6.3万m^2，包括餐厅、学生公寓、初中楼、小学楼、办公楼、科技馆、体育馆等共九栋建筑物，是一现代化综合实验学校的建筑群体。

该项目积极响应北京绿色节能环保政策要求，全校使用地源热泵系统，一套系统可以实现冬季供暖、夏季制冷、日常提供生活热水的功能，为师生创造了良好的学习工作生活环境。

2. 空调系统设计

(1) 空调室内设计参数（表7-14）

空调室内设计参数表　　**表7-14**

建筑性质		夏季		冬季
	温度（℃）	相对湿度（%）	温度（℃）	相对湿度（%）
教室	26～28	≤65	16～18	—
宿舍	26～28	64～65	18～20	—
体育馆	26～28	≤65	16～18	—
餐厅	24～27	64～65	18～22	—

(2) 空调系统方案论述

① 建筑设计空调冷热负荷及机房设置

根据校区占地面积大，建筑物较为分散，且各建筑物使用功能差异大，上课时间，教学楼、科技楼等冷热负荷大，宿舍、食堂等冷热负荷小，下课时间情况则相反的特点，确定采用分散式机房，每栋建筑物设置一个机房，分散式机房具有下述特点：

A. 机房附近设置冷热源井，外管线短，各机房独立运行，调节灵活，运行费用低；

B. 主机等设备备用率低，初投资较高。

各建筑物机房主机配置及装机容量见表7-15。

主机配置及装机容量表　　**表7-15**

序号	工程名称	建筑面积（m^2）	能量提升器		总装机容量（kW）		井数量（口）	单井循环流量（m^3/h）
			型号	数量	制热量	制冷量		
1	食堂	4455	HT400	1	407	290	1	50
2	男生宿舍	6296	HT760	1	762	570	1	100
3	女生宿舍	6296	HT760	1	762	570	1	100
4	中学楼	8047	HT760	1	762	570	1	100
5	小学楼	8897	HT760	1	762	570	1	100
6	办公室	6009	HT760	1	762	570	1	100
7	科技楼	5248	HT400	1	407	290	1	50
8	体育馆	5603	HT400	1	407	290	1	50
9	教师公寓	12000	HT760	2	1524	1140	2	100
10	合计	62851	—	10	6555	4860	10	—

② 能量采集设置

能量采集系统是地源热泵系统的重要组成部分，它是全系统能否安全可靠、经济运行的根本保证。

冷热源井设在建筑物附近绿化用地内，采用暗井方式，冷热源井布置见图7-34，各建筑物冷热源井数量及单井循环流量见表7-15，成井后井口与普通市政井盖完全相同，其设置不影响整个建筑物的总体布局，并能与周围环境和谐统一。

③ 能量释放装置

冷热源末端形式根据建筑物使用功能确定，体育馆采用低温地板辐射采暖系统，其他建筑末端均采用风机盘管系统。

④ 系统流程原理

地源热泵系统原理图如图7-31所示。

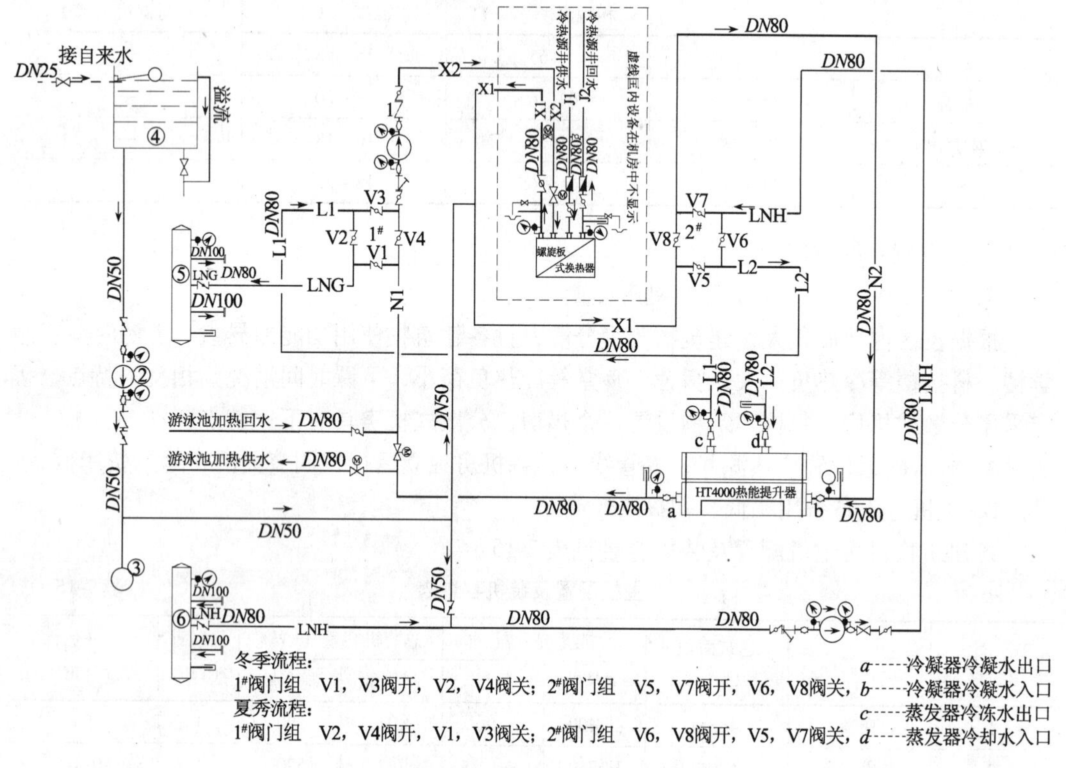

图7-31　地能热泵系统原理图

体育馆长36m，宽30m，高11m，面积1080m²。由于舒适性空调区高度一般取3m，体育馆属高大建筑物，一般采用分层空调，即仅对下部区域进行空调，而对上部区域不使用空调。本工程应用了地板采暖和制冷，采用直管方式，即分别在体育馆长度方向两侧墙设置分、集水器。如果地板制冷采用7～12℃循环水，地板产生结露，本工程采用18～23℃循环水，北京地区地下水温度恒定在15℃左右，夏季冷热源主机设备停止运行，直接采用循环水与井水换热方式即可满足要求。游泳池长25m，宽21m，水深1.2～1.8m（平均1.5m），夏季池水加热，通过换热设备采用冷热源主机冷凝余热，冷热源井潜水泵停止运行，以上措施大大节省运行费用。

换热示意图如图7-32所示。

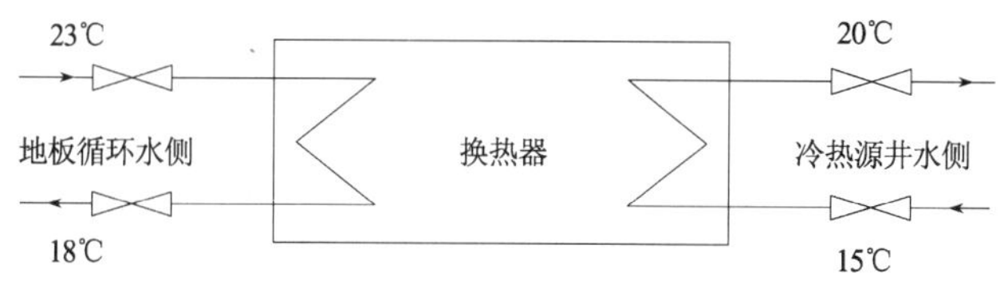

图 7-32 冷热源井水与地板循环水换热示意图

投入运行后，体育馆高度在2.5m 以内，温度达到 19～22℃；夏季用同一设备，风机制冷，温度保持在 24～26℃。游泳馆室内温度夏季 26～28℃，冬季 28～30℃。夏季泳池水温 24～26℃，冬季水温 26～28℃，淋浴水温 39～43℃。

3. 运行效果监测

该系统于 2001 年 9 月投入运行，至今已有 7 余年，系统运行稳定可靠，师生都感到满意。系统的主要循环设备，包括潜水泵、二次循环泵、末端循环泵为手动控制，补水泵为电接点压力表控制自动运行。

4. 系统运行能耗

(1) 系统冬季运行能耗

2007 年 11 月 15 日～2008 年 3 月 15 日运行费用统计见表 7-16。

表 7-16

序号	供暖费机房	供暖面积 (m^2)	运行时间段（2007.11.15～2008.3.15）计 122 天						
			系统耗电（度/日）						整个冬季供暖费（元/m^2）
			机房平均用电量						按峰谷平均电价 0.56 元/度计算
			11 月 15 日～11 月 30 日	12 月 1 日～12 月 31 日	1 月 1 日～1 月 31 日	2 月 1 日～2 月 29 日	3 月 1 日～3 月 15 日	平均值	
1	食堂	4455	1670	2479	3239	2640	2090	2424	41.56
2	男生宿舍	6296	2050	3189	3633	1650	2090	2634	28.58
3	女生宿舍	6296	2050	3189	3633	1650	2090	2634	28.58
4	中学楼	8047	2050	3119	3633	3286	2090	3022	25.66
5	小学楼	8897	1790	2529	3073	2748	2090	2568	19.72
6	办公楼	6009	1920	3015	3633	3286	2090	2979	33.87
7	科技楼	5248	1810	2529	3064	2748	2090	2568	33.44
8	体育馆（13m 层高）	5603	2050	3118	3111	2951	2090	2817	34.27
9	共计	50851	15390	23167	27019	20959	16720	21646	29.08

(2) 系统夏季运行能耗

2007年6月15日~2007年9月15日运行费用统计见表7-17。

表7-17

序号	制冷费机房	制冷面积(m^2)	运行时间段(2007.6.15~2007.9.15)计84天					
			系统耗电(度/日)					整个夏季制冷费(元/m^2)
			机房平均用电量					按峰谷平均电价0.53元/度计算
			6月15日~6月30日	7月1日~7月31日	8月1日~8月31日	9月1日~9月15日	平均值	
1	食堂	4455	890	1022	968	873	958	9.57
2	男生宿舍	6296	1281	1574	935	800	1186	9.29
3	女生宿舍	6296	1250	973	775	480	1218	5.13
4	中学楼	8047	1110	1101	1189	1068	1101	4.28
5	小学楼	8897	973	968	763	603	838	4.19
6	办公楼	6009	821	1252	835	435	872	5.62
7	科技楼	5248	464	550	512	630	533	4.57
8	体育馆(13米层高)	5603	1215	1339	1372	1277	1318	11.35
9	共计	50851	8004	8779	7349	6166	1003	5.36

(3) 系统全年能耗

整个系统2007年夏季制冷和2007/2008年冬季供暖费用合计为182.46万元，计费的建筑总面积为50851m²，即每平方米建筑面积运行费用为35.88元。

5. 项目建筑实际外观图(图7-33)

图7-33 海淀外国语实验学校外观图

6. 项目意义

地源热泵系统采用分散冷热源形式，机房面积小，无需其他辅助建筑，形成了完善的学校环境系统，为全校师生营造一个安全、高品质的学习工作生活环境。

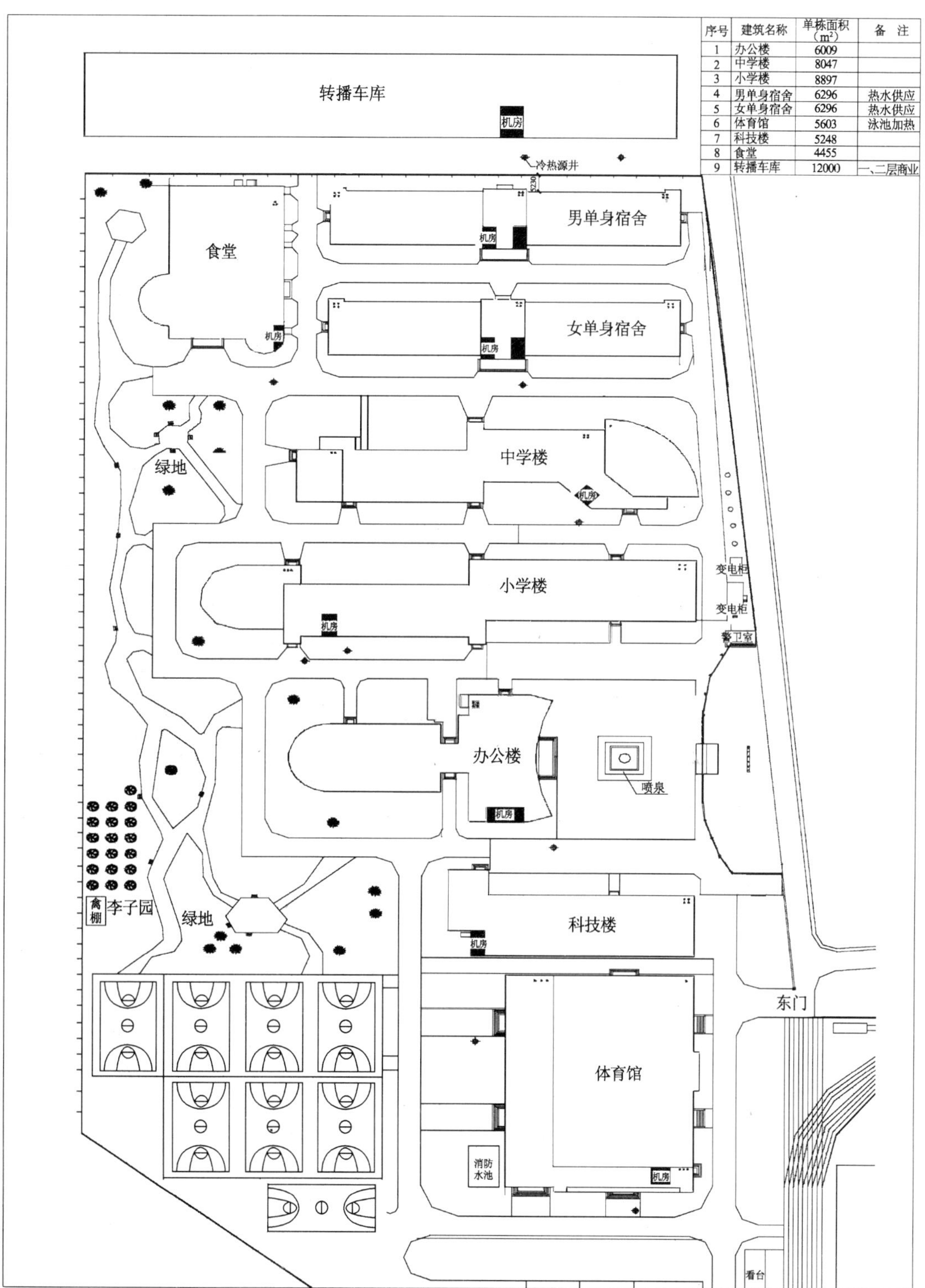

序号	建筑名称	单栋面积（m^2）	备　注
1	办公楼	6009	
2	中学楼	8047	
3	小学楼	8897	
4	男单身宿舍	6296	热水供应
5	女单身宿舍	6296	热水供应
6	体育馆	5603	泳池加热
7	科技楼	5248	
8	食堂	4455	
9	转播车库	12000	一、二层商业

图 7-34　海淀外国语实验学校地源热泵机房及冷热源井布置平面图

7.2.2 国家大剧院

1. 工程概况

国家大剧院位于人民大会堂西侧，总建筑面积22万m^2。室外设置露天水池，水池面积约35000m^2，储水量15000m^3，水深400mm（图7-35）。为防止冬季池水冻结和夏季微生物滋生，需要对池水冬季加热夏季冷却。池水加热冷却的冷热源采用中央液态冷热源环境系统，冷热源机房与池水水处理站相衔接，末端设备利用池水水处理循环水系统。池水循环及处理共设四个站房：东北、西北站，东南、西南站。

图7-35 国家大剧院

2003年12月15日至2007年10月15日完成整个景观水池加热冷却工程的施工，并于2007年11月25日开始调试运行。

2. 空调系统设计

(1) 设计原始条件

① 北京市冬季大气压1020.4mbar，夏季大气压998.6mbar；

② 冬季采暖温度-9℃，空调温度-12℃，最低日平均-15.9℃；

③ 夏季空调温度33.2℃，空调日平均28.6℃；

④ 最冷月平均室外计算相对湿度45%；

⑤ 冬季平均室外风速2.8m/s；

⑥ 冬季日照率67%；

⑦ 水池面积32980m^2（东北、西北各11047m^2，东南、西南各5443m^2）；

⑧ 池水深约0.40m；

⑨ 水池储水量15000m^3；

⑩ 东北、西北站，池水循环水量各为775m^3/h；

东南、西南站，池水循环水量各为332m³/h。

景观池水系统总循环水总量2215m³/h。池水循环周期为(15000÷2215)×6.8小时。

(2) 池水设计参数

冬季最冷季池水不冻温度t_s≥1.5℃，夏季最热季池水温度t_s≤28℃。

(3) 池水加热、冷却负荷分析计算

冬季池水加热负荷由水面蒸发和瀑布蒸发损失热量、水面传导和瀑布传导损失热量、池底和池壁传导损失热量、水池位于车库等建筑上方的得热量、管道和设备散热损失及补充水加热所需热量、太阳辐射得热量形成。

经热负荷分析计算，确定池水冬季热负荷为11340.57kW，热负荷指标为324.0W/m²。

经冷负荷分析计算，确定池水夏季冷负荷为10325kW，冷负荷指标为295W/m²。

(4) 池水加热、冷却负荷模型试验数据分析

国家大剧院景观池水加热负荷的确定是设计难点，室外池水水面热损失计算无可靠的数学模型，为此设计初期方案阶段参照室内泳池热损失计算办法进行，并初步确定系统装机容量。而后我公司建一模拟水池，并对公司模拟水池进行测定，获得大量可参考数据，并对初期设计进行调整。公司模拟水池与大剧院水池在外形上有很大不同，其模拟水池的数据用于国家大剧院景观水池是否可行仍值得怀疑，其工程的可靠性还有待于运行的检验。

① 模型试验概况

为了验证理论计算冷热负荷的准确性，我公司设置室外景观水池，水池半径8.08m，池水深0.57m，水池面积约205.00m²，池水水量116.85m³。池水循环流量24.5m³/h，循环周期4.8小时。

水池供回水管：水池供水管沿水池内壁一周形成封闭管路，其上开60个ϕ12mm的小孔向外喷水；水池的回水管位于水池中央，直径为ϕ100mm。

温度测点的设置：A. 在室外景观水池旁草坪上设置室外空气温度测点（测点1）；B. 在池中设置3个温度测点测定池水温度（测点2、3、4）；C. 在加热供（回）水侧设置温度测点测定供（回）水温度（测点5、6）；D. 在加热机房内设有巡回监测仪，可自动巡回监测并逐时打印温度参数。测点示意图见图7-36。

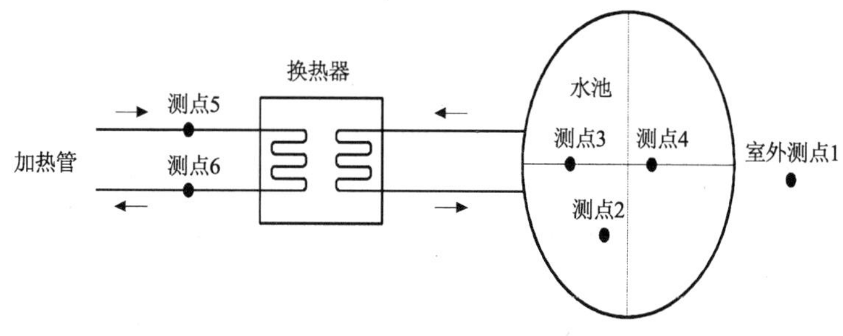

图7-36 测点示意图

② 模型试验数据

流量：运用超声波流量测定仪测量加热管水流量为35.50m^3/h。

耗热量：最大耗热量为：66.06kW，最大热负荷指标为322.24W/m^2；

平均耗热量为：50.06kW，平均热负荷指标为244.20W/m^2。

（5）冷热源系统形式的确定

国家大剧院室外景观水池加热系统可采用多种方法，如城市热力、燃气锅炉、浅层地能热等。经经济分析推算，城市热力、燃气锅炉运行成本难以与浅层地能热泵相比，最终确定采用浅层地能热泵系统为景观水池加热方案。

浅层地能景观水池加热系统之所以运行节能是因为冬季池水温度 t_s = 1.5℃，浅层地能温度为 t_x = 12℃，相比之下，浅层地能为高温热源，井水可直接对池水加热，即可满足池水不冻要求。夏季池水温度 t_s = 28℃，浅层地能温度为 t_x = 12℃，相比之下，地下水为低温冷源。

（6）景观水池加热、冷却系统

将地下为12℃的水抽取上来通过水—水换热方式将池水的热量传给地下水，池水温度降低。即夏季通过换热器将池水获得的太阳辐射热散放到水井中，而使池水降温，冬季把井水中的热量提取出来，加热池水，形成一个冬储夏用、夏储冬用生态冷却加热循环系统（图7-37）。

图7-37 国家大剧院景观水池调温系统示意图

①“单井抽灌”井数量确定

冬季池水加热热负荷为11340.57kW，夏季池水冷却冷负荷为10325kW。中央液态冷热源环境系统，标准的“单井抽灌”井的结构参数为：井孔直径800mm，井管直径500mm，井深85m，抽水和回灌水管直径 *DN*100，标准的“单井抽灌”井的性能参数为：井水循环量100t/h，抽灌水温差5℃，取热或制冷能力600kW，确定采用18口单井。

②“单井抽灌”井及主机设置

池水加热、冷却的冷热源采用中央液态冷热源环境系统，冷热源机房与池水水处理站相衔接，末端设备利用池水水处理循环水系统。池水循环及处理共设四个站房：东北、西北站，东南、西南站。

由于水池水循环系统确定为四个循环水处理站，且每个站的循环流量均已确定，冷热源系统的加热冷却的热量与冷量只能通过站房的各自的循环流量带入池内，故冷热源得采集装置的数量应与各站的循环流量相对应。结合已确定四个站房的循环流量设置“单井抽灌”井。

东北站：“单井抽灌”井 6 口，HT760 型热泵主机 3 台；西北站：“单井抽灌”井 6 口，HT760 型热泵主机 3 台；东南站：“单井抽灌”井 3 口，HT760 型热泵主机 1 台；西南站：“单井抽灌”井 3 口，HT760 型热泵主机 1 台。

（7）系统运行工况及节能减排

① 系统运行工况

国家大剧院池水加热系统于 2007 年 11 月 25 日开始调试，2007 年 12 月 14 日正式运行至 2008 年 2 月 23 日停机，经一个冬季运行的效果上看，其设计确定池水面积热负荷等相关设计数据是可靠的，其所设计的能量采集井数、热泵主机完全可保证系统正常运行。

国家大剧院景观水池加热系统设计、运行均无可参考样式，它不同于我们已习惯的供热系统，为此我们在设计上就考虑有几种运行方式，并在实际运行中进行调试：

井与主机全开工况：最不利工况（北京最寒冷季）。

开机停井工况：非寒冷季夜间（一台主机对一口井，其余井停止工作）。

井全开停机工况：非寒冷季。此工况为最经济节能工况。

我们针对上述三种运行工况对大剧院景观池水系统进行为期 40 天运行调试。在调试运行过程中，我们根据北京气象预报提供温度、风速等参数以及在确保景观池水不冻的原则下，安全、稳定、经济运行，对上述三种工况进行分析对比，实现系统供水温度的气候补偿，利用夜间低谷电，景观水池蓄能，减少水泵能耗，系统间歇运行，制定如下冬季经济运行方案。

A. 冬季运行时间段（表 7-18）

表 7-18

运行条件	主机运行时间	主机运行时间段	潜水泵运行时间	潜水泵运行时间段	备 注
室外温度≤1.5℃	24 小时	00：00～24：00	24 小时	00：00～24：00	温差≥4℃，自控潜水泵运行台数
室外温度 2.0～3.5℃	19 小时	15：00～次日 10：00	5 小时	10：00～15：00	
室外温度≥4.0℃	0 小时	—	17 小时	17：00～次日 10：00	

日平均气温低于 1.5℃共 71 天（12 月 14 日～次年 2 月 23 日）。

B. 冬季运行方案

如白天温度高于 0℃，仅启动潜水泵不开主机，以使系统处于最佳节能运行状态。

对大剧院景观池水加热系统同行及方方面面均极为重视，为指导运行及积累相关数据，我公司于 2007 年 12 月 14 日开始对池水温度（池水温度探点 10 个，东北、西北各 3

探点，东南、西南各2探点）进行记录，每天记录7次。从近40天池水温度记录看：12月上旬、中旬池水温度较高，其池水最高温度高达13℃；12月下旬至1月中旬池水温度有所下降，其池水最高温度为9.95℃。另外，从池水温度记录看，东南、西南池水平均温度为：5.55℃；西北、东北池水平均温度为：5.12℃，东南、西南池水温度高于西北、东北池水温度。

② 系统运行出现问题

大剧院景观水池在系统调试运行过程中发生池水结冰现象，池水结冰范围较大一次发生在2007年12月28日。去现场查看并分析池水结冰原因，其一是大风寒冷性天气，当天天安门地区最低气温 -9.0℃，其风力级别达到10~11级，风速最大每秒达到28m/s，与系统设计参数不符。其二是池水回水不均匀、循环不畅，水池内区土建标高不一致，池水回水不均匀，池水形成了死滞区，特别是在正南、正北玻璃连廊处有横向分隔处（隔高超出水面），池水死滞区更为严重。

经多方协调，部分问题得到了解决。此后在2008年1月18日~2008年1月20日天安门地区大幅度降温（最低气温 -9.0℃、最高气温 -3.0℃）且在连续阴天情况下保证大剧院池水不结冰（图7-38）。

图7-38　大剧院景观水池

此外，运行发现因其池水循环水泵设于水处理机房，冷热源机房根据冬季室外气象参数而调整池水流速难以实现（如在北京最冷月时，冷热源机房可增大池水流速，加强池水循环）。

③ 节能减排

通过对1982~2002年20年北京市观象台气象资料研究分析，1984~1985年冬季最寒冷，冬季日平均气温低于1.5℃共71天，日平均温度平均值为 -3.72℃。

池水冬季热负荷为11340.57kW，池水冬季消耗的总热量为1402.95万kWh，折合标准煤1720t（表7-19）。

表7-19

燃料量（标准煤）(t)	减少排烟量（万标立方米）	减排颗粒物（t）	减排SO_2（t）	减排NO_x（t）	减排CO_2（t）
1720	2324	75	41	30	4370

3. 系统运行费用

（1）运行耗电分析记录

国家大剧院池水加热系统一个冬季运行总电耗为145.476万kWh（2007年12月14日～2008年2月23日，共计71天），冬季加热平均池水水面电耗为44.11kWh/(季·m^2)。其中，东北机房电耗50.28万kWh、平均池水水面电耗为45.51kWh/(季·m^2)；西北机房电耗52.08万kWh、平均池水水面电耗为47.14kWh/(季·m^2)；东南机房电耗21.708万kWh、平均池水水面电耗为39.88kWh/(季·m^2)；西南机房电耗21.408万kWh、平均池水水面电耗为39.33kWh/(季·m^2)。

（2）系统运行费用

国家大剧院景观水池中央液态冷热源环境系统经济性显著，系统单位水面积电耗仅为44.11kWh/(季·m^2)，费用约合22.05元/(季·m^2)，如采用燃气锅炉加热，费用为61.2元/(季·m^2)，该系统运行费用仅是燃气锅炉费用的36.0%。

国家大剧院景观水池中央液态冷热源环境系节能、减排效应明显，节约标煤1720t，减排CO_2 4370t。

4. 方案设计特点

采用单井回灌技术采集浅层地表的热量和冷量来加热和冷却水池的中央液态冷热源环境系统，具有十分突出的优点，设备出投资少，运行费用低，可同时满足冬季池水加热、夏季池水冷却的要求，此外单井回灌系统具有不移沙、不破坏地下水平衡、不污染地下水等优点。冬季室外平均温度低于－7℃（高于－7℃时用水—水换热方式运行）时启动能量提升器，不仅满足冬季最不利条件下池水加热所需热量及温度品质，系统安全可靠，同时由于采用了分阶段运行调节方式，冷热源环境系统的运行经济性更加突出。此外采用单井回灌技术采集地源热量，无任何污染，是任何燃油、燃气锅炉不可比拟的。

7.2.3 青岛银盛泰国际商务港及城阳经贸中心

1. 项目概况

本项目位于青岛市城阳区，西邻山城路，南侧为和阳路。城阳区地处青岛市市区北部，位于东经120°07′～120°34′、北纬36°11′～36°24′。东依崂山区，南接李沧区，西临胶州湾与胶州市相邻，北与即墨市毗连。

本项目分为银盛泰国际商务港和城阳经贸中心两栋建筑（图7-40），总建筑面积为84400m^2。

银盛泰国际商务港总建筑面积为58008.9m^2，其中地上建筑面积43385.9m^2，地下建筑面积14623m^2。地上建筑包括1至3层的商业裙房，建筑面积为16138m^2；4至5层的

LOFT办公建筑，面积为5590m²；6至8层的SOHO酒店办公建筑，面积为8385m²；9至13层的大空间办公建筑，面积为13334m²。

城阳经贸中心总建筑面积为26391m²，其中地上建筑共9层，面积为18074m²，地下建筑面积8317m²。经贸中心的功能主要为办公及配套服务中心。

2. 空调系统设计

（1）空调室内设计参数（表7-20）

室内设计参数表 表7-20

房间名称	夏季		冬季		新风量	换气次数
	温度（℃）	相对湿度（%）	温度（℃）	相对湿度（%）	m³/(h·人)	次/h
大堂	24~26	≤60	20	≥40	20	
会议室、办公室	24~26	≤60	20	≥40	30	
公共卫生间	25~27		16~18			8~10

（2）设计空调冷、热负荷

两座建筑合计空调冷负荷约为6751kW；总空调热负荷为4051kW。折合单位面积空调冷负荷为79.9W/m²，单位面积空调热负荷为48.0W/m²。

（3）空调系统形式（例如：是采用地下水源热泵系统、地表水源热泵系统、土壤源热泵系统，或是采用与冰蓄冷/水蓄冷或太阳能结合的混合式系统等）

地下水源热泵系统（分散式，即水环热泵系统）

（4）地质情况调查

本项目地处青岛市城阳区，勘察表明该地区地下水资源较为丰富。项目前期，建设方委托青岛地矿岩土工程有限公司进行了水文地质勘察，出具了《抽注水实验报告》，并通过了当地水资源管理部门的审批。

设计单井取水量80t/h；

设计单井回灌量67t/h。

设计回灌系数1.25。

（5）系统设计所采用的主要设备的参数（表7-21、表7-22）

银盛泰国际商务港水环热泵系统主要设备表 表7-21

序号	设备名称	设备描述	数量（台）
1	板式换热器	单台换热量：3000kW	2
2	板式换热器	单台换热量：240kW	1
3	生活热水热泵机组	型号：PSRHH0802	1
		制热量345.6kW；功率79.4kW	
4	循环泵（水环热泵循环水）	型号：TP200-380	3
		流量：380m³/h；扬程：35m	
5	生活热水一次循环泵	型号：TP80-240	2
		流量：50m³/h；扬程：22m	
		额定功率：5.5kW	

续表

序　　号	设 备 名 称	设 备 描 述	数 量 （台）
6	生活热水二次循环泵	型号：TP80-240	2
		流量：60m^3/h；扬程：20m	
		额定功率：5.5kW	
7	高区生活热水循环泵	型号：TP32-180	2
		流量：3m^3/h；扬程：14m	
		额定功率：0.37kW	
8	低区生活热水循环泵	型号：TP32-120	2
		流量：1m^3/h；扬程：9m	
		额定功率：0.37kW	
9	高区生活热水罐	4.5t	1
10	低区生活热水罐	1.5t	1
11	分、集水器	*DN*800×2500	2
12	全自动软水器	型号：SYS-8RQ	1
		6～8t/h；	
13	软化水箱	8m^3，	1
14	成套补水定压装置	SPGL1-1260	1套
		流量：12m^3/h	
		扬程：60m	
		功率：5.5kW	
		气压罐尺寸：500×1253	
15	旋流除砂器	SYS-180S/D	2
16	全程水处理器（循环水）	SYS-350（F型）	1
		流量：760t/h；功率：260W	
17	全程水处理器（生活热水加热二次侧）	SYS-100（B型）	1
		流量：70t/h；功率：200W	
18	全程水处理器（生活热水高区）	SYS-50（B型）	1
		流量：10t/h；功率：150W	
19	全程水处理器（生活热水低区）	SYS-50（B型）	1
		流量：3t/h；功率：150W	
20	深度洁净器	SDJJ350-45-10	6
		流量：60t/h	
21	气水分离器	TQ22-60-Ⅱ	1
		功率3.1kW	
22	潜水泵	型号：TP200QJ80-44/4	10
		流量：80m^3/h；扬程：33m	
		额定功率：11kW	

续表

序号	设备名称	设备描述	数量（台）
23	卧式吊顶水源热泵机组（水-风）	编号009；额定制冷量：2.8kW	11
		编号013；额定制冷量：3.3kW	1
		编号016；额定制冷量：4.3kW	11
		编号019；额定制冷量：5.2kW	2
		编号024；额定制冷量：5.9kW	147
		编号030；额定制冷量：7.8kW	61
		编号036；额定制冷量：9.2kW	75
		编号043；额定制冷量：10.5kW	48
		编号052；额定制冷量：12.6kW	25
		编号060；额定制冷量：14.7kW	25
		编号070；额定制冷量：17.7kW	29
24	立式水源热泵机组（水-风）	编号170；额定制冷量：45.9kW	2
		编号210；额定制冷量：54.2kW	1
		编号270；额定制冷量：69.7kW	1
		编号310；额定制冷量：78.7kW	3
		编号360；额定制冷量：92.7kW	1
		编号520；额定制冷量：150kW	4
25	新风换气机组	XHBX-L16T	4
		XHBX-L20T	25
		XHBX-L26T	12
		XHBX-L30T	4
		XHBX-L50	1
		XHBX-D13	2
		XHBX-D20	10

经贸中心水环热泵系统换热机房设备表 **表7-22**

序号	设备名称	设备描述	数量（台）
1	板式换热器	换热量1650kW	3
2	循环泵（水环热泵循环水）	TPE150-350/4	2
		$Q=240$t/h，$H=32$m	
3	成套补水定压装置	SPGL2-0650	1
		流量：6.3m^3/h	
		扬程：50m	
		功率：4kW	
4	全自动软水器	型号：TRB-500	1
		5t/h；	
5	软化水箱	8m^3	1
6	旋流除砂器	SYS-100S/D	2

续表

序　　号	设 备 名 称	设 备 描 述	数 量 （台）
7	全程水处理器	SYS-300（F型）	1
		流量：400～500t/h；功率：260W	
8	潜水泵	型号：TP200QJ80-44/4	5
		流量：$80m^3/h$；扬程：33m	
		额定功率：11kW	
9、10	分、集水器	*DN*700×2200	2
11	深度洁净器	SDJJ350-45-10	3
		流量：60t/h	
12	气水分离器	TQ22-60-Ⅱ	1
		功率3.1kW	
13	卧式吊顶水源热泵机组（水-风）	编号009；额定制冷量：2.8kW	50
		编号013；额定制冷量：3.3kW	28
		编号016；额定制冷量：4.3kW	30
		编号019；额定制冷量：5.2kW	24
		编号024；额定制冷量：5.9kW	57
		编号030；额定制冷量：7.8kW	31
		编号036；额定制冷量：9.2kW	12
		编号043；额定制冷量：10.5kW	6
		编号052；额定制冷量：12.6kW	54
14	立式水源热泵机组（水-风）	编号170；额定制冷量：45.9kW	1
		编号210；额定制冷量：54.2kW	1
		编号440；额定制冷量：124.7kW	2
		编号520；额定制冷量：150kW	3
15	新风换气机组	XF-D4T	1
		XF-D6T	2
		XF-D10T	1
		XF-D13T	25
		XF-D16T	1
		XF-D20T	3
		XF-L26T	2
		XF-D30T	1
		XF-L30T	1
		XF-L40T	2

（6）源侧设计的水井参数或凿洞参数

根据本项目冷热负荷需求，计算得井水侧所需的取水、回灌量如表7-23所示。本工程夏季需地下水量约464t/h，地下水利用温差为15℃，取水/回灌设计温度为16℃/31℃；冬季需地下水量约348t/h，地下水利用温差为8℃，取水/回灌设计温度为15℃/7℃。

井水侧设计取水、回灌量计算表 表7-23

	夏季			冬季		
	空调负荷	井水负荷	所需水量	空调负荷	井水负荷	所需水量
	kW	kW	t/h	kW	kW	t/h
银盛泰国际商务港	4640	5569	319	2784	2228	239
经贸中心	2111	2534	145	1267	1013	109
合计	6751	8103	464	4051	3240	348

本方案按全年所需最大的水量（即464t/h）计算打井数量。单井取水量和回灌量如4.4节所述，分别取80t/h和67t/h。则本项目的水源热泵系统需设抽灌两用井14口，间距不小于40m。其中，银盛泰国际商务港设抽灌井9口，设计工况下4抽5灌；经贸中心设抽灌井5口，设计工况下2抽3灌。

为提供系统可靠性，另设3口备用井，并将两座建筑的井水侧管路连通。

（7）地源热泵系统的原理图见图7-39。

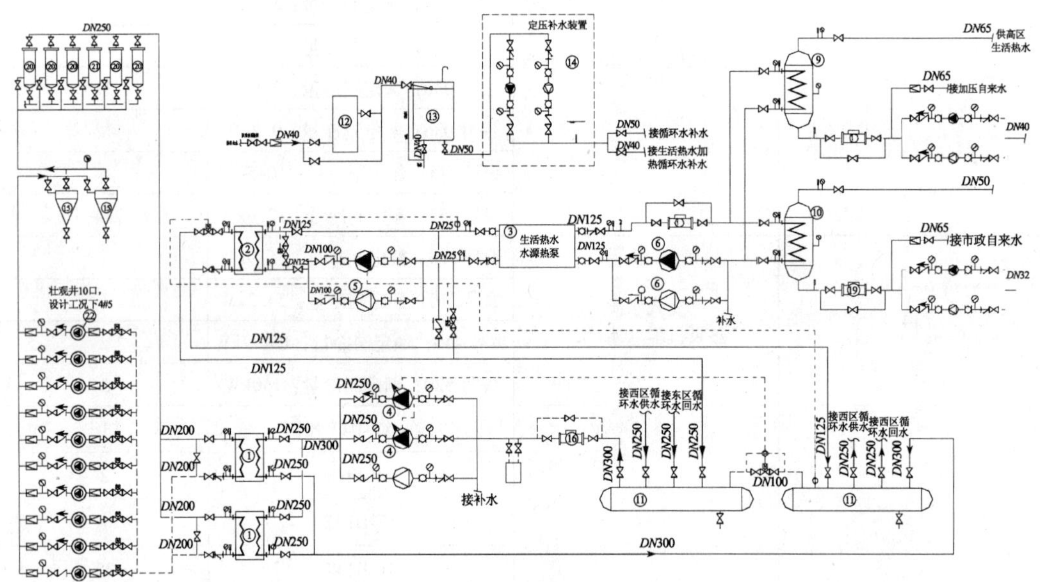

图7-39 地源热泵系统原理图

（8）系统的运行策略

在循环水回水总管设温度传感器，夏季当循环水回水温度超过30℃时，启动井水侧潜水泵或增加开启台数，对循环水进行冷却。冬季当循环水回水温度低于6℃时，启动井水侧潜水泵或增加开启台数，对循环水进行加热。

为节约系统的输配能耗，循环水泵采用变流量运行。水泵变频的控制方式采用定压差控制，压差点设置于分、集水器两侧，压差实际设定值由自控施工单位在调试阶段确定。另外，分水器与集水器之间设电动调节阀，当循环水流量小于单台水泵变频后最小流量时，采用压差旁通控制，设定值应大于变流量控制的压差设计值。

3. 系统投资及运行费用

本项目水环热泵系统总投资约为2991.3万元，折合单位建筑面积造价约354.4元/m^2。单位建筑面积采暖空调年运行费用估算约为19.4元/(m^2·年)。以上不包括人员及设备维护等。项目建筑效果图或实际外观图见图7-40。

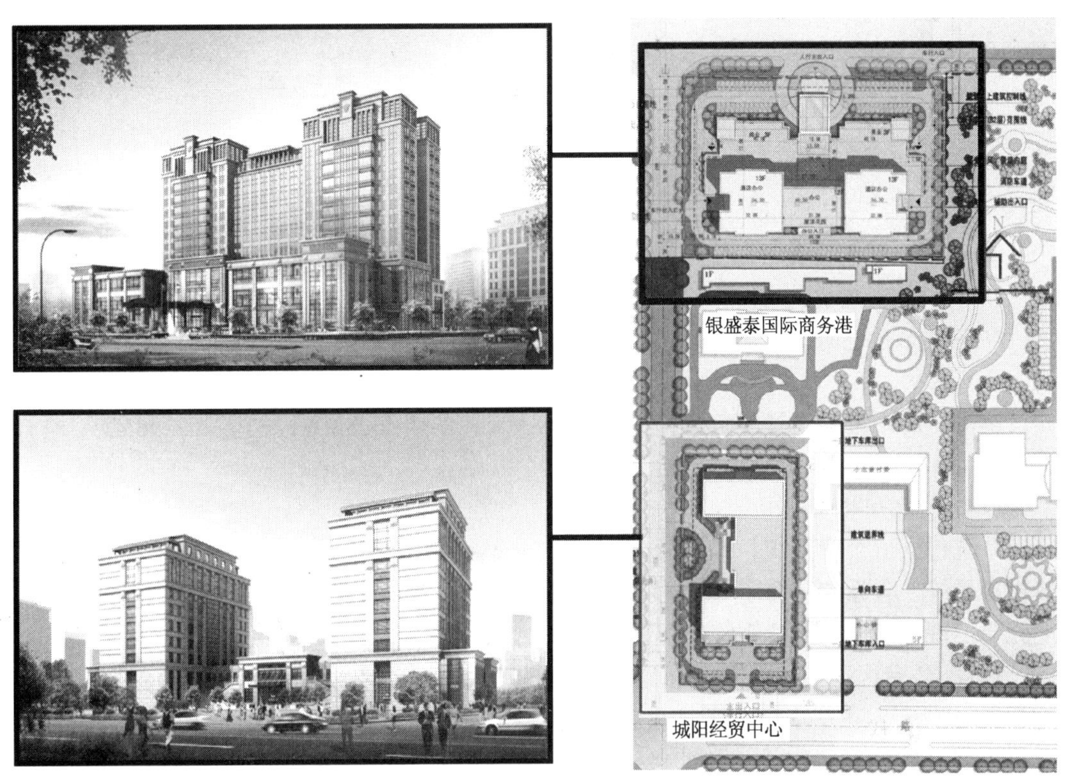

图7-40 项目建筑效果图或实际外观图

7.3 地表水源热泵系统

7.3.1 大连星海湾商务区

1. 工程概况

大连星海湾商务区污/海水源热泵供热供冷项目位于亚洲最大的公众广场——大连星海广场的东部。由于该区域靠海，海水源热泵站不失为为该区域供热供冷的好方法。一座污水处理厂也坐落在该区域中，为热泵系统提供了更好的热源水，增强了这一系统的可用性。

该项目被列为全国首批可再生能源建筑应用示范项目，其规划供热供冷规模为建筑面积200万m^2的区域，计划分三期实现。2007年初已经完成一期所有的工程，可以满足30万m^2建筑的供热供冷需求。二期完成时，可满足70万m^2建筑的供热供冷需求。三期完成时，可满足200万m^2建筑的供热供冷需求（图7-41）。

2007年3月1日正式开始冬季供热运行，6月12日夏季供冷运行。

大连星海广场及大连国际博览广场

大连星海湾污/海水源热泵站

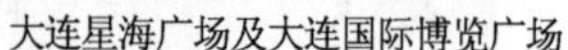

图7-41 大连星海湾商务区

2. 热泵站系统设计

（1）设计冷热负荷

冬季供热系统的设计热负荷：一期19.56MW；二期28.98MW；三期81.08MW；合计为129.62MW。

夏季供冷系统的设计冷负荷：一期25.68MW；二期36.8MW；三期102.96MW；合计为165.44MW。

（2）系统方案综述

系统包含五个分系统，即：污/海水系统、热泵站、分配管网、分站和建筑内部的供热供冷系统。各系统包含了不同的设备和控制，每一个单独部分都要设计和选择得当，才能充分实现整个供热供冷系统的功能和运行。

共计12台大型的热泵机组布置在一个集中式热泵站内，热量和冷量通过分站送到末端建筑中去。在冬季，水泵将只有3℃的海水直接泵入热泵机组的蒸发器，每一台热泵机组都必须经过特殊设计，使机组可以实现从蒸发器排出温度可以低到0.5℃，而供热的供水温度可以到达65℃；在夏季，海水进入冷凝器用于冷却热泵（冷水）机组，海水（或污水）作为热泵系统的热汇，23℃的海水（或污水）经冷凝器后被加热至33℃后排入大海。同时，蒸发器产生3℃冷水，与分站的板换换热后送至建筑物内的末端设备。

该项目已经安装并运行3台大型热泵机组。其设计工况的制热/冷量为8MW/10MW。每台热泵机组有两台不同型号的压缩机，在冬、夏季按照两种模式运行。夏季两台压缩机并联运行，冬季两台压缩机串联运行。热泵系统运行原理见图7-42。

（3）控制系统

一个设计优秀的控制系统对系统长期运行同时有一个优异的性能非常重要，同时也减少了调试的工作量。

每台热泵机组安装了一个独立的PLC系统。中央控制系统除了可以控制热泵机组以外还控制分配泵、阀门、仪器仪表等，同时也可以监控调峰加热站和各分站的运行状态。这个控制系统也可实现远程控制和远程诊断。

3. 系统运行费用

该项目一期已经承担25.6万m^2的公共建筑的供热和供冷，如大连国际博览广场、大连市游泳馆等。

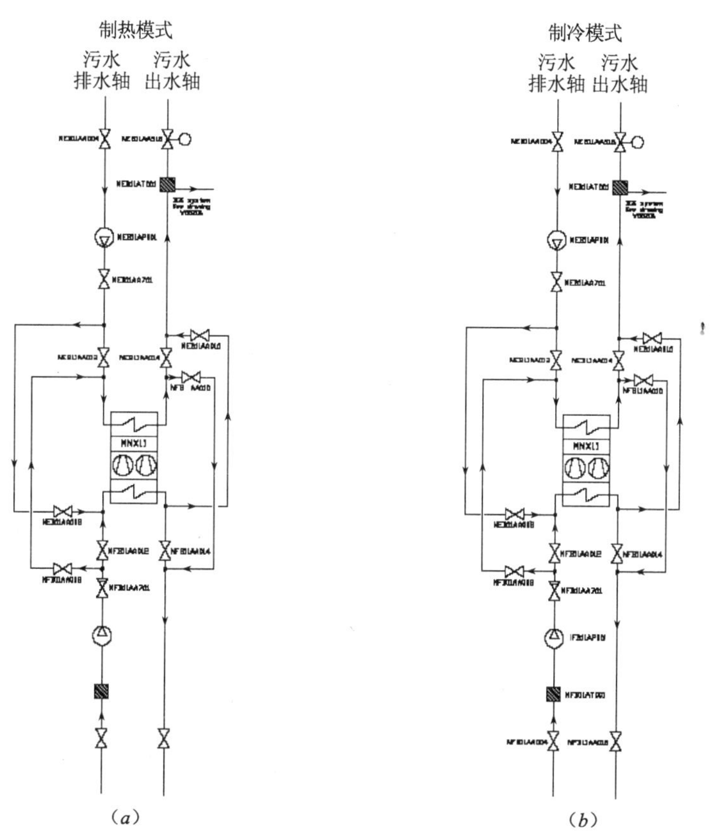

图 7-42 热泵机组运行原理图
(a) 冬季；(b) 夏季

年总供热量为 28770000kWh/供暖季，热泵系统的季节性能系数 $SPF_{供热}$ 为 3.71，则年用于制热的耗电量为 7754716kWh，如果按电价 0.72 元/kWh，相对于单位建筑面积供热的运行费用是 21.8 元/m^2。

年总供冷量为 22187520kWh/供暖季，热泵系统的季节性能系数 $SPF_{制冷}$ 为 5.1，则年用于制冷的耗电量为 4350494kWh，如果按电价 0.72 元/kWh，相对于单位建筑面积制冷的运行费用是 12.2 元/m^2。

4. 运行效果监测

项目从 2007 年 3 月 1 日投入运行，至今经过了两个采暖季和两个供冷季，系统运行稳定，各项指标均达到设计参数。经过连续运行监测，效果很好，冬季室内温度可达到 18～20℃，夏季室内温度满足 24～26℃的要求，甚至可以更低。该系统为 2007 年夏天的达沃斯会议提供空调冷源，客户对空调效果非常满意。

2008 年 3 月 11～13 日，国家建设部认定的检测机构对该项目进行了实地检测，结果如下：

① 在测试期间的室外气候条件下（室外最高温度为 10.9℃，最低温度为 7.2℃，平均温度为 9.0℃），水源热泵系统的供热效果良好，抽测典型区域室内温度满足相关规范要求，室内温度保证率为 100%。

② 测试期间水源热泵机组全天实际运行工况下的平均制热性能系数为4.11，系统平均制热性能系数为3.71。

5. 项目设计特点

该项目首次选用了大型定制式设计的热泵机组；热源和热汇水直接进入机组；供热时，水源在蒸发器出口温度低至0.5℃，冷凝器供热水出口温度高到65℃；在全年运行中，水泵等附属设备的耗电量只占整个系统耗电量的10%左右；智能化控制系统，全面保证整个系统的高效性和可靠性。

6. 热点问题

大型定制式热泵机组（大于5MW）的设计和制造能力填补了国内空白；热源和热汇水直接进入机组的设计提高了热泵机组的COP。

7.3.2　黄龙月亮湾大酒店

1. 工程概况

黄龙月亮湾大酒店是由东洲集团田园房地产开发公司投资，按四星级标准建造的度假酒店。位于新安江畔，西临月亮湾高尚住宅区，东靠虹桥公园和新安江大桥，距千岛湖水库约2公里左右。工程用地面积5394.27m^2，总建筑面积33760m^2，地下1层，地上14层，主要功能为客房、餐饮、娱乐、会议中心及室内游泳池。工程空调系统于2003年底安装调试完毕，于2004年6月投入使用（图7-43）。

图7-43　黄龙月亮湾大酒店

2. 空调系统

(1) 空调设计室内参数（表7-24）

表 7-24

序号	房间名称	室内温度（℃）		相对湿度（%）		最小新风量 m^3/(h・人)	噪声标准 (dB)(A)
		夏季	冬季	夏季	冬季		
1	办公	24~26	18~20	55~65	55~65	30	≤40
2	餐厅	25~27	18~20	60~70	40~60	20	≤55
3	多功能厅	25~27	18~20	60~70	40~60	20	≤50
4	客房	24~26	20~22	55~65	55~65	50	≤35

（2）空调系统的冷、热负荷

夏季空调冷负荷为2664kW，冬季热负荷为2131kW，生活热水负荷为1176kW。

（3）系统方案综述

本工程位于千岛湖水库水下80m的排水口附近，经过对该地点的2年多的水文资料和新安江自来水厂及中国科学院生态环境研究中心（使用的分析方法是原子吸收法AAS法和等离子发射光谱法ICP法）的水质测定分析（表7-25），该区域的常年水温位于12~20℃之间，水质条件比较合适，经多次论证，决定采用螺杆式水源热泵系统，3台供应空调的制冷和制热，2台供应生活热水（其中一台可以和空调系统互为备用），考虑到使用的灵活性，各机组源热泵SGHP1000机组4台，单台制冷量为888kW，制热量为917kW；GHP300机组1台，单台制热量为288kW，此机组专供生活热水用。冷冻机房空调流程图及冷冻机房平面图见图7-44、图7-45。

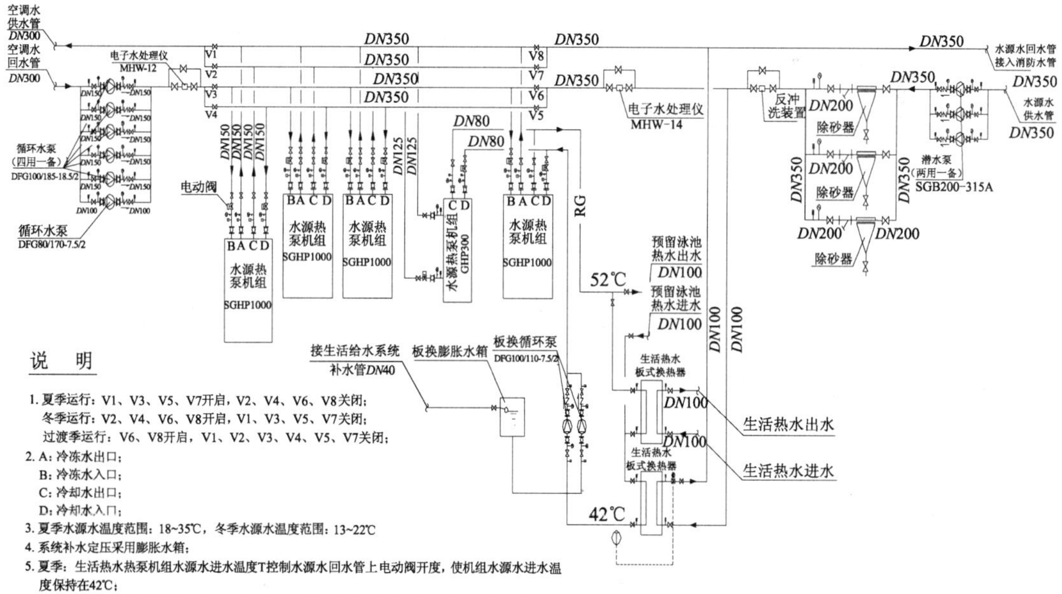

图7-44　冷冻机房空调流程图

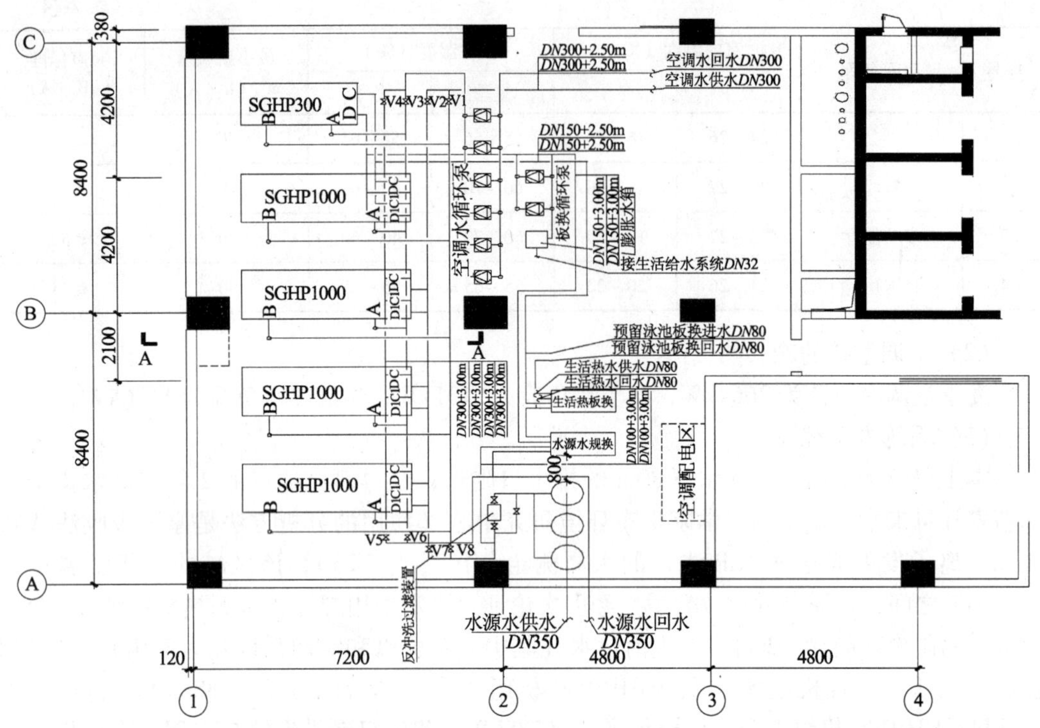

图7-45 冷冻机房平面图

水质化验报告 **表7-25**

测定项目	pH值	总硬度（mg/L）	含Ca量（mg/L）	含Mg量（mg/L）	含总Fe量（mg/L）	含Zn量（mg/L）	含Mo量（mg/L）	浊度（度）
地表水	7.2	2.1~2.6	19.3	2.59	0.04~0.06	<0.001	0.015	1.4

3. 系统运行

（1）夏季制冷系统

本工程的3台螺杆式水源热泵SGHP1000机组能满足系统日常运行，螺杆式水源热泵机组采用了无级卸载技术，而对于空调的冷冻水泵、冷却水泵均配置了变频调节装置，可根据室内负荷的变化调节功率运行，以节省运行费用。夏季高峰时期，生活热水用SGHP1000螺杆式水源热泵机组转换为空调制冷用，可根据负荷的实际情况进行冷负荷峰值调节，以满足夏季负荷高峰时的要求。卫生热水需求量小，仅由GHP300机组提供足矣。

（2）冬季制热系统

冬季系统的热负荷主要由3台SGHP1000空调机组提供。卫生热水由1台GHP300机组及1台SGHP1000机组提供，由于采用了一大一小的两种机组，可根据热水负荷的变化，调节热水机组的开启时间。

（3）过度季节空调及生活热水系统

过度季节的空调由3空调SGHP1000空调机组提供，卫生热水由1台GHP300机组提供。

经过宾馆四年多的正常使用，由于不存在峰谷电价差，根据酒店提供的实际资料，空调年运行费用加生活热水的年运行费用远低于水冷螺杆机加锅炉的运行费用，酒店较为满意。

4. 设计方案的特点

由于利用水库的水资源，而根据实际情况，一般在水库附近的主河流均需设置防洪堤，因此对于取水口的位置的设定是非常关键的。本工程经实地考察，最终采用了原铁路系统废弃的一口井作为取水口，在井道通至新安江的位置增设了相应的围护措施，以防止杂质进入空调冷却水系统。由于本工程所在地的水质较好，因此过滤系统只需考虑物理法处理，在冷却水入口处设置了旋流式泥砂过滤器。

7.3.3 湖南湘潭城市中心区

1. 工程简介

湖南省湘潭市城市中心区是湘潭市委、市政府为加快城市发展、改善城市形象、提高城市品位、加速“长株潭一体化”进程而实施的城建重要工程。根据中心区规划（图7-46），将充分利用中心区内的大片低洼地围成面积达6.7万m^2的人工湖。

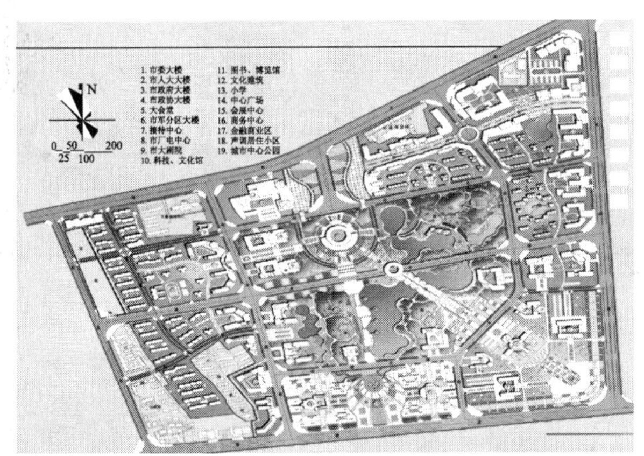

图7-46 湘潭城市中心区详细规划设计

中心区内陆续建成市委大楼、市政府大楼、广电中心和大剧院等工程。这些建筑离人工湖不远，相距非常近，适合于建造地表水源热泵系统用于区域供冷供热。

在经过可行性研究和多次专家论证会后，确定利用中心区的人工湖水作为热汇/热源，在夏、冬季分别制取冷水、热水，利用可再生能源为中心区内的市政府大楼、市委大楼、广电中心、大剧院、人大大厦、政协大厦等建筑供冷供热。同时还建造湘江河水引水系统，从附近的湘江引水补充人工湖（图7-47），以保证人工湖水质新鲜，并能为湖周边单位营造水景提供方便。以期达到利用可再生能源，节能运行，简化空调系统的运行管理，减少大气污染，美化环境的目的。该系统由湖南凌天科技有限公司于2004年开始建设，陆续建成湘潭市政府、湘潭市委大厦、湘潭广电大厦、湘潭市广电宾馆、湘潭市大剧院、湘潭市人大办公大厦、湘潭市政协大厦等建筑（图7-48～图7-51），到目前建筑面积达13.5万m^2，使之成为一个具有较大规模的区域制冷供暖系统。

图7-47 中心区人工湖

图7-48 广电大厦

图7-49 市委大厦

图 7-50 湘潭大剧院

图 7-51 湘潭市政府

2. 设计方案

(1) 集中机房设计

由于各建筑的高峰负荷不会同时达到，在考虑同时使用系数的情况下，集中机房热泵机组的容量要低于各个建筑峰值负荷的总和。对各建筑在典型日内的逐时负荷进行了计算的基础上，得到集中机房实际的冷负荷为 12190kW，实际的热负荷为 6953kW，夏季和冬季的负荷参差系数分别为 0.827 和 0.866。与各建筑单独设置空调的方式相比，采用区域供冷供热的方式后，节省了一笔可观的冷热源和机房土建投资。

由于开式系统的换热效率高，初投资低，适合于容量更大的系统，因此该项目湖水循环系统采用开式系统，从湖的底部抽水，直接送入湖水源热泵机组换热；换热后在离取水点一定距离的地点排放。

系统的构成见图 7-52。中央机房位于一个公共休闲广场（东方红广场）的地下层。机房设有 16 个机位，根据各建筑加入时间的不同，采用分期安装机组的方式。考虑到各建筑使用性质不同、归属不同，为了操作和管理的方便，各自分别设立冷热水循环泵。在最高建筑市委大楼的屋顶设有膨胀水箱，对整个区域供冷供热系统起定压补水的作用。集中机房水源热泵系统冬夏工况切换通过四组阀门的切换实现。

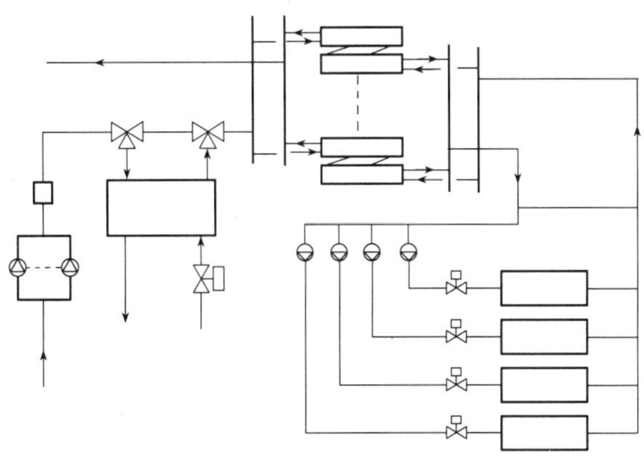
图 7-52 系统构造示意图

水源的水温变化情况、水质是影响水源热泵系统运行效果的重要因素。地下水水温在一年内的变化小，而地表水的水温年变化较大，水中的微生物（藻类）和杂质较多，将常见的地下水源热泵机组应用于地表水不合适。该系统采用多台由湖南凌天科技有限公司生产的LD-Ⅲ型螺杆式地表水源热泵机组并联（图7-53），这种机组是针对地表水的水温和水质特点专门设计的。

图7-53　安装在集中机房的LD-Ⅲ型地表水源热泵机组

（2）取水与排水

人工湖平均水深2.7m，取水处水深3.5m，取水口在水面下2.5m处，距机房约110m。取水口处设有取水室，取水室由若干块表面钻有小孔的钢板焊接而成，以避免吸入大的颗粒物或杂物。湖水泵和水处理装置均设在机房，取、排水管的管径为*DN*500。由于湖水水位有时会低于湖水泵的吸入口，为了保证湖水泵吸水侧能够始终充满水，不出现负压，在吸水管上安装有旋启式止回阀。一旦水泵停止运行，止回阀便自动关闭。

敞开水体中的水不宜直接通过机组，要进行净化处理。如果采用投药的化学处理方法会污染湖水；对于开式系统而言，投药费用很高。该系统使用物理方法处理湖水。湖水首先进入旋流除砂器，除去水中的颗粒物；然后通过综合水处理器，利用其中的高频高压电场及复合过滤体系进行杀菌灭藻和净化过滤处理。空调循环水系统采用离子棒水处理仪，每个用户一套，设于分水器供水管的弯头处。

根据机组电脑控制器的设定，当蒸发器出口温度降低到4℃时，机组会报警并自动停机。因为这时蒸发器表面的温度极有可能降至0℃以下，蒸发器表面可能出现结冰。当冬季进水温度接近9℃时，如果还维持5℃的温差，蒸发器出口温度会接近4℃。这时需要加大湖水流量，减小湖水温差。最小温差定为3℃，当进水温度接近5℃时，不能再加大水量。这时应开启辅助加热器，调节部分水量进入辅助加热器，使蒸发器进水温度维持在6℃以上。

考虑到人工湖周围今后会成为市民的休闲场所，需要尽可能减小排水所发出的冲击声，不致影响周边环境。如图 7-54 所示，在岸边设有一个方形的水流缓冲池，得到缓冲以后的水流通过 4 根排水管排出。这样还可以将点式冲击射流转换成表面温差射流，扩大了夏季温排水的散热面积，提高了散热效果。

图 7-54 上游排水口

3. 系统的调试与测试

安装工程完毕后对系统进行了调试。由于系统采用直联式连接，各用户之间的需要进行水量平衡。在系统运行期间对系统进行了测试和分析。

对处理前后的水质进行了检测（表 7-26），含沙量和浑浊度的变化最明显，处理后各项指标均能满足机组的要求。

处理前后的水质对比 **表 7-26**

	含沙量（mg/L）	浑浊度（NTU）	pH 值	总硬度（mg/L）
处理前	57.6	52	8.16	162
处理后	10	5.3	8.11	155.2

系统投入运行以来，对进水温度进行了监测。图 7-55 表示的是 2007 年夏季运行时每日的最高进水温度，夏季最高进水温度为 31.6℃，低于大多数空调用冷却塔的最高出水温度。图 7-56 表示的是冬季运行时每日的最低进水温度。随着气温的下降和不断的取热，进水温度不断下降。有 17 天的时间进水温度低于 6℃，需要启动辅助加热装置。

大多数建筑的冷负荷比热负荷大，如果土壤源热泵的埋地换热器不是足够大，夏、冬季排热与取热的不平衡往往会造成进水温度在以后的年份里逐渐增大。不过这种不平衡并不会对地表水源热泵以后年份的运行带来影响，这是因为地表水体不断地与外界进行热交换，具有水温自我恢复能力。

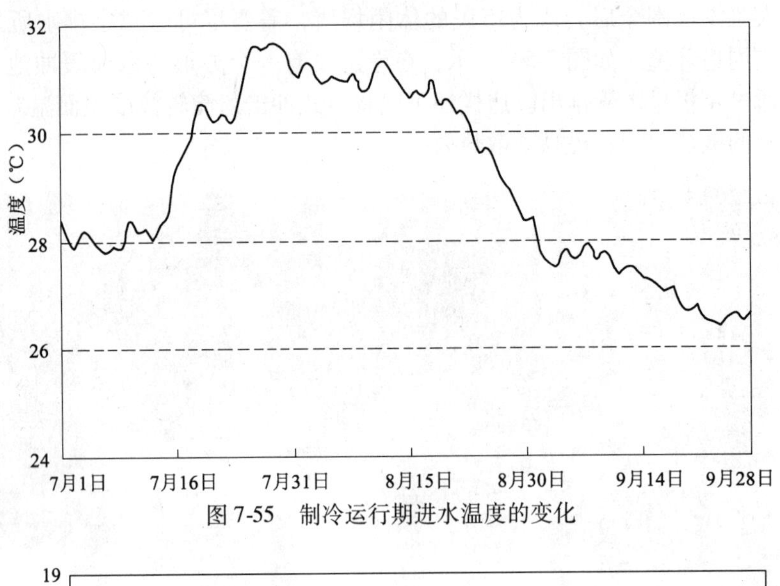

图7-55　制冷运行期进水温度的变化

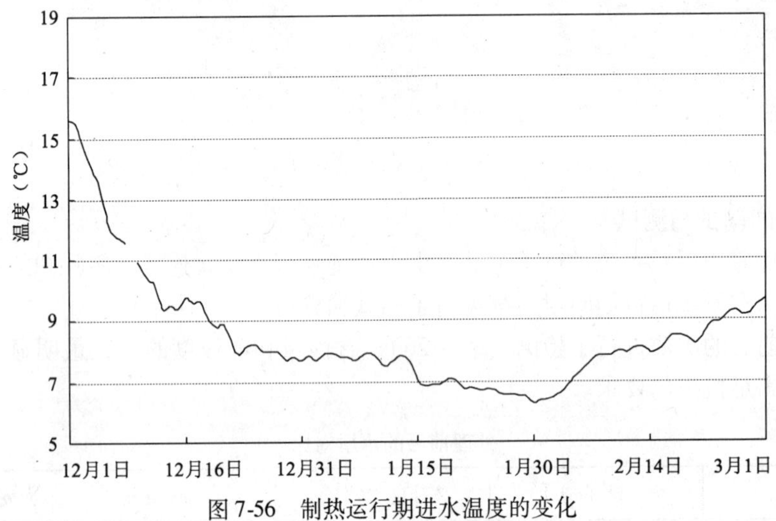

图7-56　制热运行期进水温度的变化

4. 经济效益和环境效益

系统建成后运行稳定，总建筑面积达成13.5万m^2，制冷期为120天，制热期为90天。年平均运行费用为265万元，折合每平方米的费用19.63元，我们对长株潭地区一些民用建筑空调冷热源的年运行费用进行了调查，表7-27为中心区的区域供冷供热系统与几种冷暖两供的冷热源年运行费用的比较。从表中可以看出，湘潭城市中心区区域供暖制冷系统的空调年运行比常规系统费用要节约40%以上，该项目被评为湖南省建筑节能的示范项目，2007年列入建设部、财政部可再生能源在建筑中应用示范项目。

与其他空调方式年运行费用比较（单位：元/m^2）　**表7-27**

	城市中心区地表水源热泵系统	燃气直燃机	燃油直燃机	风冷热泵	冷暖两用分体机
年运行费用	19~22	36~40	90~95	30~38	40~50

由于空调耗能的减少，同时也减少了使用能源时的污染物排放量，推广应用地源热泵技术将会产生显著的环境资效益。

7.3.4 重庆市开县人民医院

1. 工程概况

重庆市开县人民医院是集医疗、教学、科研于一体的大型综合性医院，承担着近200万人的医疗救治和预防保健任务，和市内外医学院校及县内乡镇中心卫生院的科研教学、实习任务。属三峡库区移民全淹全迁单位，移民迁建项目业务综合楼工程，建设选址开县新城伯承路以西、安康水库东侧。业务综合楼项目总用地面积68199.62m²，总建筑面积54411.2m²，其中地下3722.15m²，地上50689.05m²，容积率0.799。大楼半地下室2层，地面21层，主要为开县人民医院的门诊、医技、住院用房。新医院建设定位为区域性医疗中心，设计容纳临床科室近50个，实际开放病床可达700张，年门诊人次30万，年住院人次1.5万。医院效果见图7-57。

图7-57 开县人民医院业务综合楼效果图

本项目已于于2008年1月竣工，空调系统处于调试验收阶段，计划今年夏天投入运行。

2. 空调系统设计

（1）空调室内设计参数（表7-28）

表7-28

房间名称	夏季		冬季		新风
	温度（℃）	相对湿度（%）	温度（℃）	相对湿度（%）	m³/(h·人)
病房	25~26	50~70	22~23	40~50	30
门诊	25~27	50~70	19~21	40~60	30
活动	26~28	50~70	20~22	40~50	20
办公	26~28	50~70	19~21	40~60	30

(2) 设计空调冷、热负荷

本项目空调面积约24247.8m²，冬夏季均考虑设集中式空调系统。大楼夏季设计冷负荷为2912.7kW，冬季热负荷为1117.2kW。

(3) 空调系统形式

本项目空调系统利用地表水水体（安康水库）作为空调系统的低位冷热源。夏季供冷利用湖水作为空调系统的冷却水，冬季供热利用湖水作为空调系统的低位热源。水源热泵系统的供热供冷效率高，可以大大降低能源的使用费用，起到节能减排作用。

① 取水及水处理方案

通常可采用直接取水方式和抛管方式来获取水库水的冷量和热量。考虑到安康水库将建成观赏性水库，并供人们游玩，水质较好，因此本项目采用直接取水方式，并设置中间板式换热器。根据水库地形图得到的水库的大致形状见图7-58，结合工程项目的实际位置情况，拟在靠近图中C1处进行取水，靠近A1处排水。目前，C1处水深为5~6m，A1处水深为3.5~4m。建成后水位将提高1.5~2m。根据前述分析，本项目按最不利工况考虑。夏季湖水取水温度30℃，冬季取水温度8℃；夏季排水温度35℃，冬季排水温度5℃考虑。根据2006年的测试结果，夏季4m以下的水温保持在27℃以下，冬季水温在10~12℃之间。

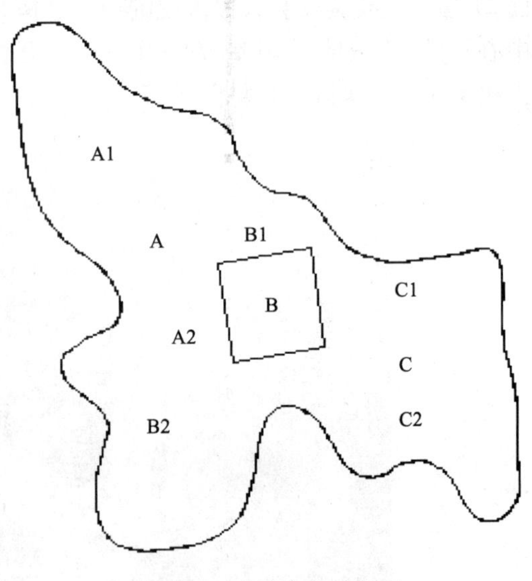

图7-58　安康水库轮廓图

② 空调风系统

根据医院建筑的特点及医院科室独立核算，空调单独计费等需求，空调系统拟采用分散布置的水—空气热泵机组。夏季制冷，冬季供热。同一系统不同房间可以同时制冷和制热，能满足建筑内外区及不同人员的个性化要求。机组分散设置，不需设置集中机组，控制简单、调节方便。由于耗电设备分散设置，便于科室计量。

本工程住院大堂和住院药库等大空间采用吊顶式空调机组处理空气的全空气系统。空调机组对混合后的室内空气和室外新风进行处理至送风状态后经消声静压箱、风管和设于吊顶上的散流器送到室内；回风通过顶部回风口集中回风；风系统气流组织为上送上回。过渡季节可通过调节新、回风阀，实现全新风换气。

其余小房间采用分离式风机盘管处理空气，保证室温的空调方式。气流组织采用上送上回方式，送风根据吊顶装修采用散流器送风或双层百叶风口侧送方式。并设置独立的新风换气系统。

③ 空调水系统

大楼的空调侧循环水系统由板式换热器、空调循环水泵、水—空气热泵机组等组成；系统板式换热器设于地下一层机房内，机房地面标高低于湖水表面约20m。为了运行安全和减少工程造价，便于系统调节，达到节能运行，空调侧水系统采用闭式循环双管制同程式变流量系统。空调水泵采用变频水泵，根据远端供回水管之间的压差进行调节，实现节能运行，降低运行费用。

由于机房地面标高低于湖水表面约20m，但由于地形状况，取水管到机房无法走直线，管路较长，经计算，在满足水泵入口汽蚀余量的情况下将水源侧水泵设置在地下一层机房内，便于运行管理。

（4）系统设计所采用的主要设备的参数（表7-29）

表7-29

序号	名　　称	型号规格	单位	数量
1	不锈钢板式换热器	Q=2180kW，水流量375m^3/h，换热温差1℃。湖水侧：30/35℃；空调侧：31/36℃；水阻不大于0.1MPa；承压不小于1.2MPa	台	2
2	旋流除砂器	WD-350/250XS，工作压力1.0MPa	台	2
3	全自动综合水处理器	WD-250A1.ZH-F，工作压力1.0MPa	台	2
4	卧式离心水泵（变频）（湖水侧）	流量280m^3/h，扬程55mH_2O，工作压力1.0MPa	台	3
5	卧式离心水泵（变频）（空调侧）	流量280m^3/h，扬程32mH_2O，工作压力1.6MPa	台	2

（5）系统的运行策略

系统夏季将室内热量通过管路系统、板式换热器将热量排至水库，达到室内供冷目的，冬季通过管路系统、板式换热器从湖水提取热量，达到室内供暖目的。

系统采用一次泵变流量系统。当整个空调系统负荷发生变化时，空调侧利用远端压差信号，控制水泵变频运行。湖水侧利用板式换热器进出口温差型号，控制水泵变频运行，从而起到节能运行。

大空间采用全空气系统，可调节新回风比，过度季节实现全新风运行。小房间采用风机盘管加独立新风系统，可通过室内自动温控装置控制水阀的启闭及空调机的启停。

由于本空调系统采用水—空气源热泵机组。机组分散设置在各个房间，可根据每个房间使用情况及运行要求独立控制，控制方便。在每个护士站均设置楼层或区域集中控制，因此系统又便于集中管理。

3. 设计方案的特点

充分利用水库水质良好的特点，通过简单处理，直接为空调系统服务，降低了投资。通过设置中间板式换热器，将湖水与空调机隔开，保证空调系统在良好状况下运行，但同时存在一定的热损失。

由于湖水受室外气温影响较大，而空调机组设置有低温保护，因此本项目预留了燃气热水机组安装位置及接口，在出现极端气温情况下可保证系统能够正常运行。

4. 项目建筑效果图或实际外观图（图7-59、图7-60）

图7-59 大楼外观图

图7-60 空调系统取水泵房

7.3.5 威海之星

1. 工程概况

本工程的建筑物包括“威海之星”观光塔的塔楼和塔座。“威海之星”观光塔是世界上第一个建在海上的观光塔，塔的建设地点在威海至刘公岛空中快车线路上第三个门架位置。塔既是空中快车线路上缆索和轨道的一个支点，又是别具特色的旅游设施。从威海至刘公岛的空中快车穿塔而过，游客在设在塔中的站台里或下车登塔观光，或上车离塔去威海或刘公岛，塔都是往返游人必经之地。

空中快车是新型的现代化的快速空中有轨交通工具，威海至刘公岛的空中快车，由美国空中巴士公司提供资金支持进行建设，由新组建的威海空中快车有限公司具体实施建设管理。威海至刘公岛空中快车线全长4200m。威海空中快车运输系统线路自陆地市中心区的渔港路海边起，跨威海海湾到达刘公岛西岸的东村止。空中快车线路全长4200m，设有8个支架，在距威海岸边约1400m处的3号支架的位置，建设“威海之星”观光塔（图7-61）。

“威海之星”观光塔高285m，是世界上第一个海中之塔，空中快车从距海面50m处穿塔而过，并在塔中设站，供游人上下，登塔观光。在车站以下至海上平台的塔下部分，设有海上酒店及餐饮、咖啡、休闲和剧场等设施，在距海面188.00～217.00m的塔楼设有独具特色的观光设施。观光塔功能分区如图7-62所示。

塔的功能设置情况：

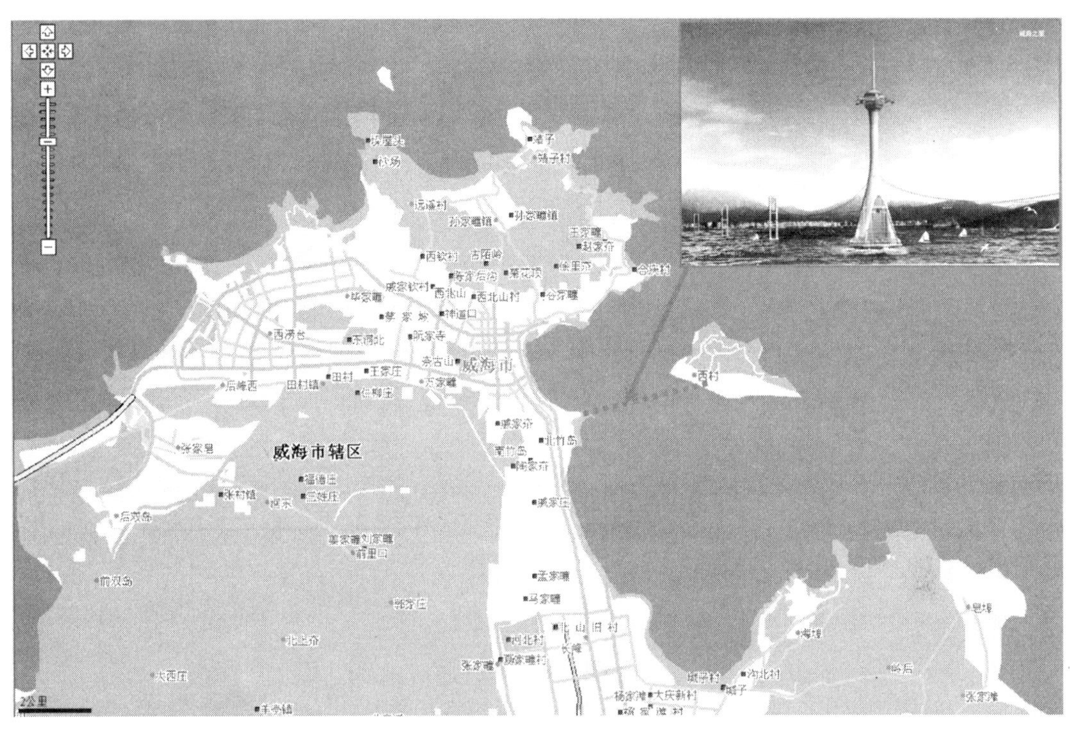

图 7-61 项目地理位置

① 塔座：建筑面积约 25000m^2，建筑高度 91.1m，共二十四层。塔座基础为设备层；一、二层为餐厅、文体用房区域；三层为设备层；四～十二层为酒店的客房；十三层为站台层；十四层为车站管理层；十五层为换乘层；十六层为设备夹层；十七～十九层为配电室及设备用房；二十～二十四层为喷泉水箱间。

② 塔楼：建筑面积约 4000m^2，共六层，一层地面标高为 191.4m，为观光、避难层；二层为旋转餐厅；三层为多功能观光厅；四层为厨房；五层为设备层；六层为电梯机房。

2. 空调系统设计

（1）空调系统的冷热负荷（表 7-30）

室内设计参数表 表 7-30

参数 / 房间功能	夏季		冬季		新风量 [m^3/(h·人)]
	温度（℃）	相对湿度（%）	温度（℃）	相对湿度（%）	
客房	24～26	50～65	20～22	40～55	50
餐饮	24～26	55～65	18～22	40～55	25
观光厅	24～26	50～65	18～22	40～55	25
剧院	25～27	50～65	18～20	40～55	30

根据建筑物的特点，经负荷计算，观光塔塔座部分夏季设计冷负荷为 2380kW，冬季设计热负荷为 2030kW；塔楼部分空调系统的夏季设计冷负荷为 670kW，冬季设计热负荷

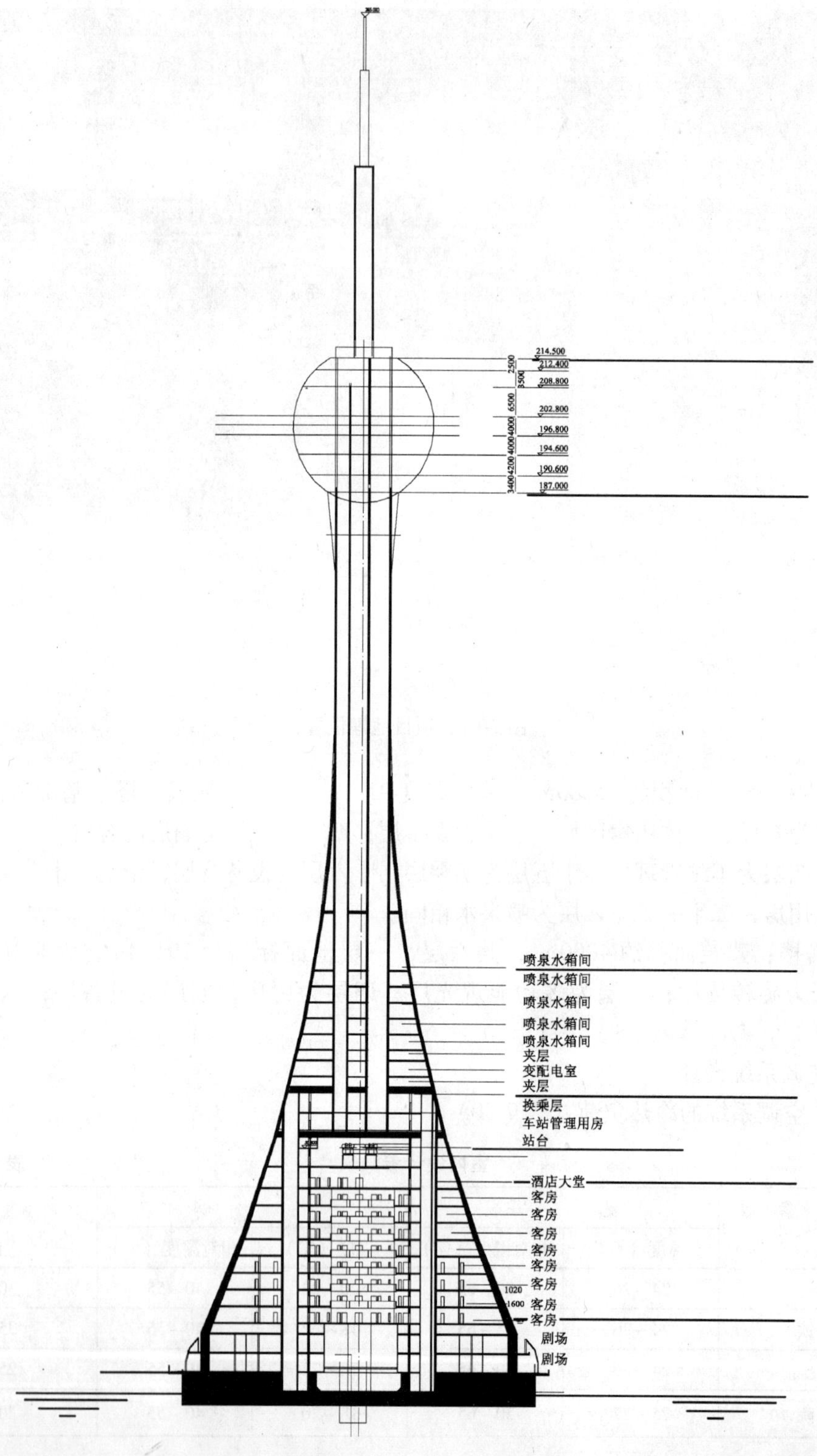

图7-62 观光塔功能分区

为640kW。观光塔夏季总设计冷负荷为3050kW；冬季总设计热负荷为2670kW。

（2）系统方案综述

本工程利用海水作为供热、空调系统的低温冷热源，采用直接式海水源热泵系统。

根据观光塔的空调冷、热负荷，系统选用3台海水源热泵机组，型号LSBLGR-1050S，单台制冷量：1019kW；制热量：891kW。在设计工况下，室内侧夏季供、回水温度为12℃/7℃，海水侧进出水温度24℃/29℃；室内侧冬季供、回水温度50℃/45℃，海水侧进出水温度2.3℃/0℃。

在冬季，当海水温度在2.3℃以上时全部由海水源热泵系统提供，当海水温度在2.3℃以下、0.9℃以上时，以海水源热泵系统供暖为主，不足部分由电锅炉补充，当海水温度低于0.9℃时，海水源热泵机组关闭，供暖负荷全部由电热锅炉提供。冬季，当海水源热泵机组运行时，海水源热泵机组与海水泵及末端循环泵一一对应，启停一致。

在夏季，空调负荷全部由海水源热泵系统提供。首先根据末端负荷变化进行台数（热泵机组、海水泵、末端循环水泵）控制，在单台热泵机组运行的情况下，机组进行分级调节，水泵进行变频调节。

生活热水系统

为了保证供水可靠，降低热源容量，生活热水系统选用了32m^{3}的蓄热水箱。热源选用1台高温型海水源热泵机组，型号LSBLGRG-360S，在冬季设计工况下制热量为283kW；在夏季设计工况下制热量为350kW。机组热水供、回水温度55℃/50℃。

在极端不利情况下，当海水的温度低于0.9℃时，高温型海水源热泵机组停止运行，辅助电热锅炉启动，电热锅炉的功率为300kW。

冬季，当海水温度高于2.3℃时，海水取水泵开启1台；生活热水系统的热源完全由海水源热泵系统承担，电热锅炉不启动；当海水温度低于2.3℃且高于0.9℃时，海水取水泵开启2台；生活热水系统的热源完全由海水源热泵系统承担，通过减小海水供回水温差来满足海水源热泵机组的低温需求。当海水温度低于0.9℃时，海水源热泵机组关闭，生活热水负荷完全由电热锅炉承担。

夏季，生活热水负荷完全由海水源热泵系统承担。

3. 系统投资估算

（1）（热泵站房+室内末端）的投资

热泵站房（冷热源）各分项价格见表7-31。其中海水源热泵、钛板换热器可以采用招投标方式确定价格为准，按实记录造价。

间接式海水源热泵系统投资概算表 表7-31

类型		项目名称	数量	单位	投资
热泵站房	热泵系统	海水源热泵	2	万元	125
		循环水泵	2	万元	8
		板换循环泵	2	万元	5
		钛板式换热器	2	万元	90
		全程处理器	2	万元	8

续表

类型		项目名称	数量	单位	投资
热泵站房	热泵系统	压差控制器	1	万元	3
		流量计	4	万元	1
		定压补水装置	1	万元	3
		软化装置及软化水箱	2	万元	5
		热泵机房辅助设备、管道、阀门及安装	—	万元	83
		自动控制	—	万元	24
	海水取水系统	海水取水装置	1	万元	20
		海水处理装置	1	万元	12
		海水泵	3	万元	15
	取水管网	管线	—	万元	6
	防冻系统	乙二醇溶液等	—	万元	8
合计				万元	408
末端		150间客房+8个服务间		万元	125
		剧场、餐厅、多功能厅		万元	105
合计				万元	230
降价幅度				万元	-23
总计				万元	623

(2) 辅助热源系统的投资

设计方案不需要设置辅助热源系统，应甲方要求，按电加热量1500kW计算，预留辅助热源系统的投资见表7-32。

表7-32

类型	项目名称	数量	单位	投资
辅助热源系统	电热锅炉	2	万元	20
	循环水泵	2	万元	3
	板式换热器	1	万元	3
	其他附件	—	万元	14
总投资			万元	40

4. 项目设计特点

本项目采用了直接式海水源热泵机组，很好地解决了直接式海水源热泵机组耐腐蚀的问题，同时由于威海所处海域冬季海水温度较低，该热泵机组还具备了在低温状态运行的能力。

7.3.6 北京奥运村

1. 工程概况

奥运村是2008年奥运会、残奥会期间世界各国运动员及随队官员住地、200多个代表团团部及代表团团长会议所在地，也是举办代表团欢迎仪式和各类体现奥林匹克精神与中国文化传统的活动场所。

奥运会期间奥运村居住着来自世界100多个国家的18000名运动员和官员；赛时是展示绿色奥运、科技奥运、人文奥运“三大理念”的重要场所；赛后是奥运遗产，应当成为住宅建筑体现科学发展观的典范，因此奥运村的建设，肩负着展示奥运理念、引领时代潮流的双重使命。

奥运村的规划布局充分满足奥运会的赛时要求，适应各国运动员及官员居住、生活、训练、休闲和娱乐的需要，同时还要满足赛后未来居民生活的需要。在规划设计、建筑技术、环保保护、人文景观和可持续发展理念上成为未来小区设计可供借鉴的典范。

奥运村位于奥林匹克公园的西北角，占地27.5公顷，北邻国家森林公园，四周有城市公路网，环境优美，交通便利。东边由南至北为场馆区北临森林公园，南部为中科院科技园区，西部为建成居住区。奥运村39.3万m^2建筑，其中公寓、住宅37.8万m^2，公建1.5万m^2。赛后居住1868户，5230人。赛时3306套（加NOC），包括17200个床位及NOC用房；NOC用房共计1.98万m^2，分布在首层1.62万m^2；带下沉花园地下室0.36万m^2（图7-63、图7-64）。

图7-63　奥运村鸟瞰图

图7-64　奥运村建筑效果图

按照城市规划要求，住宅建设用地为27.55公顷，容积率较低，为1.5，绿化率为40%。赛时作为运动员公寓区。根据运营需要，赛时辛店村路封闭，与北部的森林公园部分用地结合，作为赛时奥运村的临时设施规划用地。赛时是满足各国运动员的居住、生活、训练、休闲和娱乐的场所。

住宅类型为六层和九层带电梯单元式住宅，结构形式为剪力墙结构，主要户型为三居及四居，住宅层高为3.1m，所有户型均为南北朝向，避免夏季西晒，增加冬季日照时间，有利于自然通风采光，也有利于建筑节能。

2. 空调系统设计

（1）空调系统概述

奥运村的再生水源热泵供热供冷系统，是利用清河污水处理厂和北小河污水处理厂处理后、温度在15~25℃之间的再生水，采用热泵原理，通过少量的高位电能输入，提取再生水中的能量，为奥运村提供夏季空调、冬季采暖所需的供热供冷量。再生水与热泵机组换热后、流入清河，不会影响河道水质。在充分考虑奥运村建筑特点、负荷要求后，确定本技术方案的原则为：

① 满足奥运期间系统的冷、热需求，系统具备安全性；

② 奥运期间与奥运会后的使用要求相结合，提高设备利用率；

③ 项目实施要充分体现“科技奥运、人文奥运、绿色奥运”的宗旨，强调节能与环保。

（2）空调系统的冷热负荷

奥运会期间，只存在空调冷负荷和生活热水加热负荷，冷负荷为：27.165MW，生活热水最大负荷为：9.525MW；

奥运会后夏季，冷负荷为21.495MW，生活热水最大负荷为3.444MW；奥运会后冬季，采暖热负荷为18.96MW，生活热水最大负荷为3.444MW。

(3) 系统方案综述

本系统主要由以下各部分组成：

① 清河泵站

取水构筑物、调蓄水池；供水潜污泵组；高压变电设备；设备、管理用房等。占地面积1000m^2，调蓄水池的有效容积1000m^3，建筑面积约500m^2。

② 再生水一次侧送、回水管线

管径*DN*800mm，双线沿白庙路铺设到换热站。管线总长度2500m，须穿越清河。

③ 再生水二次侧循环水管线

管线直径*DN*800mm，双线由换热站沿白庙路、辛店村路铺送至中心机房。管线长度1000m。

④ 换热站

奥运水系补充水源的引入与退出；再生水专用换热器、前置过滤器；再生水一次侧二级供水泵组、再生水二次侧一级循环泵组；高压变电设备；设备、管理用房等。换热站占地面积1000m^2，建筑面积约500m^2。

⑤ 中心机房

暂定位于奥运村公建区的地下室内，仅设置一个独立机房，为奥运村内所有建筑提供采暖制冷冷热源和生活热水的加热和输送，建筑面积2000m^2，机房净高要求不低于5.5m。内含主要设备和系统如下：

高压变配电设施；

配电、控制柜和中控室；

热泵机组；

生活热水加热、蓄存和供水系统，蓄水箱；

建筑侧循环泵组、再生水二次侧二级循环泵组；

软化水处理、定压、补水系统。

图7-65为再生水利用管线示意图，图7-66为再生水水源热泵采暖空调系统工作原理图。

3. 系统投资估算

投资估算主要包括的内容：清河泵站、换热站、再生水输送管线、高压变配电设备、中心机房内所有设备的购置、安装。其他费用包括：规划及可行性研究费、勘察设计费、工程质量监理费、建设单位管理费、流动资金等。

总投资为11795.6万元，其中固定资产投资11613万元，流动资金98万元。单位建筑面积投资为300.0元/m^2（表7-33）。

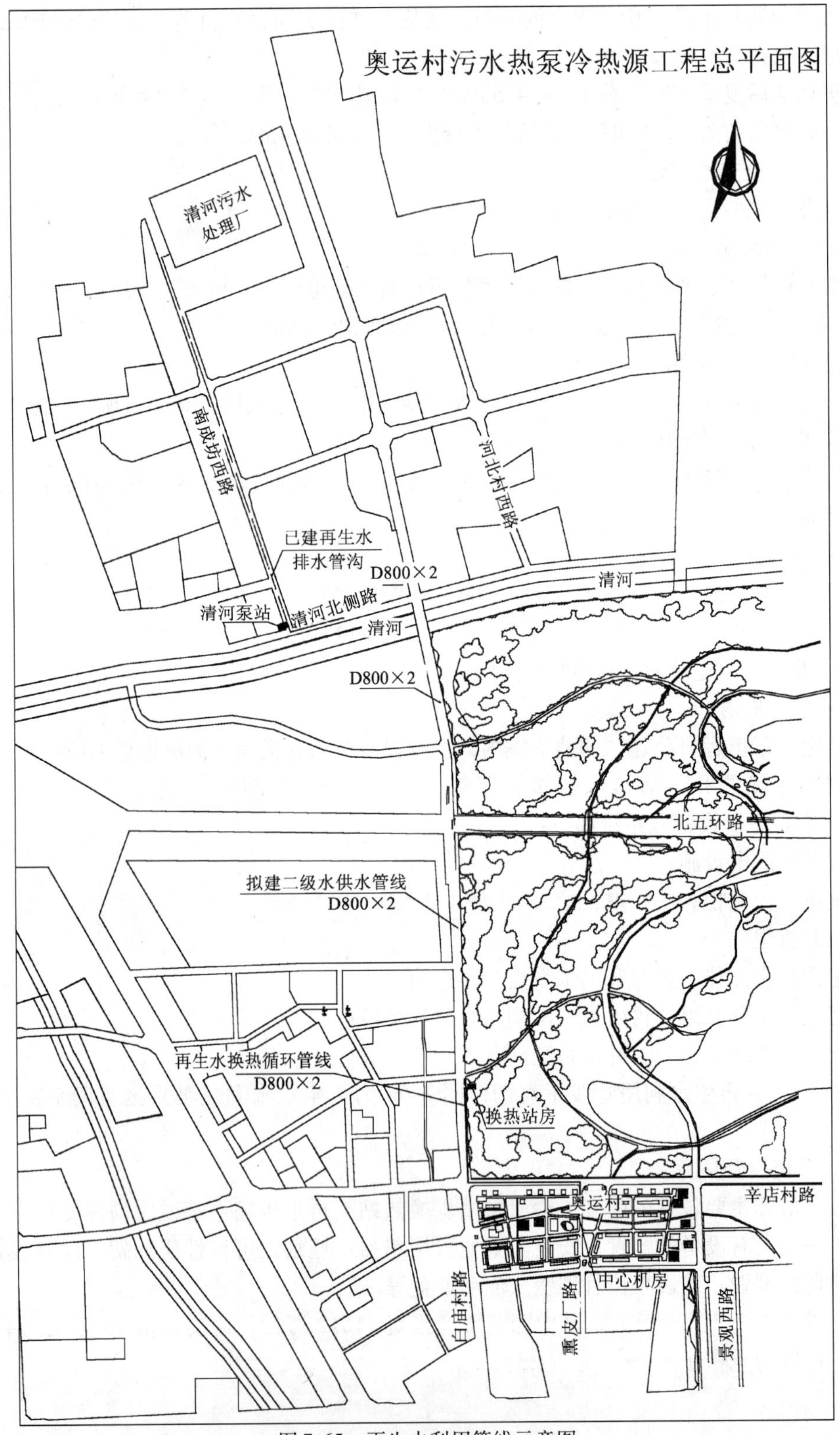

图7-65 再生水利用管线示意图

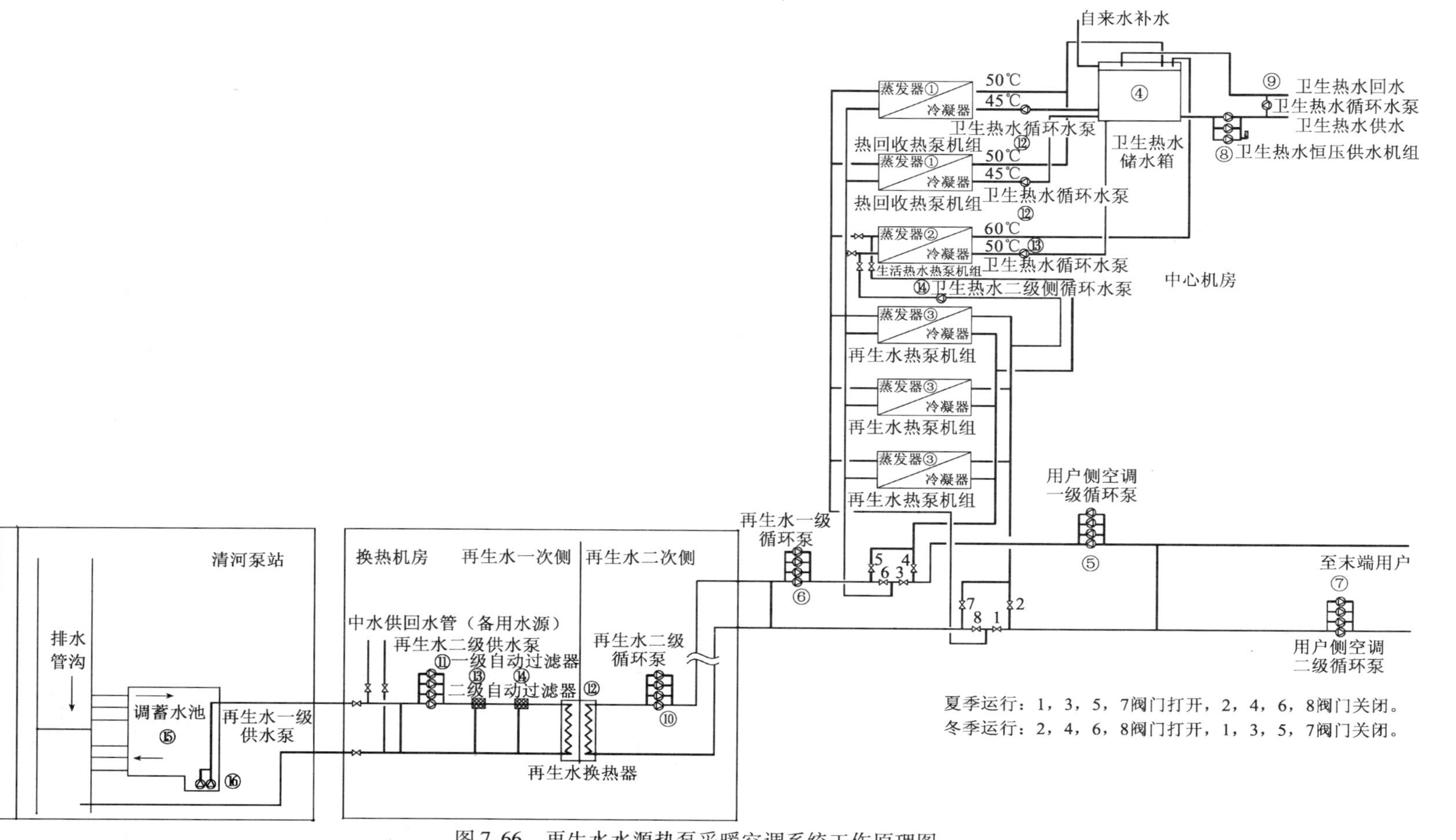

图 7-66 再生水水源热泵采暖空调系统工作原理图

再生水水源热泵系统投资概算（单位：万元） 表7-33

序 号	工程或费用名称	建筑工程	设备购置	安装工程	其他费用	合 计
一	工程费用	1300	5960	546.2	2470.4	10276.6
(一)	中心机房	400	3630	221.2	1750	6001.2
(二)	换热站	100	990	70	384	1544
(三)	清河泵站	100	150	45	336.4	631.4
(四)	再生水由清河泵站至换热站的管线	500	850	150		1500
(五)	换热站至中心机房的循环水管线	200	340	60		600
二	其他费用				804.4	804.4
三	预备费				616.6	616.6
四	流动资金					98
	合计（一～三）	1300	5960	546.2	3806.4	11612.6
	总投资					11795.6

4. 项目设计特点

再生水水源热泵系统的大规模应用是本项目最主要的特点。

再生水热泵空调系统，仅使用少量电能驱动便可达到冬季采暖、夏季制冷的目的，是一种新型的绿色环保的能源方式。在奥运公园的建设中，使用再生水热泵系统，不仅具有改变大气环境的实际功效，还可作为体现“绿色奥运”的形象工程。

目前污水厂排放出的二级再生水主要用于冲洗河道和农业灌溉。再生水热泵系统的利用，增加了再生水资源的利用率，扩大了再生水的用途。再生水热泵系统利用了热泵机组的低功耗，使运行费用大幅减少。

7.3.7 青岛国际帆船中心媒体中心

1. 工程概况

第29届奥运会青岛国际帆船中心位于青岛市浮山湾畔，原青岛北海船厂厂区，毗邻青岛市五四广场，地理坐标北纬36°03′12″，东经120°23′18″（图7-67）。

图7-67 青岛国际帆船中心鸟瞰图

青岛国际帆船中心陆域部分为北起澳门路，南至海边，东邻金海广场，西至大公海岸和嘉合花园，总占地面积45公顷，其中比赛区域用地面积为31.21公顷，预留赛后发展用地面积为13.79公顷。

青岛国际帆船中心海域部分位于浮山湾的东部，西起浮山河口，东到北海船厂东岸线，南到北海船厂防波堤，海域面积约64万m^2。

2. 空调系统设计

(1) 空调系统概述

本项目通过海水源热泵系统，提供采暖空调系统的冷、热源。冷冻水供回水温度7～12℃；热水供回水温度50～45℃。末端主要采用风机盘管加新风系统。水系统采用变频调速变流量系统。

海水源热泵空调系统是利用海水吸收的太阳能或地热能而形成的低温低品位热能资源，并采用热泵原理，通过少量的高位电能输入，实现冷热量由低位能向高位能转移，从而达到为使用对象供热或供冷的一种技术。海水源热泵系统的工作原理就是在夏季将所需制冷的使用场所中的热量转移到海水中，由于海水温度低，所以可以高效地带走热量；而冬季，则从海水中提取能量，由热泵原理通过空气或水作为载冷剂提升（或降低）温度后，送到使用场所中。

(2) 空调系统的冷热负荷

按照建筑围护结构、室内设计参数、人员、照明、新风及设备负荷状况，经初步负荷计算，媒体中心冬季采暖设计热负荷为492kW，夏季空调设计冷负荷为795kW。

(3) 系统方案综述

海水源热泵空调系统与其他水源热泵系统相比最大的区别，在于海水取用和处理系统。本项目的海水取用和处理系统主要由海水取水装置、海水泵、二次循环水泵、换热器、海水输送管道以及其他辅助装置组成。

附近海域设1个取水构筑物，在此取水构筑物附近设1换热站。换热站内的海水泵随沉箱潜入海底，沉箱内设电解防污装置，防止海洋生物进入沉箱。海水提升后经过快速除污器除去海水中的细砂等杂质，通过板式换热器（钛板）与另一侧的乙二醇溶液进行热交换，最后排至大海。海水提升装置工作原理示意图见图7-68。

从换热器换热后的乙二醇溶液，通过换热站内的二次循环水泵送至媒体中心机房，流入机房中的热泵机组，热泵机组的COP值在4.0以上。末端主要采用风机盘管加新风系统。为减少输配能耗，水系统采用变频调速变流量系统（图7-69）。

整个海水源热泵空调系统可以同时实现供热、供冷和提供生活用热水，在过渡季节也可以照常运行。

3. 系统投资估算（表7-34）

系统投资估算表 **表7-34**

序　号	项　目　名　称	数　量	价格（万元）	备　注
一	国内采购部分			
1.1	钛板换热器	3	64.4	
1.2	电解海水防污装置	1	9.8	

续表

序 号	项 目 名 称	数 量	价格（万元）	备 注
1.3	全自动软化水装置	1	2.0	
1.4	分水器 D400	1	0.6	
1.5	集水器 D400	1	0.6	
1.6	不锈钢软化水箱	1	0.8	
1.7	乙二醇溶液不锈钢储液箱	1	0.8	
1.8	配电箱	8	8.0	
	小计	17	87.0	
二	国外采购部分			
2.1	空调换热机组	1	29.4	
2.2	海水源热泵机组	5	180.0	
2.3	乙二醇溶液泵	4	10.2	
2.4	冷热水循环泵	4	7.8	
2.5	海水潜水泵	3	25.8	
2.6	乙二醇溶液变频补水装置	1	1.7	
2.7	冷热水变频补水装置	1	1.7	
2.8	真空脱气机	1	7.0	
2.9	小计	30	263.4	
	合计	47	350.7	

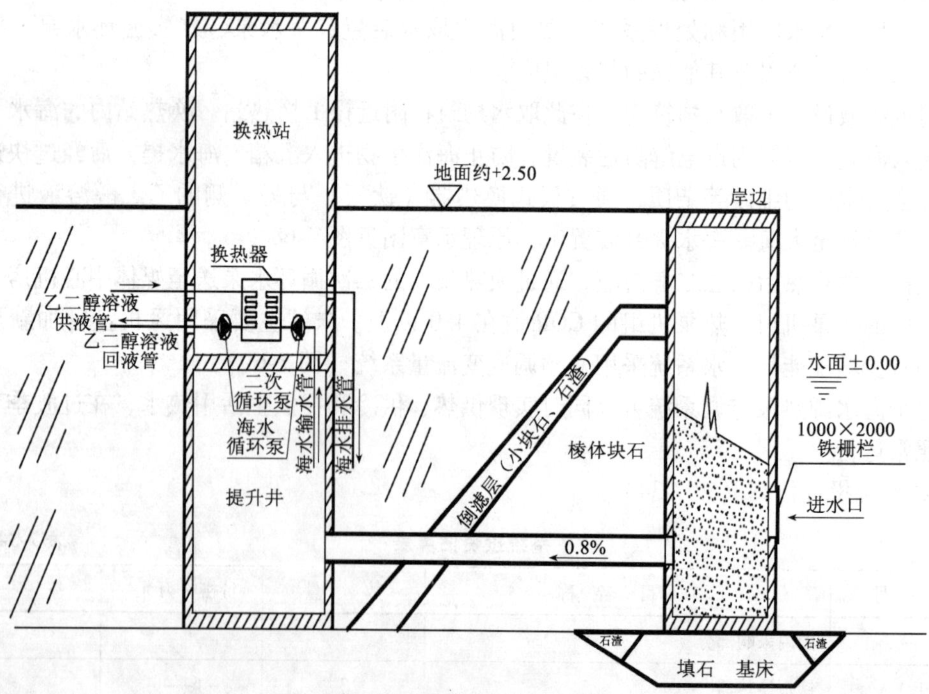

图7-68 海水提升装置工作原理示意图

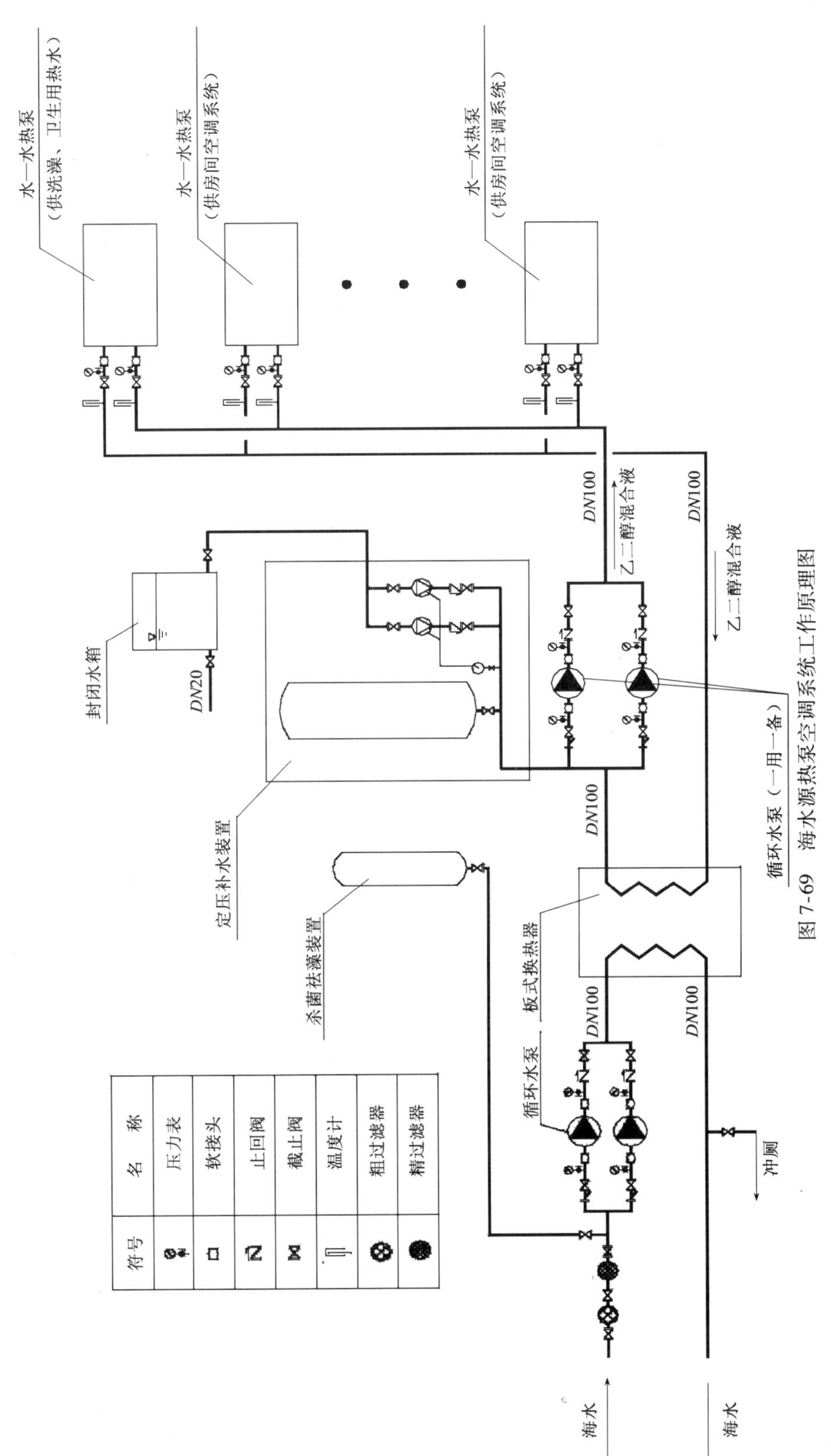

图 7-69 海水源热泵空调系统工作原理图

4. 项目设计特点

本项目的特点是，很好地解决了海水的提取与处理问题。

7.3.8　宁波银凤度假村

1. 工程概况

宁波银凤度假村是由宁波银凤股份有限公司投资兴建的一座四星级宾馆，坐落于千年古镇—溪口，距亭下湖水库约2公里。宾馆拥有1栋主楼，呈四合院式，主要功能：A区为大堂，B区为餐饮，C区为会议，D区为娱乐；E区为原有客房；4栋客房楼，12栋别墅，1栋游泳馆及32栋酒店式别墅（采用一拖多变频空调系统，由用户自行安装）。总用地面积为184145.69m^2（合276.22亩）。

2. 空调系统设计

（1）空调系统的冷热负荷

A、B、C、D、E区：建筑面积：21618m^2；冷负荷：2440kW，供热负荷：1830kW

客房楼：建筑面积：4200m^2；冷负荷：535kW，供热负荷：425kW

12栋别墅：建筑面积：3230m^2；冷负荷：436kW，供热负荷：350kW

游泳馆：建筑面积：500m^2；冷负荷：1123kW，供热负荷：900kW

（2）系统方案综述

本工程采用地表水源热泵系统。根据建筑物的相对位置及功能区块，共划分为四个系统，均采用了开式系统。由水泵从水井内抽取地表水，经循环后直接排至园区内的水体内作水景用；一部分排至游泳池的屋面，形成水幕，靠自然重力排入卵石层，以降低太阳的热射负荷，再一次诠释了度假村“水”的主题，同时亦节省了能源。

本工程由于建造的时间较紧，当时又恰逢“非典”时期，因此，主楼、客房及游泳馆采用了深蓝水源热泵系统，根据各功能区块，客房、餐饮包厢及小会议室等小空间采用了SFRA系列的分体式水源热泵机组，室外机吊装于卫生间的吊顶内，而室内机则吊装于小过道内；大堂、大会议室等大空间采用了SRL系列的整体立柜式水源热泵机组，独立设置于空调机房内，由风管将处理过的空气送至各空调区域；新风采用SRDX系列的整体吊装柜式新风机组，吊装于新风机房内。12栋别墅采用了广东中宇的FL（R）FP系列的分离式水源热泵机组，未设置新风机组，各房间均利用外窗进行自然补风。

（3）水源情况调查

银凤度假村坐落于剡溪千年古河床上，河床上的卵石层深度达9m，具有高含水量、高孔隙比、高渗透性等特征，水文地质条件属于山间盆（谷）地冲积层孔隙水（松散沉积物孔隙水），可开发利用的地表再生能源丰富。能源的利用是通过地表水为载体，经砂滤位差渗流与地下土壤相连进行冷热交换。

由于缺乏当地的水量及水温的实际数据，因此在园区内开挖了一口直径2m、井深9m的井做抽水试验，用2台流量为200m^3/h的水泵进行了48小时的连续抽水试验，发现仅有水位下降且下降区值较小，表明其周围的水量非常丰富。从宁波市锅炉压力容器检验所及自来水厂的水质检验报告来看（表7-35），其各种重金属离子的含量均低于国家标准，因此决定空调系统采用水源热泵系统。由于缺少地下水温的实测资料，经与当地的有关部门调研后，决定设计时冬、夏季均暂按12℃考虑生产设备。考虑到枯水及备用等情况，本工程共开挖了7口井供空调冷却水用，由于水井开挖仅为9m，因此基本上不考虑地下水的回灌，而采用有组织地排放至园区的河流或某个地方，然后再渗漏至地下。由于水源热泵系统管路内的水温<20℃，为防止空调水管路系统结垢等腐蚀因素，空调水管采用了PE塑料管。

水质化验报告 **表7-35**

测定项目	pH值	硬度（mmol/L）	碱度（mmol/L）	含铁量（mg/L）	浓度（NTU）	色度（度）
地下水	6.9	0.51	0.5	0.1	0.36	<5

（4）系统运行策略

由于本工程按功能区块划分了不同的系统，且采用的是分散式独立机组，使用时可根据实际情况，独立开启相应的房间的空调室内机，大大节省了运行费用。

3. 系统投资及运行费用

该工程竣工后，经宁波大学现场测试，夏季水源热泵的COP值约为5.75，冬季水源热泵的COP值约为4.3（表7-36、表7-37）。

2004年8月度假村地表水空调系统夏季实测数据分析 **表7-36**

测试时间	机组冷凝器侧进出口水温（℃）	温差平均值 Δt（℃）	机组冷凝器侧水流量 Q_c（m^3/h）	机组耗电量 W（kWh）	能效比EER
5日15~16时	22.2/27.3	5.1	1.39	1.200	5.87
6日13~14时	21.5/26.5	5.0	1.40	1.207	5.74
7日11~12时	21.8/26.6	4.8	1.42	1.205	5.58
8日10~11时	20.9/26.0	5.1	1.38	1.208	5.77

说明：① 测试条件：室外空气温度35℃，湿球温度28℃；室内温度27℃，湿球温度19℃。
② 计算公式：$EER = Q_c/W = (1.163 \times \Delta t \times G \times 1000 - W \times 1000)/(W \times 1000)$。

2004年12月度假村地表水空调系统冬季实测数据分析 **表7-37**

测试时间	机组冷凝器侧进出口水温（℃）	温差平均值 Δt（℃）	机组冷凝器侧水流量 Q_c（m^3/h）	机组耗电量 W（kWh）	能效比COP
26日09~10时	12.2/7.2	5.0	0.90	1.700	4.08
27日13~14时	12.9/7.8	5.1	0.89	1.702	4.10
28日11~12时	212.3/7.4	4.9	0.92	1.690	4.10
29日14~15时	12.0/7.0	5.0	0.91	1.703	4.11

说明：① 测试条件：室外空气温度7℃，相对湿度79%；室内温度20℃，相对湿度59%。
② 计算公式：$COP = 1 + Q_c/W = (1.163 \times \Delta t \times G \times 1000 + W \times 1000)/W \times 1000$。

本工程空调系统的一次投资费用为748万元，宾馆自2003年12月投入运行，由于不存在峰谷电价差，根据宾馆提供的资料，夏季各空调区域的温湿度均能达到设计的参数，但冬季由于地表的水温原因，且采用的是开式系统，室内比设计的温度要低些。空调系统的年运行费用在130~150万元之间，宾馆使用较为满意。

4. 项目设计特点

经过四年多的运行，同时暴露了空调系统中存在的一些问题。

（1）经实际使用和测试，项目所采地表水的水温：1月份为9℃，5月份为12℃，9月份为22℃，冬季实测最低水温为9℃，小于原设计时考虑的温度。而原来考虑预留的供热水管亦未接到位，从而影响了整体的冬季制热效果。

（2）原设计大堂、餐饮、娱乐及会议室四个区域，采用二级泵系统，见图7-70，后由于多种因素，建设方调整为一级泵系统，由冷却水泵直接供至各空调区域。由于区域面积太大，造成各区域之间的水力平衡存在很大的问题，给运行调试增加了很大的难度，而12幢别墅单独设立了一套系统，则其运行效果普通反映良好，因此建议水源热泵系统不宜分区太大。

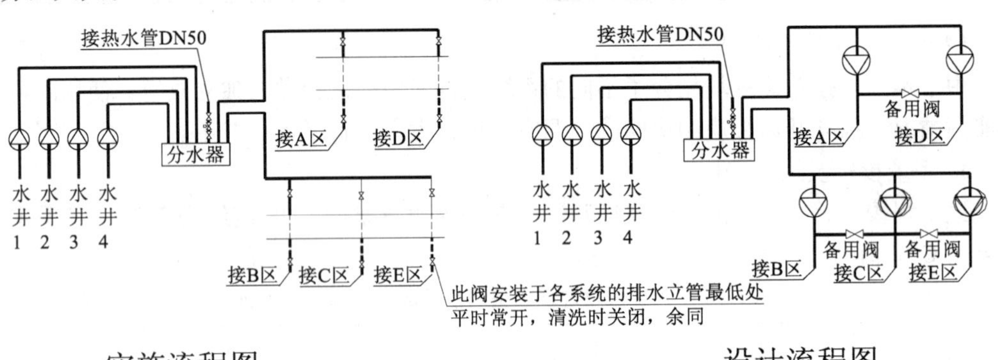

图7-70 管线流程图

（3）本工程对每只盘管均设置了温控二通阀，由于水源热泵压缩机的延时性与温控二通阀的延时性不一致，经常造成压缩机已开启，而二通阀尚未打开，导致冷凝器内缺水，引起压缩机高压保护，而影响使用，建议在今后的使用中，未必需设置二通阀，如一定需设置，则控制模块中必须要求压缩机与二通阀的延时一致，或压缩机的延长时间比电磁二通阀的延长时间长。

（4）由于生产厂商过分追求降低噪声，因此把盘管的风机的功率降低，导致机外余压降低，在外接风管处，冬季热风送不到工作区内而影响效果。

（5）分体式水源热泵空调系统在运行过程中，常见的设备故障有：压缩机高压保护（部分厂家设，部分厂商未设）；压缩机低压保护；压缩机内冷媒不足；室内盘管温度传感器位置设置不当。

项目实际外观图见图7-71、图7-72。

图7-71 酒店主立面

图7-72 景观客房楼

7.4 复合式地源热泵系统

7.4.1 北京建研科技园

1. 工程概况

该示范工程位于北京市通州区，有3栋建筑，为了管理方便，将3栋建筑分为南、北两区。南区建筑面积6625m^2；北区建筑面积2835m^2。主要功能为办公和试验。围护结构的性能参数如下：

（1）外墙

采用性能优良，技术成熟的墙体外保温构造，基墙墙体主要采用400mm厚加气混凝土砌块，其导热系数为0.14W/(m·K)，墙体的平均传热系数为0.4W/(m^2·K)；框架、异形柱采用加气混凝土砌块，短肢剪力墙、剪力墙采用聚苯挤塑板薄抹灰保温体系；架空层板底粘贴30mm厚的挤塑板，传热系数$K \leqslant 0.5$W/(m^2·K)。

（2）外窗

断热型材铝合金窗　$K=2.0$W/(m^2·K)

断热型材玻璃幕墙　$K=2.0$W/(m^2·K)

保温夹心板钢制门　$K=1.5$W/(m^2·K)

空气渗透性能等级　3级

（3）屋面

屋面的节能措施主要包括两种平屋面的保温体系。屋面主要包括80mm厚彩色压型钢板（聚氨酯保温夹心）和倒置式屋面保温构造，其屋面传热系数为0.275W/(m^2·K)。此外，部分平屋面采用屋顶绿化技术，结合保温材料和防水技术，以达到节能和改善顶部房间室内热环境的良好效果。

（4）地面

地面采用50mm厚挤塑聚苯板保温，其导热系数为0.029W/(m·K)，其平均传热系数为0.25W/(m^2·K)。

在上述措施下，本工程的建筑节能目标达到65%。

2. 项目特点

本项目特点是采用太阳能系统与地源热泵系统联合运行的方式。

南、北两区均采用地源热泵系统、太阳能系统作为空调采暖系统的冷热源。办公区域夏季采用风机盘管加新风系统；冬季，北区采用地面辐射采暖系统，南区采用风机盘管加新风系统；试验区域夏季不设空调，冬季采用辐射型散热器采暖系统，保证值班采暖温度。设计工况下的负荷为：北区冬季热负荷110kW，夏季冷负荷55kW；南区冬季热负荷298kW，夏季冷负荷140kW。

（1）太阳能系统与地源热泵系统联合供热

太阳能系统与地源热泵系统联合供热的原则是：以地源热泵系统为主，太阳能系统为辅助热源，但在运行控制上要优先采用太阳能，并加以充分利用。在供热运行模式下，北区试验区域采用的散热器采暖系统与办公区域采用的地面辐射采暖系统串联运行，以提高太阳能的利用率。

① 太阳集热系统

北区采用140m² 平板型太阳集热器，采用太阳能与建筑一体化技术，使太阳集热器与建筑完美结合。本示范工程将太阳集热器设置在建筑的南立面上，与玻璃幕墙融为一体，这样既丰富了建筑的立面效果，又起到了利用太阳能的作用。北区冬季热负荷大于夏季冷负荷，可以采用太阳能辅助供热，解决地下的热量不平衡问题，提高地源热泵系统的运行效率。

② 联合供热方案比较

太阳能系统与地源热泵系统联合供热的方式有两种：并联和串联方式。

基于串联运行模式的优点，本示范工程采用串联运行模式。

③ 不同工况下地源热泵机组性能

冷凝器侧进、出水温度（45℃/50℃）一定的情况下，不同的蒸发器进水温度对机组COP值的影响，如图7-73所示。

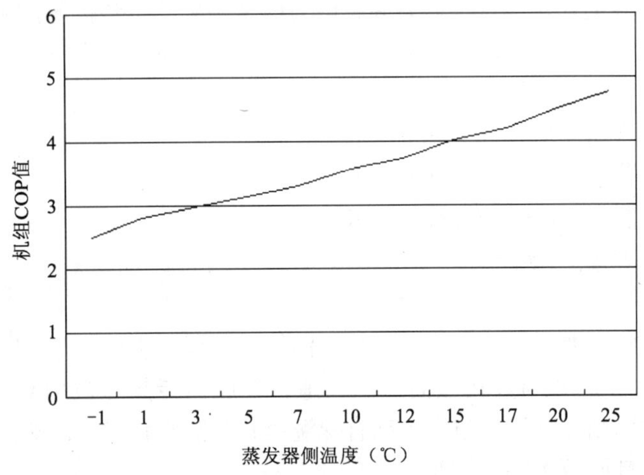

图7-73　蒸发器进水温度对机组COP值的影响图

冬季，在无太阳能作为辅助热源的情况下，地源热泵系统长期运行后，地源热泵机组蒸发器侧的温度在0℃左右，机组的COP值仅为2.5；而在有太阳能作为辅助热源的情况下，地源热泵机组蒸发器侧的温度可以在20℃以上，机组的COP值在4.5以上。由上可以看出，太阳能系统和地源热泵系统联合运行后，能极大地提高系统对可再生能源的利用率。

蒸发器侧进、出水温度（5℃/0℃）一定的情况下，不同的冷凝器出水温度对机组COP值的影响，如图7-74所示。

由图7-74可以看出，当冷凝器侧出水温度为40℃，机组的COP值为4.1，当冷凝器侧出水温度为60℃，机组的COP值为2.6。若太阳能-地源热泵系统与水温要求较低的末端系统（如地板辐射采暖系统）配套使用，将能极大地提高系统对可再生能源的利用率。

（2）太阳能系统与地源热泵系统联合制冷

南区夏季采用地源热泵系统与太阳能-溴化锂制冷系统为办公区域提供冷量。在过渡季需要制冷时，仅采用太阳能-溴化锂制冷系统为办公区域提供冷量。

采用太阳能-溴化锂制冷系统时，需采用热管真空管太阳集热器。本项目采用了250m² 集热器，设置在平屋顶上。太阳能-溴化锂制冷技术的原理如图7-75所示。

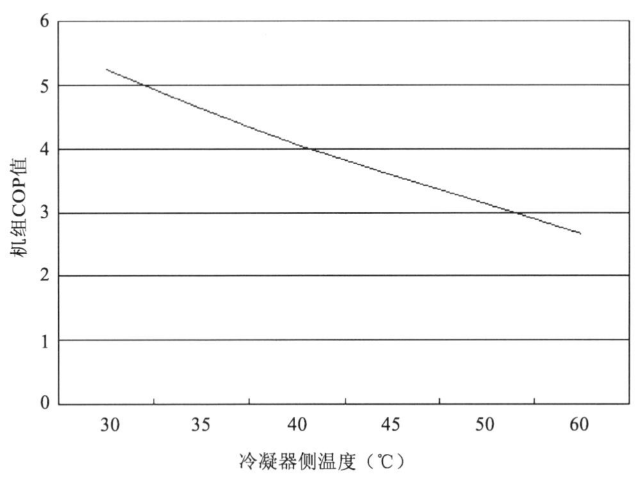

图 7-74 冷凝器出水温度对机组 COP 值的影响图

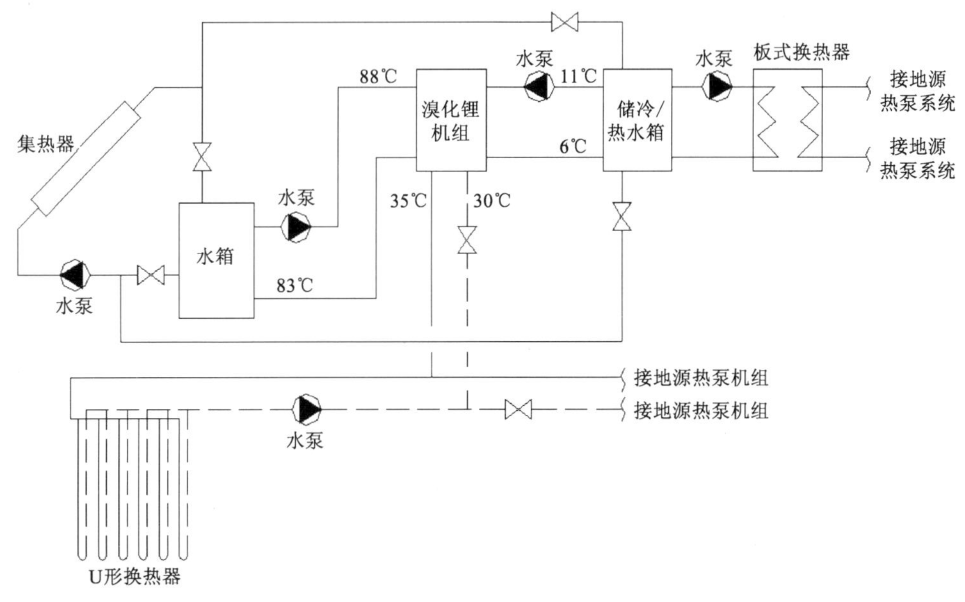

图 7-75 太阳能-溴化锂制冷系统原理图

在制冷工况下，地源热泵系统与太阳能-溴化锂制冷系统交替运行，冷却系统均采用土壤 U 形地埋管换热器。根据蓄冷/热水箱中的温度判断地源热泵系统与太阳能-溴化锂制冷系统的启停。当蓄冷/热水箱中的温度低于设计值时，太阳能-溴化锂制冷系统运行，地源热泵系统停止；当蓄冷/热水箱中的温度高于设计值时，地源热泵系统运行，太阳能-溴化锂制冷系统停止。

在本项目中，因地源热泵系统与太阳能-溴化锂制冷系统在制冷时，并不同时运行，同时因空调供暖面积不同，冬夏季负荷也不同，冬季负荷大于夏季负荷，因此采用该联合系统后，地埋管换热器的配置能满足系统的要求。

7.4.2　广西大学学生公寓

1. 工程概况

广西大学东校园13号学生公寓位于广西南宁市西乡塘区，建筑面积为11920.00m²，有256个房间，每间房住宿4人，共1024人，按每人每天使用50℃热水50kg设计，每天需热水量为51.2t。工程主体于2005年7月竣工，热水系统于2005年11月投入使用。

2. 地源热泵热水系统设计

该热水系统有两台额定功率为11kW的水冷式热泵机组，分别为1号热泵机组和2号热泵机组，制冷剂为R22。有2个循环水泵并联安装（一用一备），循环水泵的额定功率均为900W；系统最大运行功率为23.8kW；土壤热器采用垂直U形管，材料为ϕ25mm的PPR管，U形管换热井共70口，平均钻井深度为22.3m，钻井直径0.11m，钻井采用原土回填，总钻井埋管深度为1561m，土壤换热器中的传热介质为水。埋管区域地下水位为4m。

图7-76为垂直U形地埋管的土壤源热泵热水系统原理图。系统主要由热泵机组、循环泵、土壤换热器、控制系统组成。由于只采用单一热源——土壤源，因此，设备采用直热式，即自来水直接进入设备，经机组冷凝器热交换后，出水水温为45~55℃，热水进入保温水箱，由供热水系统定时将热水供至每间宿舍。

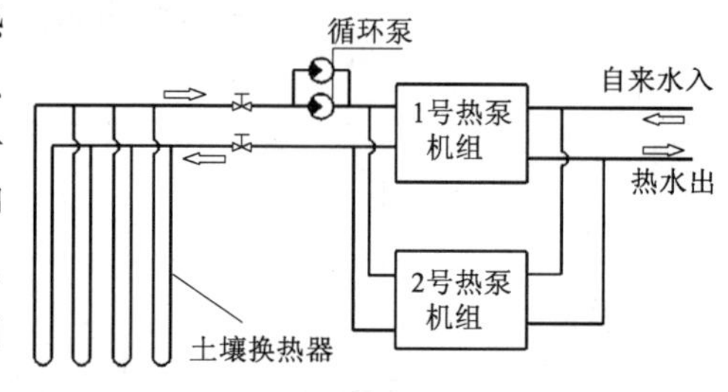

图7-76　地源热泵热水系统原理图

3. 运行效果监测

系统从2005年11月15日投入运行以来，经过了二年多不同季节的运行和监测，每天间歇运行8~15小时，制热水工况系统COP>4。部分测试数据见表7-38。

13栋地源热泵生活热水系统运行情况　　表7-38

测试日期：2006年6月15日

测试时间	环境温度（℃）	热水温度（℃）	自来水温度（℃）	制热水量（m³/h）	机组输入功率（kW）	机组输出功率（kW）	循环泵功率（kW）	机组能效比	系统能效比
8：00	26.2								
8：30	26	47	25.8	4.96	21.28	122.34	1.41	5.75	5.39
9：00	27.7	47	26.2	4.44	20.96	107.31	1.40	5.12	4.80
9：30	26	47	26.3	4.41	20.81	106.17	1.35	5.10	4.79
10：00	31.8	47	26.4	4.43	20.67	106.09	1.37	5.13	4.81
10：30	32.1	47	26.6	4.33	20.44	102.64	1.36	5.02	4.71
11：00	31.6	47	26.9	4.27	20.23	99.72	1.33	4.93	4.63
11：30	30.9	47	26.5	4.22	20.72	100.56	1.37	4.85	4.55
14：30	35	48	27.6	4.20	21.43	99.60	1.38	4.65	4.37
15：00	34.5	47	27.6	4.25	20.86	95.93	1.36	4.60	4.32
16：30	34.3	47	27.4	4.20	20.67	95.74	1.33	4.63	4.35

4. 设计方案的特点

系统供热设计容量为供应量的1.5倍以上，系统保证率可达100%，设备每天运行时间为15小时左右，监测表明，设备运行效率在连续运行10小时后才略有下降，当系统连续运行72小时后换热基本达到稳定状态。由于土壤换热器设计合理，地下水流速快(4.77m/昼夜)，设备停机2小时后，渗流地下水带来的热量又迅速恢复土壤热能；此外，太阳能辐射和丰富的降雨都会不断地给大地补充大量的热能。因此，根据设备能力适当设定间歇运行，能保证系统长期高能效运行。

本项目对富水土壤地质条件实施地源热泵热水系统具有普遍意义，是浅层地能在亚热带地区城市应用的典型案例。

5. 项目建筑效果图或实际外观图（图7-77）

图7-77 广西大学东校园13栋学生公寓土壤源热泵热水系统

6. 热点问题

在土壤源热泵热水系统中，土壤换热器与热泵机组合理匹配的设计尤其重要，要根据土壤热物性、地下水渗流速度、埋管形式、管材导热系数等决定埋管长度。因为制热水是常年取热状态，要有足够的换热管长，保证大地温度场达到平衡。对于富水地区，由于地下水渗流速度较快，土壤换热器周围温度场可在较短时间内达到平衡，如设计机组功率适当加大，增大蓄热容量，使机组间歇运行，每天实际运行时间为全天时间的2/3左右，可使大地温度场得以有效恢复，避免过度取热造成效率下降，或机组热源侧温差不足，反复出现机组保护停机现象。

7.4.3　广西大学学生公寓与食堂

1. 工程概况

广西大学行健文理学院学生公寓热水—食堂空调冷热联供的地源热泵系统，工程项目地址位于广西南宁市西乡塘区，建筑面积81855万 m^2，该系统为3栋学生公寓提供生活热水，3栋公寓楼共有1332个房间，每栋楼住宿1776人，每人供应热水40L/天（50℃），每天为5328人供应热水约213t，食堂供冷面积约2400m^2。采用垂直埋管土壤换热器和食堂空调并联形式。工程主体于2006年7月竣工，热水系统于2006年9月投入使用。

2. 地源热泵热水系统设计

系统由5台水源热泵机组组成，每台热泵机组的额定功率为24.8kW。土壤换热器由2个可独立控制的子系统组成，子系统1采用单U形垂直埋管方式，材料为ϕ25mm的PPR管，平均钻井深度为27m，井数150，埋管总深4050m。子系统2由总深1000m的单U形埋管（平均钻井深度25m，井数40）和总深1664m的双U形埋管（平均钻井深度26m，井数64）。

图7-78为土壤换热器与空调并联的地源热泵热水—空调冷热联供系统原理图。系统主要由热泵机组、循环泵、土壤换热器、控制系统组成。由于只采用单一热源——土壤源，因此，设备采用直热式，即自来水直接进入设备，经机组冷凝器热交换后，出水水温为45～55℃，热水进入蓄热水箱1（容积100t），同时由供水泵将热水供进蓄热水箱2（容积120t）。系统于2006年9月开始，除寒暑假外一直保持高效连续运行，每天两个时段供3小时定时给学生宿舍供应热水，满足了学生公寓的生活热水需要，同时满足食堂夏季用餐时间的供冷。

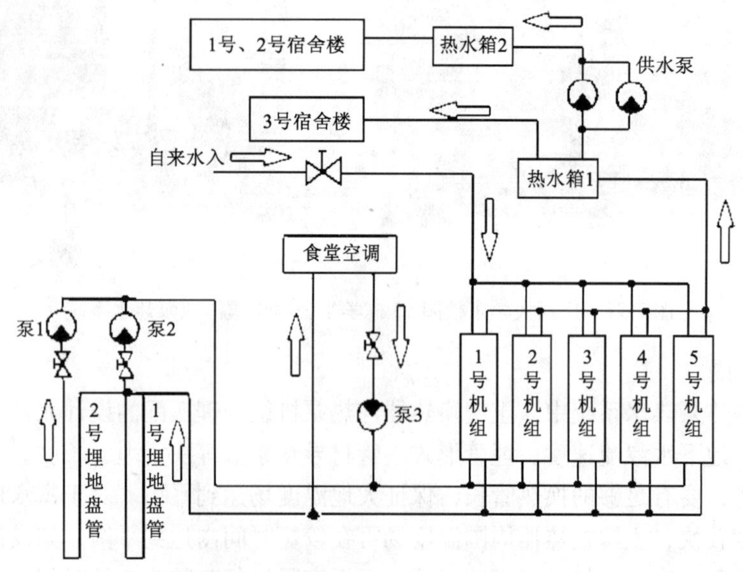

图7-78　地源热泵热水—空调冷热联供系统原理图

当环境温度低于25℃时，启动水泵1和水泵2，系统是土壤源制热水工况，采用土壤换热器获取低温热源。当环境温度高于25℃时，启动水泵3，系统是热水—空调冷热联供工况，低温热源来自食堂空调使用侧蒸发器吸收餐厅的热量，利用空调冷凝热制热水，获得双重能效，大大提高了能源利用率，同时还可减少土壤换热器吸取土壤的热量，使土壤温度场获得恢复期，避免过度取热而导致系统性能下降。

3. 运行效果监测

该系统夏季利用食堂空调运行时的冷凝热制热水，热水不需另耗能，机组综合能效比 COP >7，系统综合能效比 COP >6.6，年受益时间达 5 个月（暑假 2 个月系统关闭），经测试夏季食堂温度达到 24 ~26℃。过渡季节和冬季利用土壤换热器为热泵机组提供热源，机组能效比 COP >4.2，系统能效比 COP >3.6。系统运行一年多，经历了春、夏、秋、冬四个季节，能稳定可靠的提供热水，满足学生热水需求（表 7-39、表 7-40）。该系统经济效益分析见图 7-79。

土壤换热器运行情况（单 U 井深 5000m，开 3 台热泵机组） **表 7-39**

测试时间	环境温度（℃）	热水温度（℃）	自来水温度（℃）	机组功率（kW）	循环泵功率（kW）	机组能效比	系统能效比
2008.1.20	9.5	49.2	19	67.4	8.67	4.12	3.65
	8.5	49.3	19	66.9	8.7	4.14	3.66
	9.2	49.3	19	67.3	8.65	4.08	3.61
2008.1.25	7.5	49.3	19	65.9	9.32	4.21	3.69
	7.3	49.1	19	65.9	9.55	4.27	3.73
	7.8	48.7	19	65.8	9.28	4.13	3.62
2008.2.2	7.6	49.3	19	67.1	9.75	4.29	3.74
	8.6	49.3	18.5	66.7	9.47	4.36	3.81
	8.8	49.3	18.7	67.1	9.69	4.3	3.76
2008.2.6	6.5	50.8	18.8	66	9.86	4.38	3.81
	7.8	50.8	19.1	63.9	9.77	4.41	3.83

学生公寓热水与食堂空调耦合冷热联供运行情况 **表 7-40**

测试时间	环境温度（℃）	热水温度（℃）	自来水温度（℃）	机组功率（kW）	循环泵功率（kW）	机组制热水能效比	机组制冷能效比	机组总能效比	系统总能效比
2008.6.5	28.1	50.8	23.6	106.53	11.506	4.39	3.21	7.60	6.86
	28.5	50.6	23.7	106.79	11.619	4.39	3.15	7.54	6.80
2008.6.6	28.9	50.6	23.4	105.84	11.229	4.55	3.19	7.74	7.00
	28.9	50.8	23.8	107.10	11.401	4.45	3.15	7.60	6.87
2008.6.13	30.0	50.2	24.0	106.24	10.963	4.47	3.16	7.63	6.92
2008.6.15	30.2	50.8	23.8	105.55	10.608	4.54	3.15	7.69	6.99
	30.3	49.4	24.0	102.52	10.720	4.53	3.20	7.73	7.00
2008.6.18	30.3	49.0	24.2	102.39	10.269	4.50	3.19	7.69	6.99
	30.4	49.1	23.9	104.59	10.465	4.51	3.13	7.64	6.94
2008.6.24	30.1	49.4	23.8	105.20	10.476	4.26	3.04	7.30	6.64

经济效益（5000人学生公寓）

方案	每年运行费用（万元）	平均每人每天热水费用（元）	采用地源热泵制热水每年节约费用比较
①燃油锅炉	127.5	0.76	方案⑤ 比方案①节约91.6万元； 比方案②节约102.6万元； 比方案③节约20.8万元； 比方案④节约33.3万元。
②电热锅炉	138.5	0.89	
③空气源热泵	56.7	0.36	方案⑤ 比方案①节约71.8%； 比方案②节约74.1%； 比方案③节约36.7%； 比方案④节约48.1%。
④太阳能＋电热锅炉	69.2	0.44	
⑤地源热泵	35.9	0.23	

同时，可提供2400m² 的空调冷量，节约空调运行费用9.68万元，节省空调设备投资80多万元。

图7-79 行健文理学院学生公寓热水—食堂空调冷热联供的地源热泵系统的经济效益分析

4. 设计方案的特点

夏天，将地源热泵系统制冷产生的冷凝热用于制热水。空调工况制热水不耗能。根据南宁市气候情况，学生公寓年受益时间可达5个月（居民住宅年受益时间可达7个月）。冬季和过渡季节，地源热泵机组热源主要通过土壤换热器与土壤和地下渗流水进行热交换获取。这样的方式使地下温度场得到较长恢复期，避免长期过度取热能效下降问题。

5. 项目建筑效果图或实际外观图（图7-80～图7-82）

图7-80 广西大学行健文理学院学生公寓热水—食堂空调的冷热联供地源热泵系统

（3栋学生公寓共住宿5328人，每人供应热水40L/天（50℃），日供热水量213t）

图 7-81 行健学院地源热泵热水—空调设备

图 7-82 行健学院食堂的地源热泵中央空调系统

7.4.4 南宁市建兴苑小区高层建筑公寓与办公大楼

1. 工程概况

广西南宁市建兴苑小区生活热水和广西建设大厦中央空调耦合的地源热泵冷热联供系统位于南宁市青秀区。建兴苑小区有 3 栋 36 层高的住宅楼，建筑面积 7.8 万 m^2，共 377 户，按每户 4 人计算，预计住 1508 人。按每人每天使用热水 50kg，每户 200kg 来设计，每天需热水量约为 75t。小区旁是广西建设大厦，该大厦是以办公为主的综合大楼，安装有中央空调，5 ~ 10 月需正常供冷，4 月、11 月需部分时间供冷。工程主体于 2006 年 10 月竣工，热水系统于 2007 年 4 月投入使用。

2. 热水系统设计

根据住宅楼的热水需求量和建筑群周边非常有限的地下空间，该系统配置 2 台 24.8kW 的地源热泵空调热水设备，2 台设备制热水总量：夏天（25℃）84 ×2 =168t，若每天产 75t 热水，设备工作约 11 个小时；冬天（7℃）58.5 ×2 =117t，若每天产 75t 热水，设备工作约 15.4 个小时。日供水量能够最大限度满足小区三栋住宅楼的热水使用需求。

图 7-83 为土壤换热器与空调并联的地源热泵热水—空调冷热联供系统原理图。2 台热泵机组在制热水的同时可以产生约 140kW 冷量，地源热泵系统与办公大楼冷冻水管网联接，空调季节利用地源热泵机组给办公大楼供冷产生的冷凝热制热水供住宅小区，实现冷热联供，机组能效比达 1 : 7 以上。

3. 系统投资及运行费用

测试的部分运行数据见表 7-41 和表 7-42。运行结果表明，系统原理先进，设计合理可行，节能效果突出。冷热联供工况，机组 COP >7；采用土壤热源运行工况，机组 COP >4。其浅层地质结构和用能要求在我国南方具有一定的代表性和共性。该系统经济效益分析见图 7-84。

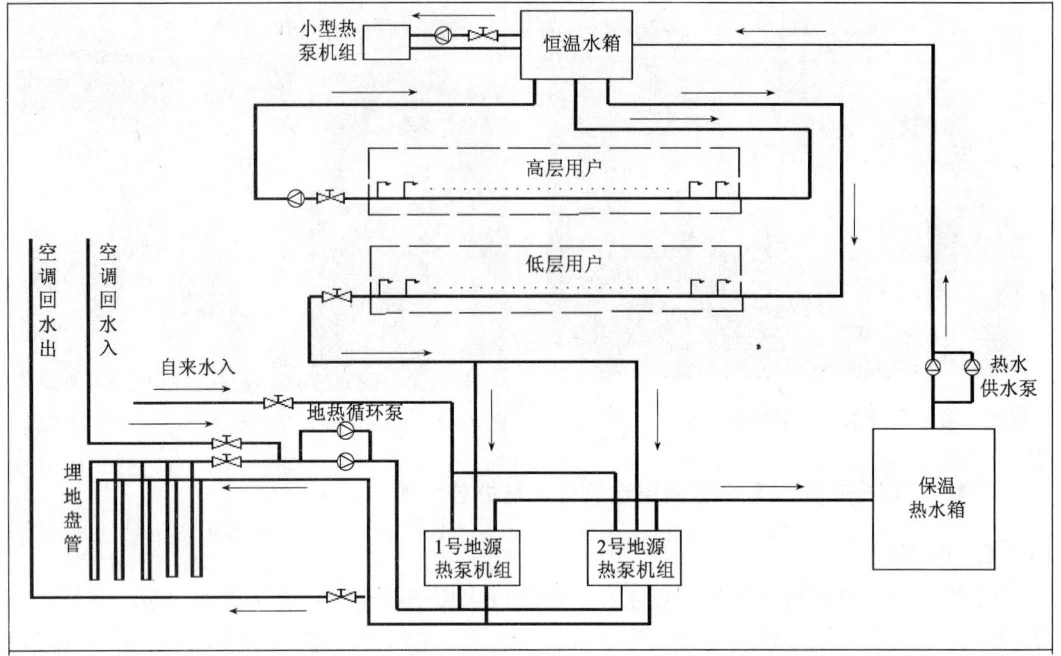

图 7-83　建兴苑生活热水和办公大楼空调耦合的冷热联供地源热泵系统原理图

建兴苑小区热水与建设大厦中央空调耦合冷热联供运行情况　　**表 7-41**

（测试时间：2007-7-25）

时间 项目	14：00	15：00	17：30	18：00	18：30	19：00	19：30	合计	平均
冷冻入水（℃）	18.50	19.20	11.30	10.80	13.80	15.10	15.40	104.10	14.87
冷冻出水（℃）	15.30	15.60	8.00	7.40	10.30	11.40	11.70	79.70	11.39
温差 ΔT_1（℃）	3.20	3.60	3.30	3.40	3.50	3.70	3.70	24.40	3.49
热水水温（℃）	49.50	50.80	46.90	47.10	48.40	51.30	54.90	348.90	49.84
自来水温（℃）	30.80	30.80	30.80	31.10	30.90	30.70	30.70	215.80	30.83
温差 ΔT_1（℃）	18.70	20.00	16.10	16.00	17.50	20.60	24.20	133.10	19.01
机组制热 COP	5.26	5.30	4.24	4.42	4.60	4.62	4.38	32.82	4.69
机组制冷 COP	3.08	3.53	3.24	3.29	3.31	3.17	3.08	22.70	3.24
机组冷热联供 COP	8.34	8.83	7.48	7.71	7.91	7.79	7.46	55.52	7.93

建兴苑小区热水系统采用土壤热源运行情况　　**表 7-42**

（测试时间：2007-7-30）

时间 项目	14：00	14：30	15：00	15：30	16：00	16：30	17：30	18：00	合计	平均
冷冻入水（℃）	20.40	15.50	13.40	12.20	11.40	11.00	10.40	10.10	104.40	13.05
冷冻出水（℃）	14.40	11.30	9.40	8.40	7.60	7.40	6.80	6.50	71.80	8.98
温差 ΔT_1（℃）	6.00	4.20	4.00	3.80	3.80	3.60	3.60	3.60	32.60	4.08
热水水温（℃）	56.10	56.90	54.70	54.10	53.30	53.10	54.00	53.60	435.80	54.48

续表

项目＼时间	14：00	14：30	15：00	15：30	16：00	16：30	17：30	18：00	合计	平均
自来水温（℃）	30.60	30.70	30.80	30.70	30.70	30.90	30.70	30.60	245.70	30.71
温差 ΔT_1（℃）	25.50	26.20	23.90	23.40	22.60	22.20	23.30	23.00	190.10	23.76
每小时地能循环泵耗电量（度）	5.50	5.70	5.60	5.60	5.60	5.60	5.60	5.60	44.80	5.60
机组制热 COP	5.04	4.83	4.32	4.27	4.23	4.38	4.10	4.21	35.38	4.42
每吨水耗电量（度）	6.60	7.11	7.23	7.18	6.99	6.65	7.44	7.16	56.37	7.05

经济效益（377户住宅）

方案	每年运行费用（万元）	平均每户每年热水费用（元）	平均每户每天热水费用（元）	采用地源热泵制热水每年节约费用比较
①电热锅炉	59.3	1584	4.4	方案⑤ 比方案①节约51.6万元； 比方案②节约46.9万元； 比方案③节约17万元； 比方案④节约16.6万元。
②燃油锅炉	54.6	1440	4.0	
③太阳能＋电热锅炉	24.7	655	1.8	方案⑤ 比方案①节约87%； 比方案②节约85.9%； 比方案③节约68.3%； 比方案④节约68.3%。
④空气源热泵	24.3	644	1.8	
⑤地源热泵	7.7	204	0.56	

图 7-84 建兴苑生活热水和办公大楼空调耦合的冷热联供地源热泵系统的经济效益分析

4. 设计方案的特点

按照南宁市气候，每年至少有 7 个月需给办公楼供冷，即有 7 个月热水不需另耗电能，此工况机组能效比 COP＞7。其余 5 个月利用土壤换热器为热泵机组提供热源制热水，此工况机组能效比 COP＞4。热泵机组给办公大楼提供部分冷量，可减少办公大楼空调主机负荷，延长大机组寿命；同时可作为小冷量机组使用（如节假日加班、中午以及气温不算太高时段）。设备采用直热式，即自来水直接进入设备，经机组冷凝器热交换后，出水水温为 45～55℃，热水进入大保温水箱，由热水供水泵将热水供至每栋楼楼顶小恒温水箱再供至各用户，热水系统保持热循环，24 小时为用户供热水。由于空调季节热水不耗能，弥补了全年集中供热水系统的热循环损失的费用，用户全年热水费用非常经济，使用热水的舒适性和安全性明显提高，用户十分满意。系统运行已一年多，经历了春、夏、秋、冬四个季节，能稳定可靠的提供热水。

当环境温度低于 25℃时，启动地能水循环泵，系统为土壤源制热水工况，采用土壤换热器获取低温热源。当环境温度高于 25℃时，启动空调冷冻水循环泵，系统为热水-空调冷热联供工况，低温热源来自给建设大厦供冷的冷凝热，制热水不耗能，获得双重能效，大大提高了能源利用率，同时还可减少土壤换热器吸取土壤的热量，使土壤温度场获得恢复期，避免过度取热而导致系统性能下降。

本项目对城市高层住宅建筑生活热水与邻近办公大楼或商场空调冷热联供提供典型范例。

5. 项目建筑效果图或实际外观图（图7-85）

图7-85 建兴苑小区生活热水和广西建设大厦空调耦合的冷热联供地源热泵系统
建兴苑小区3栋公寓楼为高层建筑（36层，共377户）

7.4.5 宁波鄞州区国税局办公大楼

1. 工程概况

宁波市鄞州区国税局办公楼位于宁波鄞州区鄞县大道旁，它是一幢办公性质综合楼。本建筑地上十九层，地下一层（主要为设备层及车库）。其中一至三层主要功能区为大厅、纳税大厅、办公室、餐厅、活动室，四至九层以及十一至十九层主要功能区为办公室、会议室、多功能厅、招待所，十层为信息中心、办公室，总建筑面积约为26000m^2，空调面积约为19000m^2。建筑高度为71.1m（图7-86）。

图7-86 宁波鄞州区国税局办公大楼

2. 工程设计特点

本工程设计具有鲜明的特点，可概括为：①利用了可再生能源，采用了节能、环保型地埋管地源热泵空调；②利用室外景观喷泉水池作为空调系统夏季辅助冷却源；③景观喷泉水池散热及地埋管换热计算方法和众多难题。

由于宁波市鄞州区国税局办公楼是国内最早应用地埋管地源热泵空调系统的大型公共建筑之一，且地埋管地源热泵空调是一种跨专业、跨学科的技术，在国内实际工程中应用时间较短，还处于起步及探索阶段，因此如何加强研究、地质勘探、设计及施工等学科、专业间的合作，合理地设计，改进其施工工艺，降低成本，避免盲目性，最大限度地发挥其节能性是设计应用中面临的一个重要课题，同时给设计带来很大难度，促使本工程在暖通空调设计的概念和技术上进行了大胆的创新与应用，其中多处为国内外最新的设计方法和技术，在设计计算方法中查阅了涉及水文、气象、地质等多方面的科技文献及地质勘探资料，取得了宝贵的经验和节能效果。实践证明，本工程暖通空调设计正确可靠，为暖通空调设计技术的发展和创新提供了宝贵的经验。

3. 设计参数及空调冷热负荷

室外计算参数：(参见宁波地区气象参数)

室内设计参数（表7-43）：

室内设计参数表 **表7-43**

房间名称	夏季		冬季		新风量[m³/(h·人)]	噪声（dB）
	温度（℃）	相对湿度（%）	温度（℃）	相对湿度（%）		
办公	25	<65	20	>35	30	<50
会议	25	<65	20	>35	25	<50
餐厅	26	<65	20	>35	30	<50
大厅	26	<65	20	>35	20	<50

空调冷热负荷：采用DEST及Medpha软件模拟计算。夏季空调逐时冷负荷：空调逐时冷负荷综合最大值：2400kW，指标92W/m^2。冬季空调热负荷：1600kW，指标62W/m^2。

4. 空调冷热源设计及主要设备选择

本工程采用地埋管地源热泵空调系统，夏季制冷，冬季供暖。

本建筑十层及局长办公室设计成一独立空调系统：K-1，其他一～九层、十一～十三层、十六～十七层办公设计成一独立空调系统：K-2。K-1空调系统选用五台制冷量为88kW小型地源热泵空调机组，制冷工况：冷冻水7℃/12℃，:冷却水32℃/37℃，冷却水来自室外喷泉水池。制热工况：热水40℃/45℃，冷却水7℃/12℃，冬季制热热源来自地埋管系统。夏冬季的制冷、制热转换是通过机组内置的电动四通换向阀转换制冷剂的流向来达到制冷、制热转换。

本工程K-2空调系统选用二台制冷量为968kW地源热泵空调机组，制冷工况：冷冻水7℃/12℃，冷却水32℃/37℃，冷却水来自地埋管系统。制热工况：热水40℃/45℃，冷却水7℃/12℃，冬季制热热源来自地埋管系统。2台大机组通过外面设置的十二个手动阀门切换冷冻、冷却水来实现夏冬季制冷、制热转换。

5. 室外垂直地埋管换热器设计及计算分析

地埋管地源热泵空调系统的核心技术是地埋管换热器的设计与施工，而地埋管换热器设计成功的关键在于取得可靠的当地土壤不同深度构造及热物性参数数据。由于不同区域土壤构造及特性差异很大，因此在地源热泵空调系统规划施工场所实地进行的地质勘察结果对于地埋管地源热泵空调系统的优化设计和可靠运行显得尤其重要。

（1）本工程地质勘察报告资料

由本工程钻孔堪察结果提供的资料，分析得出，土壤在0～70m深范围内大致可分为表7-44所示几层。

表7-44

地层标高（m）	主要土类	地层标高（m）	主要土类
-10.17	黏土、淤泥	-51.07	粉质黏土
-21.27	淤泥、粉质黏土	-55.77	粉砂、粉质黏土
-30.87	黏土	-66.07	粉砂、粉质黏土、圆砾
-36.697	黏土	-70.87	黏土

（2）土壤热工特性表（表7-45）

表7-45

地　层　材　料	传导率 Btu/h * ft * 0F	扩散率 ft^2/h	密度 $1b/ft^3$	热容量 Btu/1b * 0F
密集岩层（花岗岩）	2.0	0.050	200	0.20
普通岩石（石灰石）	1.4	0.040	175	0.20
重土-潮湿（黏土、紧密的沙子肥土）	0.75	0.025	131	0.23
重土-干燥（黏土、紧密的沙子肥土）	0.50	0.020	125	0.20
轻土-潮湿（松散的沙子淤泥）	0.50	0.020	100	0.25
轻土-干燥（松散的沙子淤泥）	0.50	0.011	90	0.20

（3）垂直地埋管深度

从地质勘探报告、工程试验井情况及经济比较分析，地面75m以下钻孔费用将成倍增加。因本工程夏季冷负荷与冬季热负荷差值较大，且本工程地埋管钻孔数量较多、建筑物室外有较富裕的区域进行埋管，因此为最大限度地节约钻孔费用，本工程按冬季热负荷进行埋管，采用中埋管的方案，埋管深度采用73m。

（4）建筑物室外各种管线附设情况

建筑物室外总平面中主要有排水管及各种电缆管、深度在地下2m以上，埋管区域地埋管水平干管埋深在地下2.5m以下，同时预留进出重型设备及车道位置。

（5）地埋管材及管件的选用

设计中采用化学稳定性好、耐腐蚀、导热系数大、流动阻力小的塑料管及管件D32 3.0+0.5/PE80　1.25MPa。

（6）传热介质的选用

因宁波地区冬季室外气温较高，冬季冻土深度较浅，因此本工程设计中采用水作为传热介质。未考虑在地埋管循环水中添加防冻剂。但为了防止冷却循环水管内循环水在极端气温下结冻，采用感温自控系统启动循环泵。当系统循环回水温低于4℃时，由自控系统启动循环泵驱动循环水流动并且报警提示，可以有效地避免地埋管内水结冻问题的出现。

（7）钻孔回填材料的选用

本工程钻孔回填材料采用原土混合一定比例砂及水泥回填，使混合物的导热系数接近1.9W/(m·K)，大于本工程土壤的平均导热系数。

（8）地埋管型形式及布管间距

室外采用了PE型垂直单U形（PE80，DN32）埋管，在绿化地带分十三个区域进行埋管，水系统分十三个环路同程敷设，打井376口，井深73m，井距为：4m×3.5m、4m×4m、5m×5m三种方式，总埋管长度54896m。

（9）室外垂直埋管换热器设计计算及调整后的主要数据

采用GLD软件计算，其结果详见孔井设计计算报告（表7-46）。

孔井设计计算报告-2003-4-5 **表7-46**

	制 冷 模 式	加 热 模 式
全场（m）：	56888.3	27474.8
井孔数：	380	380
井孔长（m）：	149.7	72.3
地下温度变化（℃）：	+1.1	+2.3
单元进水温度（℃）：	29.0	12.5
单元出水温度（℃）：	34.5	9.1
峰值负荷（kW）：	2400.0	1600.0
单元总容量（kW）：	2360.0	2370.1
峰值需求（kW）：	581.3	283.6
热泵COP：	4.1	4.2
系统COP：	4.1	4.2
系统流量（L/min）：	7749.1	3874.5

输入参数

流体		土壤	
流量：	11.4（L/min）/3.5kW	土壤温度：	16.7℃
流体：	100%水	导热系数：	1.80W/（m·K）
比热（Cp）：	4.184kJ/（K·kg）	热扩散率：	$0.070m^2$/日
密度（ρ）：	$999.6kg/m^3$		

管道

管道类型：	$1\frac{1}{4}$in.（32mm）	径向放置：	平均
流型：	紊流-SDR11	井孔直径：	110.0mm
管道阻力：	$0.0061mH_2O/m$	填料导热系数：	1.90W/(m·K)
U形管形式：	单管	井孔热阻：	0.115m·K/W

形式	模拟时间	额外功率
垂直节点布置：20×19	预计时间：10.0年	泵功率：0.0kW
井间距：5.0m	长期土壤温度：	冷却塔水泵：0.0kW
并联环路间距：5.0m	制冷：17.8℃	冷却塔风扇：0.0kW
	加热：19℃	附加功率：0.0kW

热泵	备选冷却塔
	负荷平衡：0%
	冷凝能力（kW）：0.0
制造商：克莱门特	冷却塔流量（L/min）：0.0
系列：SRHH	冷却温度区间（℃）：5.5
	年平均运行小时（h/年）：0

6. 土壤热平衡措施设计技术创新及计算分析

地埋管地源热泵空调系统设计应实现的基本目标是地源热泵空调系统在夏季及冬季运行期间，地埋管内循环介质的温度保持在限定值范围内，以利于最大限度地节能。因此，地埋管换热器的总吸热量与总释放量相平衡及瞬间冷热负荷相平衡的措施对于保证大地岩土的热稳定性、地埋管土壤源热泵系统的经济性及空调实际运行效果十分重要。

本工程经过技术经济比较，设计中按冬季热负荷进行埋管，夏季采用辅助冷却源与地埋管换热器并用的调峰形式。利用室外530m^3 消防喷泉水池辅助散热来消除最热月峰值负荷。

消防喷泉水池散热由两部分组成：390m^2（13m×30m）消防喷泉水池水面散热及喷泉空中水体与流动空气间换热（忽略水池池壁、池底及补充新鲜水的换热量）。

两部分换热计算较复杂，本工程只根据最不利情况作校核计算。

（1）消防喷泉水池系统设计基本原理

本工程5台小热泵机组夏季冷却由室外喷泉水池散热实现，设计选用二台60m^3/（h·28mH_2O），11kW立式冷却水泵。水池长30m，宽13m，表面积390m^2，水池深1.5m，水池内布置有5排水管，其中三排为蘑菇型喷嘴，每排18个DN20喷嘴，蘑菇型水体高0.5m；二排为高空射流型喷嘴，每排17个DN20喷嘴，水体高2.5m。

从5台小热泵机组出来的高温冷却水与三排蘑菇型喷嘴的水管连接，从喷嘴喷出，经室外空气冷却蒸发后回至水池；二排为高空射流型喷嘴的水管分别接至水池内二台50m^3/（h·12mH_2O），4kW潜水泵，高空射出经室外空气冷却蒸发后回至水池。

室外流动空气与喷泉空中水体充分进行热湿交换的结果，使离开喷泉区域的湿空气的含湿量增加至接近饱和状态。在喷泉区域中，热湿交换过程比较复杂。当热水温度高于空气温度时，传热和蒸发都使热量由热水传给空气。即使水温稍低于空气温度，对流换热量虽然由空气传热给水，但水分蒸发的汽化潜热又随蒸汽流向空气，总的结果仍然是热量由热水传给空气，使水温下降。其极限情况是水温降低到进入喷泉区域空气初状态下的湿球温度。

影响喷水池冷却效果的主要因数是：喷嘴形式和布置方式、水压、风速、风向、气象条件等。

（2）消防喷泉水池水面散热量计算

宁波市夏季室外计算参数：干球温度=34.5℃，湿球温度=28.5℃，焓值=24kcal/kg，v=2.9m/s。

① 计算方法A

水池水面散热与其表面蒸发系数及散热系数有关。参考《湖泊科学》1994年9月第3期及《水文科技情报》1993年第2期水面蒸发与散热系数公式研究及全国通用计算公式（B），在室外v=3m/s，t=35℃，RH=80%时，其表面散热系数为：52W/（m^2·K），其表面蒸发系数为：121W/m^2。

假设条件：热泵机组出水温度为：37℃

喷泉水池静止时水面显热散热量=390×52×（37－34.5）=50kW

喷泉水池水面静止时潜热散热量=390×121=47kW

喷泉水池（390m^2）静止时总散热量=97kW

经喷泉设计软件模拟计算，喷泉水体在空中的表面积不小于 $2800m^2$

喷泉水池工作时：显热散热量 = 2800 × 52 × (37 − 34.5) = 364kW，潜热散热量 = 2800 × 121 = 339kW

总散热量 = 364 + 339 = 703kW

② 计算方法 B

采用《游泳池和水上游乐池给水排水设计规程》(CECS 14：2002) 公式 (9.1.2)

$$散热量 = 1/\beta \cdot \rho \cdot r(0.0174v + 0.0229) \cdot (P_b - P_q)A_s \cdot B/B'(kJ/h)$$

β:133.32Pa，ρ:1(kg/L)，r:34.5℃，2417kJ/kg，P_b:37℃，62.6 × 100Pa，

P_q:34.5℃，54.5 × 100Pa，B/B'取 1，v = 2.9m/s

$$Q = 1/133.32 \times 1 \times 2417 \times 0.07336 \times (62.6 - 54.5) \times 100 \times A_s$$

$$= 0.334 \times A_s = 0.334 \times 2800 = 935kW$$

③ 计算方法 C

假设条件：热泵机组出水温度为：37℃，室外空气在最不利时从 13m 方向进出水池，离开水池空气暂按 37℃，RH = 90%，焓值 = 31.5kcal/kg 计算。喷泉流体被冷却蒸发后回至水池温度为 32℃（理想状态 28.5℃），本工程以 34.5℃进行最不利情况校核计算。空气进出水池与喷泉接触交换的高度为 0.5m。

设计计算有效风量 L = 13 × 0.5 × 2.9 × 1.2 × 3600 = 81432kg/h

散热量 = 81432 × (31.5 − 24)kcal/h = 708kW

(3) 校核计算

取总散热量：703kW，5 台小热泵机组在 34.5℃/37℃冷却水，7℃/12℃冷冻水时，冷凝负荷为：570kW < 703kW。

(4) 分析

本工程利用消防喷泉水池散热可满足要求。实际上，本工程消防喷泉水池位于建筑主楼及附楼之间开敞通道处，在夏季此处易形成穿堂风，其风速远大于 2.9m/s。此外，室外风流向水池表面只有在最不利时才从水池 13m 方向进出，多数情况从其他方向进出，此时其散热将更有利。喷泉水池水质净化及消毒详见水专业设计。

7. 室外地埋管换热器水系统设计及计算分析

(1) 地埋管换热器水系统设计

按十三个埋管区域分十三个同程水环路分别接至地下室冷冻机房分集水器。水平干管均设置在室外地面 2.2m 以下，避开室外其他管线。水系统采用一次泵定流量系统。

(2) 地埋管换热器水系统阻力计算

① PE 水管的摩擦阻力损失 $\Delta P = \lambda \cdot L/d \cdot v^2\rho/2$

$$而\ 1/\sqrt{\lambda} = -4\lg\left[\frac{K}{3.7d} - \frac{1.255}{Re\sqrt{\lambda}}\right], K = 0.01(PE 管)$$

② PE 水管的局部阻力损失 $\Delta P = \xi \cdot v^2\rho/2$，以埋管区域 J 水管环路（最不利）为例计算其阻力损失，L = 570m。经计算 $\sum\Delta P$ = 3.5m H_2O。

③ 冷凝器水阻：10m H_2O。

④ 水过滤器水阻：3m H_2O。

⑤ 电动蝶阀水阻：5m H_2O。

⑥ 其他水阻：2m H_2O。

∑总水阻 = 23.5m H_2O，考虑 1.15 系数，则 = 27m H_2O

（3）冷却水泵选择计算：

K-2 系统冷却水泵为：SLS150-315，260m^3/h，28mH_2O，37kW，1450rpm，共二台。

K-1 系统冷却水泵为：SLS65-160，60m^3/h，28mH_2O，11kW，1450rpm，共二台。

（4）空调水系统设计：

采用二管制一次泵变流量系统，水系统按一～三层裙房、K-1、K-2 系统分三个环路，管道敷设竖向同程，水平同程。计算过程略。

8. 室外垂直地埋管系统施工主要工艺与创新

（1）采用的设备

钻机采用 XY-1，XY-1B，往复式泥浆泵采用 BW-250。钻头采用螺旋钻头、合金钻头及金刚石钻头。

（2）材质：采用高密度聚乙稀 PE 管，垂直管为 U 形单排管 D32　3.0 + 0.5/PE80　1.25MPa

（3）井下垂直 PE 管预制

① 预制程序

目测 PE 管的外观质量，查验三证和理化报告，合格并签证后方可预制。

② 减少磨损

安装单位按图纸要求截取 PE 管所需长度并要求在此长度的地面上铺上细砂，以减少管子与地面的磨损。

③ 热熔焊接

该 PE 管采用热熔连接。连接方法应按热熔承插连接和热熔对口连接。热熔机采用台式和便携式。具体工序要求：削平需焊的二管口工作面使其在同一工作面上，保证与管线垂直，并标出两管连接轴线。加热熔接温度：承插式 260 ± 10℃；对接式 200～210℃。焊接后焊接处强度应大于管子本身强度。先焊好管线底部的“U”形弯。然后注水加压至试验压力 1.2MPa，保持 15min，压降小于 0.001MPa 合格泄压。保留管内清水，焊好封头。

④ PE 管下井头部定位针制作

为了使 PE 管顺利插入井底并定位，施工制作 1.65m 头部带箭头的直径 16mm 螺纹钢，在距箭头 50cm 位置焊一条“7”字形的 15cm 长、直径 10mm 圆钢，以利于放管和定位。1.5m 长、直径 16mm 螺纹钢绑扎在 PE 管中间，带箭状的头部伸出 U 形弯底部 15cm。

⑤ 管口标记

若埋底不露管头的还应在 PE 管的闷盖处扎一条红色醒目的条带以便挖土时寻找管头，另一闷盖处扎一条施工尼龙绳来控制落管的深度，控制管头与地面的尺寸，要保证线的强度，以免断线造成管子滑下而取不出管。

⑥ 管间距控制

一口井内的两条管子必须保持一定的间隙，应用标准 D32PE 管制成圈套，用电缆扎带以 4m 一档扎紧。

(4) 垂直钻孔

岩石层以上采用螺旋钻头、合金钻头，以下采用金刚石钻头。数量：376 个孔，技术指标：有效孔深 75m，误差小于 5cm，终孔直径：不得小于 150mm，垂直度：不得大于 2.5%，感观质量：孔壁整齐，下管通畅。

(5) 垂直下管

① FTS 搭接关系

FTS 时距为零时，就说明本钻井工作与其紧后放管工作之间的紧密衔接。因此安装打完一口井时应立即放管，停留时间越长，井下的挤压现象越严重，管子也就越难放。

② 严禁管道弯曲翘角

放管时必须多人合作，提起管子不得在地上拖拉，不应该形成不自然的弯曲，更不允许角度产生，然后钻杆套住直径 10mm 圆钢，利用钻杆压力将管子缓缓放下直到设计深度。

③ 定位控制

管子底部的螺纹钢箭头直插井底中心，因井下土质较软，管子会继续下沉，为了控制落管尺寸，施工人员要拉住施工尼龙绳使管不再下滑，在达到尺寸要求后锁定位置，迅速灌沙定位。在同一型号、同一场地的管子顶部尺寸要尽量保持一致。在放管和制作过程中严禁在地面上拖拉 PE 管，车辆进出时切勿碰撞滚压 PE 管。管头露出地面的勿用。

④ 当一个孔钻好且孔壁固化后，应立即下管，下管过程中，U 形管内充满水。

(6) 垂直竖井灌浆回填

垂直热交换器系统中的竖井应使用导管灌浆，回填材料选用原土和细砂（或水泥）的混合浆，埋管深度超过 40m 时，灌浆回填应在周围临近钻孔均钻凿完毕方可进行。回填完后将留在地面的管道管口进行封堵保护，防止后续施工造成损坏。

(7) 沟槽开挖及安装水平地埋管

① 定位放线：给水管道工程施工前，应根据施工需要进行调查研究，并应掌握管道沿线的下列情况和资料。现场地形、地貌、建筑物、各种管线和其他各专业设计的情况。

② 沟槽开挖：沟槽开挖必须在定位放线验收合格后进行。

③ 沟槽支撑：沟槽支撑应根据沟槽的土质、地下水位、开槽断面、荷载条件等因素进行设计。支撑的材料可选用钢材、木材或钢材木材混合使用。

④ 管道垫层：水平地埋管沟槽挖好后，应将沟槽内的石块清理干净，沟底应夯实。管道敷设前，沟槽底部夯实后应先铺设不少于管径厚度的细纱或 300 × 100 的细砂垫层。此砂垫层在地上建筑物因发生垂直或不均匀沉降时，可减少和降低对水平地埋管造成破坏的软基层。

(8) 管道的交叉处理

① 给水管道施工时若与其他管道交叉，应按设计规定进行处理；当设计无规定时，应按本节规定处理并通知有关单位。

② 聚乙烯给水管道严禁在雨污水检查井及排水管渠内穿过；管道与热力管道间的距离最小不得小于 1.50m；与其他管线交叉敷设时，交叉点净距不应小于 0.15m，且按《给水排水管道工程施工及验收规范》(GB 50268) 的有关条款采取相应的技术措施。

(9) 地埋管系统水压试验操作步骤及要求

① 竖直地埋管热交换器插入钻孔前，应做第一次水压试验。在试验压力下，稳压至

少15min，稳压后压力降不应大于3%，且无泄漏现象；将其密封后，在有压状态下插入钻孔。完成灌浆之后保压1h。

② 水平地埋管换热器放入沟槽前，应做第一次水压试验，稳压至少15min，稳压后压力降不应大于3%，且无泄漏现象。

③ 竖直或水平地埋管换热器与环路集管装配完成后，回填前应进行第二次水压试验。在试验压力下，稳压至少30min，稳压后压力降不应大于3%，且无泄漏现象。

④ 环路集管与机房分集水器连接完成后，回填前应进行第三次水压试验。在试验压力下，稳压至少2h，且无泄漏现象。

⑤ 地埋管换热系统全部安装完毕后，且冲洗、排气及回填完成后，应进行第四次水压试验。在试验压力下，稳压至少12h，稳压后压力降不应大于3%。

9. 空调运行效果

（1）2004年冬季调试记录时间（2004-12-26），正值宁波地区近年来的最低气温－7℃。初始时，地源侧出水温度19℃，经一天（24h）不间断运行，热水出水温度在40～45℃，最终地源侧的出水温度稳定在11～13℃。室内实测气温：20～22℃。

冬季运行了一个多月，每天地源侧的初始时的出水温度在19～18℃间，空调系统运行9h后，最终地源侧的出水温度在11～13℃间。

（2）2005年夏季运行记录时间（2005-9-8pm2：00），2台大机组冷冻水进出水温度在11.8℃/7.5℃间，冷却水进出水温度在27.2℃/32.8℃；5台小热泵机组冷冻水进出水温度在12.5℃/7.5℃间，冷却水进出水温度在29.5℃/32.7℃。室内实测气温：24～26℃，室外最高气温34℃。

2005年夏季运行期间，5台小热泵机组冷却水进水温度均未超过30℃，说明室外景观喷泉冷却效果良好，满足要求；2台大机组全部开启时，冷却水进水温度在26℃/32℃间，出水温度在30～36℃间，冷冻水进出水温度在12.5℃/7.5℃间；

（3）2005年冬季运行期间，热水出水温度在40～45℃间，最终地源侧的出水温度稳定11.5～13.5℃间，每天地源侧的初始时的出水温度在18～19℃间，与2004年冬季差别很小。

（4）2006年夏季：6月1日～30日：2台机组全部开启。冷却水进水温度在26～30℃之间，出水温度30～34℃，冷冻水进出水温度12.5℃/8℃，当室内温度达到空调设定要求后，1台机组自动停机，只剩1台机组运行，冷却水进水温度28℃，出水35℃；7月1日～31日：2台机组全部开启，冷却水进水温度28～33℃，出水温度32～37℃，冷冻水进出水温度12.2℃/7.5℃，当室内温度达到空调设定要求后，1台机组自动停机，只剩1台机组运行。冷却水进水温度28℃，出水34℃；8月1日～30日：2台机组全部开启。冷却水进水温度28～34.5℃，出水温度32～38.5℃，冷冻水进水温度7.5℃/12.5℃间；9月份因空调系统开启时间只有10天，运行数据未记录。5台小热泵机组冷却水进水温度均未超过30℃，与2005年夏季比较，没有差别，说明室外景观喷泉冷却效果依然良好。

2台大机组运行情况与2005年夏季比较：6～7月份差别很小，8月份大部分时间差别很小，部分时间2台机组长时间开启时冷却水进水极端温度高2℃左右，经分析其主要原因可能为：本建筑旁为宁波合作银行，其建筑面积3.6万m^2，地埋管井数440口，与本工程地埋管间距仅为6m，2006年8月份下旬夏季空调系统才投入运行，二个地源热泵工程夏季同时运行时，其对本工程夏季地埋管散热可能有一定的干扰。

10. 主要经济指标

工程总投资960万元。其中：室外地埋管工程：168万元。

空调耗电指标为：36W/m^2（建筑面积）。

空调计算冷负荷指标为：91W/m^2（建筑面积）。

空调计算热负荷指标为：62W/m^2（建筑面积）。

空调造价经济指标为：370元/m^2（建筑面积）。

室外地埋管占地面积与建筑面积比值为：1∶5.8。

室外地埋管总费用：60元/m（井深）。

11. 本工程设计主要图片（图7-87）

地下室冷冻机房（一）

沟槽开挖

室外钻孔设备

室外地埋管

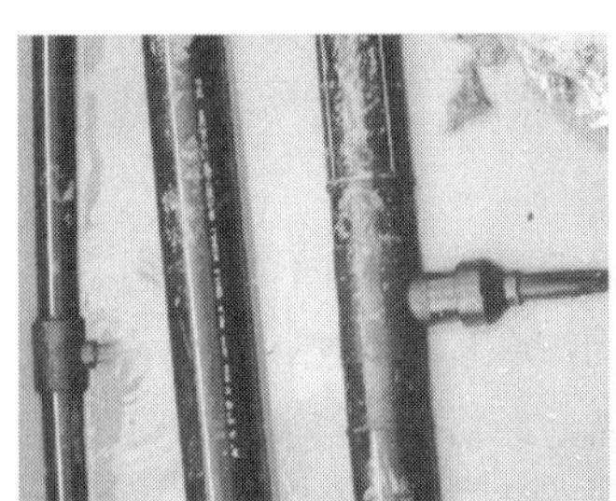

室外地埋管

地下室冷冻机房（二）

地下室地埋管集水器

图7-87 宁波鄞州区国税办公大楼相关图片

7.4.6　北京市北苑家园住宅小区

1. 工程概况

该住宅小区总建筑面积约40万m^2，其中住宅34.6万m^2，配套用房约5.5万m^2，是国内利用地热供暖最大的小区。小区内计划打5口井，其中2口抽水井、2口回灌井、1口备用井。地热水的出水温度为6℃，产水量为150m^3/h。

另外，小区内地热水水质经鉴定，已初步确定为氟、偏硅酸盐型淡温泉水，具有医疗矿泉功能，可供住户洗浴用。

在上述地热资源开采量的前提下，地热量还不能满足40万m^2的供暖需求，还需另设辅助热源，满足峰值需要。小区内设有集中燃气锅炉房一座，可向小区提供110/65℃的高温水。

2. 方案设计中的若干问题

地热资源的利用原则是取热不取水，否则如果地热水长期不能回灌到地下，一是造成水资源缺乏、地面沉降；二是地热不能及时地得到补充，出水温度降低，供热质量下降。但是地热尾水的温度应该为多少，是一个值得争议的问题。尾水温度过高，造成地热资源不能充分的利用，温度过低，不利于地热资源的恢复。应地热资源管理处的要求，建议回灌温度为15～25℃。

在本设计中，地热利用的指导思想是：实现地热资源的梯级利用，最大限度地利用已有地热资源；利用热泵机组，充分利用45℃以下温度段的低品位热量，合理降低尾水排放温度；尽量减少辅助调峰加热量；在确保系统稳定性的前提下，尽可能采用量调节，以降低输配电耗。

采暖系统根据系统承压和供暖方式的不同分为三个系统，即住宅高区、低区热水地板辐射采暖系统及配套裙房的散热器采暖系统。其中，配套低层裙房散热器采暖系统直接利用一级地热和燃气锅炉房的辅助热能，住宅高区热水地板辐射采暖系统直接采用二级地热和燃气锅炉房的辅助热能，低区地板辐射采暖系统间接采用一级、二级地热的尾水，结合热泵，另外再采用燃气锅炉房的辅助热能。经过上述几级地热利用后，地热尾水和一部分原水经过水处理设备、板换加热后供用户洗浴。夏季，由于系统没有供热负荷，地热水直接经过增压泵进入水处理设备，供用户洗浴。具体流程如图7-88所示。

（1）第一、二级参数的确定

第一、二级参数的确定考虑到地热资源按相同比例分配的原则、板式换热器选型的可行性及地热—热泵系统的经济性。

由表7-47可见，地热水出水温度为60℃与62℃对板换选型的影响不大，但对下一级的地热利用来说，地热水出水温度为62℃的方案要优于60℃。地热水出水温度为65℃与62℃对板换选型的影响很大，换热面积和价格巨增。经综合考虑，本方案确定地热水一级出水温度为62℃。第二级参数的确定原则同上，地热水经过二级换热后，温度降为45℃。

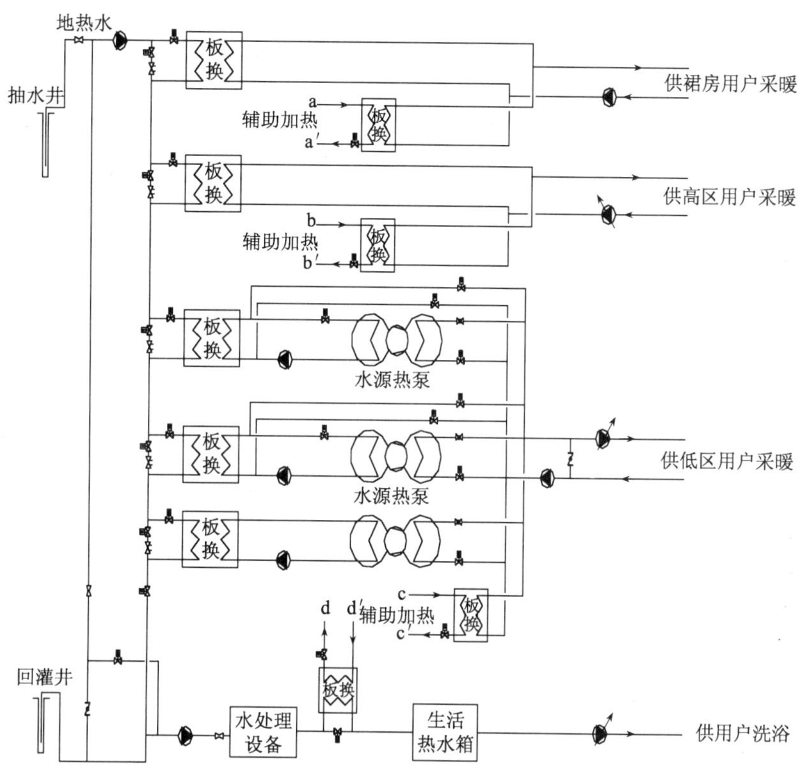

图 7-88 系统流程图

地热水一级温降对板换选型的影响 **表 7-47**

地热水进水温度	地热水出水温度	对数平均温差	板换面积	台 数	参 考 价
(℃)	(℃)	(℃)	(m^2)	(台)	(元)
68	60	13.1	14.56	1	75600
68	62	13.8	15.6	1	79800
68	65	14.9	39.96	1	164900

(2) 地热水第三、四、五级参数的确定

45℃的地热水只有升温后才能满足需要（设计工况下，末端地板辐射采暖系统要求供回水温度为50℃/40℃），根据热泵机组蒸发器侧出水温度不能高于20℃，供回水温降不宜大于10℃的要求。按同型号选用三级热泵，经热平衡计算，确定热泵蒸发器侧进出水参数，进而确定每级地热水参数。地热水第三、四、五级温降分别为9.6℃，9.1℃，8.9℃。

(3) 系统的调节与控制

地热是非常珍贵的自然资源，应充分加以利用，以实现资源量的合理分配。考虑到调节的要求，在设计时按照三个不同系统的地热资源量占本系统的负荷百分比基本相同来设计。因为负荷的变化基本上是同步的，这样设计，可以有利于同步调节。为了便于负荷调节与控制，设计中在每级地热板换一次侧均设了旁通，目的是在负荷降低时，可以让上一级多余的流量旁通到下一级，同时，保证总流量恒定。

1）地热水一次侧控制（图7-89）

地热水一次侧控制的重点是：既要保证地热水的总流量恒定，又要保证板换二次侧的出水温度。

① 板换前设电动阀门 V_2

假设可以省略，计算一下当旁通阀门 V_1 开启时，通过板换的流量 G_2 占总流量 $G_总$ 的百分数。地热水流量为 150m³/h，假设阀门口径为 200mm 时，通过阀门的特性曲线，查得压降为 0.24kPa。

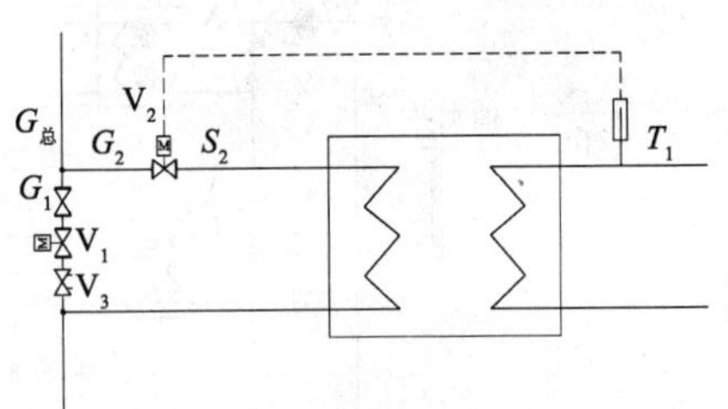

图7-89　地热水一次侧控制图

根据公式：　$SG^2 = \Delta P$

式中　S——计算管段的阻力数［Pa/(m³/h)²］；

G——计算管段的流量（m³/h）；

ΔP——计算管段的压降（Pa）。

得：

$$S_1 \times 150^2 = 240 \tag{1}$$

已知 150m³/h 的流体通过板换的压降为 48kPa，同样可以求得 S_2：

$$S_2 \times 150^2 = 48000 \tag{2}$$

式（1）/式（2），得

$$S_1 / S_2 = 24/4800 \tag{3}$$

当系统正常运行时，存在如下关系

$$S_1 G_1^2 = \Delta P_1 \tag{4}$$

$$S_2 G_2^2 = \Delta P_2 \tag{5}$$

$$\Delta P_1 = \Delta P_2 \tag{6}$$

由式（4），式（5），式（6）得：$\dfrac{G_1}{G_2} = \sqrt{\dfrac{S_2}{S_1}}$

把式（3）代入上式，经整理得：$\dfrac{G_2}{G_1 + G_2} = \dfrac{1}{\sqrt{\dfrac{S_2}{S_1}} + 1} = 6.6\%$

当旁通管阀门口径变化时，通过板换的流量 G_2 占总流量 $G_总$ 的百分数如表7-48所示。

G_2 占总流量 $G_总$ 的百分数　　**表7-48**

阀门口径（mm）	200	150	125	100	80	65
$G_2/G_总$（%）	6.6	11.4	18.6	26.1	37.3	47.7

由上面的计算可以看出：在板换前不加电动阀 V_2 的情况下，从板换处旁通的流量比较大，所以电动阀门 V_2 必须要设。另外，如果只有一个电动阀门 V_1 来调节，势必影响地热水的流量。

② 电动阀门 V_1 和 V_2 的控制

为了保证地热水的流量恒定，具体的控制原则如下：

(1) 根据板换二次侧出水温度 T_1 控制电动阀门 V_2 的开度。

(2) 根据电动阀门 V_2 的开度查阀门特性曲线（图 7-90），可以得到通过电动阀门 V_2 的流量百分数 Q_2。在保证流量不变的前提下，通过电动阀门 V_1 的流量百分数为 $100-Q_2$，再根据阀门的特性曲线，反查电动阀门 V_1 的开度。

③ 旁通管上设平衡阀 V_3

旁通管所在的管路与板换所在的管路并联，因此，两个管路上的压降必须相等，根据此条件，所选电动阀门 V_1 的口径近似为 65mm，而此时水流通过电动阀门 V_1 的流速为 12.6m/s，这样大的流速对电动阀门 V_1 不安全。另外，通过计算电动阀门 V_1 的流通能力，得电动阀门 V_1 的口径为 125mm，口径为 125mm 的电动阀门 V_1，在流量全部通过时，压降为 2.5kPa，不能满足压力平衡，必须要加平衡阀 V_3（阻力元件）来平衡管路的阻力。

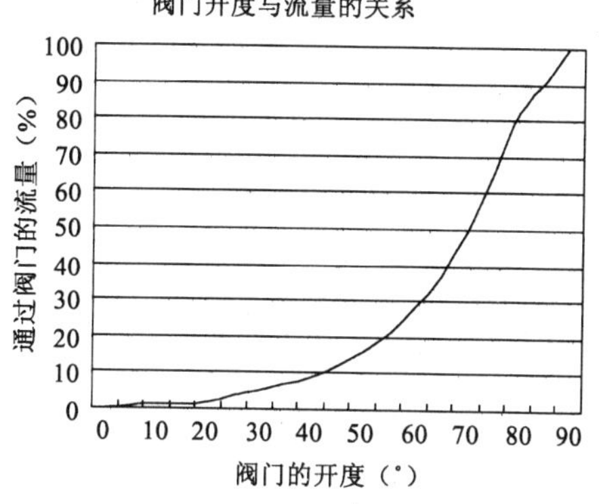

图 7-90 阀门的调节特性曲线图

2）热泵机组蒸发器与冷凝器之间增设旁通管

热源的容量是在设计工况下配备的，其容量都大于实际运行工况下所需的，所以，在设计时，要考虑调节、节能的措施。

在室外温度升高的情况下，地板辐射采暖系统不需要采用 50℃/40℃ 的供回水温度即能满足室内舒适度的要求，并且由于其他系统（低区散热器系统、高区地板辐射采暖系统）负荷的降低，地热水一次侧温度经过一、二级板换后，温度升高。此时不必启动一级热泵，即能满足室内舒适度的要求。同样，二级热泵也会存在上述情况。经过一、二级热泵后，热水温度已经降低到不能满足地板辐射供暖系统的设计要求，所以三级热泵的蒸发器与冷凝器之间不需再设旁通管。另外，为了保证进入热泵机组的水流量是恒定的，在总供、回水管之间设了旁通，并且在每个机组冷凝器侧的回路上设了动态定流量阀。

7.4.7 大庆市让胡路地区住宅小区

1. 工程概况

本节能示范项目位于大庆市西城区中部让胡路地区，北至滨洲铁路，南至庆化路，西至铁西居住区，东至东环路东部科技园区外围道路。

目前，项目土地使用权已获批准，规划总建筑面积约 320 万 m^2。该建设项目已完成大庆市等有关部门的规划、环保、土地等相关建设审批手续。本工程分期实施，已经完成工程建筑面积约 50.3 万 m^2，预期建筑面积约 270 万 m^2。

外墙采用性能优良，技术成熟的墙体外保温构造。具体做法为 MU10 红砖 370mm 与 M5 混合砂浆砌筑，外贴 80mm 厚聚苯板，聚苯板外抹 20mm 厚 1：2 水泥混合砂浆。外墙平均传热系数 $K \leqslant 0.35W/(m^2 \cdot K)$。

屋面结构层为 140mm 压型钢板混凝土组合屋面板，保温层为 100mm 的岩棉，屋顶平均传热系数 $K \leqslant 0.30W/(m^2 \cdot K)$。

地下室的地面及与土壤接触的外墙采用 240mm 加气混凝土砌块；保温层为 80mm 的

聚苯板，其平均传热系数 $K \leqslant 0.35 \mathrm{W/(m^2 \cdot K)}$。

外窗采用单框双玻塑钢窗，其传热系数 $K \leqslant 2.5 \mathrm{W/(m^2 \cdot K)}$，空气渗透性能等级为3级。门采用保温防盗门，其传热系数 $K \leqslant 1.5 \mathrm{W/(m^2 \cdot K)}$。

外墙面贴高级通体釉面户内分室墙：采用新型环保材料——轻体隔墙条板。单元门为楼宇对讲防盗门，门厅地面铺优质磨光花岗岩公共楼梯门。进户门采用高档AB锁防盗门，室内门预留洞口窗：南侧采用高档中空平开塑钢窗，北侧采用中空推拉塑钢窗阳台：不封闭阳台，铁艺栏杆厨房、卫生间：墙面水泥沙浆抹面，地面做防水处理，外加砂浆保护层，上下水预留基本接口外墙体，采用空心砖苯板保温地面，细石混凝土压光地面室内墙面。

2. 空调系统设计

按照室外计算条件、建筑围护结构、室内设计参数及空气渗透状况，经初步负荷计算，本节能示范项目集中供热面积320万 $\mathrm{m^2}$，冬季供暖设计热负荷指标为 $60 \mathrm{W/m^2}$，总的供暖设计热负荷为192MW；生活热水供应量为4800t/h，设计小时耗热量为28MW。

综上，本节能示范项目的设计供热负荷为220MW。

（1）供热系统方案

1）供热方案

① 在大庆炼化公司第二循环水厂（炼油厂区内）对现有循环水管道进行局部改造，新建的升压换热泵房；通过换热器，炼化公司装置用循环冷却水在升压换热泵房内经换热后，温度由34℃降为10℃；换热后的二次侧循环水温度为29℃，进入热泵机组的蒸发器侧，温度降至8℃。

② 经泵升压热网循环水通过 *DN*900 供热管网，输送至让胡路区域各热泵站，经各热泵站热泵换热后返回炼化公司换热站。

③ 在规划新建的各主要小区内，建设16座热泵供热机房（目前完成2座），根据小区内建筑面积的不同，热泵机房的供热面积可控制在18～23万 $\mathrm{m^2}$ 建设一座。工业冷却循环水源热泵系统供热侧，冬季提供50℃/40℃的热水，作为供热系统的热源，末端采用地板辐射供暖系统。

2）主要工程内容

① 炼化公司区域

A. 炼化公司区域新建换热泵房1座，站内主要设备为板式换热器10台，ϕ2m除污器4台，增压水泵2台，循环水泵2台。

B. 炼化公司区域一级网供回水管线各约1.9km，均采用螺旋缝电焊钢管 $\phi920 \times 10$. Q235-B，供水管采用黄夹克保温管，回水管采用沥青加强防腐管，管线直埋敷设，管顶以上覆土大于1.0m。

② 站间一级管网

A. 站间一级管网自炼化公司6号门东侧围墙外2m起至西苑路与长青路口东侧止，为 $\phi920 \times 10$ 管线，防腐、保温结构同炼化区域管线，供回水管线各为6.7km。穿越让通铁路前后各加截断阀1座。

B. 自长青路口至阳光佳苑热泵站为 $\phi630 \times 8$ 螺旋缝电焊钢管。供回水管线保温，防腐结构同炼化区域管线，供回水管线各为1.35km。

自 $\phi920\times10$ 管变为 $\phi630\times8$ 管处加截断阀井 1 座。

C. 管线直埋敷设管顶覆土为 1.5m。

D. 一级网供回水温度为 32℃/10℃；供回水压力为 0.8MPa/0.2MPa。

3）热泵站

① 阳光佳苑热泵站 1 座，主要设备为热泵机组 10 台，各种泵 11 台。

② 广厦热泵站 1 座。

（2）系统原理图

工业冷却循环水源热泵系统的工艺流程为：从升压换热泵房换热后的循环水，通过热泵站房的冷却循环水泵被输送至热泵机组的蒸发器侧，经热泵机组提升后的热水温度为 50℃/40℃，通过供热循环水泵输送到热泵站房的分、集水器，其中 1 路作为生活热水，其他 3 路分别被输送至建筑物的末端——地板辐射供暖系统。为减少系统的输配能耗，水系统采用变频调速变流量系统。

本节能示范项目预计建设 16 个热泵供热机房（目前完成 2 个），每个热泵机房的工艺流程和设备布置基本一致。下面以 1 个热泵机房为例介绍。

工业冷却循环水源热泵系统工作原理图见图 7-91。

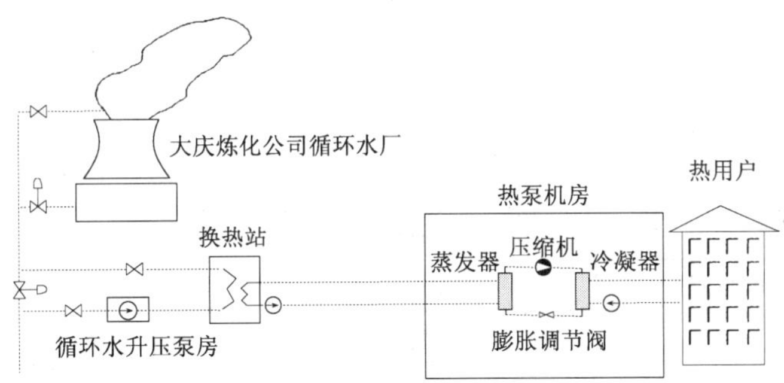

图 7-91 工业冷却循环水源热泵系统工作原理图

（3）主要设备

热泵站房的主要设备有热泵机组、水泵、板换、软化装置、补水定压装置、软化水箱、生活热水箱等。设备的具体参数见表 7-49。

阳光佳苑水源热泵供热系统主要设备一览表 **表 7-49**

序 号	设 备 名 称	设 备 描 述	数量（台）	备 注
1	低温水—水热泵机组	制热量：3936kW 压缩机功率：920kW	7	
2	高温水—水热泵机组	制热量：1308kW 压缩机功率：356kW	3	
3	外网冷却循环水泵	流量：968m^3/h 扬程：32m，耗电量：110kW	2	
4	地板辐射 供暖循环水泵	流量：1029.6m^3/h 扬程：36m，耗电量：132kW	3	
5	散热器 供暖循环水泵	流量：160m^3/h 扬程：38m，耗电量：30kW	2	

续表

序号	设备名称	设备描述	数量（台）	备注
6	补水泵	流量：$100m^3/h$；扬程：32m 耗电量：15kW	2	
7	补水泵	流量：$40m^3/h$；扬程：60m 耗电量：18.5kW	2	
8	炼化升压泵	流量：$2968m^3/h$；扬程：21m 耗电量：220kW	2	
9	外网循环泵	流量：$1872m^3/h$；扬程：83m 耗电量：630kW	2	
10	微控自动软水器	LSDN-40	1	
11	除污稳压罐	CWG-800-1.6 $\phi800$ $H=2500$mm	1	
12	分、集水器	$\phi630$ $L=2640$mm	2	
13	板式换热器	换热面积 $345m^2$ 试验压力 1.6MPa，设计温度150℃	10	
14	热水箱	$100m^3$，生活热水	1	
15	软化水箱	$30m^3$，软化水	1	
16	加药器	$\phi700$ $H=1500$mm	1	
17	热电偶	用于测量封闭式装置中的冷水、温水和热水	3	
18	控制系统	微处理器控制的控制系统用于执行各种调节和控制任务	1	
19	阀门等其他附件	控制		
20	管道	输送传热介质		

3. 系统运行费用

（1）计划供热成本分析

注：下述科目计算：变动费用按实际发生测算，固定费用按供热额定负荷320万 m^2 测算；变动费用数据：

计算方法：（180天采暖期供热成本测算）

① 供热平均单位电费：

81天耗电量×平均电价÷81天÷实际供热面积×供热周期180天

计算：507万kWh×0.52元÷81天÷50.3万 m^2 ×180天＝11.65元/m^2

② 水费有两种：第一种是用于提温炼化公司的循环水，其水为我公司无偿使用；第二种是供热小区住宅采暖补充用水，每天需补偿102t，水价：1.5元/t。

计算：102t×180天×1.5元/t÷50.3万 m^2 ＝0.055元/m^2

③ 人工费：81天发生210000元（全部人员工资）

计算：210000元÷81天×180天÷50.3万 m^2 ＝0.927元/m^2

④ 设备调试费：180000元

计算：180000元÷320万 m^2 ＝0.056元/m^2

⑤ 设备折旧：设备原值7655万元，折旧率6.66%；年折旧510万元；

设备折旧计算：510 万元 ÷ 320 万 m^2 = 1.59 元/m^2

⑥ 厂房折旧：厂房原值 1367 万元　　折旧率 2.5%

计算：年折旧 34.16 万元 ÷ 320 万 m^2 = 0.107 元/m^2

⑦ 前期费：238 万元

计算：238 万元 ÷ 320 万 m^2 = 0.74 元/m^2

⑧ 办公费：19 万元

计算：19 万元 ÷ 320 万 m^2 = 0.059 元/m^2

以上供热单位成本测算，在满足供热负荷面积 320 万 m^2 时，供热单位成本为：15.18 元/m^2（表 7-50）。

供热单位成本计算结果　　**表 7-50**

项　目	成 本 科 目	数　量	金　额	单 位 成 本
变动费	1. 电费	507 万 kW	263.6 万元	11.65 元/m^2
	2. 水费	8262m^3	12393 元	0.055 元/m^2
	3. 人工费	54 人	21 万元	0.927 元/m^2
固定费	4. 设备调试费	试运行	18 万元	0.056 元/m^2
	5. 设备折旧（6.6%）	7655 万元	510 万元/年	1.59 元/m^2
	6. 厂房折旧（2.5%）	1367 万元	34.16 万元/年	0.107 元/m^2
	7. 前期费		238 万元	0.74 元/m^2
	8. 办公费		19 万元	0.059 元/m^2
合计				15.18 元/m^2

（2）实际供热成本分析

套用上述公式，在目前实际供热面积 50.3 万 m^2，供热单位成本见表 7-51。

供热面积 50.3 万 m^2 的供热单位成本　　**表 7-51**

项　目	成 本 科 目	数　量	金　额	单 位 成 本
变动费	1. 电费	507 万 kW	263.6 万元	11.65 元/m^2
	2. 水费	8262m^3	12393 元	0.055 元/m^2
	3. 人工费	54 人	21 万元	0.927 元/m^2
固定费	4. 设备调试费	试运行	18 万元	0.357 元/m^2
	5. 设备折旧（6.6%）	7655 万元	510 万元/年	10.14 元/m^2
	6. 厂房折旧（2.5%）	1367 万元	34.16 万元/年	0.679 元/m^2
	7. 前期费		238 万元	4.73 元/m^2
	8. 办公费		19 万元	0.38 元/m^2
合计				28.91 元/m^2

按目前供热面积 50.3 万 m^2，实际供热单位成本为 28.91 元/m^2。

（3）节能预测分析

节能效益定性分析

随着全球范围内能源供需矛盾日益突出，环境污染日趋严重，倡导环境的可持续发展成为当代的主题，各国都日益重视可再生能源的开发利用。

大庆炼化公司在生产运行中使用大量的冷却循环水，这些循环水中蕴含着丰富的低温热能。大庆炼化公司有6座循环水厂，其中第一循环水厂冷却水循环水量为2100t/h；第二循环水厂炼油区冷却水循环水量为2800t/h；第二循环水厂化工区冷却水循环水量为6000t/h；第三循环水厂冷却水循环水量为15000t/h；第四循环水厂冷却水循环水量为2600t/h；第四扩建循环水厂冷却水循环水量为6800t/h；总计35300t/h。

冷却循环水的温度较高，可利用的温差范围在20℃以上。如以上循环水热量全部利用，则约可满足大庆1360余万m^2建筑的供热需求。通过先进、适用的科学技术手段，将冷却循环水这种可再生能源应用到本示范项目中，可节省大量的煤炭、石油、天然气等宝贵的一次性不可再生能源，同时减少CO_2、SO_2等的排放，保护自然环境。

节能效益定量分析

大庆市让胡路区住宅区的围护结构体系均满足《民用建筑节能设计标准》(采暖居住建筑部分)(JGJ 26—1995）的要求，供热系统采用工业冷却循环水源热泵。项目完成后，预计较常规系统节约标准煤4.5万t/年，节约炼化公司冷却水水量约137.6万t/年。

第8章　城市级发展

8.1　北　京　市

北京市位于华北平原的西北边缘，地处海河流域和潮白河蓟运河流域，全市多年平均降水量609.9mm。单位降深的单井日出水量自西向东逐渐减少，地层颗粒也由单层砂卵砾石层逐渐过渡到粉细砂与卵砾石层多层交替出现。在地下水和地表水匮乏的地区，或覆盖层厚，地层颗粒细小，难以回灌的地区，结合黏土层、砂黏层、砂层等热导性采用土壤源热泵技术。

北京市是中国地源热泵普及最早的城市，从1999年开始，地源热泵逐步在一些北京的住宅项目省得以应用。近年来北京市地源热泵应用工作在国家和市政府的重视和支持下，有了很好的发展，热泵空调系统所涉及的建筑使用领域也更加广泛，从原来的单一的住宅区、办公楼，到现在的别墅、商场、学校、医院、厂房、宾馆酒店、体育场馆、度假村，还有一些特殊建筑例如监狱、温室、博物馆、墓室、景观等。目前北京市场的地源热泵覆盖了北京全部城八区、远郊八区和三个县。

8.1.1　北京市地源热泵发展现状

2005年底，北京市地源热泵应用面积700万m^2，2006年底超过900万m^2，其中地下水源热泵系统约占地源热泵系统供暖面积的67%，约600万m^2，截至2007年9月，北京已有1050万m^2的建筑采用浅层地温能供暖制冷。其中，地下水源热泵系统最大单项工程面积达18万m^2，地埋管地源热泵系统最大的单项工程面积达到13万m^2。自2006年住房城乡建设部、财政部实施可再生能源建筑应用示范项目来，北京市先后有16个项目被列入国家示范项目，有力地推动了北京市地源热泵的应用和推广。2008年地源热泵等可再生能源技术在奥运工程中得以广泛应用，例如奥运村居住区42栋楼房全部采用再生水热泵系统，充分利用城市污水中蕴含的能量，不仅节约了电能，更重要的是将水源热泵技术与城市污水处理相结合，在扩大城市污水利用范围、拓展城市污水治理效益方面具有重要的示范推广作用。

2006年7月北京市以发改委牵头，会同城市相关职能部门，包括规委、建委等九个单位出台了第一个热泵政策指导文件《关于发展地源热泵系统指导意见的通知》。《意见》当中规定使用地源热泵技术的工程，政府都按35～50元/m^2的标准给予初投资补贴。2007年5月出台《关于发展热泵系统的指导意见有关问题的补充通知》，对申领范围和如何申领补贴进行了详细说明。

北京市政府在2007年6月公布的《北京市节能减排综合性工作方案》中第三节“促

进能源结构调整，积极发展可再生能源”第十条明确提出在今后的节能减排工作中发展热泵等清洁能源，“适度发展地热能风能。建立科学的地热利用评价体系，鼓励民用和公共建筑项目开发利用地热能；加大全市地热能的资源勘查与评估，鼓励发展热泵技术，支持政府机构及医院、学校等政府投资的公共建筑项目和工业厂房，优先使用地热能；在有条件的地区优先使用热泵，逐步开发1至2个具备条件的热田。2007年，完成奥运村再生水热泵冷热源项目，确保风力发电场（一期）5万千瓦工程建成发电。”

另外，结合北京市城市级地源热泵推进，北京市制定了《北京市地源热泵应用管理办法》，对热泵应用的立项、规划、审批、技术研发、产业化、资金补助等方面进行规定；结合国家标准，编制完成《地源热泵应用技术规程》，对北京市地源热泵应用的设计、施工工艺、验收标准进行标准化的规定；建立北京市可再生能源（包括地源热泵类）的专家联席制度，开展地源热泵应用的规划编制，对北京市的整体地质和水文情况进行勘查，明确适用范围和使用方法；充分开发北京污水处理厂的资源，“十一五”期间将在污水厂设置取热装置；在村镇建设中试点应用地源热泵技术，并适当给予政策倾斜；全面开展地源热泵技术、经济可行性测评和环境评估工作，进一步推动企业技术进步；鼓励可再生能源项目实施清洁发展机制（CDM）国际合作项目。

为加快热泵技术、示范工程在行业内部的宣传、培训、推广，北京市大力开展政策法规和标准培训，召开政策法规和标准方面的研讨会和宣贯会议；针对技术研发单位、设备生产商、房地产开发商等就热泵技术及产品等举行展览会、贸洽会等，建立相关技术与产品的展示中心；利用媒体对大众进行政策法规和标准的宣传，结合每年的节能宣传周，深入宣传建筑节能与可再生能源应用的政策法规和标准。

近几年来，北京市地源热泵企业技术研发能力逐渐增强，产业化基础初步形成，市场推广开始从国内走向国外。北京拥有的地源热泵企业为全国最多，并且这些企业的应用技术较为先进和全面。比如清华同方人工环境有限公司研制开发的适应我国国情的水源热泵机组，弥补了国内厂家在这一领域的空白；恒有源公司以浅层地能收集利用技术为核心的中央液态冷热源环境系统，已获得授权的专利50项；富尔达（北京）公司针对地下水、江河湖水、城市污水、工业排热废水等不同热源及不同面积的建筑规模等条件，开发出10大系列150多种型号的产品，适用面积从200m^2至20000m^2，机组可以根据需要任意组合成不同容量范围的机组群。浅层地能采集装置产业化基地和双温地能热泵机组产业化基地项目的建成，将进一步增强企业的市场适应能力，推动产品的规模化生产，加快技术产业化进程。国际方面启动完成并完成了在乌兰巴托的第一个浅层地能采集装置系统的样板工程；同美国俄克拉何马州立大学建立了浅层地能开发利用长期试验的合作预案。地温中央空调机组已经进入荷兰市场，并逐渐扩至欧洲其他国家。

8.1.2　北京市地源热泵“十一五”目标和规划

2006年至2008年，总应用面积600万m^2，示范216万m^2，实现技术突破、形成产业、出台系列标准和成套技术。

2009年至2010年，总应用面积累计超过1500万m^2，示范84万m^2，总结示范项目情况的成果，全面开展推广工作，并辐射周边省市。

第一阶段（2006）：应用面积200万m^2，示范项目面积为42万m^2左右。全面开展热泵相关技术的研发和产业化基地建设，总结现有技术，集成适合北京的热泵技术。制定并颁布《北京市地源热泵应用管理办法》，编制完成《地源热泵应用技术规程》，着手建立北京市可再生能源（包括地源热泵）的管理系统，开展地源热泵应用的规划编制，开展地源热泵技术、经济可行性测评和环境评估。

第二阶段（2007）：应用200万m^2，示范项目面积84万m^2左右。继续加强各类热泵技术的研究与应用，加强产业化基地的建设，基本建立北京市可再生能源（包括地源热泵）的管理系统，完成地源热泵应用的规划编制，继续开展地源热泵技术、经济可行性测评和环境评估工作。

第三阶段（2008）：应用200万m^2，示范项目面积为90万m^2左右。实现技术突破、形成产业化、完善系列标准和成套技术；总结示范经验，着手准备大面积推广工作，带动周边地区的应用。

第四阶段（2009）：应用200万m^2以上，示范项目面积为42万m^2左右，主要工作为加强推广、宣传力度，在全市范围鼓励应用，并向周边辐射。

第五阶段（2010）：应用200万m^2以上，示范项目面积为42万m^2左右，总结五年工作经验，完善各项政策、技术，为"十一五"开展工作奠定基础，带动周边地区的产业化发展。

8.2 沈阳市

沈阳市在地源热泵技术城市级推广方面是力度最大的城市，被建设部确定为"推广应用地源热泵试点城市"。

从工程地质条件看，沈阳市区浅层地层主要是由中砾、砾砂和圆砂组成，分布比较稳定，厚度较大，工程地质条件好；从水文地质条件看，沈阳市区地下水量丰富，含水层厚度较大，在35m左右；导水能力强，渗透系数在80~160m/d之间，单井出水量：富水区150~250m^3/h；次富水区80~150m^3/h；弱水区30~80m^3/h；从地下水质看，地下水化学类型主要为重碳酸-钙镁型水，部分地区为含有硫酸或氯化物型水，总硬度低，属于软水，矿化度较低，属于淡水，pH值多为6.5~7.5，属于中型水，水质相对较好；从地下水温看，沈阳市区地下水温变化较小，经多年多处测试，地下水温在9~15℃，绝大多数都集中在12~14℃之间，且不受季节变化影响。沈阳的自然地理及水文地质条件适合地源热泵技术的推广应用。

8.2.1 沈阳市地源热泵发展现状

2006年6月沈阳市组织专题调研组，对全国地源热泵技术应用工作进行考察和调研，重点了解地源热泵技术性能与初投资、运行和维护费用等方面的情况，以及建筑应用中存在的问题。同时对沈阳市地源热泵技术应用项目进行了调查，初步掌握了沈阳市地源热泵技术应用现状和存在的问题，并绘制了《沈阳市地源热泵应用项目分布图》。还初步完成了对沈阳市水文地质条件和浅层地能存量的普查摸底，形成了"沈阳市规划城区和郊区、县（市）浅层地能和地下水资源区域分布图"的调研报告。

市建委还组织编制了《沈阳市地源热泵技术推广发展规划提纲》，计划今后在政府办公楼、大型公共建筑、城市热网以外区域条件适宜的建筑工程项目上优先采用地源热泵供暖制冷系统；对采用热泵系统供热制冷的政府办公楼、学校、医院等公益项目给予固定资产投资扶持，对采用热泵系统供热制冷的其他各类建筑给予适当的投资补贴，对供暖企业采用热泵系统供暖的，其采暖费标准可适当予以放宽，对企业从事地源热泵系统研发、能源服务给予税费减免、经济补贴。

在此基础上制定出台了《沈阳市地源热泵系统建设应用管理办法》，并以“政府令”的形式下发。要求在沈阳市核心区三环内的 455km^2 范围内，对符合应用水源热泵的 409km^2 范围内的建筑物，原则上都要采用地下水源热泵技术规划建设，其余 46km^2 范围内的建筑物，原则上都要采用土壤源热泵技术规划建设；在市政府已经明确的“四大城市发展空间”3551km^2 范围内，凡具备应用地源热泵技术的区域，原则上都要采用地源热泵技术规划建设；在全市 12980km^2 的市域面积内，全市统一规划，有计划、有步骤地推进地源热泵系统建设和应用。

沈阳市在全国率先成立了市地源热泵规划建设管理办公室，各区县（市）政府、开发区管委会也分别成立了地源热泵规划建设管理办公室。2006 年 12 月 28 日，沈阳市成立了市地源热泵协会。沈阳市还成立了地源热泵系统专家组，由多位知名专家参与，并开展了技术规程、地下水回灌、建筑物防沉降、地下水环境监测和设备研发等方面的 17 项科研课题，如《沈阳城区地下水地源热泵取水回灌技术研究》、《沈阳城区地下水源热泵抽取回灌地下水对建筑物沉降影响研究》、《沈阳市地源热泵系统对地下水水质影响监测》、《地源热泵系统运行节能性、经济性比较分析》等，为科学、安全地推进地源热泵技术应用工作提供了保障。

沈阳还发挥地源热泵城市级综合利用优势，大力推广“混合式水源热泵技术”和“再生水源热泵技术”。2007 年全市已有 10 家大型集中燃煤供热企业应用“混合式水源热泵技术”项目 18 个，形成供热能力 270 万 m^2。在再生水源热泵技术利用方面，沈阳市已完成“沈阳市沈水湾再生水源热泵热源项目”，形成再生水源热泵供热能力 100 万 m^2；正在建设的“沈阳市仙女河污水处理厂再生水源热泵热源中心”，可形成再生水源热泵供热能力 460 万 m^2；正在建设的“沈阳市北部污水处理厂再生水源综合利用项目”，可形成再生水源热泵供热能力 230 万 m^2。这三个再生水源热泵项目共可形成再生水源热泵供热能力 790 万 m^2。

经过近 10 年的发展，沈阳市地源热泵供暖面积，目前已经超过电供热、油炉供热和燃气供热面积，仅次于锅炉房供热和热电联产供热。截至 2005 年底，沈阳城市供热总面积为 14620 万 m^2，其中，锅炉房供热 10336 万 m^2，占 70.7%；热电联产供热 3800 万 m^2，占 26%；电供热 86 万 m^2，占 0.59%；油炉供热 57 万 m^2，占 0.39%；燃气供热 41 万 m^2，占 0.28%；地源热泵供热 300 万 m^2，占 2.05%。

2004 年以前沈阳市地源热泵供热面积只有 183.85 万 m^2，2006 年增加至 312.3 万 m^2，至 2007 年 6 月在建面积已经达到 1170.68 万 m^2，从 2008 年起，每年建设和应用地源热泵技术将不少于 1600 万 m^2，其中新建 1000 万 m^2，改建、改造 600 万 m^2。至 2010 年底，计划全市实现地源热泵技术应用面积 6500 万 m^2，预计占全市当期供热面积的 32.5%。

为规范沈阳市地源热泵系统的设计、施工和工程验收，保证工程质量，沈阳市城乡建设委员会组织编写了《沈阳市地源热泵系统工程技术规程》。针对沈阳市地源热泵建设市场存在的恶意低价中标，扰乱市场秩序，不按规范施工，偷工减料，降低工程造价获得利益，致使工程质量无法保障的问题，沈阳市城乡建设委员会加强了地源热泵工程建设的管理，依据《招投标法》、《建设工程质量管理条例》等有关法律法规，对地源热泵工程建设中出现的违法、违规行为，依法予以查处，确保地源热泵建设市场健康发展。

为了降低地源热泵系统运营成本，对采用地源热泵系统供热制冷项目，系统用电按民用电价收取，同时免收水资源费；在科学利用建设部给予的专项支持资金的同时，今后凡应用地源热泵技术供热的区域，均享受市政府给予应用燃煤供热区域的全部优惠政策。

为充分调动开发建设单位应用地源热泵技术的积极性，沈阳市及时将政府决策、工作进展、开展活动等工作内容通过各种媒体向社会发布。同时，市、区（开发区）、县（市）两级政府机关办公场所带头应用地源热泵技术进行改造，市委、市人大、市政府等政府机关办公场所已完成应用地源热泵技术改造面积 4 万 m^2。政府机关的率先垂范，不但带动了全市建设单位积极应用地源热泵技术，而且赢得了广大市民和社会各阶层的广泛支持和认可。在 2007 年春、秋两季的“房展会”上，先后有 12 座、计 280 万 m^2 采用地源热泵技术供热（制冷）的楼盘参展，受到了广大消费者的青睐。两年来沈阳市先后有 11 个项目被列入财政部、住房和城乡建设部可再生能源建筑应用示范项目。其中包括城建北陵生活园、辽宁省人民医院病房楼、沈阳市商业城、建馨家园等项目。

目前，全面推广地源热泵技术已列入沈阳市节能降耗工作重点，今后，全市富水和次富水地区的新建建筑，只要符合条件，原则上都要推广地源热泵技术。原有的公共建筑也要逐渐实施地源热泵技术改造，已建住宅则逐步改造，逐渐推广。政府将在政策上给予扶持，并制定相应的标准和企业准入制度，对施工企业的资质、技术等进行严格管理。

8.2.2 沈阳市“十一五”时期地源热泵技术应用专项规划

规划内容：对沈阳市富水区和次富水区的地下水、热电厂循环冷却水、目前运行和规划中的污水厂的二级排放水的水量、水温、水质进行总结，结合沈阳市水文地质情况，分别计算了沈阳市内可再生水源热泵系统、热电厂循环冷却水地源热泵系统、地下水地源热泵系统、混合式水源热泵机组与集中供热联供系统、土壤源地源热泵系统的供热潜力，并结合沈阳市城市发展规划、新建建筑规划以及既有建筑供热改造计划，指明沈阳市不同类型地源热泵系统的应用条件和发展方向、发展目标以及环境效益，同时提出相关实施政策保障和技术保障。

规划范围及时限：规划设计区域涵盖沈阳市所属一市三县九区及两个开发区。规划基准年为 2007 年，规划期为 2007～2010 年。

规划原则：以最大化利用地下水等可再生能源为建筑供热为目的，坚持“安全第一、合理布局、确定次序”的原则。

环境效益：全面推广地源热泵系统，2007 年节省标煤为 31.88 万 t，减少排放 CO_2 72.59万 t、减少排放 SO_2 0.64 万 t、减少排放烟尘 0.48 万 t、减少排放灰渣 8.29 万 t；2008 年节省标煤为 32.97 万 t，减少排放 CO_2 74.66 万 t、减少排放 SO_2 0.66 万 t、减少排放烟尘 0.49 万 t、减少排放灰渣 8.57 万吨；2009 年节省标煤为 35.63 万 t/年，减少排放 CO_2 81.13 万 t、减少排放 SO_2 0.71 万 t、减少排放烟尘 0.53 万 t、减少排放灰渣 9.26 万 t；2010 年节省标煤为 34.37 万 t，减少排放 CO_2 78.26 万 t、减少排放 SO_2 0.69 万 t、减少排放烟尘0.52万t、减少排放灰渣8.93万t。

8.3 青 岛 市

从2006年起，青岛市建委将民用建筑可再生能源规模化应用工作列为重点工作之一。两年来，青岛市在开展可再生能源建筑应用方面取得了实质性突破。

8.3.1 青岛市可再生能源建筑应用工作开展现状

2007年5月，在全市建筑节能现场会上，青岛市胡绍军副市长对地源热泵技术给予充分肯定，指出要以“可再生能源在建筑中的规模化应用等六个方面为工作重点，推进循环经济、生态建设，促进建设事业的和谐发展。”截止到2007年，全市共开工建设可再生能源建筑应用项目面积100多万m^2。2008年预计全市将新开工建设面积在300万m^2以上。

2007年12月，青岛市人民政府办公厅下发《关于加快推进可再生能源建筑工程应用工作的通知》，确定了“十一五”期间“完成利用可再生能源技术建筑500万m^2，实现年节约标煤15万t。到2010年，可再生能源应用面积占新建建筑比例达到25%以上”的工作目标，部署了今后可再生能源建筑应用的重点工作。

青岛市建委积极组织开展可再生能源建筑应用示范工作，其中国际帆船中心、石老人国际旅游健身区、千禧国际村、大荣世纪综合楼、银盛泰国际商务港等6个项目被财政部、住房和城乡建设部列为国家可再生能源建筑应用示范项目。在国家可再生能源建筑应用示范工程带动下，青岛市可再生能源建筑规模化应用取得突破性进展。2008年青岛市制订了《青岛市民用建筑可再生能源利用技术应用暂行管理办法》，下发《青岛市关于加快推进可再生能源建筑工程应用工作的通知》等文件，加强对可再生能源建筑应用项目的指导和管理。

青岛市财政局每年列支1000万元专项基金用于支持可再生能源建筑应用示范项目及相关规划研究的补贴。如青岛可再生能源利用研究项目、土壤源热泵技术研究项目、青岛园艺博览会生态节能环保方案，同时已组织相关单位编制青岛市可再生能源建筑应用规划，并计划在此基础上修改供热规划，以便全面开展此项工作。

8.3.2 青岛市加快可再生能源建筑应用工作近期安排

加强规划指导，对全市建筑类型及建筑可利用的可再生能源资源状况进行调查摸底，编制青岛市太阳能、海洋能、地热能等可再生能源建筑利用发展规划；结合城市供热规划，重点考虑在沿海一线利用海水源热泵技术对城市区域供冷供热；完善标准体系，大力推动建筑领域中有关可再生能源应用的国家技术标准规范的贯彻和执行，结合青岛特点，积极研究海水源热泵应用设计、施工、验收的标准、规程及工法、图集。

加快技术研发，根据国家能源节约政策和青岛市实际情况，加快对建筑工程中可再生能源利用重点技术进行研究，形成具有自主知识产权的技术、产业体系，降低可再生能源建筑应用的价格门槛；加强运行管理，研究制定可再生能源设备及产品运行维护的管理制度，确保系统长期稳定安全运行。定期对可再生能源建筑应用项目进行检查，加强对项目跟踪、指导和监督，及时公布可再生能源利用相关情况，确保利用可再生能源建筑工程运行过程节能。

发挥示范作用，以两个2006年列为国家可再生能源建筑示范工程项目（麦岛改造区污水/海水源热泵工程、石老人生态旅游健身区项目）为重点，广泛开展利用不同可再生能源的试点工程建设，积累经验、改进技术，通过推广会、现场会等形式，带动全市可再生能源建筑规模化应用工作；做好宣传扩散工作。充分发挥舆论的导向监督作用，大力宣传推广可再生能源在建筑中应用的重大意义，对可再生能源利用项目的运作模式、技术应用、运行管理等成功经验积极宣传，扩大影响，努力营造有利于可再生能源建筑应用工作的社会氛围。

制定激励政策，对可再生能源建筑应用项目给予财政补贴。"十一五"期间市财政设立专项资金，用于支持可再生能源建筑应用项目的建设和相关技术研究及推广应用工作；研究利用城市公用事业附加、城市配套费资助等方式对可再生能源在建筑中应用给予支持；研究利用可再生能源技术项目用电价格优惠政策。切实解决影响可再生能源推广中项目初投资过高对工程的影响，逐步实现建筑用能方式转变的目标。

8.4 重 庆 市

重庆淡水资源丰富，其可利用低位热能资源巨大。重庆地域内水资源总量年均超过5000亿m^3，分为地表水和地下水两大类，地表水占水资源总量的绝大部分。由当地降水形成的地表水约380亿m^3，由长江、嘉陵江、乌江等流经重庆地区的入境水形成的地表水约4600亿m^3。水能其长江占80%以上，嘉陵江占9.9%，其他流域约占10%。

长江及嘉陵江河段水温、水质条件良好，适宜水源热泵机组运行。长江及嘉陵江河段夏季水温在19~20℃，冬季在9~16℃之间变化，根据美国制冷学会ARI1320标准，适合于水源热泵运行。并且由于冬季江水温度不太低，夏季水温不太高，有利于水源热泵机组运行及获得比较高的运行效率。

8.4.1 重庆市地源（淡水源）热泵发展现状

针对重庆市地理、气候和资源特点，为充分发挥地方资源优势，重庆市组织专家在广泛调研和系统论证的基础上，确定淡水源热泵技术作为当前可再生能源在建筑中规模化应用的主要技术方案，重点支持利用长江、嘉陵江及市内其他次级河流采用淡水源热泵技术供热制冷；重点支持利用湖水、水库水采用淡水源热泵技术供热制冷；支持利用土壤源热泵技术供热制冷；支持利用污水源热泵技术供热制冷；经科学论证和严格审批后，考虑支持利用地下水源热泵技术供热制冷。

2005年底，重庆市率先向建设部提出利用长江、嘉陵江江水发展淡水源热泵技术的建议，得到了建设部的大力支持，被列为国家十大节能工程之一的建筑节能工程建筑新能源利用子项目城市级示范项目。目前，利用嘉陵江江水的嘉陵江淡水源热泵应用技术检测基地已经建成；利用长江江水的长江淡水源热泵应用技术检测基地正在建设；利用湖水水源的金科·天湖美镇淡水源热泵应用试点项目也已建成；珠江·太阳城水源热泵、渝中区化龙桥等项目被列入住房和城乡建设部、财政部可再生能源建筑应用示范项目。

重庆市2007年11月下发了《重庆市可再生能源建筑应用示范工程专项补助资金管理暂行办法》，该办法对纳入国家和重庆市的可再生能源建筑应用示范项目给予适当的资金补贴。另外重庆市每年将从城市建设维护费用中拨出1000万元设立可再生能源专项资金，用于淡水源热泵技术产业化发展，从事淡水源热泵技术开发的企业可享受贴息贷款、高新技术企业待遇等优惠政策。2008年颁布实施的《重庆建筑节能条例》中，明确规定“对具备可再生能源应用条件的新建（改建、扩建）建筑或者既有建筑节能改造项目，应当优先采用可再生能源。”

随着可再生能源建筑应用的规模化推进，重庆市将充分发挥自身优势，重点研发适用于长江、嘉陵江等江河水的取水专有技术、热泵空调工程集成技术和一批具有自主知识产权的水源热泵设备及成套技术，逐步完善应用可再生能源技术的法规政策、技术和标准体系，培育建筑节能暨可再生能源应用产业基地，形成可再生能源从新技术基础理论研究、设备研发制造、工程应用集成及实施、市场推广和管理的完整产业链，促进可再生能源的建筑节能产业的发展，改善重庆市的建筑能耗状况。

8.4.2 重庆市地源（淡水源）热泵“十一五”发展目标和规划

2006～2010年期间，围绕建筑节能发展的总体目标，以调整建筑用能结构为目的，以可再生能源城市级规模化应用为基本途径，以项目示范为重点，通过可再生能源技术研究与集成、工程示范、市场化政策与标准体系的制定、能力建设和成果扩散等工作，浅层地能等可再生能源建筑应用面积占新建建筑面积达到25%以上；形成可再生能源建筑应用技术的法规政策、技术和标准体系；建立建筑节能暨可再生能源应用产业基地；研发一批具有自主知识产权的可再生能源建筑应用设备及成套技术。到2020年，浅层地能等可再生能源建筑应用面积占新建建筑面积达到50%以上，形成产业链完整、相关产业高度聚集、相关产品和技术达到国际先进水平的可再生能源应用产业基地，实现促进重庆地区乃至长江流域地区建筑节能工作的发展，推进可再生能源在建筑中规模化应用，改善建筑能耗状况，实现社会经济的可持续发展的目标。

重庆市地域辽阔，水资源丰富，经济发展水平落后且发展不平衡，加上可再生能源在建筑中规模化应用是的系统工程，这就决定了重庆市可再生能源建筑应用的发展必须分阶段、分步骤、分层次、有条不紊地推进，在措施上，先试点、后示范；在程序上，先示范、后推广。根据上述的原则，在“十一五”期间，制订以下的工作发展规划：

第一阶段（2006）：完成国家可再生能源城市级示范申报相关基础性工作；完成对淡水源热泵技术方案前期基础性调研和关键技术论证工作；初步开展淡水源热泵关键技术的技术研究与系统集成；开展相关政策法规、标准体系的前期调研；加强可再生能源城市级示范项目的能力建设；组织专家组和相关人员到国内外进行考察，完成相关技术、政策资料的收集；并加强国内外交流与合作；组织实施试点工程，包括：嘉陵江淡水源热泵应用技术检测基地、长江淡水源热泵应用技术检测基地、金科·天湖美镇淡水源热泵试点项目；完成相关条例、制度的报批工作，全面征求社会各界的意见；完善项目实施机构和管理制度等。

第二阶段（2007）：深入开展淡水源热泵技术建筑应用的研发与集成；开展政策法

规、技术法规体系建设。完善经济激励制度及相关标准的编制；加大实施可再生能源在建筑中规模化应用力度，建设完成50万m^2城市级示范工程；完善可再生能源的技术支撑体系；建立城市级示范工程检测与评估体系；加快可再生能源成套技术的研发和推广，不断拓展和提高相关行业的产业化发展水平。

第三阶段（2008）：组织实施可再生能源在建筑中规模化应用及产业化的城市级示范，形成具有一定规模的示范工程，实施示范项目70万m^2；组织实施产业化基地建设，拓展具有市场化道路的产业化发展机制和模式；可再生能源监测和技术服务体系建设。"十一五"期间通过更新监测设备、加强人员培训、推行合同可再生能源管理等市场化服务新机制等措施；执行可再生能源相关政策法规和技术规程，完成相关标准的宣贯和发布工作。

第四阶段（2009）：全市范围内全面执行相关配套技术政策、技术规范政策法规、经济技术政策、工程管理等；组织实施可再生能源在建筑中规模化应用及产业化的城市级示范，形成规模化的示范工程，完成示范工程面积50万m^2；全面实施产业化基地建设，拓展具有市场化道路的产业化发展机制和模式，进行大规模大范围推广扩散；组织总结示范城市的相关成果、经验形成国家层面的政策、标准及技术体系。

第五阶段（2010）：加强高效的扩散活动以产生加速的乘数效应，从而使成功范例（如已被证实为切实有效的技术、技术政策、技术指南和市场化机制）以及经验教训等在项目生命周期内持续不断地进行扩散；完成示范工程面积30万m^2；实现建筑新能源开发利用可持续发展的目标；通过市场需求带动可再生能源建筑应用相关产品的产业化发展。

8.5 大 连 市

大连市三面环海，位于北半球的温暖带地区，具有海洋性特点的暖温带大陆性季风气候，冬无严寒，夏无酷暑，四季分明。年平均气温10.5℃。夏季10m以下海水温度为20.6℃，冬季10m以下海水温度为3.7℃。大连市得天独厚的地理位置、气候条件，适宜在建筑中规模化应用海水源热泵技术。

8.5.1 大连市海水源热泵发展现状

大连市政府对推广使用海水源热泵技术非常重视，将海水源热泵管理纳入供热行业管理，结合《大连市城市供热管理条例》的修改，将海水源热泵管理在《条例》中予以明确。大连市城乡建设委员会为海水源热泵管理的行政主管部门，大连市集中供热办公室为海水源热泵的管理部门，政府将海水源热泵纳入依法管理的轨道。

为稳妥推进污水（海水）源热泵技术，从2002年开始，大连市政府委托大连理工大学开展了关于污水（海水）源热泵技术的研究工作。大连理工大学先后承担了《大连市利用水源热泵区域供热技术可行性研究》、《水源热泵区域供热决策研究》、《水源热泵经济性分析软件》、《海水源热泵在建筑中应用供热供冷技术研究》等课题，其中《海水源热泵在建筑中应用供热供冷技术研究》荣获2006年大连市科技进步一等奖。

为适应国家海水源热泵在建筑中规模化应用城市级示范的需要，突出民族工业产业化，大连市政府将大连冰山集团作为海水源产业化基地。大连冰山集团并与瑞士

Friotherm 制冷公司合作研发高性能热泵，2007 年大型热泵机组年生产能力为 20～25 台。目前应用在星海湾商务区项目上的 3 台热泵机组，运行效果良好。

大连市采取多种形式，广泛宣传海水源热泵技术，提高全市市民的节能、环保意识。2005 年 4 月，市建委组织召开“大型热泵区域供热、供冷技术说明大会”，邀请了瑞典和瑞士的热泵技术专家进行专题技术讲座。市政府每年举行“节能周宣传活动”，对水源热泵技术进行重点介绍。

大连市政府为推动海水源热泵在建筑中规模化应用城市级示范工作，制定了《大连市海水源热泵规模化应用城市级示范项目评估暂行办法》。该办法遵循独立、客观、公正和科学的运则，对海水源热泵示范项目目标实现情况、水平、效果和影响，经费使用的政策相符性、目标相关性以及经济合理性等作为指标进行绩效评估。

大连市政府计划在示范的基础上，制定出台《海水源热泵技术规程》，明确各项技术指标、参数、质量标准及验收办法，规范海水源热泵在建筑中的规模化应用的设计、施工、验收和安全运行；同时研究出台关于推广使用海水源热泵技术的相关扶持性政策，主要考虑在以下几个方面扶持：凡在我市行政区域内新建、改建、扩建工程，采用海水源热泵技术供热、供冷的项目，拟免征城市基础设施配套费；海水源热泵供热、供冷项目运行的电费，拟按民用电价标准征收；拟免征海水水源热泵供热、供冷工程建设项目的破道费，其道路恢复费按实际发生费征收。

大连市政府为确保海水源热泵示范项目的落实，对海水源热泵项目所需资金实行专项管理。对海水源热泵工程示范项目，拟按建筑面积 50 元/m^2 补贴；对海水源热泵运行费用进行核算，民用住宅供热按 23 元/m^2 标准收费，公建供热按 25 元/m^2，供冷拟按 12 元/m^2 标准收费；政府对第一年海水源热泵运行费用亏损的企业拟给予亏损补贴。

8.5.2 大连市海水源热泵城市级示范“十一五”规划

大连市在对全市适宜应用海水源热泵的区域进行全面普查的基础上，经过认真分析论证，制定了《大连市海水源热泵城市级示范“十一五”规划》。明确了城市级示范的目标、原则、基本思路、工作重点。

规划目标：以科学发展观为指导，以节能、环保为目的，充分利用城市级示范的有利契机，坚持因地制宜、分段推进的原则，现阶段着重抓好示范工程，从规划、标准、科技、政策及产业化等方面综合研究，制定出切合实际的海水源热泵供热、供冷技术规范和政策措施，为在全国沿海城市推广普及海水源热泵提供成型经验，推进“建设资源节约型社会”的建设步伐。

规划原则：以城市建设总体规划为依据，坚持统一规划、合理布局，优先发展集中供热和清洁能源供热。

规划范围：要求凡是在沿海区域新建的公建、民用住宅都必须采用海水源热泵技术进行区域供热、供冷。“十一五”期间，全市计划完成海水源热泵供热、供冷面积 1101 万 m^2，实施完成“三岛”、“四滩”、“六湾”计划，即小平岛、长兴岛、长山列岛、老虎滩、金石滩、花园口海滩、金渤海岸滩、星海湾、大窑湾、梭鱼湾、旅顺塔河湾、大连东部港湾、皮口港湾。

具体实施计划如下：

小平岛新区：该小区位于大连星海广场西南方向3公里处，背面面海，环境优美。集居住、旅游、购物和休闲娱乐为一体的综合性区域。规划建筑面积150万m^2，其中一期热泵供冷、供热面积50万m^2，投资2.6亿元；二期工程100m^2，投资2.66亿元。计划2008年8月设备安装完毕，11月投入使用。

星海湾商务区：大连星海湾广场是亚洲最大的公众广场，未来将发展成为大连市商务、金融、展览业中心。星海湾广场规划水源热泵供冷、供热面积200万m^2。一期工程供热供冷面积26万m^2，计划投资1.7亿元；二期工程供热供冷面积46万m^2，计划投资1.3亿元；三期工程供热供冷面积128万m^2，计划投资3.5亿元。整个工程计划2010年完工。

北海热电厂：2006年由大连热电集团负责完成北海热电厂规划建筑面积104万m^2的住宅供暖。大连北海热电厂利用电厂冷却水，采用热泵技术为104万m^2的住宅供暖。项目总投资约6591万元。该工程于2005年底进行设计，2006年开始建设。工程分两期建设，一期工程建设电厂热泵站，安装一台13.9MW和一台3.5MW热泵机组，供热面积23万m^2，2007年年底投入使用。二期工程在安装一台13.9MW热泵机组，供热面积59万m^2，2008年年底投入使用。

星海湾国际假日公寓：2007年由星海湾国际假日有限公司负责完成大连星海湾假日公寓规划建筑面积4.1万m^2。大连星海湾国际假日公寓位于大连星海公园附近，为五星级产权式酒店公寓。该项目规划建筑面积4.1万m^2。项目总投资约1200万人民币。该项目2007年开工，计划2008年年底投入使用。

老虎滩帝柏湾海景公寓：2006年由大连蔚蓝海岸地产发展有限公司负责完成帝柏湾海景公寓规划建筑面积12.67万m^2。大连帝柏湾海景公寓位于老虎滩公园东侧。该项目规划建筑面积12.67万m^2。项目总投资约3375万人民币，该项目于2007年开工，计划2008年年底投入使用。

大窑湾港区：2006年由大连港集团负责完成大窑湾港区规划建筑面积21万m^2。大窑湾港区位于大连市金州区东南大窑湾港内，该项目规划建筑面积21万m^2，项目总投资约5200万元，该项目计划2008年年底投入使用。

长兴岛临港工业区：2007年由辽宁省长兴岛开发区管委会负责完成长兴岛临港工业区规划建筑面积20万m^2。

梭鱼湾：2008年由大钢大化搬迁指挥部负责完成梭鱼湾地区规划建筑面积200万m^2。

金石滩旅游度假区：2008年由金石滩旅游度假区管委会负责完成金石滩旅游度假区规划建筑面积60万m^2的任务。

旧城区改造："十一五"期间，全市计划完成120万m^2由燃煤供热转为海水源热泵供热的改造。

工作重点：抓好小平岛新区20万m^2、星海湾商务区20万m^2两个国家级示范项目；编制《海水源热泵区域供热、供冷设计规范》；编制《海水源热泵区域供热、制冷工程验收规范》；研究制定有关扶持性政策措施；完善《大连市海水源热泵城市级示范"十一五"规划》。

第9章　面临问题和解决措施

地源热泵系统作为一项建筑节能和可再生能源应用的重要技术，近几年得到了政府部门的大力支持，从而得以迅速推广和大量应用。但就目前发展的情况来看，为了使地源热泵系统能够健康、安全、有序、高效地发展，真正做到节能减排，目前还存在一些问题迫切需要解决。

（1）规范管理

地源热泵项目是一个系统工程，对地下水源热泵项目，地下地上两部分主要属于国土资源管理部门与住房和城乡建设管理部门的行政管理职能，大型地源热泵系统的输送管道部分也有可能和当地市政管理部门产生联系；国家和地方性的财政补贴由财政部和地方财政部门进行支持，同时科技部和某些地方发展和改革委员会也对地源热泵系统的研发和使用进行管理和支持。

无可否认，地源热泵具体工程项目在实施过程中通常需要水文地质勘察、城市市政管理、地下水环保部门、机械、电力、建筑环境与设备等不同部门的协调配合。如果使用污水源热泵系统，还有可能需要和电厂、市政污水处理厂或其他有中水排放的相关企业与主管部门进行交涉。如果使用地表水系统，也必须得到地方江（河、湖）管理委员会和当地环保部门的支持才有可能顺利进行。

总体而言，地源热泵系统由于其技术适应性强，系统复杂，热源种类多，所以项目审批、管理、监督、监测、检查评估起来涉及过多部门，其管理体制过于复杂不利于地源热泵技术的大规模应用。为此，沈阳市建委专门成立地源热泵规划建设管理办公室，对地源热泵系统的建设及运行进行统一规划管理，准备使用地源热泵系统的开发商只需要备齐相关资料，审批、检测、现场勘察、项目审核、专家论证、财政补贴等多种职能都由此办公室进行协调，大大减少了项目的审批时间，提高了工作效率，为推广此类系统带来了极大的便利。按照我国现有建设程序和工程管理办法，地源热泵项目的审批等行政应该归口于建设部门。

（2）财政鼓励

历史上，各个主要应用地源热泵系统的国家都在此技术起步时对其进行了不同程度的财政补贴，以帮助建造商在减少部分成本的同时树立此系统在使用者方面的信心。财政部和建设部的三批补贴基本涵盖了我国使用地源热泵系统的各个地区和地源热泵系统的各种使用类型，对其进一步发展起到了极大的推动作用。目前，国际油价、煤价的全线上涨必然会推动地源热泵系统发展的新浪潮，地源热泵系统的节能性与经济性将得到更进一步的全面展示。但由于系统的特殊性，建议中央及相关地方政府能够建立“以奖代补”的政策，对于系统建造运行优秀、行业影响大、节能减排效果明显的项目进行测试、评定、认证、奖励，对于对地源热泵行业发展有重大贡献的集成商、设计人员、设备商、安装企业、社会团体、科研机构及相关个人进行奖励。

同时在使用地源热泵系统的过程中，如果可以对企业的税收进行减免，对土地费用、用电价格等进行优惠，也将对推动其发展起到积极作用。

（3）市场准入

目前国家正在并将逐步缩小行政审批范围，并分批次地撤销直接从事和干预微观经济活动和社会事务的机构，国家发改委、国家质检总局、财政部等多家部委多次发文取消了某些资质的审批，开放市场。

但由于地源热泵系统具有其技术特殊性和环境影响性，建设不当或者运行管理有误造成的不良环境影响可能过大，同时最终决定一个项目是否成功运行并且能够通过实际运行真正起到节能作用，还要取决于具体项目具体实施单位（如设计单位、系统集成单位）的人力资本、技术能力和相关资信。

如地下水系统，如果其由于大量地下水开采而回灌不力导致了地面沉降，或者由于其回灌错误导致了地下水污染都有可能对社会造成不良影响。如土壤源热泵系统，如果其埋管距离、深度计算错误或者系统设计安装不当导致系统无法正常运行，室内冷热供应出现问题，则对于我国冬季需要采暖的建筑来说则是灾难。对于地表水热泵来说，江河湖海的水质、水温、水量都存在着按季节变化的特性，如何使其最大限度地得到利用并且不会影响其正常生态环境都是问题。

为了更健康地发展地源热泵系统，避免不良竞争和市场的过度开发及其带来的不良影响，我们呼吁还是应该由相关政府部门对相关集成商的资质进行评定和认证，对设计、施工和监测部门建立专项资质管理制度，实行市场准入以及人员的培训上岗制，保证人员的技术水平和相关工程质量不断提高，同时对相关水资源的抽取和回灌进行监督检查，对超过一定面积的大型系统的立项组织相关专家进行评估。

（4）标准规范

标准规范是技术发展的基础。目前我国对地源热泵系统建设进行指导的规范只有《地源热泵系统工程技术规范》(GB 50366—2005)，此规范全面地涵盖了地源热泵系统工程的相关方面，但随着我国地源热泵技术的不断发展，还应该组织暖通空调、水文地质、环境保护、自动控制等不同领域的专家对该规范加快修订和补充，有效地指导行业发展。同时建议对于地源热泵工程发展比较快的地区结合其各自情况建立相应的实施细则。

（5）基础性研究

虽然国家自然科学基金、地方政府与高校都对地源热泵系统专项项目如土壤换热、地下水回灌等进行过支持，但作为整体系统综合考虑，对于地源热泵技术应用的基础共性研究，例如我国目前水源地源热泵系统的适应性评价和环境影响评估的研究、各类地源热泵利用资源规划、地源热泵系统应用效果的检测与评价方法的研究也需要逐步推进。国家“十一五”科技攻关课题——水源地源热泵高效应用关键技术研究与示范就将以下研究内容作为其主要科研目的：构建全国地下水源、土壤源、地表水、海水以及城市污水源热泵系统工程设计数据库平台，研究水源地源热泵技术适宜性，研究土壤源热泵系统应用技术，研究水源热泵系统应用技术，研究与开发污水、海水源热泵系统取水及换热技术，开发水源地源热泵系统高效专用水源热泵机组，完成全国水源地源热泵应用区划。

（6）经济问题

初投资问题：并不是所有的地源热泵系统都是经济合理的，地下钻孔埋管和打井都需要较大的工程建设费，尤其是在现场地质水文条件恶劣的情况下更为突出。在有一些工程中，其地下钻孔埋管或打井费用甚至和地上空调系统的建设费用相接近。由于钻井费用可能占到整个系统初投资的50%以上，有些看重初投资的地产商可能会回到传统的空调形式。

安装维护：目前地源热泵系统的安装费用较高，与电制冷、天然气加热系统相比，地源热泵的维护费用显然是高的，尤其是地下水系统，它的回收期是5~8年；而且地源热泵系统的维护较为困难，这在一定程度上会影响它的使用。但随着新工艺逐步投入市场以及更加专业化的施工、安装、维护队伍的出现，市场逐步规范以及竞争逐渐增多，相信费用问题会得到逐步解决，地源热泵系统运行的节能省钱的特点将逐步体现。

（7）设计问题

地源热泵系统的全年供冷供热性能与经济性强烈依赖于建筑的冷、热负荷计算，设备选用，和地下埋管或水井设计计算与施工。精心设计与精心施工的工程和粗制滥造的工程，无论在性能上、初投资上还是运行费用上以及使用寿命上都会有巨大的差别。

（8）测试与评价

无论用哪种热源，地源热泵系统的监测是十分必要的，这样如果发现问题可以立即解决，同时可以防止系统对环境造成无法修复的破坏或者系统效率过低，目前武汉市要求使用地下水源热泵系统的项目必须同步建设观测井，沈阳市要求所有地源热泵的项目必须安装相关数据采集与传送系统，这样可以对系统进行监控，降低系统运行风险，提高效率，但此类问题目前尚无约束性的法规，也需要引起主管部门重视。目前，我国大部分系统由于经济条件还无法进行全系统监测，那么一定要委托相关单位对系统运行进行全面的检测，这样才可以更加正确地对系统运行的经济性、环保性、安全性以及是否真正节能进行评价，才可以彻底改变之前此类系统“重安装、轻运行管理”的不良局面，用数字说话，让事实讲道理。通过检测还可以判断何时应该对系统进行调试、再调试、维修、改造，从而延长系统的使用寿命，通过最小的投资为开发商和用户带来更长远的利益。

（9）行业宣传与人才培养

地源热泵作为一项成熟的技术，在国际上有各种研究及服务机构，例如国际地源热泵协会（IGSHPA）、国际能源组织热泵中心（IEA-HPP）、国际地源热泵联盟（GHPC）、欧洲热泵协会（EHPA）等多种科研机构和行业联合机构分别从事研究开发、技术人员培养、设备效率提高、系统安装运行调试检测、行业宣传推广等活动。

论坛对行业宣传起到了非常大的推动作用，但对人才培养还有一定的局限性，一些地源热泵发展比较好的地区，及时组成了相关地方性行业机构。2006年年底，沈阳市率先成立沈阳市地源热泵协会，发挥桥梁纽带作用，沟通政府和企业，有效开展了地源热泵技术的科研攻关、技术培训、质量控制、信息交流，促进地源热泵技术的应用。2007年年底，北京市成立北京市新能源与可再生能源协会地源热泵专业委员会，该专委会将在协调研究机构、企业和政府的关系，争取获得政策上更大的扶持上做深入工作，在促进产业发展中发挥作用。沈阳市和北京市2010年地源热泵供暖面积分别计划达到6500万m^2和3000万m^2，这两个地方性协会将为行业的发展产生积极的促进作用，同时也对企业的技术水平提出更高的要求。除了这两个地方协会的相关活动外，国际地源热泵协会中国地区委员会也曾经于 2007 年 9 月在国内开展过行业培训，就土壤源热泵的相关知识进行了讲解与练习，共有 40 家企业 63 位技术人员参加学习，对人才培养起到了一定的推动作用。但对于一项需要因地制宜衡量考虑利用的技术，更需要国内行业组织针对我国具体情况进行专向人才培养和技术推广，目前在中国还没有国家级的专业性行业机构从事此类活动，可喜的是就笔者所了解，目前中国建筑业协会建筑节能分会地源热泵技术委员会已经正式成立，希望今后此技术委员会能够引导我国地源热泵的发展利用，逐渐对行业进行规范自律，为行业发展提供支持，对行业人员进行全方位培训和认证，彻底解决我国目前地源热泵发展的三个主要问题：不该用的地方用；不会用的人用；不会运行的人在运行。从水文地质的勘察、系统设计、建造、调试、运行管理、维护等方面全面地提高行业素质，真正做到节能减排、环境保护。

（10）相关设备问题

虽然现在政府在大力提倡地源热泵，但是地源热泵相关设备、材料、施工各个环节是不是达到要求，作为开发商，并没有任何部门和任何人给过他们明确的说法，而且因为地源热泵的基础投资相较传统的空调系统要高很多，一旦在运行中出现问题，开发商就会陷入“投了钱最后没落个好”的窘境。所以如何加强相关产品的检测、认证认可，从而给使用者信心，也是需要解决的问题。

总体而言，虽然地源热泵系统目前还存在这些问题，但随着我国节能减排政策措施的大力推行、资源型能源价格的不断攀升、第四次即将到来的石油危机，此系统在中国全面快速发展、逐渐受到社会各界认可的局面是不可逆转的，而且随着行业发展与交流，各类问题也必然会得到很好的解决，希望每一个行业从业人员都能联起手来，就各个地区的实际情况，扎实推进我国地源热泵系统，为建设节约型社会、开展降耗减排做出更大的贡献。

第10章　发展展望

随着国家对可再生能源应用以及建筑节能的不断重视，地源热泵这项技术必将引起政府更高层次的重视，地源热泵的使用将保持快速增长趋势，总量持续增长，技术含量不断提高，热源类型不断增加，产业规模持续扩大，市场价格逐渐降低，对节能减排的贡献率不断增加。

（1）更高层次的专家整合

随着地源热泵系统不断推进，各个系统对于地源热泵重视程度的不断提高，国家对地下水安全的重视程度提高，由暖通空调、水文地质等不同专业组建的高层国家级专家团队和学术组织会逐步成立以指导地源热泵发展。

（2）更详细的专业划分

地源热泵概念辐射广，本身涉及的土壤、地下水、地表水以及其他工业民用污水（中水）的换热模型、技术特点、施工流程、设备选择都有所不同，随着市政污水、电厂冷却水、工业循环水等不同部门都参与到地源热泵的使用中来，不同的地源热泵系统必然需要更专业化的队伍进行研究与示范应用，相关专业的配套专家也应该起到应有的安全推广责任。

（3）更专业的地方政府协调机构

地源热泵的应用强调因地制宜，各个城市应依据自己的地方资源进行不同的应用策略。由于沈阳市应用地源热泵替代燃煤锅炉后给大气环境带来巨大积极影响的示范作用，很多北方地方政府也准备推广地源热泵系统用来改善冬季的空气质量，但地源热泵系统的立项、审批等工作量大，技术含量高，所以必须由政府部门组建类似办公室或办公大厅以加快其应用。涉及各种跨部门的大型地表水的使用，更需要专门的政府部门负责协调其可行性研究、立项、审批以及实际工程。

（4）更快的发展速度及规模

仅从2007年建设部统计数据来看，地源热泵系统的开工面积就为2007年之前所有建成系统使用面积的3倍。同时推动可再生能源利用已经纳入国家的政策和“十一五”时期目标，建设部计划“十一五”期间要推广2.4亿m^2建筑面积利用地源热泵系统，并且根据地区不同分配到了各个省市地区。毋庸置疑，在国家政策的大力支持下，伴随着我国城市化水平的提高以及建筑面积的高速增长，地源热泵的应用逐渐从示范试用阶段走向爆发性增加阶段，其对我国节能减排的贡献率也将不断增加。

（5）更成熟完善的技术

近年来，有关地源热泵的科研项目不断增加，高校的硕士博士论文也明显增多，企业与设备厂家在技术发展上也加大投入，科技部“十一五”科技攻关课题“水源地源热泵高效应用关键技术研究与示范”更是站在国家的角度对地源热泵系统发展最核心的问题进行了深入的研究，建设部准备对“可再生能源示范项目”全部补贴项目进行跟踪检测。对地源热泵的研究涵盖了地下水流动、土壤换热、高性能的土壤/水换热器、高效水/水热泵机组、系统的检测评价方法等几乎所有范围，相信技术的快速发展和投入使用，也会推动地源热泵向前发展，对节能减排作用更加突出。

（6）产业规模不断扩大

需求带动供给，我国水源热泵机组等相关产品的生产企业还将不断增多，产业规模也会不断扩大，技术含量增多，产品质量不断提高。随着国家对地源热泵的不断重视，很多地方政府也开始重视对水源热泵机组等生产企业进行地方性的招商引资，如恒有源就将其地源热泵生产基地落户沈阳，此类举措必然对当地经济带来强劲拉升。

附　录

附录1　地源热泵相关国家政策

《可再生能源建筑应用专项资金管理暂行办法》

第一条　为促进可再生能源在建筑领域中的应用，提高建筑能效，保护生态环境，节约化石类能源消耗，制定本办法。

第二条　本办法所称“可再生能源建筑应用”是指利用太阳能、浅层地能、污水余热、风能、生物质能等对建筑进行采暖制冷、热水供应、供电照明和炊事用能等。

本办法所称“可再能能源建筑应用专项资金”（以下简称专项资金）是指中央财政安排的专项用于支持可再生能源建筑应用的资金。

第三条　专项资金合用原则：政府财政引导，企业投资为主体；有利于促进可再生能源与建筑一体化及相关产生的发展；有利于可再生能源建筑应用的推广机制形成；有利于促进建筑能效的提高；有利于进一步增强全民的节能意识。

第四条　专项资金支持的重点领域：

（一）与建筑一体化的太阳能供应生活热水、供热制冷、光电转换、照明；

（二）利用土壤源热泵和浅层地下水源热泵技术供热制冷；

（三）地表水丰富地区利用淡水源热泵技术供热制冷；

（四）沿海地区利用海水源热泵技术供热制冷；

（五）利用污水源热泵技术供热制冷；

（六）其他经批准的支持领域。

第五条　专项资金合用范围：

（一）示范项目的补助；

（二）示范项目综合能效检测、标识，技术规范标准的验证及完善等；

（三）可再生能源建筑应用共性关键技术的集成及示范推广；

（四）示范项目专家咨询、评审、监督管理等支出；

（五）财政部批准的与可再生能源建筑应用相关的其他支出。

第六条　各地财政部门会同同级建设部门、按照财政部、建设部发布的年度可再生建筑应用专项资金申报要求，按照公开、公平、公正的原则组织项目申报，并逐级联合上报至财政部和建设部。

第七条　建设部对各地申报的材料进行登记、造册、建立项目库，统一管理。

第八条　申报示范项目必须符合以下条件：

（一）项目所在地具备较好的可再生能源资源利用条件；

（二）项目所在城市已制定“十一五”可再生能源建筑应用计划和实施方案；

（三）申报示范工程项目所在城市提供相应的政策及财政支持，其中北方地区优先考虑已经展开供热体制改革的城市所申报的示范项目；

（四）申报示范项目单位应具有独立法人资格（主要包括开发商、业主等）；

（五）示范项目应完成有关立项审批手续，建设资金已落实；

（六）申报项目单位和依托的技术支持单位具有承担项目必要的实力及良好的资信；

（七）申报示范项目应编制《可再生能源建筑应用示范项目实施方案报告》（以下简称《实施方案》）和填报《可再生能源建筑应用示范项目申请报告》，其中《实施方案》应由具有资格的机构完成，其主要内容包括：

1. 工程概况；
2. 可再生能源建筑应用专项技术方案研究；
3. 技术经济可行性分析及详实的增量成本计算书；
4. 经济效益、社会效益分析；
5. 项目示范推广性分析；
6. 其他节约资源措施及后评估保障措施；
7. 工程立项审批文件的复印件。

第九条 示范项目审批

（一）财政部、建设部制定《可再生能源建筑应用示范项目评审办法》。

（二）财政部、建设部根据年度专项资金预算，从项目库中选取一定比例的项目，组织专家评审示范项目，对确定的示范项目的申请资金进行核准，经财政部、建设部确定后在网站上进行公示，公示期十日，公示期间对示范项目署名提出异议的，经调查情况属实，取消示范项目资格。

第十条 财政部和建设部根据推进可再生能源建筑应用的需要，对可再生能耗建筑应用共性关键技术集成及示范推广，能效检测、标识，技术规范标准验证及完善等项目，组织相关单位编写项目建设书，通过专家评审确定项目和项目承担单位。

第十一条 建设部相关机构承担可再生能源建筑项目的日常监督管理工作，项目执行单位应在项目进行中，根据项目进度，分阶段逐级上报项目进展情况，项目报告应包括项目实施情况和项目资金使用情况。

第十二条 评估验收

示范项目完成后，城市的建设行政主管部门会同财政部门委托国家可再生能源建筑应用检测机构对示范工程项目进行检测，同时根据检测报告和其他相关资料组织专家进行验收评估。检测结果和验收评估执行应逐级上报建设部、财政部。

第十三条 专项资金以无偿补助形式给予支持。

（一）财政部、建设部根据增量成本、技术先进程度、市场价格波动等因素，确定每年的不同示范技术类型的单位建筑面积补贴额度。

（二）利用两种以上可再生能源技术的项目，补贴标准按照项目具体情况审核确定。

（三）财政部、建设部综合考虑不同气候区域及技术应用水平差别等，在补贴额度中给予上下10%的浮动。

（四）对可再生能源建筑应用共性关键技术集成及示范推广、能效检测、标识、技术规范标准验证及完善等项目，根据经批准的项目经费金额给予全额补助。

（五）其他财政部批准的与可再生能源建筑应用相关的项目补贴方式依照相关规定执行。

第十四条　专项资金拨付

（一）财政部根据批准的示范项目，将项目补贴总额预算的50%下达到地方财政部门。当地建设主管部门对可再生能源建筑应用示范项目的施工图设计进行专项审查，达到《实施方案》要求的，出具审核同意意见，地方财政部门根据地方建设主管部门出具的审核意见，将补贴拨付给项目承担单位；达不到《实施方案》要求的，责令示范项目申请单位重新修改施工图设计后，另行组织审查。

（二）示范项目完成后，财政部根据示范项目验收评估报告，达到示范效果的，通过地方财政部门将项目剩余补贴拨付给项目承担单位。

（三）专项资金实行国库集中支付改革后，资金拨付按照国库集中支付制度有关规定执行。

第十五条　建设部负责编制可再生能源建筑应用项目评审、监管及检测费用预算，经财政部核批后，按照预算交锋 有关要求管理和使用。

第十六条　财政部和建设部对专项资金的使用情况进行监督检查。

第十七条　专项资金应专款专用，任何单位或不得截留、挪用。有下列情形之一的，财政部门可以暂缓或停止垫付资金，并依法进行处理：

（一）提供虚假情况，专项资金的；

（二）转移、侵占或挪用专项资金的；

（三）未按要求完成项目进度或未按规定建设实施的；

（四）未通过检测、验收评估的；

（五）不符合国家其他相关规定的。

第十八条　地方财政、建设部门可根据本办法制定实施细则。

第十九条　本办法由财政部、建设部负责解释。

第二十条　本办法自印发之日起施行。

《可再生能源建筑应用示范项目评审办法》

第一条　为提高可再生能源建筑应用示范项目（以下简称项目）管理的科学性、公正性、规范项目评审工作，根据《可再生能源建筑应用专项资金管理暂行办法》（财建[2006] 460号，以下简称管理办法），制定本办法。

第二条　建设部对各地申报的材料进行登记、造册、建立项目库，统一管理。

第三条　由财政部、建设部对项目申报材料进行初步筛选，列入项目库，对有下列情况之一的，不予列入：

1. 项目所采用的技术、设备不具备安全性；

2. 提供资料与实际情况不符；

3. 不符合所在区域的建筑节能标准；

4. 申报手续不完备，申请报告编写不符合规定；

5. 已获得国家可再生能源建筑应用相关的资金支持；

6. 利用可再生能源实行集中供热、供冷但未实行按用热（冷）量计量收费的项目和城市；

7. 不符合管理办法有关规定。

第四条 财政部和建设部联合组织专家，从项目库中选取一定比例的项目，组织专家进行集中评审，并对项目示范增投资提出审核意见。

项目主要依据可再生能源建筑应用示范项目申请报告进行评分，详见《可再生能源建筑应用示范项目评分表》，评审内容如下：

1. 技术先进，是指可再生能源应用技术的先进性；

2. 适用可行，包括实施单位和技术支持单位、运行维护、施工工艺、产品设备、风险；

3. 经济合理，包括增量成本、常规能源替代量、费效比（增量成本/节能效益）；

4. 示范推广，包括项目的区域代表性、建筑类型代表性、其他资源节约措施、后评估保障措施。

第五条 可再生能源建筑应用示范项目评审专家组的组成。

（一）由建设部、财政部共同选择可再生能源建筑应用、建筑节能、财务、项目管理等方面的专家组成项目专家库；

（二）财政部、建设部从专家库中抽取专家组成专家评审组，每个专家评审组一般不少于7人，评审组应包含建筑、土木工程、建筑设备，工程造价等方面的专家，并指定一名专家组长；

（三）评审专家应具有对国家和项目负责的态度，具有良好的职业道德，坚持原则，独立、客观、公正地对项目进行评审，评审专家应具有高级专业技术职务；

（四）评审专家如与申报项目存在利益关系或其他可能影响公正性的关系的，应当申请回避。

第六条 财政部、建设部对评审合格的项目进行确定后进行公示，公示期十日，如有重大问题，经查实取消示范资格。

第七条 本办法由财政部、建设部负责解释。

第八条 本办法自印发之日起执行。

《关于发展热泵系统的指导意见》(北京市)

热泵系统是利用低温热源进行供热制冷的新型能源利用方式，与使用煤、气、油等常规能源供热制冷方式相比，具有清洁、高效、节能的特点。因地制宜发展热泵系统，有利于优化我市能源结构，促进多能互补，提高能源利用效率。为促进我市热泵系统有序发展和规范管理，提出如下意见：

一、因地制宜，合理发展热泵系统

（一）热泵系统发展的基本原则。按照我市能源发展战略、城市供热发展规划和合理开发、利用、保护资源的原则，优先发展再生水源热泵，积极发展地源热泵，适度发展地下（表）水源热泵，逐步提高热泵系统在城市供暖中所占比例。

（二）鼓励发展的热泵系统范围。我市鼓励发展的热泵系统包括：再生水源热泵（含污水、工业废水等）、地源（土壤源）热泵、地下（表）水源热泵（含地下水、河流、湖泊、地热等）。

二、支持鼓励热泵系统的建设和运营

（一）我市鼓励新建或改造的办公楼、工业厂房、医院、宾馆、学校、大型商场、商务楼等公共建筑以及居民住宅楼和农村集中建设的住宅采用热泵系统，鼓励燃煤、燃油锅炉改用热泵系统，市政府每年安排固定资产投资给予支持。

1. 市、区（县）政府投资的学校、医院、园林、行政事业办公楼等公益性项目，供暖制冷系统优先选用热泵系统，所需投资从市政府固定资产投资中安排解决。

2. 其他在本市辖区内建设的各类项目，供热制冷系统选用热泵系统的，根据市规划委核定的建筑面积从本市固定资产投资中安排一次性补助，补助标准为：地下（表）水源热泵35元/平方米，地源热泵和再生水源热泵50元/平方米。

（二）采用热泵系统的供暖企业参照我市清洁能源锅炉供暖价格收取采暖费，具体价格由各区（县）价格主管部门核定。

（三）鼓励国内外企业在本市投资建立专业化能源公司，从事热泵系统的研发、建设、经营和服务，能源公司享受上述投资补助、价格等政策。

三、加强热泵系统管理，合理开发保护资源

合理开发和保护资源，促进热泵系统的有序发展，市各有关部门要加强热泵系统建设和运营管理。

（一）加强项目前期工作。项目单位根据选用的热泵方式应相应取得市国土局对项目建设地点的地质条件评估意见，市水务局的水资源评估意见，市规划委对井孔布局、管线布置的初审意见和市环保局对环境影响的评价意见，市发展改革委对热泵项目进行统一审批。

（二）严格建设施工管理。热泵系统的施工必须严格遵守国家及本市有关法律法规以及工程规范，系统验收合格后方可启用。

1. 市水务局和市国土局分别办理水源井、地热井的凿井审批手续，负责监督水井质量以及组织抽、灌井的竣工验收工作。

2. 市建委负责热泵系统建设施工阶段的监督、管理，监督建设单位依据相关标准和批准的施工设计方案组织工程竣工验收。

3. 对擅自进行热泵抽、灌井施工的单位，由市水务局、市国土局和市建委根据各自职责按相关规定进行处理。

（三）加大运营监管力度。

1. 系统验收合格后，项目单位到项目所属区（县）供热主管部门登记，市市政管委负责核查和监管热泵系统供暖质量和运行效果。

2. 市国土局负责热泵系统运营期间项目建设地点地质环境监测工作。

3. 市水务局负责热泵系统运营后的地下水抽灌和地下水水质的监测和管理工作。热泵系统使用单位必须确保所抽取的地下水全部回灌，抽灌井必须分别安装水表并实现水量实时在线监测，定期对回灌水进行取样送检并记录在案。

四、进一步加强热泵发展规划和完善热泵技术、规范等基础工作

市发展改革委、市规划委、市建委、市市政管委、市科委、市财政局、市水务局、市国土局和市环保局等部门按各自职责，做好热泵系统发展规划、设计施工标准、实施规范和安全管理等工作，促进热泵系统的科学合理发展。

（一）市国土局会同市水务局组织开展我市地质、浅层地温、水文地质条件和地下水质调查，确定适于热泵发展的区域，并编制区域划分报告和实施规划。

（二）市发展改革委会同市市政管委组织相关单位编制我市热泵供暖发展规划，制定年度发展计划。

（三）市规划委会同市发展改革委、市市政管委组织相关单位编制我市热泵供暖布局规划及热泵系统设计规范。

（四）市建委组织贯彻实施国家发布的热泵系统施工技术规范，并根据实施情况适时制定实施细则。

（五）市市政管委建立全市热泵项目档案，对全市热泵系统进行统一管理。

（六）市科委组织对热泵技术中难点问题进行攻关，进一步提高能源利用效率，降低成本。

五、本意见由市发展改革委会同有关部门负责解释。

六、本意见自2006年7月1日起执行。

《关于发展热泵系统的指导意见有关问题的补充通知》

各有关部门和单位：

《关于印发关于发展热泵系统的指导意见的通知》（京发改［2006］839号）已于2006年7月1日正式实施，为进一步细化相关规定，指导各单位规范地开展前期和项目申报工作，现就有关问题补充通知如下：

一、《关于印发关于发展热泵系统的指导意见的通知》（以下简称《指导意见》）适用于2006年7月1日后本市辖区内新建或2006年7月1日前开工建设、尚未建成投入使用的热泵项目，不包括2006年7月1日前建成的热泵项目；热泵系统资金补助对象为热泵系统的投资建设主体，不包括使用热泵系统进行自采暖的个人。

二、我市鼓励发展利用地热、水源（地下水、地表水、再生水、工业废水等）、土壤源等热泵系统进行集中供热制冷的项目，不包括空气源热泵或利用热泵系统提供工业蒸汽、景观用水、水产养殖和桥梁的桥面防冻等其他用途的项目。

三、热泵项目的申报材料和申报程序除特别规定外，按照《关于印发北京市发展和改革委员会政府投资管理暂行规定的通知》（京发改［2004］2423号）和《关于印发北京市发展和改革委员会行政审批事项审批程序规定的通知》（京发改［2006］836号）执行。

四、热泵项目需特别提交以下材料

地下水源热泵项目：

规划市区内所有项目及规划市区外供暖面积2万平方米（含）以上的项目：水资源论证报告、市水务局关于开凿机井的《行政许可事项决定书》、《凿井工程许可证》和《取水许可证》。

规划市区外2万平方米以下的项目：水资源论证报告、远郊区县水务局关于开凿机井的《行政许可事项决定书》、《凿井工程许可证》、《取水许可证》和市水务局的备案文件。

再生水、污水和地表水源热泵项目：市水务局关于取水的《行政许可事项决定书》。

工业废水热泵项目：用热单位和工业尾水单位签订的协议或其他法律文件。

地源热泵项目：市国土局审查同意的有关文件。

地热热泵项目：市国土局的《矿产资源（地热）勘查许可证》。

五、对已建成项目单独进行热泵系统改造的，热泵系统作为单独项目进行申报。其中：对市、区（县）政府投资的学校、医院、园林、行政事业办公楼等公益性项目建设热泵系统，由市发展改革委审批；其他在本市辖区内建设的热泵项目由项目所属区（县）发展改革委核准，市发展改革委审批资金申请报告。

新建建设项目包含热泵系统原则上随建设项目一同申报，在办理有关项目申报手续时，按照本《补充通知》的规定增加相关申报材料。其中：对政府投资项目，热泵系统投资在项目批复中直接予以明确；对企业投资项目，在核准（备案）后，由市发展改革委对其中的热泵系统审批资金申请报告。

六、市、区（县）政府投资的学校、医院、园林、行政事业办公楼等公益性项目，热泵所需建设资金由市政府固定资产投资解决，市政府固定资产投资的下达按照《关于印发北京市发展和改革委员会政府投资管理暂行规定的通知》（京发改［2004］2423号）和《关于政府投资管理有关问题的补充通知》（京发改［2006］1175号）执行。

其他在本市辖区内建设的热泵项目，在项目建成后依据市建委出具的《竣工验收备案表》、项目核准（备案）文件和资金申请报告的批复下达补助资金。

七、2006年7月1日前开工建设、尚未建成投入使用的热泵项目，在取得水务（国土）、规划和环保部门的许可文件后，依据市建委的《开工许可证》，通过项目所属区县发展改革委申请资金补助。

二〇〇七年五月二十三日

附录2　中国地源热泵产业相关机构

［职能部门］

国家空调设备质量监督检验中心
建设部供热质量监督检验中心
中国地质调查局浅层地温能研究与推广中心

［科研高校］

山东建筑大学
大连理工大学
清华大学热能工程系
广西大学机械学院
吉林大学汽车（能源动力）工程学院
西安交通大学能源与动力工程学院
北京工业大学
重庆大学地源热泵工程研究所
同济大学热能工程系/热能利用及空调制冷研究所
南京大学物理系制冷工程研究中心
天津大学环境科学与工程学院
广东工业大学材料与能源工程学院

［科研设计单位］

中国建筑科学研究院
中国建筑设计研究院
北京市建筑设计研究院
中建国际设计顾问有限公司
北京市勘察设计研究院有限公司
中广电广播电影电视设计研究院
中南建筑设计院建筑设备所
中国建筑西北设计研究院
中国建筑东北设计研究院
山东省建筑设计研究院
天津市建筑设计院
南京市建筑设计研究院有限公司
新疆建筑设计研究院

贵州省建筑设计研究院
上海市建筑科学研究院
四川省建筑科学研究院
河南省建筑科学研究院
深圳市建筑科学研究院

［设备厂家与集成商企业］

南京朗诗置业股份有限公司
特灵空调系统（中国）有限公司
开利空调销售服务（上海）有限公司
山东富尔达空调设备有限公司
际高建业有限公司
恒有源科技发展有限公司
华清集团
山东亚特尔集团
湖北风神净化空调设备工程有限公司
北京依科瑞德地源科技有限责任公司
北京易度恒星科技发展有限公司
烟台蓝德空调工业有限责任公司
北京佰能北源热力公司
南京天加空调设备有限公司
山东宏力空调设备有限公司
埃美圣龙（宁波）机械有限公司
河南环发工程有限公司
昆山台佳机电有限公司
约克（无锡）空调冷冻设备有限公司
博拉贝尔（无锡）空调设备有限公司
北京亚特伟达冷暖节能工程技术有限公司
北京东方瀚宇空调制冷设备有限公司
北京新百洲科技开发有限责任公司
北京市地质矿产勘察开发局热泵部
天津泰达能源工程技术有限公司
深圳麦克维尔空调有限公司
苏州际能环境能源技术有限公司
济南泰勒斯工程有限公司
克莱门特捷联制冷设备（上海）有限公司
烟台顿汉布什工业有限公司
北京西亚特技术有限公司

山东贝莱特空调有限公司
北京萨斯特能源技术有限公司
宁波奥克斯电气有限公司
中科中诚新能源科技有限责任公司
堃霖冷冻机械（上海）有限公司
四川希望深蓝空调制造有限公司
北京佰轮地源科技有限公司
北京嘉和桂业地能应用技术发展有限公司
美意（上海）空调设备有限公司
劳特斯空调（江苏）有限公司
郑州中南科莱空调设备有限公司
上海天奋热能工程有限公司
同方人工环境有限公司
湖南凌天科技有限公司
广州市密西雷电子有限公司
杭州地源空调研究所有限公司
大连葆光节能空调设备厂
滁州扬子必威中央空调有限公司
西安市地热开发经营服务中心
苏州市清华阳光能源有限公司
安徽绿寰地能空调有限公司
四川华美中能科技工程有限公司
上海富田空调冷冻设备有限公司
大连冷冻机股份有限公司
珠海格力电器股份有限公司
台州亿能建筑节能科技有限公司
北京中科能能源高科技有限公司
山东欧锴空调科技有限公司
（中加合资）北京枫叶能源科技有限公司
北京清源世纪科技有限公司
北京大美能源技术股份有限公司
北京东方华辰科技发展有限责任公司
中建一局集团第三建筑有限公司水电分公司
广州贝龙环保热力设备股份有限公司
北京普来福环境技术有限公司
佛塑股份经纬公司
上海瑞庭环境科技有限公司
安徽省宁国安泽电工有限公司
曼瑞德自动控制系统有限公司

佛山日丰企业有限公司
广州瑞好贸易有限公司
徐州矿务集团生活建设总公司
石家庄天时地板采暖安装有限公司
北京安恒信达家居舒适系统应用中心
北京宏通（齐齐哈尔）机电设备安装公司
北京暖亿家地暖工程有限公司
北京中煤华谊地质科技有限公司
山西忠正热泵技术开发有限公司
北京国强博源科技发展有限公司
郑州中南科莱空调设备有限公司

附录3　建设部可再生能源建筑应用示范项目列表

序号	项目所在省市	项　目　名　称	示范面积（万 m^2）	技术类型
1	北京市	中关村国际商城一期	11.79	4
2		海淀区委党校教学培训楼及教学综合楼工程	4.02	5
3		马坊馨城水源热泵供暖制冷项目	11.76	8
4		金泰彤翔商厦	7.12	5
5		国防部维和事务培训中心地源热泵工程	1.6	4
6		通州区梨园镇高楼金村旧村改造	18.81	4
7		马连道胡同一号	18.05	5
8		鲁迅文化园	15	5
9		61580部队北京市海淀区农大南路	13.8	4
10		鑫福里小区热泵集中供暖工程	12.56	5+8
11		北工大软件园研发培训区污水源热泵工程	6.1	8
12		建研科技园	2.16	2+4
13		北京未来之家生态展示楼	1.28	1+4
14		迦南大厦及花园商贸批发交易大楼	8.93	5
15		北京奥运村	15	1+3+8
16	天津市	天津市海河医院改扩建工程	4.7	3+4
17		天津公馆污水源热泵供热供冷工程	5.4	8
18		天津市西青区第九十五中学可再生能源项目	5.27	2+4
19		天津工业大学二期学生生活区	8	4
20		天津市安定医院	7.85	4
21		汇森集团富水一方	12.4	4
22		天津市天邦购物乐园	9.9	2+4
23	河北省	保定电谷广场太阳能光伏发电及污水源热泵建筑应用示范工程	4.14	3+8
24		邢台市家乐园·天一城小区可再生能源建筑应用示范工程	10.6	2+3+4
25		宁晋县行政服务中心	1.4	5
26		欣欣苑小区	3.6	5
27		唐山学院北校区工程	6.13	4
28		辛集芳华小区	20	1+5
29		尚都东明城市花园	14	5

续表

序号	项目所在省市	项 目 名 称	示范面积（万 m^2）	技术类型
30	河北省	开滦精煤股份有限公司煤矿坑道水水源热泵应用示范工程	9.78	8
31	山西省	山西省太原市国瑞苑一、二期可再生能源建筑应用示范项目	9.83	8
32	内蒙古自治区	富邦商务中心	5.47	5
33		机动车及驾驶人管理中心	4.8	5
34		内蒙古宁城县旅游度假区温泉热水资源综合利用	16	5
35		阿拉善大酒店与天赋佳苑住宅小区	13.7	2+4+5
36		赤峰国际会展中心	3.1	1+5
37		内蒙古财政、发展大厦	10.4	4
38		北方联合电力住宅小区	15	5
39	辽宁省	皇朝万鑫	23.08	5+8
40		沈阳市商业城	3	2+5+8
41		武警辽宁省总队指挥中心工程	5.99	4
42		金水花城	43	5
43		钓鱼台7号	13.98	5
44		建馨家园	5.79	5
45		万和顺景	12.6	5
46		铁煤热电厂循环冷却水废热供暖工程	96.6	8
47		城建北陵生活园地下水源热泵工程	15	5
48		辽宁省人民医院病房楼	10	5
49		星海湾商务区	15	7
50		沈阳AMT装备制造基地	10	5
51		中国医科大学附属第二医院病房楼	3.88	5
52		北海热电厂再生水利用水源热泵工程	15	8
53	大连市	獐子岛镇海水地能热泵应用示范工程	16.2	7
54		大窑湾集装箱码头三期工程辅建区单体暖通工程	1.59	7
55		星中环广场原生污水源热泵工程	3.8	8
56		大长山岛镇海水地能热泵应用示范工程	20	7
57		小平岛新区	50	7
58	吉林省	磐石市日月潭宾馆综合楼	2.4	5
59		梦景家园	5.66	5+8
60	黑龙江省	让胡路地区采用热泵技术集中供热工程项目	33.33	8
61		佳木斯技师学院地下水源热泵工程	8.2	5
62	上海市	上海浦江智谷商务园	13.73	5
63		上海市崇明县竖新镇前卫村全国科普教育基地（改造）	2	5

续表

序号	项目所在省市	项目名称	示范面积（万 m^2）	技术类型
64	江苏省	南京朗诗·国际街区B2项目（二期）	11.39	4
65		常州大诚苑二期高层综合楼地源热泵空调与太阳能热水集成系统	1.59	2+4
66		连云港职业技术学院地表水源热泵空调工程（一期）	30.3	6
67		南京工程学院逸夫图书信息中心	3.85	6
68		无锡尚德研发中心大楼	1.6	3+5
69		无锡恒华科技园	3.5	3+4
70		南通新城住宅小区	33.33	8
71	江西省	江中紫金城项目	12	1+5
72		博苑、象湖茗居	10.07	5
73	浙江省	绿建·北秀蓝湾住宅小区	6.45	2+4
74		中国水利博物馆	3.6	3+6
75		绿城千岛湖度假公寓	4.97	6
76	安徽省	黄山市民中心游泳馆工程	1.07	5
77		“科学家园”职工住宅小区	20.4	7
78	福建省	福州大学图书馆	3.55	5
79	山东省	山东建大教授花园	16	1+2+3+4
80		聊城星光·水晶城（二、三期）	14.8	1+2+3+4
81		济南奥林匹克体育中心场馆工程	20	2+3+4
82		烟台栖霞市凤翔居住小区及综合服务楼	13.3	2+6
83		潍坊双羊新城	14.66	2+4
84		烟台海天·四季花城工程	12.08	2+3+4
85		济南“山南水北都”项目	5	2+3+4
86		淄博普利·艾伦庄园	10.2	2+3+4
87		德州信誉·新湖春天	6.35	1+5
88	青岛市	青岛鲁能领秀城海水/污水源热泵空调系统示范工程	15	7+8
89		青岛石老人生态旅游健身区项目	15	1+7
90		青岛市千禧国际村组团三可再生能源建筑应用示范项目	5.43	4
91		青岛银盛泰国际商务港及城阳经贸中心	8.44	5
92		大荣世纪综合楼	9.06	4
93		青岛国际帆船中心	3.07	7
94	河南省	河南省省直第三人民医院可再生能源建筑应用示范项目	10.3	5
95		济源国际时代商业广场可再生能源建筑应用示范	8	5
96		安阳市广厦新苑住宅工程	17.02	3+5+8

续表

序号	项目所在省市	项 目 名 称	示范面积（万 m^2）	技术类型
97	河南省	和光园住宅小区可再生能源建筑应用示范	6.5	5
98		河南省肿瘤医院门诊医技楼工程	5.28	4
99		上元国际大厦	2.45	5
100		鹤壁市政府办公楼	5.5	5
101		河南省郑州高新技术产业开发区地质科研基地浅层地能建筑应用示范项目	5.6	5
102		鹤壁市公共办公区	1.79	5
103		鹤壁市迎宾馆南区	1	5
104		金领时代住宅区	22	5
105		牧业工程高等专科学校新校区	25	5
106	湖北省	中国人民解放军军事经济学院新建图书馆暨教员办公楼	3.53	4
107		武汉理工大学综合楼、孵化楼	6	3+4
108		华中科技大学建筑与城市规划学院教室扩建和既有建筑改造项目	1.13	1+2+3+4
109		湖北省黄石市团城山综合服务小区	29.6	4+8
110		宜昌中级人民法院节能改造（审判综合楼既有建筑改造、新建干警住宅区）	5.8	4
111		武汉市百步亭新港苑小区	0.75	5
112		武汉市 MATIC EBM T5 节能照明系统改造项目（厂区新建）	1.5	4
113		宜昌金缔华城项目	2.8	4
114		襄樊市体育馆	2	5
115	湖南省	当代万国城 Moma（长沙）	2.5	4
116		湘潭东方名苑应用可再生能源示范工程	25	7
117	广西壮族自治区	广西建设大厦	3.1	4
118		广西大学行健文理学院	9.95	4
119		广西工业学院鹿山学院	2	4
120	深圳市	深圳市观澜高新园区配套宿舍太阳能/风能及中水源热泵示范项目	7.86	2+3+8
121	海南省	海南华侨中学可再生能源建筑应用示范工程	4.7	1+2+3+5
122	重庆市	重庆市渝中区化龙桥项目 B3/01 地块	5.4	6
123		开县人民医院业务综合楼水源热泵中央空调工程	3.8	6
124		重庆珠江·太阳城水源热泵节能示范项目	15	6
125		重庆市南江水文地质工程地质队集资楼地源热泵空调工程	3.23	4
126	四川省	成都天友国际酒店（改造）与财富双楠（新建）	4.36	4
127		青城国际酒店工程	1.76	5

续表

序号	项目所在省市	项　目　名　称	示范面积（万 m^2）	技术类型
128	四川省	成都市中级人民法院审判业务（法庭）综合楼南迁项目	6.25	4
129		龙锦慧苑居住小区	4.16	4
130		成都医学院新校区	6.39	5
131		邛崃市人民医院住院大楼	1.95	5
132	贵州省	贵阳市金阳新区景怡苑住宅小区	25	5
133	陕西省	咸阳天虹基·紫韵东城小区一期	19	5
134		商洛市江南住宅小区	61	5
135		杨凌示范区利用地下水源热泵技术分区集中供冷供热节能示范项目	37.12	5
136		西安都市之门	10.1	4
137		第四军医大学西京医院消化病医疗楼	3.31	8
138		长安大学雁塔校区地质大厦	2.37	4
139	宁夏回族自治区	银川凤鸣佳苑地下水源热泵工程	16.39	5
140	新疆维吾尔自治区	隆锦花园地下水源热泵供热制冷及太阳光伏发电照明工程	28.53	3+5
141		新疆电力科学院计量中心综合楼地源热泵工程	2.26	4
142	新疆生产建设兵团	一团光明住宅小区	3.61	3+5
143		农一师阿拉尔监狱	2	3+5
144		阿拉尔三五九屯垦文化纪念馆	1.1	1+3+5

注：技术类型

1. 太阳能热水；2. 太阳能供热制冷；3. 太阳能光伏发电；4. 土壤源热泵；5. 地下水源热泵；6. 淡水源热泵；7. 海水源热泵；8. 污水源热泵。

后记

愿我国地源热泵科学健康稳定发展

作为一名科研工作者，笔者所在的中国建筑科学研究院空调所从1992年开始就和美国VENCO空调工程公司、加拿大GENESIS国际工程公司合作在国内推广水源热泵技术，于2001年组织翻译了美国《地源热泵工程技术指南》，于2005年作为主编单位主编了国家标准《地源热泵系统工程技术规范》，先后参与了多项国家级地源热泵示范工程的立项讨论、可行性分析、项目设计与咨询、工程检测与评价等工作。参加工作这些年来，我和我的同事们亲眼看着“地源热泵”这四个字，从一个概念变成一篇文章，从一篇文章变成一本专业书籍，从书本中抽象的文字变成实际的工程，亲眼看着很多暖通工程师从没有听到过这个概念到在进行暖通空调设计时把地源热泵系统作为优先考虑，看到很多地源热泵的集成商不断创新自己的专项技术、提高技术水平，优质工程不断出现，看到我国从中央到地方、从科研工作者到各界人士对地源热泵从疑惑到接受到推广，看到地源热泵的使用面积不断增加，各种超大级城市级项目不断涌现，心中既高兴又有些担心，相信更多的科研工作者也有着和我一样的心情。高兴的是看到一项新型高效节能环保的技术不断得到重视和推广，为我国建筑节能做出重要贡献；担心的是，某些项目在项目可行性论证不充分，前期调研资料不齐备的情况下，为了追求地方政绩而盲目上马。作为技术含量高而且需要众多工种配合的工程项目，地源热泵系统示范项目务必坚持小心谨慎的原则，因为一旦系统在设计、施工、调试、运行、监测等任一环节出现问题，都会影响系统的运行效率导致其节能量大打折扣，而如果在当地水文地质条件不清楚的情况下，盲目上马的项目超过了当地基础条件所能承载的能力，造成水污染、热污染、环境污染等新问题，则将会对整个地源热泵行业在该地区的推广造成巨大的不良影响。

所以，建议所有与地源热泵有关的政府官员、科研工作者、集成商、设备厂家、设计施工监测等技术人员联合起来，按照以下原则推广地源热泵技术，为我国建设节约型社会、开展降耗减排工作做出更新、更大的贡献。

（1）坚持依法推进、依法监管。发展地源热泵系统，法律是基础，政策是关键。要贯彻好建设部关于发展地源热泵的要求，完善各项配套法规，建设地源热泵系统城市级示范，努力开辟新的融资渠道，发挥好政策扶持、市场引导、政府推动、法律规范的作用，依法促进、依法监管，构建促进我国地源热泵系统发展的保障机制。

（2）坚持因地制宜、经济有效、保障安全、保护环境的发展原则。各地应根据自然条件和社会经济发展水平差异，选择切合实际的地源热泵系统进行推广。要将推进地源热泵系统工作与建设资源节约型、环境友好型社会，与构建社会主义和谐社会紧密结合起来。要以可再生能源使用和建筑节能为目标，以市场为导向，让地源热泵用户在过程中获得实实在在的收益。要保证机组产品质量，保障系统运行安全，保护生态环境。

（3）坚持重点突破、协调推进的发展战略。要科学分析发展现状，找准当地适宜推广的地源热泵系统，发挥当地优势，集中人力、物力、财力，在重点项目、重点工程上有所突破，以点带面，稳步推进，发挥示范引导作用。进一步优化地区能源使用发展格局，建立各种能源梯级利用、优势互补的机制。

（4）坚持不断推动科技创新和普及应用。地源热泵系统的发展离不开技术创新、机制创新。各地区要采取技术攻关、试验、示范等措施，促进基础性、关键性、公益性科学研究和既有高效运行系统的推广应用。要通过政策引导，充分发挥企业的创新主体作用，支持设备与集成的产、学、研有机结合，鼓励根据不同的建筑冷热负荷需求以及当地热源情况，研究开发先进适用安全高效的水源热泵机组。要努力创新发展理念、发展思路、发展机制、工作方法，适应社会主义市场经济体制的要求，不断促进我国地源热泵系统又好又快地发展。

衷心希望我国地源热泵科学健康稳定发展。